Taschenbuch für Druckluftbetrieb

Taschenbuch für
Druckluftbetrieb

Herausgegeben von

FMA POKORNY

FRANKFURTER MASCHINENBAU A.-G.

vorm. Pokorny & Wittekind

Frankfurt a. M.

Siebente

neubearbeitete Auflage

von

H. Feigenspan und J. Pesch

Mit 276 Abbildungen

Springer-Verlag Berlin
Heidelberg GmbH 1954

ISBN 978-3-662-13089-6   ISBN 978-3-662-13088-9 (eBook)
DOI 10.1007/978-3-662-13088-9

Für Kritik und Anregungen ist der Herausgeber dankbar.

Zum Geleit

Druckluft spielt heute in der Technik als Energieträger eine große Rolle; sie wird zum Antrieb von Maschinen und Werkzeugen aller Art, zur Förderung von Flüssigkeiten und festen Stoffen, insbesondere solchen körniger Natur, u. a. angewendet. Der Bau von Kompressoren zum Verdichten von Luft und Gasen aller Art, für Kälteanlagen, chemische Betriebe, Erdölgewinnung, Bergbau und nahezu die gesamte Industrie, ferner für die Erzeugung von Vakua, hat einen stetig steigenden Umfang angenommen.
Die besondere Eignung der Druckluft als Energieträger ergibt sich aus mehreren Ursachen. Die zu verdichtende Luft wird vom Kompressor der Atmosphäre entnommen und gelangt nach geleisteter Arbeit durch Entspannung wieder restlos an diese zurück; es ist also ein unerschöpflicher Vorrat vorhanden. Die Temperatur der Druckluft ist im Gegensatz zum Dampf als Energieträger ohne Einfluß auf ihre Arbeitsfähigkeit, abgesehen von einer Änderung des Wirkungsgrades bzw. der Leistungsausbeute.
Kompressoren sind im Aufbau einfache, dabei aber robuste und zuverlässige Arbeitsmaschinen. Das gleiche gilt für Druckluftwerkzeuge, bei denen noch die große Überlastbarkeit besonders vorteilhaft ist. In den Übertragungsleitungen vom Kompressor zur Verbrauchsstelle entstehen nur unbedeutende Verluste, wenn die Rohrleitungen entsprechende Durchmesser haben, zweckmäßig angeordnet und auf Dichtheit aller Verbindungen und Anschlüsse durchgesehen sind.
Es ist nicht immer einfach, die richtige Größe einer Kompressoranlage zu bestimmen und sie in einzelne Kompressoren aufzuteilen, die je nach Verwendungszweck, nach Bauart und Leistung verschieden sein werden. Auch die Wahl der Antriebsart (ob Elektromotor, Dieselmotor oder sonstige Kraftmaschine) und die Bestimmung der erforderlichen Antriebsleistung machen sorgfältige Überlegungen notwendig. Beim Betrieb und bei der Wartung von Kompressoranlagen und verschiedenartigen Druckluftwerkzeugen und -maschinen stehen Ingenieure, Meister und Maschinisten stets wieder vor Aufgaben aus besonderen Fachgebieten.
Um diesem Personenkreis die notwendigen theoretischen und technischen Unterlagen zu vermitteln, gibt die FMA/POKORNY, Frank-

furter Maschinenbau AG., vorm. Pokorny & Wittekind, Frankfurt/Main, hiermit eine neue Auflage ihres bekannten, bereits in sechs Auflagen erschienenen Taschenbuchs für Druckluftbetrieb heraus. Die 7. Auflage wurde gegenüber der letzten Ausgabe wesentlich erweitert und umgearbeitet.

Das neue „*Taschenbuch für Druckluftbetrieb*" bringt zunächst die theoretischen und technischen Grundlagen zur Berechnung und Beurteilung von Druckluftanlagen in kurzer Zusammenfassung des für den vorliegenden Zweck notwendigen Stoffes. Durch Beispiele wird die Anwendung der Gleichungen erläutert. Anschließend werden die verschiedenen Bauarten der Kompressoren mit ihren besonderen Eigenschaften geschildert und die gebräuchlichsten Anwendungsgebiete genannt. Angaben über den Leistungsbedarf von Kompressoren zum Verdichten von Luft und Gasen ermöglichen die Festlegung der erforderlichen Größe der Antriebsmaschinen und die Wahl der für den jeweiligen Fall zweckmäßigen Antriebsart. Ebenso werden auch die fahrbaren Druckluft-Erzeugungsanlagen behandelt. Die wichtigsten Verfahren der Regelung sind eingehend beschrieben. Unterlagen über den Strömungswiderstand in Rohrleitungen erlauben die Bemessung der Gesamtanlage und bei großen Anlagen die Bestimmung des günstigsten Platzes für die Kompressoren.

Die verschiedenen Bauarten der Druckluftwerkzeuge mit ihren Eigenschaften werden erläutert, ergänzt durch Angaben über den Luftbedarf, die Leistungsabgabe und die zweckmäßige Anwendung auf den verschiedenen Gebieten. Besondere Beachtung wird der Steuerung der Druckluftwerkzeuge gewidmet.

Wesentlich ist, daß nicht nur die Kompressoren und Druckluftwerkzeuge der FMA/POKORNY geschildert werden, sondern ein Überblick über das ganze Fachgebiet gegeben wird. Technische Einzelheiten und Preise sollen Firmenprospekten entnommen werden.

Das Taschenbuch hat ein handliches Format und zeichnet sich durch zahlreiche Abbildungen und viele, für das Fachgebiet wichtige Tabellen aus. Es wird deshalb ein häufig und gern gebrauchtes Hilfsmittel bei der Planung und beim Betrieb von Druckluftanlagen und beim Einsatz von Druckluftwerkzeugen sein. Das Erscheinen der neuen Auflage wird in technischen Kreisen allgemein begrüßt. Durch die Vermittlung ihres reichen Erfahrungsschatzes dient die FMA/POKORNY der deutschen Industrie.

Braunschweig, im Herbst 1953

Inhaltsverzeichnis

Geschichtliche Entwicklung der Druckluft-technik

Bei allen Völkern und zu allen Zeiten wurde schwach verdichtete Luft zum Anblasen von Heiz- und Schmelzfeuern mit Blasebälgen angewendet, die aus Fellen und Häuten hergestellt wurden. Die Entwicklung der maschinellen Erzeugung und Verwendung von Druckluft beginnt jedoch erst im Mittelalter.

In der zweiten Hälfte des 17. Jahrhunderts befaßten sich viele Physiker und Mathematiker mit dem Verhalten von Gasen, insbesondere Luft, unter anderem *Torricelli, Pascal, Otto von Guericke, Jean Hautefeuille, Boyle, Mariotte, Gay-Lussac, Huygens, Papin*[1].

Besonders regsam auf dem Wege der praktischen Verwertung der gewonnenen Erkenntnisse war *Papin*, der bis 1675 unter *Huygens* und bis 1688 unter *Boyle* zahlreiche Versuche machte. Allgemein bekannt ist der *Papin*sche Topf. In England entwarf *Papin* auch die erste doppelt wirkende Luftpumpe[2]. 1688 wurde *Papin* an die Universität Marburg als Professor für Mathematik und Physik berufen. Hier beschäftigte er sich mit der Entwicklung der atmosphärischen Kolbenmaschine. Auch die Idee eines Unterwasserfahrzeugs mit Hilfe von Luftüberdruck wurde von *Papin* praktisch vorgeführt. Etwa 100 Jahre später (1778) hat der Engländer *Smeaton* beim Bau der Brücke von Haxham in Northumberland von diesem Gedanken Gebrauch gemacht, indem er Luftkästen zu Gründungsarbeiten für Brückenpfeiler verwandte, ebenso *Triger*, als er 1839 durch das Bett der Loire einen 20 m tiefen Schacht trieb, um an ein Kohlenflöz heranzukommen. *Papin* eilte mit seinen vielseitigen Ideen dem damaligen Stand der mechanischen Fertigungsmöglichkeiten wie dem Bedarf weit voraus.

In größerem Umfang wurde Druckluft beim Bau des Mont-Cenis-Tunnels 1857/71 angewendet. Bei der Länge des Tunnels (etwa 13 km) und der Höhe des Gebirges über der Tunnelsohle (1338 m) waren die gewöhnlichen Verfahren des Bohrens der Sprenglöcher und der

---

[1] *Ernouf, Denis-Papin*, Sa vie et son oevre (1888).
[2] *Wintzer, Papins* Erlebnisse in Marburg (1898). *Matschoss*, Entwicklung der Dampfmaschine. 1. Bd. (1925), S. 287. — ZVDI 1897, S. 1176.

Belüftung unzureichend. Zuerst entwarf der belgische Ingenieur *Manß* 1849 ein Projekt, wonach das Gestein zunächst geschrämt, danach geschossen und die Arbeitsmaschinen und Ventilatoren vom Tunneleingang bis vor Ort durch Seile angetrieben werden sollten. Das Projekt wurde auch angenommen, bis im Jahre 1855 Prof. *Colladon* den besseren Vorschlag machte, die Druckluft als Energieträger zu benutzen, wodurch auch die Frage der Ventilation gelöst sei. Gleichzeitig wurde von *Bartlett* eine Stoßbohrmaschine für Druckluftantrieb erfunden. 17 solcher Maschinen sollten auf einem Eisenbahnwagen montiert und gleichzeitig betrieben werden. Mit der Geburtsstunde der Bohrmaschine wurde gleichzeitig auch der Bohrwagen geschaffen, von dem heute im Zuge der Leistungssteigerung wieder so viel die Rede ist. Die Bohrmaschine von *Bartlett* brachte bei praktischen Versuchen einen Bohrfortschritt von 30 cm/min, also das 20fache der bisherigen Leistung von Hand. Man berechnete hiernach die Fertigungsdauer für den Tunnel auf sieben bis acht Jahre.

Die Druckluft auf der französischen Seite des Tunnels wurde durch die damals schon bekannten nassen Luftpumpen von *Sommeiller* und *Sievers & Co.*, erzeugt, die durch Dampf- und Wasserkraft angetrieben waren. Da auf der italienischen Seite des Tunnels Wasserkräfte mit genügendem Gefälle zur Verfügung standen, wurde auf Vorschlag von *Sommeiller* hier die von ihm 1854 erfundene hydraulische Luftpresse eingesetzt. *Sommeiller* stellte auch eigene Stoßbohrmaschinen her, die in diesem Tunnel verwendet wurden[3]. Anfangs betrug der Baufortschritt beim Bohren von Hand 0,6 bzw. 0,8 m je Tag, beim maschinellen Bohren 2 m je Tag, was später auf 3 m gesteigert werden sollte[4].

Beim Bau des Tunnels durch den St. Gotthard wurde von Anfang an Druckluft eingesetzt.

Es wird berichtet, daß die erste trockene Luftpumpe um 1865 von der Bonner Firma *Kley* an die Grube Altenberg bei Aachen geliefert und in den 80er Jahren in England die Fabrikation von trockenen Kompressoren aufgenommen wurde.

1881 wurde in Paris eine Zentrale für Druckluft errichtet, die von einer Normaluhr aus 8000 andere Uhren steuerte, die über ganz Paris verteilt aufgestellt waren. 1888 baute *Popp* diese Zentrale weiter aus, um das Handwerk mit Energie zu versorgen[5]. Um sich ein Bild zu

---

[3] Dinglers polyt. Journal 1862/163.
[4] Dinglers polyt. Journal 1861, Bd. 159, S. 322.
[5] ZVDI 1889/1891.

2

machen von der Größe, die diese Anlage mit der Zeit annahm, sei erwähnt, daß in der Blütezeit hier 24000 PS installiert waren. 1891 konstruierte Prof. *Riedler* hierfür den ersten großen zweistufigen Kompressor. Sogar Dynamomaschinen wurden damit angetrieben, um elektrische Energie für die Beleuchtung zu erzeugen. Gleichzeitig war eine ähnliche Anlage auch in Birmingham[6] und später in Offenbach am Main entstanden.

1865 wurde die Druckluft-Rohrpostanlage in Paris gebaut[7], Wien und Berlin folgten in den Jahren 1874/75.

Sogar Straßenbahnen wurden mit Druckluft betrieben[8], z. B. 1883 in Nantes mit 45 atü, 1890 in Bern mit 32 atü.

Schon in den Jahren 1890/91 erhob sich ein großer Streit über die Wirtschaftlichkeit der Druckluft als Energieträger in Konkurrenz mit der Dampf- und Gasmaschine und der Elektrizität. Heute ist es klar, daß mit der Entwicklung der Elektrizität als einfachste und wirtschaftliche Energieübertragung diese Druckluftanlagen auf die Dauer keinen Bestand haben konnten. Andererseits fand aber die Druckluft andere Verwendungszwecke, die sie zu einer machtvollen Entfaltung brachten, wobei sie durch keinen anderen Energieträger voll ersetzt werden kann. Wir denken in erster Linie an die Druckluftwerkzeuge. Auch diese haben heute eine Entwicklung von über 100 Jahren hinter sich. *Schwarzkopff* hat bereits 1856 mit seiner Stoßbohrmaschine im Rheinbett bei Bingen Bohrlöcher hergestellt, um der Schiffahrt hinderliche Felsen zu sprengen.

Es wurde schon erwähnt, daß *Sommeiller* beim Bau des Mont-Cenis-Tunnels (1857/71) Stoßbohrmaschinen verwendete. Auch der Tunnel durch den St. Gotthard wurde mit Stoßbohrmaschinen hergestellt[9]. *Sachs* (Deutschland) und *Doering* (England) haben dann die Stoßbohrmaschinen von *Sommeiller* weiterentwickelt und ihre Erzeugnisse 1867 in Paris auf der Weltausstellung gezeigt. Im Jahre 1871 waren bereits auf 18 Schachtanlagen Stoßbohrmaschinen von *Sachs* in Betrieb[10]. *Osterkamp* hat die Ausführung von *Doering* weiter verbessert. Im Bergbau-Museum zu Bochum ist sein Modell aus dem Jahre 1869 zu sehen. Im gleichen Museum sind Stoßbohrmaschinen ausgestellt von *Ferroux*, Baujahr 1874, und *Dubois & François*, Baujahr 1873, beide mit Druckluftvorschub. Interessant ist noch die Ausführung *Burleigh* (1872)[11], die die Umsetzvorrichtung mit Drallnuten und geraden Nuten am Kolbenschaft bewirkt.

---

[6] ZVDI 1885. — [7] ZVDI 1897. — [8] ZVDI 1893, S. 297.
[9] Berggeist 1871, Nr. 31. — [10] Dinglers polyt. Journal 1871.
[11] Dinglers polyt. Journal 1873, Bd. 208, S. 290.

Auf der Pariser Weltausstellung 1878 wurden von *Allen & Roeder*, New York, neben Kompressoren zwei handliche tragbare Nietmaschinen gezeigt[12]. Beide Ausführungen hatten eine selbsttätige Umsetzvorrichtung. Bei der einen Ausführung waren Kolben und Döpper aus einem Stück, bei der anderen getrennt; der Kolben war also freifliegend, wie heute bei fast allen Schlagwerkzeugen. Bügel und Gegenhalter wurden durch Druckluft betätigt.

1890 erschien der Schrämhammer von *Franke*, Eisleben, mit Steuerung durch den freifliegenden Kolben von 46 mm Dmr., 11 mm Hub. Der Hammer wurde im Kupferschieferbergbau Mansfeld von 1890 bis 1900 eingesetzt. 1896 brachte der gleiche Erfinder einen Bohrhammer mit selbsttätiger Umsetzung des Bohrers heraus. Beide Hämmer sind im Bergbau-Museum zu Bochum ausgestellt[13]. In dieser Zeit kamen noch viele andere Konstruktionen heraus.

Die Amerikaner erkannten bald die großen Vorteile, die die Herstellung und Benutzung von Druckluftwerkzeugen boten, und nahmen schon früh in den 80er Jahren des vorigen Jahrhunderts die Serienfertigung geeigneter Konstruktionen auf[14]. Mit bewährtem Unternehmergeist und großen Absatzmöglichkeiten im eigenen Lande setzten sie den ursprünglich europäischen Gedanken in die Tat um. 1890 wird schon berichtet, daß eine amerikanische Firma bereits Tausende von Druckluftwerkzeugen ausgeliefert hätte[15].

Da in Europa zunächst keine nennenswerte Konkurrenz vorhanden war, führten sich die amerikanischen Fabrikate trotz der sehr hohen Preise auch in Deutschland schnell ein. 1899 wurden in der Zeitschrift des Vereins Deutscher Ingenieure (ZVDI) folgende *Verwendungszwecke* genannt:

Verstemmen; Nieten und Entnieten; Gußputzen; Umbörteln von Siederohren; Abschlagen von Kesselstein; Stampfen; Bohren und Gewindeschneiden in Metall; Betrieb von Formmaschinen, Hebezeugen und Werkzeugmaschinen; Zupfen von Roßhaar; Abreiben von Holzteilen mit Sandpapier; Reinigen und Anstreichen von Eisenteilen; Reinigen der Dampfkanäle und Feuerrohre; Betätigen von Signalen, Weichen, Schranken, Kanonen (Schußweite bei 70 atü, 250 kg, 3 km), Torpedos, Asphaltkesseln, Bottichen; Appreturspritzen in Textilfabriken; Schafscheren; Einsatz in Steinbrüchen von der rohen Ausarbeitung der Blöcke bis zu den feinsten Steinmetzarbeiten; in der Kunstseidenfabrikation wird die teigige Masse mit Druckluft durch ein Sieb gedrückt, so daß Fäden entstehen, die durch Zwirnen verbunden werden; ferner Kälte-

---

[12] Dinglers polyt. Journal 1878/79. — ZVDI 1901. — [13] ZVDI 1894.
[14] Dinglers polyt. Journal 1871, S. 161. — [15] ZVDI 1891, S. 367.

erzeugung; Lüftung; Rohrpost; Lokomotiven; Straßenbahnen; Taucherarbeiten, Druckluftgründungen unter Wasser, Heben gesunkener Schiffe.

Um 1900 richtete die Flensburger Schiffswerft den ersten größeren Druckluftbetrieb ein[16]. Rasch drang jetzt die Druckluft in fast alle Gebiete der weiterverarbeitenden Industrie, in Groß- und Kleingewerbe, ein, und ihre Verwendung nahm sehr zu.

Deutsche Firmen, angeregt durch die steigende Bedeutung der Druckluft, nahmen um die Jahrhundertwende selbst die Herstellung von Werkzeugen auf. Doch viele konnten sich gegen das kapitalkräftigere Amerika nicht halten. Andere haben durchgehalten, so auch die FMA/POKORNY, die als führende Firma im Kompressorenbau in der Herstellung von Druckluftwerkzeugen eine willkommene Ergänzung ihres Fertigungsprogrammes sah.

Das Unternehmen wurde im Jahre 1872 gegründet und arbeitete zunächst als offene Handelsgesellschaft unter der Firma „*Gendebien & Naumann*“. Später übernahmen die Herren *Pokorny* und *Wittekind* die Firma und änderten sie auf den Namen der Inhaber. Im Jahre 1900 wurde das Unternehmen in eine Aktiengesellschaft unter der Firma „*Pokorny & Wittekind*, Maschinenbau A.-G.“ umgewandelt und erhielt im Jahre 1913 den jetzigen Namen.

In den Jahren 1872 bis 1878 wurden mit etwa 40 Arbeitern kleine Dampfmaschinen und Müllereimaschinen und gegen Ende der 80er Jahre auch größere Dampfmaschinen von über 100 PS gebaut. Während der Entwicklung der Elektroindustrie wurden vorübergehend Elektromotoren angefertigt.

In den 90er Jahren des vergangenen Jahrhunderts gab die Konstruktion des Dipl.-Ing. *E. W. Köster* der Firma einen starken Impuls auf dem Gebiete der Großkompressoren. Um die Jahrhundertwende wurden Dampfmaschinen und dampfgetriebene Kompressoren mit mehr als 1000 PS je Einheit geliefert. Aufbauend auf den Erfindungen des späteren Generaldirektors Baurat Dr.-Ing. e. h. *Köster* wurden zu Beginn des laufenden Jahrhunderts Kolbenkompressoren in allen Größen bis zu 25000 m³/h Saugleistung für verschiedene Drücke für Luft und alle Gase gebaut.

1902 wurde die Herstellung von Druckluftwerkzeugen in einer selbständigen Abteilung aufgenommen, in der bereits 1906 die austauschbare Serienfertigung mit Stückkontrolle nach jeder Arbeitsfolge und Abnahme eingeführt wurde. Trotz anfänglicher Schwierigkeiten bei der Einführung der Druckluftwerkzeuge wurden unter Leitung ihres

---

[16] ZVDI 1900.

Konstruktionschefs Dr.-Ing. e. h. W. *Kühn* die Leistungen dieser Abteilung sehr maßgeblich für die Entwicklung der deutschen Druckluftwerkzeug-Industrie. Die der FMA/POKORNY durch Patent Nr. 212600 vom 9. 2. 1908 geschützten, auf S. 134 beschriebenen Vollventil- und Rohrschiebersteuerungen wurden richtungweisend für das wirtschaftliche Arbeiten von Drucklufthämmern.

Schließlich wurde im Jahre 1907 als Ergänzung zu den Großkolbenkompressoren der Bau von Turbokompressoren, -gebläsen und Dampfturbinen aufgenommen und zu anerkannter Vollkommenheit geführt. Die mit Kolbenkompressoren, Turbokompressoren und Druckluftwerkzeugen erzielten Erfolge begründeten den Weltruf des Unternehmens.

Die Herstellung von Lastkraftwagen und Omnibussen, von Luft- und Gaszerlegungsanlagen, Sauerstofferzeugungsanlagen, Druckluftmotoren und anderem wurde aufgenommen. Es lag im Zuge der Entwicklung, daß trotz beträchtlicher Erfolge auf manchem dieser Arbeitsgebiete eine Konzentration auf das ursprüngliche Fabrikationsprogramm notwendig wurde.

Nach dem ersten Weltkrieg ging man bei Kompressoren von der liegenden zur stehenden Bauart bei gleichzeitiger Erhöhung der Drehzahlen von 360 auf 500 U/min über. Da der direkte Antrieb von Kompressoren durch Drehstrommotoren sich immer mehr durchsetzte, wurde im Jahre 1930 ein neuer Kompressor gebaut, der für den direkten Antrieb durch Drehstrommotoren mit Drehzahlen von 750 und 1000 U/min geeignet war.

Das derzeitige *Programm* der FMA/POKORNY umfaßt:

Ortsfeste Kompressoren für direkte Kupplung oder Riemenantrieb, einstufig für Drücke bis 6 atü, zweistufig für Drücke bis 15 atü.

Ortsfeste Hochdruckkompressoren für direkte Kupplung oder Riemenantrieb für Drücke bis 350 atü.

Fahrbare Kompressoranlagen mit Antrieb durch Diesel- oder Elektromotor.

Fahrbare Hochdruckkompressoranlagen.

Druckluftwerkzeuge für die metallbearbeitende Industrie, Gießereien, Bauindustrie, Gesteinsgewinnung und -bearbeitung, Schiffbau, Bergbau, Eisenbahn, Verkehrswesen u. a.

In den vergangenen Jahren haben wir bedeutende Summen dafür aufgewendet, unserem Werk die Spitzenstellung, die es in unserem Industriezweig innehat, nicht nur zu erhalten, sondern auch zu festigen. Wir verfügen über einen ausgezeichneten Stamm erfahrener Facharbeiter und Angestellter. In der Ausrüstung unserer Werkstätten mit neuzeitlichen Werkzeugmaschinen und in der Ausstattung unserer Maschinen- und Material-Prüflaboratorien haben wir jede Vorsorge getroffen, um unseren Abnehmern völlige Sicherheit dafür zu bieten, daß unsere Fabrikate wirklich mit einem Höchstmaß an Sorgfalt und Genauigkeit geprüft und hergestellt werden, wie es von FMA/ POKORNY-Erzeugnissen mit Recht erwartet wird.

I. Thermodynamik

Bezeichnungen:

Q = Wärmeeinheit [kcal],
q = Wärmemenge für 1 kg [kcal/kg],
P = Druck [kg/m²],
p = Druck [kg/cm²] oder [atm],
G = Gewicht einer Stoffmenge [kg],
γ = spezif. Gewicht (Wichte) [kg/dm³],
t = Temperatur ([° C] = °Celsius),
$T = t + 273$ absolute Temperatur [° K] = ° Kelvin),

L = Arbeit [mkg],
l = Arbeit für 1 kg [mkg/kg],
$A = \dfrac{1}{427}$ [kcal/mkg] (Wärmewert der Arbeitseinheit),
AL = Arbeit in Wärmemaß [kcal],
V = Volumen [m³],
$v = \dfrac{V}{G}$ spezif. Volumen [m³/kg],
$\mathfrak{V}$ = Molvolumen,
M = Molekulargewicht [kmol].

In der Technik ist es üblich, den Druck in kg/m² oder kg/cm² anzugeben. Den Druck von 1 kg/cm² nennt man *technische Atmosphäre*, abgekürzt 1 at. Der Druck von 1 kg/m² ist gleich dem Druck einer Wassersäule von $+4°$ C und 1 mm Höhe. Durch Flüssigkeitssäulen oder Manometer wird der äußere Druck gemessen. Zur Messung von kleinen Drücken wird meistens Alkohol, Wasser oder Quecksilber verwendet.

Bezeichnet man die Differenz der Flüssigkeitsspiegel mit h [mm] und ist γ_a [kg/dm³] das spezifische Gewicht der Flüssigkeit, so gilt

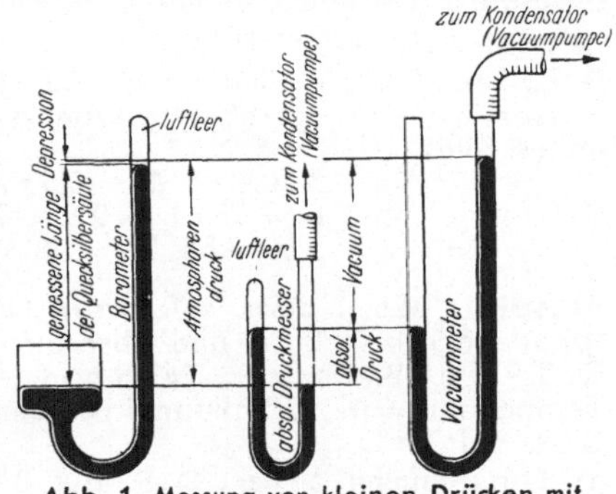

Abb. 1. Messung von kleinen Drücken mit Flüssigkeitssäulen
(Nach *Hinz*: 1. Aufl., Abb. 1)

$$P = h \cdot \gamma a \; [\mathrm{kg/m^2}], \qquad P = \frac{h \cdot \gamma a}{10\,000} \; [\mathrm{kg/cm^2}].$$

Beispiel. $h = 735{,}53$ mm Quecksilbersäule bei $0°$ C,
$\gamma a = 13{,}59$ kg/dm³; dann ist der Druck
$P = 735{,}53 \cdot 13{,}59 = 10\,000$ kg/m² $\equiv 1$ at.

Messung von Drücken als Quecksilbersäule und Umrechnung in metrische Atmosphäre. Infolge der Kohäsionskräfte des Quecksilbers wird der Quecksilberspiegel im Rohr herabgedrückt. Diese Depression B [mm], die abhängig vom Rohrdurchmesser in Höhe des Quecksilberspiegels ist, muß bei der Bestimmung des zu messenden Druckes berücksichtigt werden. Das Maß B kann aus Tabelle 1 entnommen werden.

Tabelle 1
(Nach Hinz: 1. Aufl., S. 1)

Lichter Glasrohr- durchmesser in mm	4	5	6	7	8	9	10	12
B mm	2,2	1,6	1,2	0,9	0,7	0,6	0,5	0,3

Sind die beiden Rohrdurchmesser gleich, so erübrigt sich eine Berichtigung. Ist jedoch der untere Quecksilberspiegel groß, so daß eine Depression nicht mehr meßbar ist, dann ist nur die Depression des oberen Spiegels zur gemessenen Länge zu addieren.

Bei der Umrechnung des als Quecksilbersäule gemessenen Druckes ist die Quecksilbertemperatur zu berücksichtigen. Aus Abb. 2 kann der absolute Druck in ata für verschiedene Quecksilberhöhen und Temperaturen direkt abgelesen werden.

Beispiel. Barometerstand bei $40°$ C $= 750{,}1$ mm, Glasrohrdurchmesser in Höhe des oberen Quecksilberspiegels $= 7$ mm (Abb. 1, linkes Bild).

B aus Tab. 1 $= 0{,}9$ mm Q.-S.
$B_a = 750{,}1 + 0{,}9 = 751$ mm Q.-S.
p aus Abb. 2 $= 1{,}0142$ at.

Beispiel. Abb. 1 diene auch zur Erläuterung der Begriffe Atmosphärendruck, Vakuum und absoluter Druck. Gemessene Länge der Q.-S. am Barometer $= 743{,}5$ mm, Glasrohrdurchmesser $= 5$ mm, Temperatur $= 12°$ C, Vakuum in einem Kondensator, Vak. $= 672{,}4$ mm Q.-S. bei $36°$ C.

a) Umrechnung beider Q.-S. auf $0°$ C und in ata; Barometerstand $= 743{,}5 + B = 743{,}5 + 1{,}6 = 745{,}1$ mm, $p = 1{,}011$ ata aus Abb. 2. Da $672{,}4$ mm nicht mehr im Bereich von Abb. 2 liegt, multipliziere man diesen Wert mit dem Verhältnis $\dfrac{1,00}{1,006}$ (aus Abb. 2 für 740 mm Q.-S. bei 36° und 0° entnommen).

$$\text{Vakuum} = 672,4 \cdot 13,59 \cdot \frac{1,000}{1,006} \times$$

$$\times \frac{1}{10000} = 0,9086 \text{ ata.}$$

b) Berechnung des absoluten Drucks.
Atmosphärendruck $p = 1,011$ ata,
minus Vakuum $\qquad = 0,9086 \;,,$

absoluter Druck $\qquad = 0,1024$ ata.

In v.H. des Atmosphärendruckes ausgedrückt ist das Vakuum

$$\text{Vak.} = \frac{0,9086}{1,011} \cdot 100 = 89,9\%.$$

A. Gasgesetze

1. Boyle-Mariottesches Gesetz

Robert Boyle entdeckte 1662, daß bei konstanter Temperatur das Volumen eines Gases umgekehrt proportional dem Druck ist. *Mariotte* hat dieses Gesetz weiter bearbeitet und veröffentlicht.

$$\frac{v_1}{v_2} = \frac{p_2}{p_1}, \quad p_1 \cdot v_1 = p_2 \cdot v_2 = p \cdot v = \text{const.}$$

Im p, v-Diagramm stellt diese Gleichung eine gleichseitige Hyperbel dar.

2. Gay-Lussacsches Gesetz

Gay-Lussac veröffentlichte 1802 das Gasgesetz, wonach bei konstantem Druck die Volumenänderung, bezogen auf

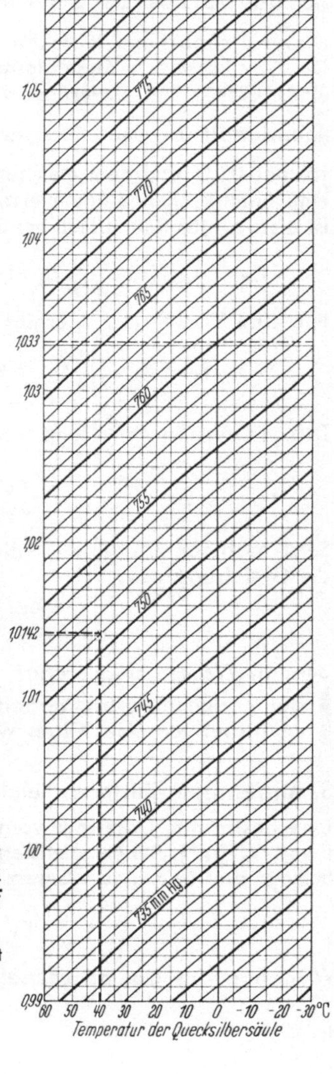

Abb. 2. Umrechnung von Q.-S. in ata [kg/cm²] mit Berücksichtigung der Quecksilbertemperatur. (Nach *Hinz*: 2. Aufl., Abb. 2)

die Einheit bei $0°$ C, proportional der Änderung der absoluten Temperatur ist. Erwärmt man ein Gas von $0°$ C um $1°$ C, so vergrößert sich das Volumen des Gases um $\frac{1}{273}$ des ursprünglichen Volumens. Dieser Proportionalitätsfaktor bei $0°$ C wird mit α bezeichnet.

Das *Gay-Lussac*sche Gesetz lautet: Wird eine bestimmte Gewichtsmenge eines Gases bei unveränderlichem Druck erwärmt, so nimmt ihr Rauminhalt für jeden Grad Erwärmung um $\frac{1}{273}$ des Raumes zu, den sie bei $0°$ C und dem gleichen Druck einnimmt. Bei Abkühlung tritt eine entsprechende Raumverminderung ein.

Ist also v_0 der Rauminhalt bei $0°$ C, so ist der Rauminhalt v_1 bei $t_1°$

$$v_1 = v_0 + v_0 \cdot \frac{1}{273} \cdot t_1 = v_0 \cdot \left(1 + \frac{1}{273} \, t_1\right) = v_0 \, \frac{273 + t_1}{273}.$$

Für eine Temperatur t_2 ergibt sich in gleicher Weise

$$v_2 = v_0 + v_0 \cdot \frac{1}{273} \cdot t_2 = v_0 \cdot \left(1 + \frac{1}{273} \cdot t_2\right) = v_0 \, \frac{273 + t_2}{273}.$$

Durch Division von $\dfrac{v_1}{v_2}$ folgt weiter

$$\frac{v_1}{v_2} = \frac{273 + t_1}{273 + t_2}.$$

Setzt man für $273 + t = T°$ die absolute Temperatur ein, dann lautet die Gleichung

$$\frac{v_1}{v_2} = \frac{T_1}{T_2} = \text{const.}$$

oder in Worten ausgedrückt:

Bei gleichem Druck verhalten sich die Rauminhalte gleicher Gewichtmengen eines Gases wie die absoluten Temperaturen.

3. Allgemeine Zustandsgleichung

Eine bestimmte Gasmenge vom Zustand T_1 und P_1 habe einen Rauminhalt V_1 [m³]. Bei der gleichen Temperatur, aber mit dem Druck P_2, beträgt dann nach dem Gesetz von *Boyle* sein Rauminhalt:

$$V_1' = V_1 \, \frac{P_1}{P_2}.$$

Wird nun das Gas bei demselben Druck P_2 auf die Temperatur T_2

gebracht, so ändert sich nach dem Gesetz von *Gay-Lussac* sein Rauminhalt V_2' in

$$V_2 = V_2' \, \frac{T_2}{T_1}.$$

Setzt man in dieser Gleichung für V'_2 den Wert $V_1 \, \dfrac{P_1}{P_2}$ ein, so lautet sie

dann
$$V_2 = V_1 \, \frac{P_1}{P_2} \, \frac{T_2}{T_1}$$

oder
$$\frac{P_1 \, V_1}{T_1} = \frac{P_2 \, V_2}{T_2} = \text{const.,}$$

oder für 1 kg Gas
$$\frac{P_1 \, v_1}{T_1} = \frac{P_2 \, v_2}{T_2} = \text{const.}$$

Da P_2, v_1 und T_1 beliebige Zustände bedeuten können, folgt, daß für
alle Zustände P, v und T der Ausdruck $\dfrac{P \cdot v}{T}$ den gleichen Wert hat.
Bezeichnet man diesen Wert mit R, so wird für 1 kg Gas

$$\frac{P \, v}{T} = R \; [\text{mkg/kg}°]$$

und für eine beliebige Gewichtmenge G eines Gases mit $v = \dfrac{V}{G}$

$$P \cdot V = G \cdot R \cdot T \; [\text{mkg/kg}°].$$

In dieser Form nennt man das vereinigte Gesetz von *Boyle-Gay-Lussac*
die *allgemeine Zustandsgleichung* eines Gases.
R ist die Gaskonstante, die für alle Zustände eines bestimmten Gases
den gleichen Wert hat.

$$v = \frac{RT}{P} \; [\text{m}^3/\text{kg}], \qquad \gamma = \frac{1}{v} = \frac{P}{R \cdot T} \; [\text{kg/m}^3].$$

Beispiel. Gaskonstante für Luft:

$$R_{Luft} = \frac{P_0 \cdot v_0}{T_0} = \frac{10330 \cdot 0{,}773}{273} = 29{,}27.$$

Die Werte für v_0 der Luft können aus Tabelle 2 entnommen werden.

$$\gamma_0 = \frac{1}{v_0} = \frac{1}{0{,}773} = 1{,}29 \; \text{kg/m}^3$$

$$\text{oder } \gamma_0 = \frac{P_0}{T_0 \, R} = \frac{10\,330}{273 \cdot 29{,}27} = \frac{37{,}85}{R} = \frac{37{,}85}{29{,}27} = 1{,}29 \; \text{kg/m}^3.$$

Tabelle 2. Spezifischer Rauminhalt der Luft $v = \dfrac{RT}{P}$ in m³/kg

(Nach *Hinz*: S. 6, Zahlentafel 3)

Luft-temperatur in °C	— 30	— 20	— 10	± 0	10	15	20	30	50	100	150	200	300
0,1	7,113	7,405	7,698	7,991	8,283	8,430	8,576	8,869	9,454	10,92	12,38	13,84	16,77
0,2	3,556	3,703	3,849	3,995	4,142	4,215	4,288	4,434	4,727	5,458	6,191	6,922	8,386
0,5	1,423	1,481	1,540	1,600	1,657	1,686	1,715	1,774	1,891	2,184	2,476	2,769	3,354
1,0	0,711	0,741	0,770	0,799	0,828	0,843	0,858	0,887	0,945	1,092	1,238	1,384	1,677
1,0333	0,688	0,717	0,745	0,773	0,802	0,816	0,830	0,858	0,915	1,057	1,198	1,340	1,623
2	0,356	0,370	0,385	0,400	0,414	0,421	0,429	0,443	0,473	0,546	0,619	0,692	0,839
4	0,178	0,185	0,192	0,200	0,207	0,211	0,214	0,222	0,236	0,273	0,310	0,346	0,419
6	0,119	0,123	0,128	0,133	0,138	0,140	0,143	0,148	0,157	0,182	0,206	0,231	0,280
8	0,089	0,093	0,096	0,100	0,104	0,105	0,107	0,111	0,118	0,136	0,155	0,173	0,210
10	0,071	0,074	0,077	0,080	0,083	0,084	0,086	0,089	0,094	0,109	0,124	0,138	0,168

(Row-group label at left spanning all data rows: **Absoluter Luftdruck**)

Die Gaskonstante läßt sich auch wie folgt ermitteln:

Werden zwei verschiedene Gase betrachtet, bei denen Druck und Temperatur gleich groß sind, dann lautet die allgemeine Zustandsgleichung

$$p \cdot v = RT, \qquad p \cdot v_0 = R_0 \cdot T;$$

hieraus ergibt sich $\qquad \dfrac{v}{v_0} = \dfrac{\gamma_0}{\gamma} = \dfrac{R}{R_0},$

d. h., die spezifischen Volumen zweier Gase bei gleichen Drücken und Temperaturen verhalten sich wie ihre Gaskonstanten.

Nach dem Gesetz von *Avogadro* verhalten sich die spezifischen Gewichte zweier Gase wie die Molekulargewichte (M und M_0).

$$\frac{\gamma_0}{\gamma_1} = \frac{M_0}{M_1}, \text{ also } \frac{M_0}{\gamma_0} = \frac{M_1}{\gamma_1} = M_0 v_0 = M_1 v_1 = \mathfrak{V}.$$

Da v_0, v_1 die Rauminhalte von 1 kg sind, bedeuten $M_0 v_0$, $M_1 v_1$ die Rauminhalte von M_0, M_1 kg der einzelnen Gase. Bezeichnet man deshalb eine Menge von M kg eines Gases als *Kilomol* oder kurz *Mol* und den Rauminhalt dieser Menge als *Molvolumen*, so ergibt sich aus obiger Gleichung:

> Die Molvolumina aller vollkommenen Gase von gleicher Temperatur und gleichem Druck sind gleich groß.

Für den Normzustand von 0° C und 760 mm Q.-S. beträgt für alle vollkommenen Gase das Molvolumen

$$\mathfrak{V} = M \cdot v = 22{,}4 \text{ Nm}^3/\text{kmol}$$

und wird als *Norm-Molvolumen* bezeichnet.
Hieraus folgt für 0° C und 760 mm Q.-S.

$$v = \frac{22{,}4}{M} \text{ [Nm}^3/\text{kg] und } \frac{1}{v} = \frac{M}{22{,}4} \text{ [kg/Nm}^3].$$

Z. B. ist für Luft mit $M = 28{,}97$

$$\gamma_0 = \frac{28{,}97}{22{,}4} = 1{,}29 \text{ kg/m}^3.$$

Setzt man in der allgemeinen Zustandsgleichung $\mathfrak{V}$ statt v, so wird

$$P \cdot \mathfrak{V} = M \cdot R \cdot T, \text{ also } M \cdot R = \frac{P \cdot \mathfrak{V}}{T}.$$

Da der Ausdruck $\dfrac{P \cdot V}{T}$ für alle Zustände P, V, T eines Gases den gleichen Wert hat, folgt aus den zusammengehörigen Werten 0° C, 760 mm Q.-S. und $\mathfrak{V} = 22{,}4$ Nm³/kmol

Tabelle 3.

(Nach *Hinz*: S. 6, Zahlentafel 2)

Gasart		Molekulargewicht	Gaskonstante	Spezifischer Rauminhalt v in m^3/kg bei		Spezifisches Raumgewicht γ in kg/m^3 bei		Spezifisches Gewicht, bezogen auf Luft
Name	Zeichen	μ	R	1 ata u. 15° C	760 mm Q.-S. = 1,0333 ata u.0°C	1 ata u. 15° C	760 mm Q.-S. = 1,0333 ata u.0°C	
Sauerstoff	O_2	32,000	26,50	0,763	0,700	1,310	1,428	1,104
Stickstoff	N_2	28,020	30,26	0,871	0,799	1,147	1,251	0,967
Wasserstoff	H_2	2,016	420,6	12,11	11,11	0,0826	0,0900	0,0696
Kohlenoxyd	CO	28,000	30,29	0,872	0,800	1,146	1,250	0,966
Kohlensäure	CO_2	44,000	19,27	0,555	0,509	1,802	1,964	1,518
Schwefl. Säure	SO_2	64,070	13,24	0,381	0,350	2,622	2,857	2,221
Ammoniak	NH_3	17,034	49,78	1,433	1,315	0,698	0,760	0,588
Azetylen	C_2H_2	26,016	32,60	0,939	0,862	1,065	1,161	0,898
Methan (Sumpfgas)	CH_4	16,032	52,89	1,523	1,398	0,657	0,715	0,553
Athylen	C_2H_4	28,032	30,25	0,871	0,799	1,148	1,251	0,968
Wasserdampf	H_2O	18,016	47,07	—	—	—	—	—
Luft	—	28,968	29,27	0,843	0,773	1,186	1,293	1,0

$$\mathfrak{R} = M \cdot R = \frac{P_0 \cdot \mathfrak{V}}{T_0} = \frac{10330 \cdot 22{,}4}{273} = 848$$

oder $M \cdot R = \mathfrak{R} = \text{Constans} = 848 \text{ kgm/kmol}^\circ$ für alle Gase; z. B. für Luft

$$R = \frac{848}{M} = \frac{848}{28{,}97} = 29{,}27.$$

Damit lautet die allgemeine Zustandsgleichung für Gase

$$P \cdot \mathfrak{V} = 848 \cdot T.$$

Mit Hilfe der bekannten Molekulargewichte zweier Gase läßt sich die unbekannte Gaskonstante des einen Körpers aus der bekannten des anderen Körpers berechnen.

Beispiel. Für Sauerstoff ist $M_0 = 32$, $R_0 = 26{,}5$. Damit ergeben sich für einige Gase die folgenden Werte:

Wasserstoff H_2 $\qquad M_0 = 2, \qquad R = \dfrac{32}{2} \cdot 26{,}5 = 420{,}6;$

Kohlenoxyd CO $\qquad M_0 = 28, \qquad R = \dfrac{32}{28} \cdot 26{,}5 = 30{,}29;$

Kohlendioxyd CO_2 $\quad M_0 = 44, \qquad R = \dfrac{32}{44} \cdot 26{,}5 = 19{,}27.$

4. Zustandsgleichung für Luft- und Dampfgemische

Der vorstehende Wert von R gilt nur für trockene Luft. In der Luft ist aber immer Wasserdampf enthalten; dieser ist nachteilig. Das Verhalten des Wassers (verdampfen und kondensieren) bei der Kompression, Expansion, beim Erhitzen und Kühlen von Luft wird nachstehend erläutert. Diese physikalischen Vorgänge bilden die Grundlage vieler wichtiger Verfahren der Trocknung, der Verdunstungskühlung, der Heizung und der Klimatisierung. Den Druckluft-Techniker interessiert in erster Linie der Einfluß des Wasserdampfgehaltes bei der Herstellung von Druckluft und seine Ausscheidung.

In der Ansaugeluft der Kompressoren ist Wasser in Dampfform enthalten, dessen Menge bei einer gegebenen Temperatur ein bestimmtes Maß nicht überschreiten kann, weil sein Teildruck niemals größer sein kann als der zu der gegebenen Temperatur gehörige Sättigungsdruck. Die Dampftabellen über gesättigten Wasserdampf enthalten die Werte dieser Sättigungsdrücke und auch des Wassergewichtes je m³ Luftdampfgemisch. In Abb. 3 sind diese Werte graphisch dargestellt.

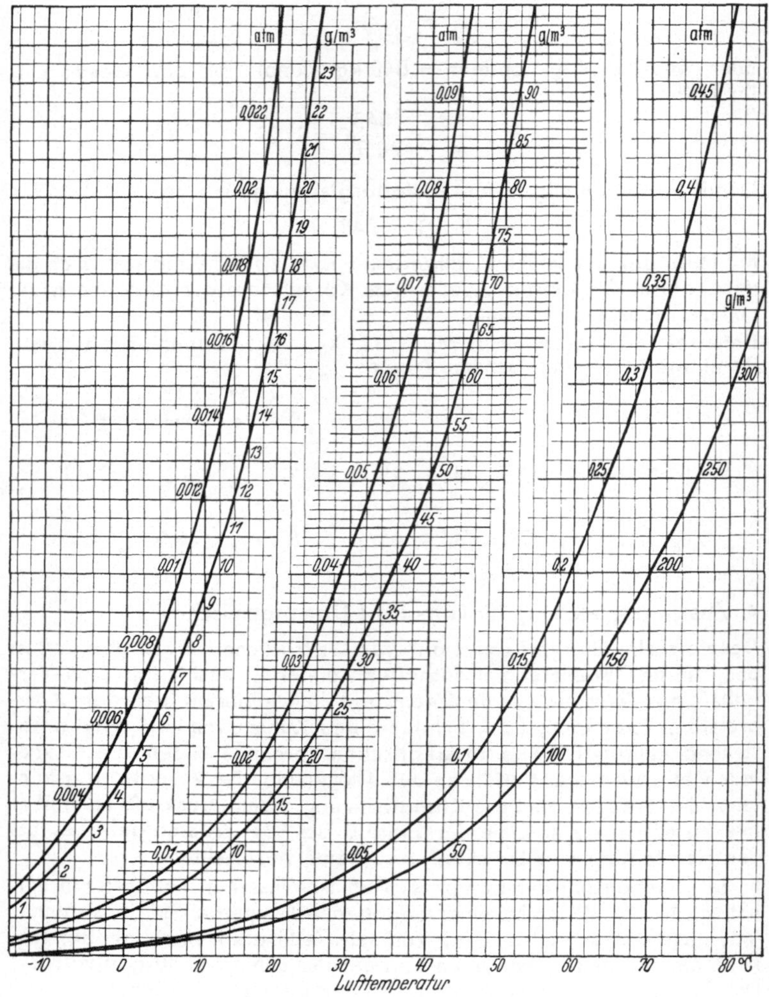

Abb. 3. Wasserdampfteildruck und Wassergehalt gesättigter Luft
(Nach *Hinz*: 1. Aufl., Taf. 29)

Steht eine Luftmenge mit Wasser in Berührung, so entwickelt sich aus dem Wasser Wasserdampf, und zwar nur soviel, bis der Gesamtraum unter dem zur herrschenden Temperatur gehörigen Sättigungsdruck steht. Der Wasserdampf verhält sich im Gesamtraum dabei so, als ob überhaupt keine Luft da wäre; dasselbe trifft auf die Luft bezüglich der Anwesenheit des Dampfes zu (Gesetz von *Dalton*).

Bezeichnungen:
P_D Druck des Wasserdampfes [kg/cm^2],
P'_D Druck des gesättigten Wasserdampfes (Höchstdruck) [kg/cm^2],
P_L Druck der Luft [kg/cm^2],
P Gesamtdruck [kg/cm^2],
w Wasserdampfgewicht je 1 m^3 Luft in ungesättigtem Zustand [g/m^3],
w' Wasserdampfgewicht in gesättigtem Zustand [g/m^3],
$P = P_D + P_L$.

Die Luft verhält sich so, als ob der Druck $P_L = P - P_D$ vorhanden wäre.

Ist der Druck P_D des Wasserdampfes geringer als der Sättigungsdruck P'_D, so enthält die Luft weniger Wasser, als sie bei P'_D enthalten könnte. Diesen Zustand bezeichnet man als ungesättigt. Das Verhältnis der Wassermenge in ungesättigtem Zustand (w) zum gesättigten (w') ist die *relative Feuchtigkeit* φ.

$$\varphi = \frac{w}{w'} \quad \text{oder} \quad \varphi = \frac{P_D}{P'_D}.$$

Erwärmt man gesättigte Luft, so kann sie mehr Wasserdampf aufnehmen. Gibt man ihr dazu keine Gelegenheit, so wird sie ungesättigt. Kühlt man gesättigte Luft ab, so überschreitet sie den Taupunkt und scheidet Wasser aus, und zwar soviel, bis der Sättigungsdruck wieder erreicht ist.

Die relative Feuchtigkeit φ kann man bestimmen durch Hygrometer oder durch Bestimmen des Taupunktes (*Lambrechtsches* Taupunkthygrometer, Psychometer von *August*).

Beispiel. Kompressor mit Ansaugeleistung 12 m^3/min, $p_1 = 1$ ata, $t_1 = 20°$ C, relative Feuchtigkeit 0,9, Enddruck 8 ata, t Windkessel = 70° C, t Rohrleitung = 25° C.
Wieviel Wasser scheidet stündlich aus: a) im Windkessel, b) in der Rohrleitung?
Bei $t_1 = 20°$ und $\varphi = 0,9$ ist in der Ansaugeluft stündlich an Wasser enthalten (Abb. 3):

$$17,1 \cdot 0,9 \cdot 12 \cdot 60 = 11200 \text{ g/h}.$$

Die Luft im Windkessel kann maximal, d. h. bis zum Sättigungszustand, an Wasser enthalten

$$\frac{V_1}{P_2} \cdot \frac{T_2}{T_1} \cdot w_2' \cdot 60,$$

$$\frac{12}{8} \cdot \frac{343}{293} \cdot 198 \cdot 60 = 20923 \ \text{g/h}.$$

Es ist zu beachten, daß die Volumenänderung durch Druck und Temperatur berücksichtigt werden muß, während das Wasserdampfgewicht je m^3 unabhängig vom Druck ist.

Im Windkessel kann sich bei dem gegebenen Zustand wegen der noch zu hohen Drucklufttemperatur noch kein Wasser abscheiden.

In der Rohrleitung kann die Luft an Wasser enthalten

$$\frac{V_1}{P_2} \cdot \frac{T_2}{T_1} \cdot w_3' \cdot 60,$$

$$\frac{12}{8} \cdot \frac{298}{293} \cdot 23 \cdot 60 = 2109 \ \text{g/h}.$$

Die Differenz von 11 200 und 2109 gleich 9091 g/h wird ausgeschieden.

Der Kompressor saugt Luft mit einem gewissen Feuchtigkeitsgehalt an, der durch ein Hygrometer festgestellt werden kann. Da die Luft während und nach der Kompression nicht mit flüssigem Wasser in Berührung steht, bleibt die absolute Wassermenge konstant. Im Ansaugezustand (p_1, t_1, φ_1, w_1') enthält $v_1 = 1 \ m^3$ Luft-Dampfgemisch folgende Wassermengen: $\varphi_1 \cdot w_1' \cdot V_1$ [g].

Nach der Kompression, also im Zustand mit Index 2, enthält die Luft $\varphi_2 \cdot w_2' \cdot V_2$ [g].

Da, wie oben gesagt, während der Kompression kein Wasser zusätzlich aufgenommen werden kann, ist

$$\varphi_1 \cdot w_1' \cdot V_1 = \varphi_2 \cdot w_2' \cdot V_2; \qquad \varphi \, w' \, V = \text{constant}.$$

w' ist nur abhängig von der Temperatur und kann aus den Dampftabellen bzw. aus Abb. 3 entnommen werden. φ wird mit einem Hygrometer festgestellt. Gesucht wird φ_2:

$$\varphi_2 = \varphi_1 \cdot \frac{w_1' \cdot V_1}{w_2' \cdot V_2}.$$

Nach der allgemeinen Zustandsgleichung, wenn das gleiche Luftgewicht $G_1 = G_2$ in einen anderen Zustand übergeführt wird, ist

$$P_1 \cdot V_1 = G_1 \cdot R \cdot T_1, \qquad P_2 \cdot V_2 = G_2 \cdot R \cdot T_2.$$

Da $G_1 = G_2$, so wird

$$\frac{V_1}{V_2} = \frac{P_2}{P_1} \cdot \frac{T_1}{T_2}.$$

Dies in obige Gleichung für φ_2 eingesetzt ergibt

$$\varphi_2 = \varphi_1 \frac{w_1'}{w_2'} \cdot \frac{P_2 \cdot T_1}{P_1 \cdot T_2}.$$

Wenn man $\varphi_2 = 1$ setzt, also den Zustand 2 als gesättigt annimmt, kann man mit obigen Formeln angenähert auch die Temperatur ermitteln, bei der das Wasser sich auszuscheiden beginnt.
Wenn in einem Sonderfall $T_2 = T_1$ ist, d. h. die Temperatur nach der Kompression auf Ansaugetemperatur zurückgekühlt wurde, dann beträgt die Wassermenge, die je 1 m³ ausgeschieden wird,

$$Q_{Kondensw.} = \varphi_1 w_1' - w_1' \frac{P_1}{P_2} = w_1' \cdot \left(\varphi_1 - \frac{P_1}{P_2}\right) \ [g].$$

Wenn im Zustand 2 die Temperatur höher oder niedriger als die Ansaugetemperatur ist, dann ergibt sich die ausgeschiedene Wassermenge je m³ angesaugte Luft

$$Q_{Kondensw.} = \varphi_1 w_1' - w_2' \frac{P_1}{P_2} \cdot \frac{T_2}{T_1} \ [g].$$

In einem großen Druckluftnetz treten durch Ausscheiden von Wasser Querschnittsverengungen und Korrosionsschäden auf. Die Leitung und die Steuerungsteile der Werkzeuge werden dadurch verunreinigt. Außerdem entsteht Vereisungsgefahr. Alle diese Nachteile vermeidet man, wenn die Druckluft hinter dem Kompressor auf eine Temperatur heruntergekühlt wird, die unter der Temperatur am Verwendungsort liegt. Auf dem Weg dahin nimmt die Druckluft dann wieder eine höhere Temperatur an und kann kein Wasser mehr ausscheiden. Die Rohrleitungen sind trocken geworden. Auch der Ölgehalt ist in diesem Falle vermindert, so daß eine Erhitzung der Druckluft ohne Explosionsgefahr vorgenommen werden kann.
Der Gesamtdruck P ist gleich der Summe der Teildrücke:

$$P = P_L + P_D.$$

Durch den Feuchtigkeitsgehalt ergibt sich, wie nachstehendes Beispiel aus *Bouché*, Kolbenverdichter, zeigt, eine Raumvergrößerung.
Beispiel. Ein Kompressor sauge feuchte Luft von 40° C an. Der Barometerstand betrage 760 mm bei 40° C.
Der absolute Druck kann aus Abb. 2 abgelesen werden und beträgt

bei 40° C = 1,0264 ata; der Sättigungsdruck P_D des Wasserdampfes ist nach Abb. 3 = 0,0752 ata. Für $\varphi = 1$ ist $P_D = P_D'$ und damit der Teildruck der Luft

$$P_L = 1,0264 - 0,0752 = 0,9512 \text{ ata.}$$

Das Volumen der trockenen Luft mit dem Teildruck 0,9512 ata ist geringer als das Volumen des Luft-Wasserdampfgemisches mit dem Gesamtdruck 1,0264 ata.

$$V_{trocken} = \frac{V_{gesättigt}}{1,0264} \cdot 0,9512 = V_{ges.} \cdot 0,933 \text{ v.H. kleiner.}$$

Wird umgekehrt 1 m³ trockener Luft vom Zustand 40° C und 760 mm Q.-S. soviel Wasserdampf zugeführt, daß die Luft vollkommen gesättigt ist ($\varphi = 1$), dann nimmt das Gemisch bei gleichem Druck einen Raum von 1,078 m³ ein. Die Raumzunahme beträgt 7,8 %.

In dem gleichen Maße steigt der Leistungsaufwand für die Kompression. Ein hoher Wassergehalt der Luft ist also unerwünscht, besonders bei höherer Verdichtung, da er einen nutzlosen Energieaufwand erfordert. Die Gaskonstante des Luft-Dampfgemisches R_G errechnet sich wie folgt:

$$R_G = \frac{R_{Luft}}{1 - 0,377 \cdot \varphi \,\dfrac{P'_D}{P}}.$$

Die Gaskonstante R_G von feuchter Luft ist größer als die von trockener Luft; damit wird γ kleiner. Soll also ein bestimmtes Gewicht an trockener Luft geliefert werden, so ist bei feuchter Luft ein größeres Volumen anzusaugen.

5. Wärmeäquivalent

Robert Mayer stellte 1842 das Gesetz auf, daß Wärme und Arbeit gleichwertig sind. Wärmemengen (Q) werden in Wärmeeinheiten (W.E.) gemessen, Arbeit (L) in mkg. Die Wärmeeinheit 1 kcal ist die Wärmemenge, die notwendig ist, um 1 kg Wasser von 14,5° C auf 15,5° C zu erwärmen.

Die Umrechnung von kcal in mkg erfolgt nach der Gleichung

$$Q = AL.$$

A = Proportionalitätsfaktor oder das *thermische Wärmeäquivalent*, der reziproke Wert ist das *mechanische Wärmeäquivalent*.

$$A = \frac{1}{427} \; ; \; 1 \text{ kcal} = 427 \text{ mkg}.$$

Wird einem Körper Wärme zugeführt, so dient diese dazu, a) die innere (potentielle) Energie zu vergrößern, b) das Volumen zu vergrößern, d. h. Arbeit zu leisten. Die Energiebilanz drückt sich in folgender Gleichung aus:

$$dQ = dU - APdV$$

oder

$$Q_2 - Q_1 = U_2 - U_1 - AP\,(V_2 - V_1).$$

6. Spezifische Wärme

Die Stoffe erscheinen in drei verschiedenen Formen: a) fest, b) flüssig, c) flüchtig.

Den Druckluftverbraucher interessiert nur die flüchtige Form, d. h. Luft als Gas. Flüssige Luft, ihre Erzeugung und Verwendung, gehört nicht in unsere Betrachtungen. Sehen wir atmosphärische Luft als aus flüssiger Luft entstanden an, so wirken im Zustand der Verdampfung die molekularen Anziehungskräfte noch im Höchstmaß, während man sich diese im Zustand der Überhitzung als immer kleiner werdend und bei hoher Überhitzung als nicht mehr vorhanden vorstellen kann. Diesen anziehungslosen Zustand nennt man den *idealen Gaszustand*. Die umgebende Luft von atmosphärischer Spannung ist also hoch überhitzt und verhält sich daher wie ein ideales oder vollkommenes Gas.

Erwärmt man ein Gas bei konstantem Volumen, so bezeichnet man die Wärmemenge, die nötig ist, um die Temperatur von 1 kg Gas um 1° zu erhöhen, mit c_v. Die ganze Wärme dient zur Erhöhung der inneren Energie.

$$q = c_v \cdot (T_2 - T_1).$$

Wird die Erwärmung bei konstantem Druck durchgeführt, so ist außer der Erhöhung der inneren Energie noch eine äußere Arbeit zu leisten. Diese Wärmemenge je kg und Grad nennt man c_p.

$$q = c_p \cdot (T_2 - T_1); \; c_p > c_v.$$

$c_p - c_v$ ist die in kcal gemessene Ausdehnungsarbeit von 1 kg Gas, das unter gleichbleibendem Druck um 1° C erwärmt wird. Wenn 1 kg Gas vom absoluten Nullpunkt —273° C um 1° C unter gleichbleibendem Druck erwärmt wird, so ist die Ausdehnungsarbeit

$$P \cdot V = RT, \quad \text{demnach} \quad P \cdot V = R \cdot 1 = 427\,(c_p - c_v) \text{ in mkg},$$

oder

$$c_p - c_v = AR.$$

c_p und c_v sind spezifische Wärme je kg,
C_p und C_v sind spezifische Wärme je Mol,

$$C_p - C_v = AR = \frac{848}{427} = 1{,}985 \text{ für alle Gase gleich.}$$

Tabelle 4. Werte für spezifische Wärmen

	Für Gase			Für Luft
	1-atomig	2-atomig		0°C 760 mm Q.-S.
C_p	~ 5	~ 7	$c_p = \dfrac{C_p}{M}$	$c_p = 0{,}241$
C_v	~ 3	~ 5	$c_v = \dfrac{C_v}{M}$	$c_v = 0{,}172$
$\varkappa = \dfrac{C_p}{C_v}$	1,66	1,4	$\varkappa = \dfrac{c_p}{c_v}$	$\varkappa = 1{,}4$

Bei höheren Temperaturen gibt folgende Formel angenäherte Werte:

$$c_p = 0{,}241 + 0{,}0000376\, t, \qquad c_v = 0{,}172 + 0{,}0000376\, t.$$

Diese Formeln gelten bis etwa 700° C; darüber hinaus ist der Anstieg geringer.

Bei höheren Drücken gibt folgende Formel angenäherte Werte:

$$c_p = 0{,}241 + 0{,}0004\, p.$$

Bei den technischen Rechnungen sind vornehmlich die mittleren spezifischen Wärmen von Bedeutung

$$c_{pm} = \frac{c_{p_0} + c_{p_t}}{2}.$$

B. Zustandsänderungen

1. Bei gleichbleibendem Druck P = const.

Führt man dem Gas vom Zustand (P_1, V_1, T_1) eine Wärmemenge zu und läßt es sich bei gleichbleibendem Druck ausdehnen, so wird

    a) seine fühlbare Wärme (Temperatur) erhöht,

    b) von ihm eine mechanische Arbeit geleistet.

Die Zustandsgleichung lautet

$$\frac{V_1}{V_2} = \frac{T_1}{T_2}.$$

Die Raumänderungsarbeit (Inhalt der schraffierten Fläche) beträgt bei einer Erwärmung von T_1 auf T_2

$$L = P\,(V_2 - V_1)\ \text{mkg}.$$

Die zugeführte Wärme beträgt

$$Q = G\,c_p\,(T_2 - T_1) = \frac{\varkappa}{\varkappa - 1} \cdot A \cdot L\ \text{kcal}.$$

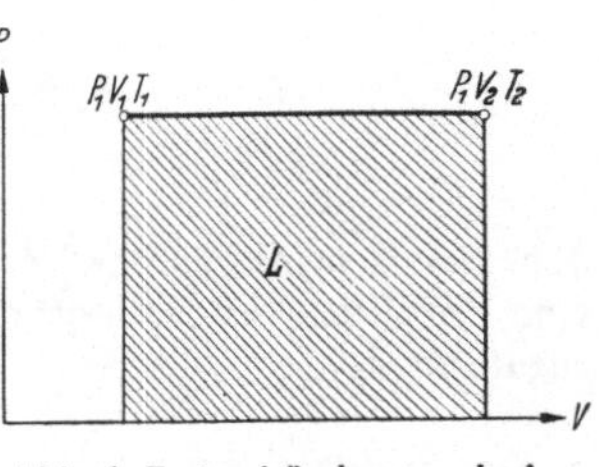

Abb. 4. Zustandsänderung bei konstantem Druck

2. Bei gleichbleibendem Volumen V = const.

Die Zustandsgleichung lautet

$$\frac{P_1}{P_2} = \frac{T_1}{T_2}.$$

Wird die Temperatur einer Gasmenge bei gleichbleibendem Volumen von T_1 auf T_2 erhöht, so ist folgende Wärmemenge zuzuführen:

$$Q = G \cdot c_v\,(T_2 - T_1) = A\,\frac{V}{\varkappa - 1}\,(p_2 - p_1) \cdot 10^4.$$

Diese Wärmemenge dient ausschließlich zur Erhöhung der inneren Energie; eine äußere Arbeit wird nicht geleistet.

$$L = 0.$$

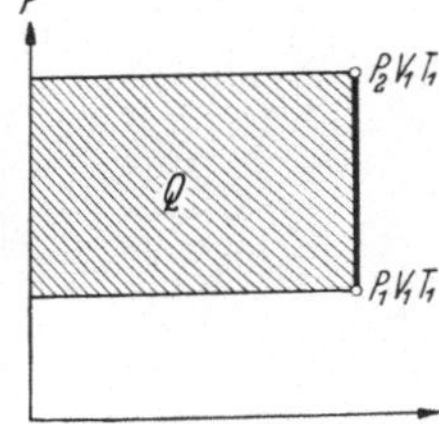

Abb. 5. Zustandsänderung bei konstantem Volumen

3. Bei gleichbleibender Temperatur T = const.

Die Zustandsgleichung lautet:

$$P \cdot V = \text{const.}; \quad P \cdot v = \text{const.} = R \cdot T.$$

Die zu- bzw. abgeführte Wärmemenge wird vollkommen in Raumänderungsarbeit verwandelt. Die innere Energie bleibt unverändert.

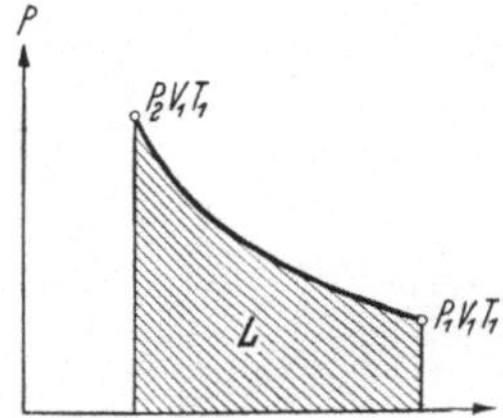

Abb. 6. Zustandsänderung bei konstanter Temperatur

$$L = P_1 \cdot V_1 \ln \frac{V_2}{V_1} = P_1 V_1 \ln \frac{p_1}{p_2} = RT \cdot \ln \frac{p_1}{p_2} \, ,$$

$$Q = A \cdot L,$$

d. h. bei isothermischer Verdichtung oder Ausdehnung eines Gases ist eine der Raumänderungsarbeit gleichwertige Wärmemenge ab- bzw. zuzuführen.

4. Adiabatische Zustandsänderung

Es wird während der Zustandsänderung weder Wärme zu- noch abgeführt. Die Leistung der äußeren mechanischen Arbeit erfolgt bei einer Ausdehnung restlos auf Kosten der inneren Energie, ist also mit einer Senkung der Temperatur verbunden, während bei einer Kompression die gesamte aufgewendete Arbeit zur Erhöhung der inneren Energie, also der Temperatur, benutzt wird.

Die Zustandsgleichung der Adiabate lautet $p \cdot v^\varkappa = $ const., oder allgemein:
$$P \cdot V^\varkappa = \text{const.}$$

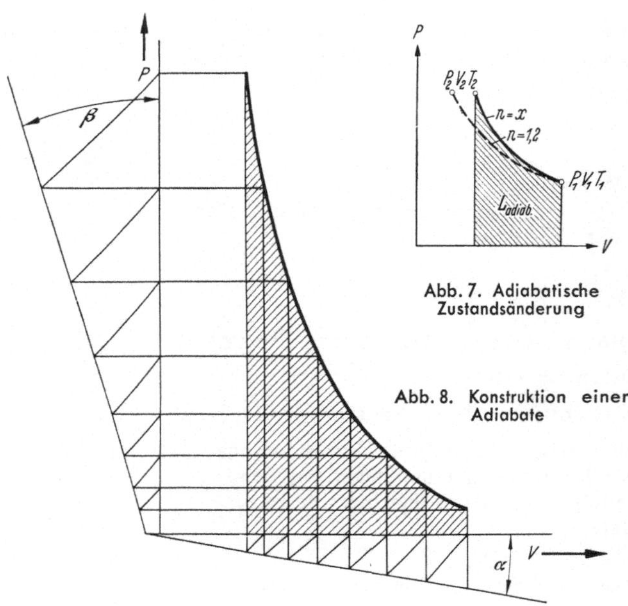

Abb. 7. Adiabatische Zustandsänderung

Abb. 8. Konstruktion einer Adiabate

$$\frac{V_1}{V_2} = \left(\frac{P_2}{P_1}\right)^{\frac{1}{\varkappa}} = \left(\frac{T_2}{T_1}\right)^{\frac{1}{\varkappa-1}} .$$

Die von 1 kg Gas geleistete bzw. aufzuwendende Arbeit ist

$$AL = c_v \, (T_2 - T_1) \text{ in WE,}$$

$$L = \frac{P_1 V_1}{\varkappa-1}\left[1 - \left(\frac{V_1}{V_2}\right)^{\varkappa-1}\right] = \frac{P_1 V_1}{\varkappa-1}\left[1 - \left(\frac{P_2}{P_1}\right)^{\frac{\varkappa-1}{\varkappa}}\right]$$

$$= \frac{P_1 V_1}{\varkappa-1}\left(1 - \frac{T_2}{T_1}\right) = \frac{1}{\varkappa-1}\,(P_1 V_1 - P_2 V_2) \text{ [mkg].}$$

Bei der Konstruktion der Kurve für die Adiabate wählt man den Winkel α mit 30° und β mit 42°.

5. Polytropische Zustandsänderung

Polytropische Zustandsänderungen im engeren Sinne verlaufen nach dem Gesetz:

$$p \cdot v^n = \text{const. oder für } G \text{ kg Gas } p \cdot V^n = \text{const.}$$

Die praktisch wichtigsten Polytropen liegen zwischen der Isotherme und der Adiabate (in Abb. 7 ist die polytropische Zustandsänderung für $n = 1{,}2$ eingezeichnet) und der Exponent n somit zwischen 1 und $\varkappa$. Es gelten im allgemeinen dieselben Formeln wie für die Adiabate, nur ist n statt $\varkappa$ zu schreiben. So ergibt sich z. B. bei polytropischer Verdichtung von P_1, V_1, T_1 auf P_2, V_2, T_2 die Raumänderungsarbeit

$$L_e = \frac{1}{n-1}\,(P_1 V_1 - P_2 V_2) \text{ [mkg].}$$

Ferner

$$\frac{T_2}{T_1} = \left(\frac{P_2}{P_1}\right)^{\frac{n-1}{n}} = \left(\frac{V_1}{V_2}\right)^{n-1} .$$

Dagegen gilt nicht mehr die gleiche Formel für die zugeführte Wärme. Diese war für die Adiabate $Q = 0$. Hierbei ergibt sich für polytropische Ausdehnung

$$Q = c_v \, \frac{n - \varkappa}{n - 1}\,(T_2 - T_1)\,G \text{ [kcal].}$$

Setzt man noch $c = c_v \, \dfrac{n - \varkappa}{n - 1}$ [kcal/kg°],

so ist $Q = c\,(T_2 - T_1)\,G$ [kcal].

Polytropische Verdichtung. Mit P_1, V_1, T_1 als Anfangszustand ergibt sich

$$Q = c\,(T_2 - T_1) \cdot G \quad [\text{kcal}]$$

oder

$$Q = \frac{\varkappa - n}{\varkappa - 1} \cdot A \cdot L_e \quad [\text{kcal}].$$

$n > \varkappa$ bedeutet Wärmeabfuhr bei Expansion, Wärmezufuhr bei Kompression,

$1 < n < \varkappa$ bedeutet Wärmezufuhr bei Expansion, Wärmeabfuhr bei Kompression.

Die Konstruktion der Polytrope entspricht derjenigen der Adiabate. Die folgende Zahlentafel gibt für verschiedene Werte des Exponenten n den Winkel β an, wenn α mit 30° gewählt ist.

Tabelle 5

n	1	1,1	1,15	1,2	1,25	1,3	1,35	1,41
β	30°	33°	34° 30′	36°	37° 30′	39°	40° 20′	42°

6. Vorgänge in einem Kompressor ohne schädlichen Raum und ohne Verluste

Der Vorgang in einem Kompressor setzt sich aus drei Teilen zusammen:

       a) Ansaugen bei konstantem Druck,
       b) Verdichten nach einer Polytrope,
       c) Ausschieben bei konstantem Druck.

Die Arbeit während eines Hubes wird durch den Flächeninhalt des Diagramms Abb. 9 dargestellt. Die Fläche setzt sich aus den Werten für die reine Verdichtungsarbeit, zuzüglich der Arbeit für das Ausschieben und abzüglich der Arbeit für das Ansaugen, zusammen. Verläuft die Kompressionslinie z. B. nach einer Isotherme, so ist

$$L_{is} = P_1 V_1 \ln \frac{P_2}{P_1} + P_2 V_2 - P_1 V_1.$$

Da $P_1 V_1 = P_2 V_2$ ist, ergibt sich $L_{is} = P_1 V_1 \ln \frac{P_2}{P_1}.$

Die im Kühlwasser abzuführende Wärmemenge beträgt

$$Q = A \cdot L.$$

Die polytropische Kompressorarbeit bei einem verlustlosen Kompressor beträgt das *n*-fache der Arbeit bei der Verdichtung.

$$L_{pol} = P_1 V_1 \frac{n}{n-1} \left[\left(\frac{P_2}{P_1}\right)^{\frac{n-1}{n}} - 1 \right]$$

$$= P_2 V_2 \frac{n}{n-1} \left(\frac{T_2}{T_1} - 1\right)$$

$$= \frac{n}{n-1} \left(P_2 V_2 - P_1 V_1\right).$$

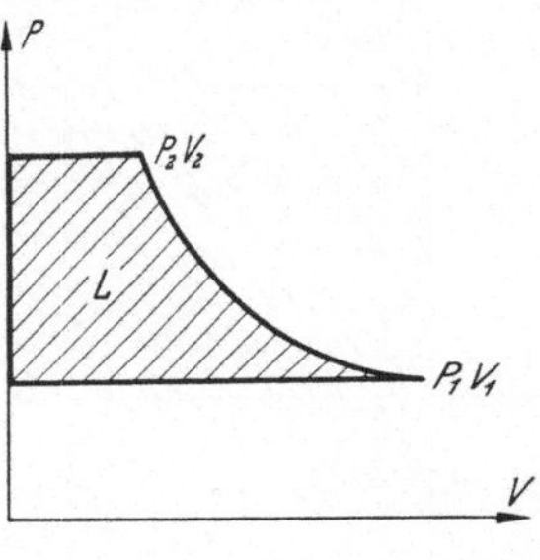

Abb. 9. Vorgänge in einem verlustlosen Kompressor

Die im Kühlwasser während der Verdichtung abzuführende Wärmemenge beträgt

$$Q = \frac{\varkappa - n}{\varkappa - 1} \cdot \frac{1}{n} \cdot AL = G c_v \frac{n - \varkappa}{n - 1} (T_2 - T_1);$$

für $n = \varkappa$ ist $Q = 0$ (adiabatische Verdichtung).

Beispiel. Ein verlustloser Kompressor ohne schädlichen Raum verdichte Luft von einem Anfangsdruck $p_1 = 0,89$ ata auf einen Enddruck von 5 atü. Die Anfangstemperatur t_1 betrage 25° C und das minutliche Ansaugvolumen $V_s = 3$ m³. Der Verdichtungsexponent n sei 1,4.

Absoluter Enddruck $p_2 = 0,89 + 5 = 5,89$ at.

Theoretische adiabatische Verdichterarbeit für 1 m³ Luft

$$L_{ad} = P_1 V_1 \frac{\varkappa}{\varkappa - 1} \left[\left(\frac{P_2}{P_1}\right)^{\frac{\varkappa - 1}{\varkappa}} - 1 \right]$$

$$= 8900 \cdot 1 \cdot \frac{1,4}{1,4 - 1} \left[\left(\frac{5,89}{0,89}\right)^{\frac{1,4 - 1}{1,4}} - 1 \right] = 22370 \text{ mkg/m}^3.$$

Dieser Wert kann aus Abb. 10 direkt für 1 m³ Luft abgelesen werden.

Theoretische adiabatische Verdichterleistung für 3 m³ Luft

$$N_{ad} = \frac{L_{ad} \cdot V_s}{60 \cdot 75} = \frac{L_{ad} \cdot V_s}{4500} = \frac{22370 \cdot 3}{4500} = 14,9 \text{ PS.}$$

Druckluftvolumen

$$V_2 = V_1 \left(\frac{P_1}{P_2}\right)^{\frac{1}{\varkappa}} = 3 \left(\frac{0,89}{5,89}\right)^{\frac{1}{1,4}} = 0,778 \text{ m}^3/\text{min.}$$

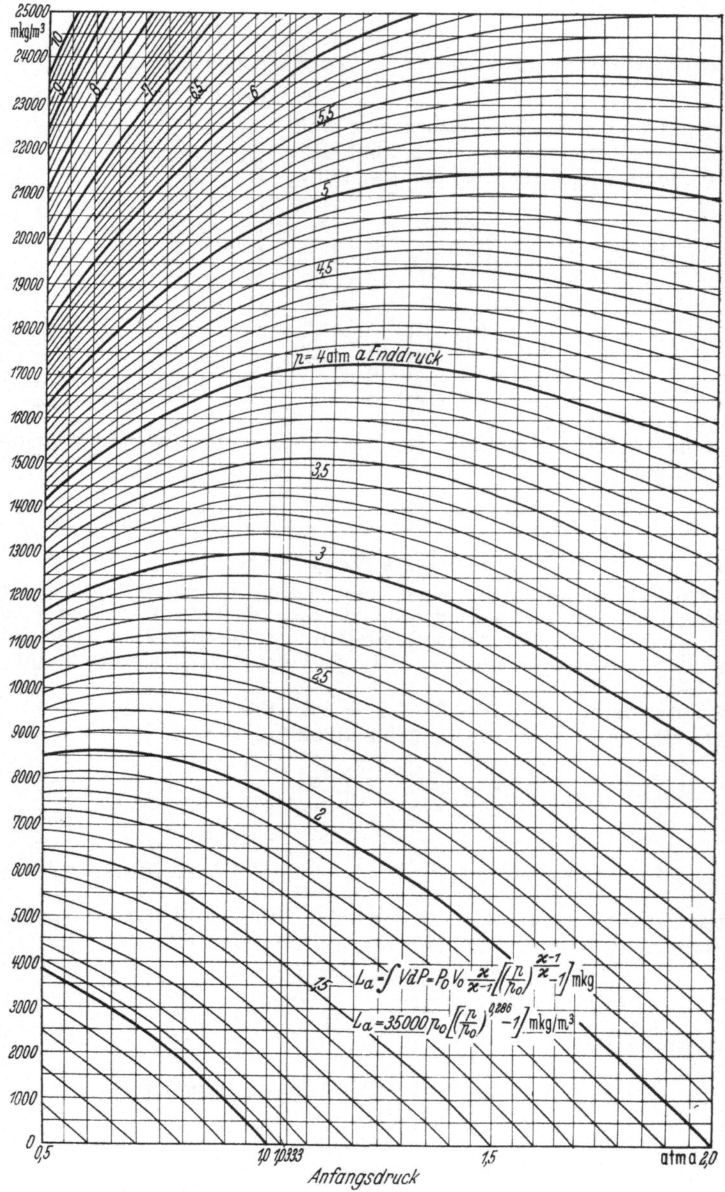

Abb. 10. Arbeitsbedarf bei einstufiger adiabatischer Verdichtung

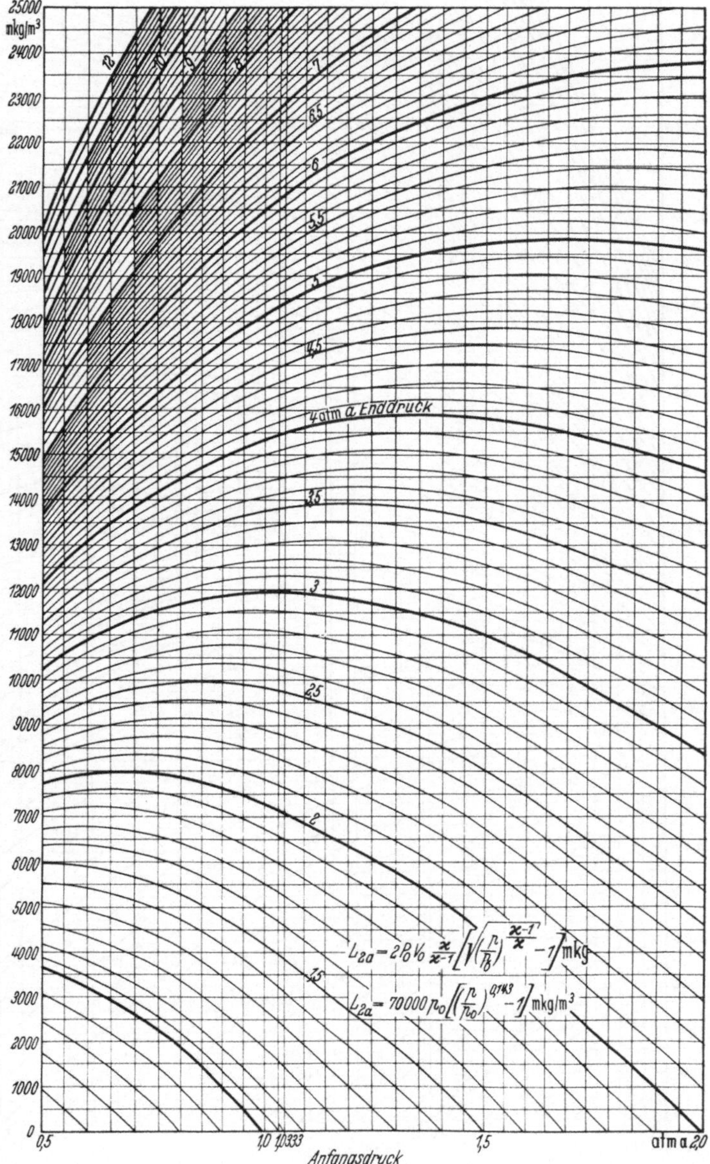

$$L_{2a} = 2 p_0 V_0 \frac{\varkappa}{\varkappa - 1}\left[\sqrt{\left(\frac{p}{p_0}\right)^{\frac{\varkappa - 1}{\varkappa}}} - 1\right] \text{mkg}$$

$$L_{2a} = 70000\, p_0\left[\left(\frac{p}{p_0}\right)^{0,143} - 1\right] \text{mkg/m}^3$$

Abb. 11. Arbeitsbedarf bei zweistufiger adiabatischer Verdichtung

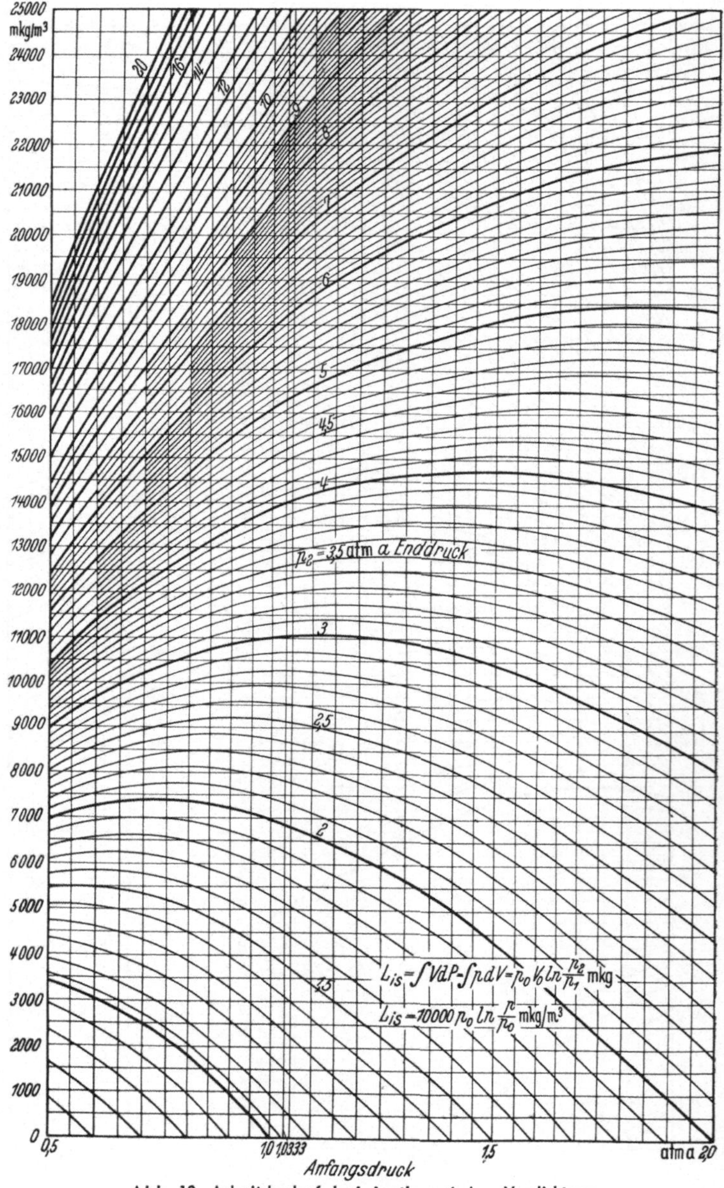

Abb. 12. Arbeitsbedarf bei isothermischer Verdichtung

Theoretische Endtemperatur

$$T_2 = T_1 \left(\frac{P_2}{P_1}\right)^{\frac{\varkappa-1}{\varkappa}} = (273 + 25) \cdot \left(\frac{5{,}89}{0{,}89}\right)^{\frac{1{,}4-1}{1{,}4}} = 511°\,\text{K},$$

$$t_2 = 511 - 273 = 238°\,\text{C}.$$

C. Entropie

Eine Wärmezufuhr bedeutet für den Stoff eine Erhöhung seiner Arbeitsfähigkeit. Der Stoff besitzt einen Energievorrat in Form von Wärme. Dieser Energievorrat läßt sich nutzbar machen, wenn das Temperaturniveau über demjenigen der Umgebung liegt. Je heißer der Wärmeträger gegenüber seiner Umgebung ist, desto höher ist der Wert der zur Arbeit verfügbaren Wärme. Die Temperatur kann als Intensität dieser Energieform, ähnlich wie der Druck des eingeschlossenen gespannten Wassers oder die Gefällshöhe eines Stauweihers, aufgefaßt werden.

Der Betrag dQ der Wärmemenge läßt sich als das Produkt zweier Faktoren denken; der eine ist die Temperatur T (absolut), dem anderen hat man den Namen Entropiezuwachs d_s gegeben. Er erklärt sich durch die Gleichung

$$dQ = T \cdot d_s = dU + APdv \quad (Erster\ Hauptsatz).$$

Diese Gleichung gestattet, die bei einer Zustandsänderung einem Gas zu- bzw. abgeführte Wärmemenge als Fläche darzustellen.

Trägt man die Entropiewerte als Abszissen und die absoluten Temperaturen als Ordinaten ab, so erhält man die Entropietafel. In ihr stellt der Flächeninhalt eines schmalen Streifens von der Breite d_s und der Höhe T die Wärme $dQ = T \cdot d_s$ dar. Für eine endliche Zustandsänderung ist die Wärmemenge sichtbar als Flächenstreifen zwischen Anfangs- und Endordinate.

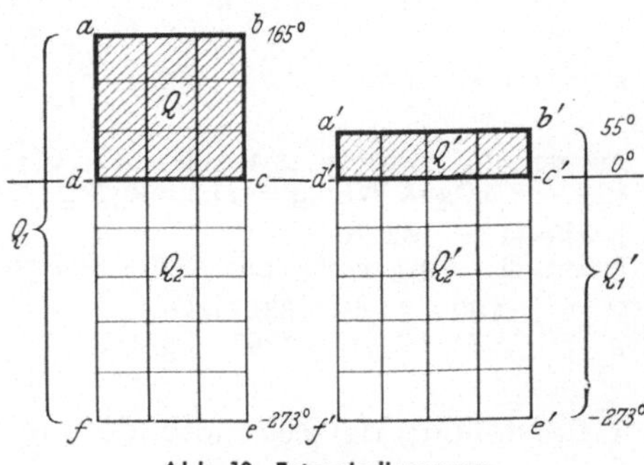

Abb. 13. Entropiediagramm

In Abb. 13 sind zwei Entropiediagramme von gleichem Flächeninhalt, aber verschieden großen Wärmegewichten und Temperaturgefällen dargestellt. Die Basis der beiden Rechtecke liegt auf der absoluten Nullinie —273°. Die Wärmemengen Q_1 und Q_1' könnten mithin nur voll und ganz ausgenutzt werden, wenn auf der Erde die Temperatur —273° vorhanden wäre. Das Bild ändert sich jedoch, wenn die tatsächliche Temperatur der Umgebung eingeführt wird. Diese untere Temperaturgrenze ist in Abb. 13 mit 0° C angenommen. Praktisch ausnutzbar ist dann nur das Wärmegefälle bis 0° C, also die Wärmemengen Q und Q'. In dem Diagramm sei $Q = 9$ Flächeneinheiten und $Q' = 4$ Flächeneinheiten. Durch diese Größen werden die nutzbaren Wärmemengen dargestellt, die also in Arbeit umgesetzt werden können.

$$Q = Q_1 - Q_2.$$

1. $$\eta\ \text{therm} = \frac{Q_1 - Q_2}{Q_1} = \frac{24 - 15}{24} = 37{,}5\%,$$

2. $$\eta\ \text{therm} = \frac{Q_1' - Q_2'}{Q_1'} = \frac{24 - 20}{24} = 16{,}6\%.$$

Angenommen, 1 WE = 1 Flächeneinheit, dann betragen die Wärmegewichte

$$\frac{Q_1}{T} = \frac{24}{273 + 165} = 0{,}0548 \text{ Entropieeinheiten},$$

$$\frac{Q_1'}{T} = \frac{24}{273 + 55} = 0{,}073 \text{ Entropieeinheiten}.$$

Auf der s-Abszisse (Abb. 13) 1 mm $= \dfrac{0{,}0548}{13{,}5} = 0{,}00405$ Entropieeinheiten.

Auf der T-Ordinate ist 1 mm $= 12{,}20°$; dann ist 1 mm² $= 0{,}00405 \cdot 12{,}20 = 0{,}0494$ WE/kg $= 21{,}1$ mkg/kg.
Fläche $Q = 182$ mm²,
Fläche $Q' = 81$ mm²; dann ist die in Arbeit umgesetzte Wärme
1. $182 \cdot 21{,}1 = 3843$ mkg/kg,
2. $81 \cdot 21{,}1 = 1708$ mkg/kg.

1. Darstellung der Zustandsänderung im TS-Diagramm
a) bei gleichbleibendem Druck

$$s_2 - s_1 = c_p \cdot \ln \frac{T_2}{T_1} = c_p \cdot \ln \frac{v_2}{v_1}.$$

Wenn $s_2 > s_1$, Wärmezufuhr; wenn $s_1 > s_2$, Wärmeabfuhr.

Die gesamte Wärmemenge für die Zustandsänderung (1 kg Gas) beträgt

$$q = c_v (T_2 - T_1) + AL = c_p (T_2 - T_1).$$

In dieser Gleichung ist das Glied $c_v (T_2 - T_1)$ die zur Temperaturerhöhung notwendige Wärme und wird durch die Fläche ($/////$) dargestellt, während die Gleichdruckarbeit AL durch die Restfläche ($\backslash\backslash\backslash\backslash$) gebildet wird. (Abb. 14).

b) bei gleichbleibendem Volumen

$$s_2 - s_1 = c_v \ln \frac{T_2}{T_1} = c_v \ln \frac{P_2}{P_1} \; ;$$

$$q = c_v (T_2 - T_1).$$

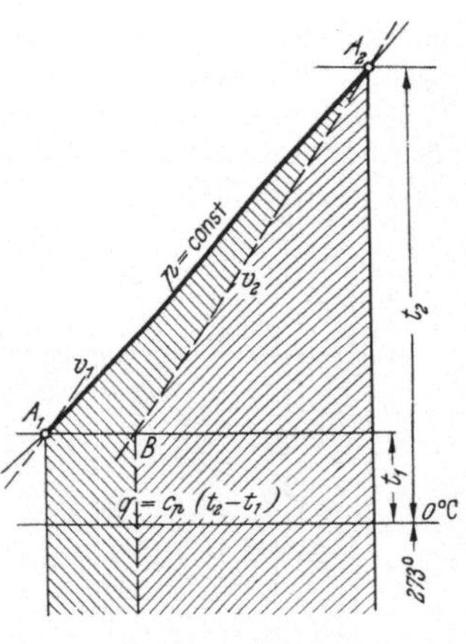

Abb. 14. Zustandsänderung bei gleichbleibendem Druck

Die zu- bzw. abgeführte Wärme dient allein zur Veränderung der inneren Energie. (Abb. 15).

c) bei isothermischer Zustandsänderung. Da die Temperatur konstant bleibt, wird diese Zustandsänderung durch eine zur Entropieachse parallele Gerade $A_1 A_2$ dargestellt. Die unter dieser Geraden liegende Fläche ist die zugeführte oder abgeführte Wärme. (Abb. 16).

$$s_2 - s_1 = AR \ln \frac{P_1}{P_2} = AR \ln \frac{v_2}{v_1} ,$$

$$q = AP_1 v_1 \cdot \ln \frac{v_2}{v_1}.$$

d) bei adiabatischer Zustandsänderung. Wird während des ganzen Verlaufes einer Zustandsänderung weder Wärme zugeführt noch abgeführt, so bleibt die Entropie unverändert, und es ist $dQ = Tds = 0$.

Die Linie $A_1 A_2$ verläuft im T,S-Diagramm

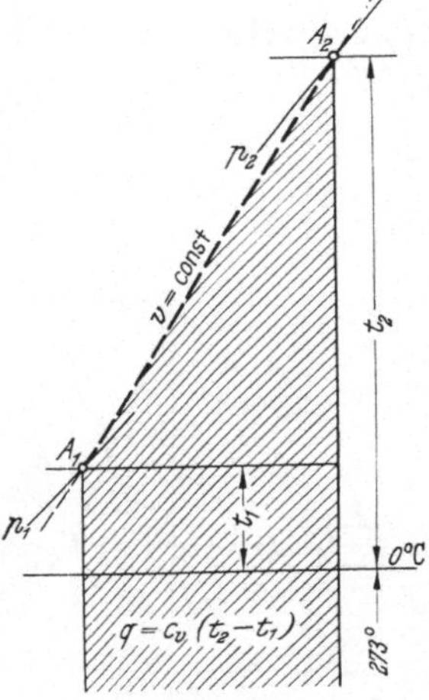

Abb. 15. Zustandsänderung bei gleichbleibendem Volumen

parallel zur *T*-Achse. Die eigentliche Verdichtungsarbeit $A \cdot L = c_v (T_2 - T_1)$ wird im *T,S*-Diagramm als Fläche unter der Linie $A_2 B$ ( ) dargestellt. Der Kompressor muß außerdem noch die Gleichdruckarbeit mit dem Wärmewert $(c_p - c_v) \cdot (T_1 - T_2)$ leisten (Fläche ///// in Abb. 17).

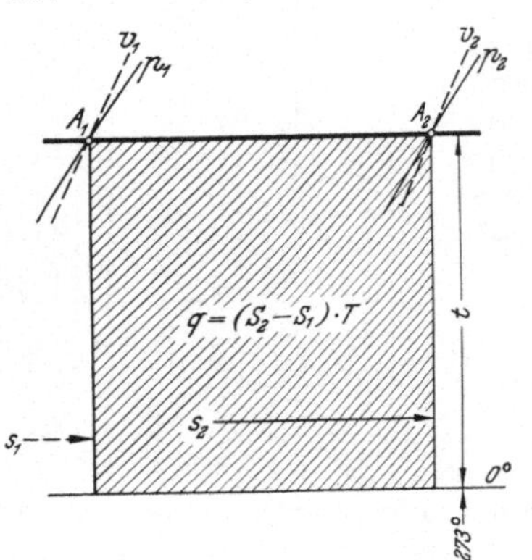

Abb. 16. Zustandsänderung bei gleichbleibender Temperatur

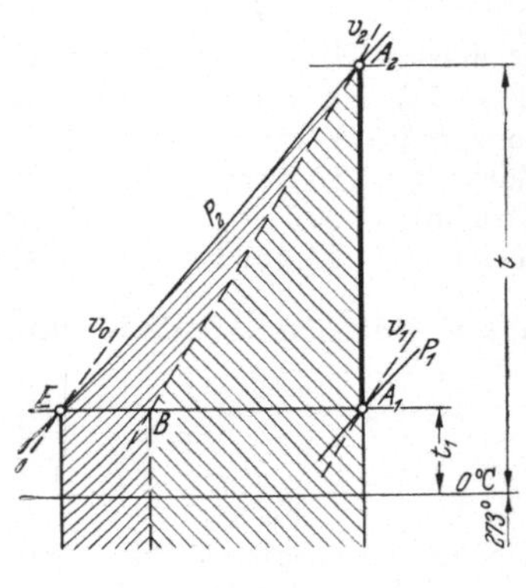

Abb. 17.
Adiabatische Zustandsänderung

e) bei polytropischer Zustandsänderung. (Abb. 18). Die gesamte Verdichterarbeit für 1 kg Gas berechnet sich aus der *T,S*-Tafel

$$q = (s_2 - s_1) \frac{T_2 - T_1}{2} + c_p (T_2 - T_1)$$

und entspricht der Fläche unter $A_1 A_2 E$. Hiervon ist folgende Wärmemenge in das Kühlwasser abzuführen (Fläche unter $A_1 A_2$ \\\\\\ ):

$$q_w = c (T_2 - T_1), \qquad c = c_v \cdot \frac{n - \varkappa}{n - 1}.$$

Wärmeaufwand für Ausschubarbeit — Ansaugearbeit (Fläche):

$$q_a = AR (T_2 - T_1).$$

Wärmeaufwand zur Erhöhung der inneren Energie (Fläche /////):

$$q = c_v (T_2 - T_1).$$

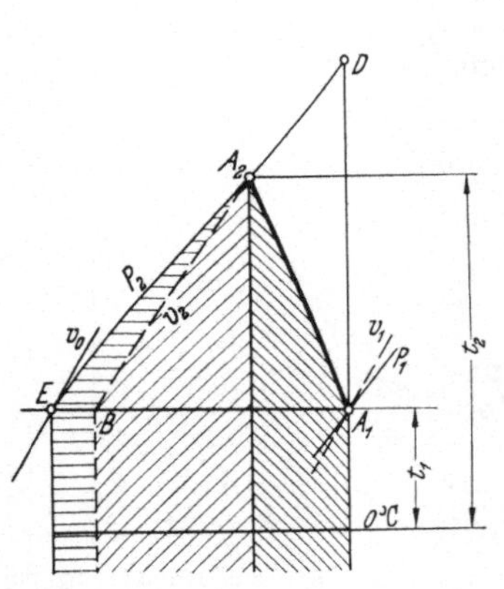

Abb. 18. Polytropische Zustandsänderung

34

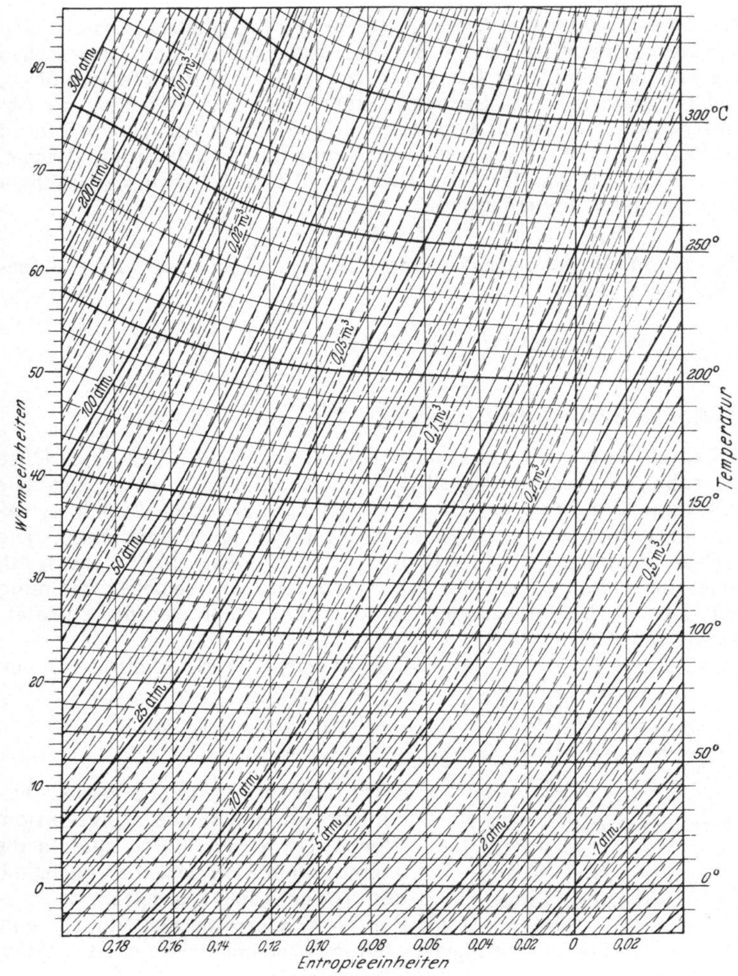

Abb. 19. Entropietafel für 1 kg Luft (I, S-Diagramm)

1 mm Länge $\triangle$ 0,00296 Entropieeinheiten

1 mm Höhe $\triangle$ 0,745 Wärmeeinheiten

3*

2. I,S-Diagramm

Bei dem Entwurf der *I*,S-Tafel (Abb. 19) für größere Druck- und Temperaturbereiche wurde die Veränderlichkeit der spezifischen Wärme berücksichtigt. Die mit den entsprechenden Werten für c_v und c_p ausgerechneten Entropie-Unterschiede sind auch hier als Abszissen aufgetragen, als Ordinaten dagegen statt der Temperaturen die Wärmeinhalte. Man versteht darunter die fortzuführende Wärme, wenn 1 kg Luft von der Temperatur t auf $0°$ C bei unveränderlichem Druck abgekühlt werden soll:

$$i = c_p \cdot t.$$

Die allgemeine Wärmegleichung für 1 kg Gas kann somit aufgeschrieben werden:

$$q = i_2 - i_1 - A \int_{P_1}^{P_2} v\,dP = i_2 - i_1 + AL \quad [\text{kcal/kg}].$$

D. Ausströmen von Gasen aus Düsen

Aus einem Raum mit gleichbleibendem Druck p_1 fließt Luft einer Düse zu, wobei die Geschwindigkeit w_1 als sehr klein vorausgesetzt ist. Die Luft kann innerhalb der Düse nur bis zum kritischen Druck p_k expandieren und eine entsprechende Geschwindigkeit annehmen. Die weitere Expansion bis zum Druck p_0, falls dieser kleiner als p_k ist, findet außerhalb der Düse mit Wirbelung als Begleiterscheinung statt. Die Wirbelung kann man unterbinden, wenn man die Düse erweitert (*Laval*).

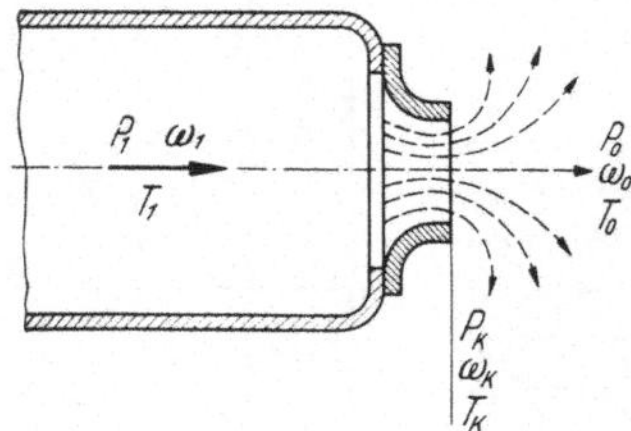

Abb. 20. Ausströmdüse

Das kritische Druckverhältnis für Luft ist

$$\frac{p_0}{p_1} = 0{,}528$$

unter der Voraussetzung einer reibungslosen adiabatischen Expansion. Wenn also $p_0 \leqq p_k$ ist, so sind in die nachfolgenden Formeln die Werte mit dem Index K statt 0 zu setzen.

Bei dem Durchströmen durch eine Düse wird die zur Verfügung stehende adiabatische Arbeit in kinetische Energie

$$\frac{m \cdot w_0^{\,2}}{2} \quad \text{umgewandelt.}$$

Mit $\dfrac{G}{g}$ oder für 1 kg Gas $\dfrac{1}{g}$ $(g = 9{,}81\ m/s^2)$ ergibt sich

$$\frac{w_0{}^2}{2g} = \frac{i_1 - i_0}{A}\ ;\quad w = \sqrt{2g \cdot 427\,(i_1 - i_0)} = 91{,}5\,\sqrt{i_1 - i_0}\ \ [m/s].$$

Die Werte für i sind der I, S-Tafel Abb. 19 zu entnehmen.
Man kann auch den Wert w_0 rechnerisch aus der Gleichung der Adiabate ermitteln.

$$w_0 = 828\,\sqrt{p_1 v_1 \left[1 - \left(\frac{p_0}{p_1} \right)^{0{,}286} \right]}\ \ [m/s].$$

Die kritische Geschwindigkeit w_k tritt nur auf, wenn $p_0 \leqq p_k$ ist. w_k ist dann unabhängig von p_0. Für zweiatomige Gase mit $\varkappa = 1{,}4$ (Luft) ist

$$w_k = 338\,\sqrt{p_1 v_1}\ \ [m/s],$$

$$G = 214{,}5\,F_k\,\sqrt{\frac{p_1}{v_1}}\ \ [kg/s]\,;$$

dabei ist F_k Düsenfläche in m², p_1 Druck vor der Düse in ata.
Der Wert w_k stellt auch die Schallgeschwindigkeit für den Zustand im engsten Düsenquerschnitt dar. Mit dieser Geschwindigkeit wird auch stets der engste Querschnitt einer erweiterten Düse durchflossen.
Die wirklichen Ausströmgeschwindigkeiten sind wegen der Reibungs- und Wirbelungsverluste kleiner, als sich nach den vorstehenden Formeln ergibt. Die Ergebnisse sind daher mit einem Ausflußkoeffizienten zu multiplizieren (0,80 bis 0,97).
Abb. 21 zeigt ein Diagramm zur Bestimmung der aus einer Düse ausströmenden Druckluftmenge Q_1 in m³/h vom Druck p_1 in Abhängigkeit vom Düsendurchmesser und vom Druckverhältnis $\dfrac{p_0}{p_1}$. Die abzulesenden Werte sind wirkliche Ausströmmengen, sind also kleiner als die mit theoretischen Formeln errechneten Werte.

Beispiel. Gesucht ist die Durchflußmenge einer Düse von 4 mm Durchmesser, wenn vor der Düse der Druck $p_1 = 5$ ata und hinter der Düse der Gegendruck $p_0 = 4$ ata ist.

Für das Druckverhältnis $\dfrac{p_0}{p_1} = \dfrac{4}{5} = 0{,}8$ findet man $Q_1 = 7$ m³ Druckluft/h, d. h.

$$Q = p_1 \cdot Q_1 = 5 \cdot 7 = 35\ \text{m}^3 \text{ Luft vom Zustand 1 ata/h}.$$

Beispiel. Aus einer Düse von 5 mm Durchmesser strömt Druckluft von $p_1 = 10$ ata in die Atmosphäre aus.

Mit $\dfrac{p_0}{p_1} = \dfrac{1}{10} < 0{,}528$ ist das kritische Druckverhältnis unterschritten, so

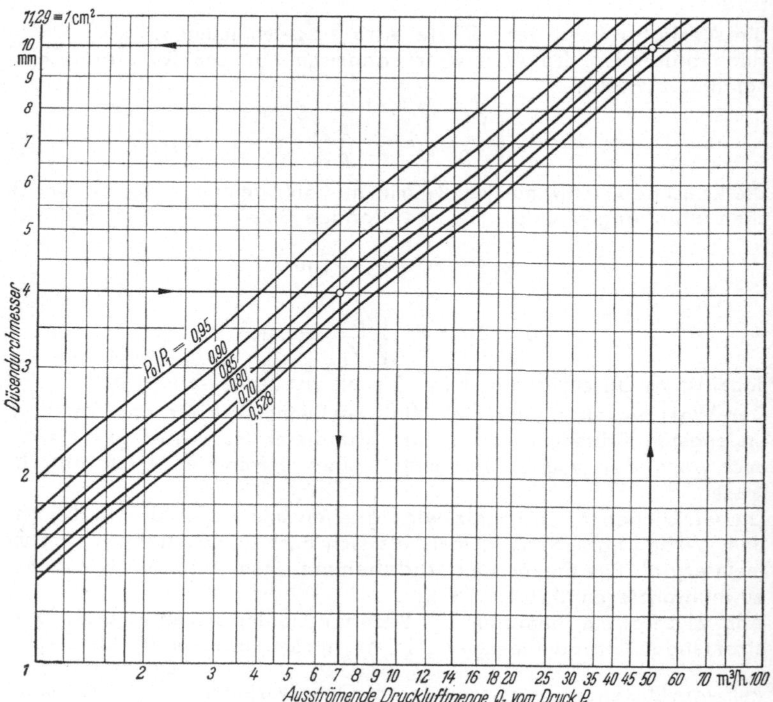

Abb. 21. Diagramm zur Bestimmung der aus einer Düse ausströmenden Druckluftmenge Q_1 in m³/h vom Druck P_1 in Abhängigkeit vom Düsendurchmesser und vom Druckverhältnis P_0/P_1 bzw. zur Ermittlung des für eine Druckluftmenge Q_1 erforderlichen Düsendurchmessers (auf 20° C Lufttemperatur bezogen) (Nach *Hoffmann*: Lehrbuch der Bergwerksmaschinen)

daß die dem kritischen Druckverhältnis entsprechende Menge ausströmt. Aus dem Diagramm findet man

$$Q_1 = 13{,}8 \text{ m}^3 \text{ Druckluft von } 10 \text{ ata/h,}$$
$$Q = 10 \cdot 13{,}8 = 138 \text{ m}^3 \text{ Luft vom Zustand } 1 \text{ ata/h.}$$

38

II. Kompressoren

A. Bedeutung der technischen Ausdrücke

Luftkompressoren sind Maschinen, die Luft ansaugen und auf einen beliebigen höheren Druck verdichten.

Gaskompressoren sind Maschinen, die andere Gase als Luft verdichten.

Einstufige Kompressoren verdichten in einer Stufe (also *ohne* Zwischenkühlung) auf den verlangten Enddruck.

Zwischenkühlung ist die Abkühlung der verdichteten Luft zwischen den einzelnen Stufen bei zwei- und mehrstufiger Kompression.

Zwei- oder mehrstufige Kompressoren verdichten in zwei oder mehr Stufen (also *mit* Zwischenkühlung) auf den verlangten Enddruck.

Nachkühlung ist die Abkühlung der auf den Enddruck verdichteten Luft.

Einzylinderkompressoren sind Maschinen, die nur einen Zylinder haben.

Zwei- oder Mehrzylinderkompressoren bestehen aus zwei oder mehr Zylindern. (Es ist durchaus möglich, daß ein Einzylinderkompressor zweistufig verdichtet. Ebenso gibt es Zwei- oder Mehrzylinderkompressoren, die als einstufige Kompressoren arbeiten.)

Hubvolumen in l/min, m³/min oder m³/h ist das Produkt aus Kolbenfläche mal Kolbenhub mal Umdrehungszahl.

Schädlicher Raum ist der Teil des Zylinders, aus dem der Kolben die Luft nicht verdrängen kann (in v.H. des Hubvolumens). Um diesen Teil ist der Zylinderinnenraum größer als das Hubvolumen.

Rückexpansion bedeutet die Wiederausdehnung der im schädlichen Raum verbliebenen Druckluft zu Beginn des Saughubs.

Volumetrischer Wirkungsgrad η_v ist bestimmt durch die Größe des schädlichen Raums, die Höhe des Verdichtungsenddrucks, den Verlauf der Rückexpansion und die Widerstände beim Ansaugen und gibt an, wieviel v.H. des Hubvolumens vom Kompressor zum Ansaugen höchstens ausgenutzt werden können.

Ansaugemenge in l/min, m³/min oder m³/h ist die Luftmenge, die vom Kompressor angesaugt werden kann, und ist das Produkt aus Hubvolumen mal volumetrischem Wirkungsgrad.

Liefergrad η_l richtet sich nach dem Gütezustand des Kompressors und zeigt an, wieviel v.H. der Ansaugemenge in die Druckleitung gefördert werden. Zu seiner Bestimmung muß die Druckluftmenge auf Temperatur und Spannung der Luft vor dem Ansaugestutzen umgerechnet werden.

Liefermenge in l/min, m³/min oder m³/h ist die vom Kompressor in die Druckleitung ausgeschobene Luftmenge, bezogen auf Druck und

Temperatur vor dem Ansaugestutzen, und ist das Produkt aus Hubvolumen mal $\eta_v \cdot \eta_l$.

Ansaugetemperatur ist die Temperatur der Saugluft, gemessen am Saugstutzen des Zylinders.

Ansaugedruck und *Enddruck* werden als absoluter (ata) oder als Überdruck (atü) gekennzeichnet.

atü = Überdruck gibt an, um wieviel kg/cm² der Druck in einem Raum größer ist als der seiner Umgebung.

Isothermische Kompression ist der Kompressionsvorgang ohne Temperaturänderung der Luft (mit vollkommener Wärmeabführung).

Adiabatische Kompression ist der Kompressionsvorgang ohne Wärmezu- oder -abfuhr aus der Luft.

Leistungsbedarf ist die an der Kompressorwelle aufgenommene Leistung in PS oder kW.

Kühlung des Kompressors erfolgt entweder durch Wasserdurchflußkühlung (Wasserleitung), Wasserumlaufkühlung mit Rückkühlung oder durch Luftkühlung.

B. Arten der Kompressoren

1. Ventilatoren

Sie sind Kreiselradverdichter, die große Luftmengen auf geringen Druck von einigen mm W.S. bis etwa 500 mm pressen. Man kennt Schleuder- und Schraubenventilatoren.

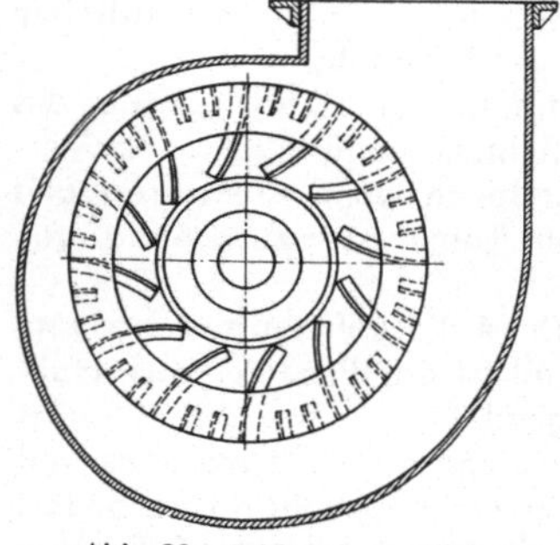

Die Schraubenventilatoren sind im Aufbau einfacher; sie bestehen aus einer Luftschraube, die in einem ringförmigen Gehäuse gelagert ist. In neuerer Zeit ist es gelungen, den schlechten Wirkungsgrad des Schraubenventilators durch bauliche Verbesserungen dem des Schleuderventilators anzugleichen.

Abb. 22. Schleuderventilator

2. Turbogebläse und Turbokompressoren

Sie liefern Luft von der niedrigsten Spannung (Wind) bis etwa 10 atü und haben Saugleistungen bis etwa 120000 m³/h. Die Grundlagen sind sinngemäß die gleichen wie bei den Kreiselpumpen. Der mit einer Stufe zu erzeugende Druck ist durch die Umfangsgeschwindigkeit und Baustoffestigkeit begrenzt. Die Umfangsgeschwindigkeit der Laufräder liegt heute nahe der Schallgeschwindigkeit. Die Verdichtungsarbeit ist auf alle Stufen annähernd gleichmäßig verteilt. Das Druckverhältnis lieat für iede Stufe zwischen 1,1 und höchstens 1,3.

Ein Turbokompressor, der aus der Atmosphäre mit 1 at Luft ansaugt und bei einem Druckverhältnis von 1,3 auf 10 ata verdichtet, verdichtet damit von 1,3 auf 1,7, auf 2,2, auf 2,9, auf 3,5, auf 4,5, auf 5,8, auf 7,6, auf 10 ata. Es sind mithin, um von 1 ata auf 10 ata zu verdichten, 9 Laufräder erforderlich.

3. Kapselgebläse

Sie werden vielseitig für Luft- und Gasförderung angewendet und sind nur für verhältnismäßig niedrigen Druck geeignet. Die Kapselgebläse sind billig, einfach im Betrieb, lassen sich leicht reparieren und liefern einen gleichmäßigen Luftstrom. Von den vielen verschiedenen Bauarten haben sich in der Praxis nur ganz wenige durchsetzen können (ZVDI 1949, Heft 10 vom 15. Mai). Sie arbeiten etwa auf 5 bis 8 m WS. Das

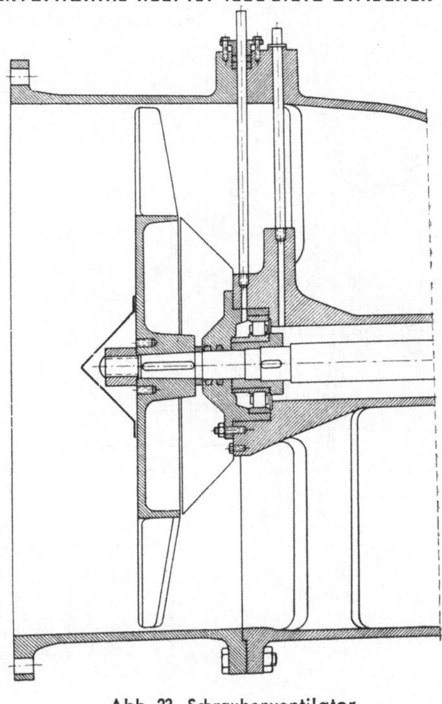

Abb. 23. Schraubenventilator

wichtigste und älteste Kapselgebläse ist das Roots-Gebläse. Es besteht aus zwei gleichen zahnradähnlichen Flügeln, die durch zwei Zahnräder in entgegengesetzter Richtung gedreht werden.

4. Rotationskompressoren

Diese Maschinen ähneln äußerlich den Radgebläsen (Turbokompressoren). Den Druck erzeugen diese Kompressoren wie die Kolbenkompressoren durch unmittelbare Verkleinerung des Volumens. Sie werden einstufig bis 4 atü, zweistufig bis 8 atü ausgeführt.

Die Saugleistung beträgt etwa 100 bis 8000 m³/h. Bei den Rotationskompressoren ist der Enddruck der Luft durch die Konstruktion bedingt und wirtschaftlich nicht veränderlich wie bei den Kolbenkompressoren.

5. Kolbenkompressoren

Bei diesen Maschinen wird der Druck durch unmittelbare Volumenänderung erzielt. Sie werden für Saugleistungen bis 25000 m³/h und Drücke bis zu 1000 atü gebaut. Die Kolbenkompressoren sind mit gleich guter Wirtschaftlichkeit für mittlere und hohe Enddrücke geeignet.

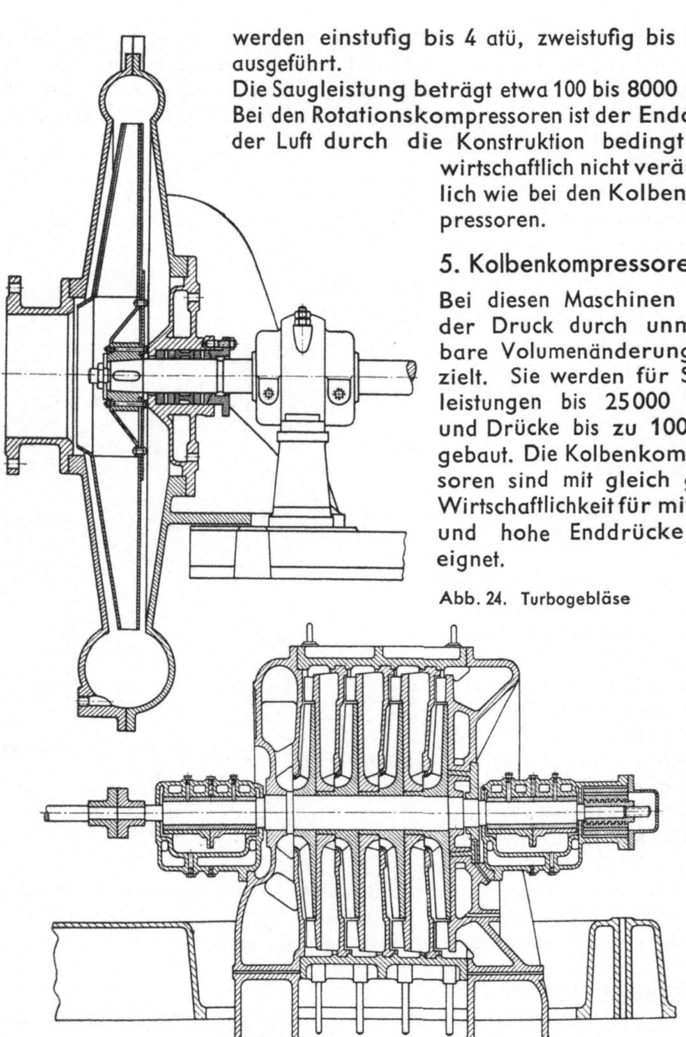

Abb. 24. Turbogebläse

Abb. 25. Turbokompressor

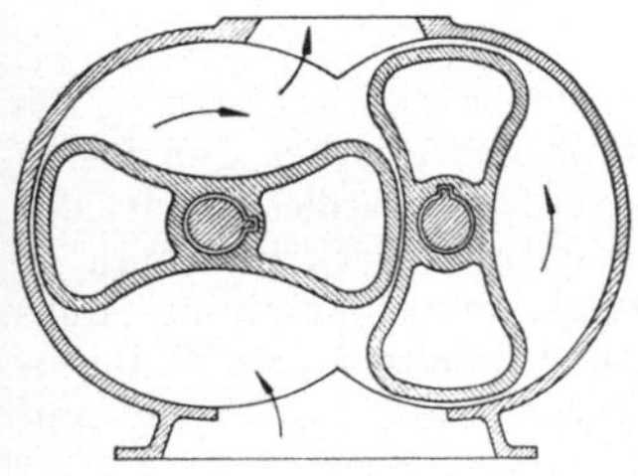

Abb. 26. Roots-Gebläse

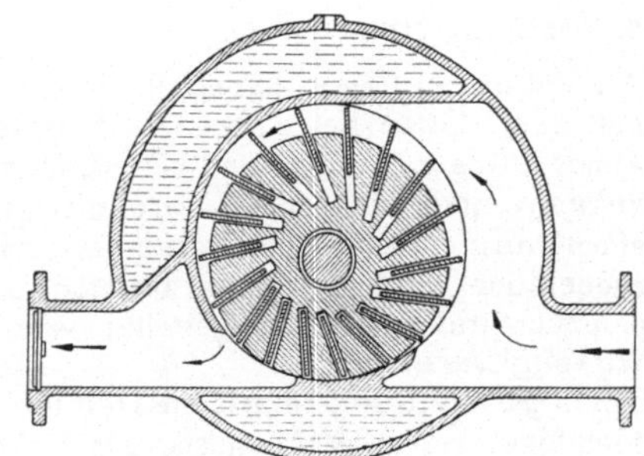

Abb. 27. Rotationskompressor

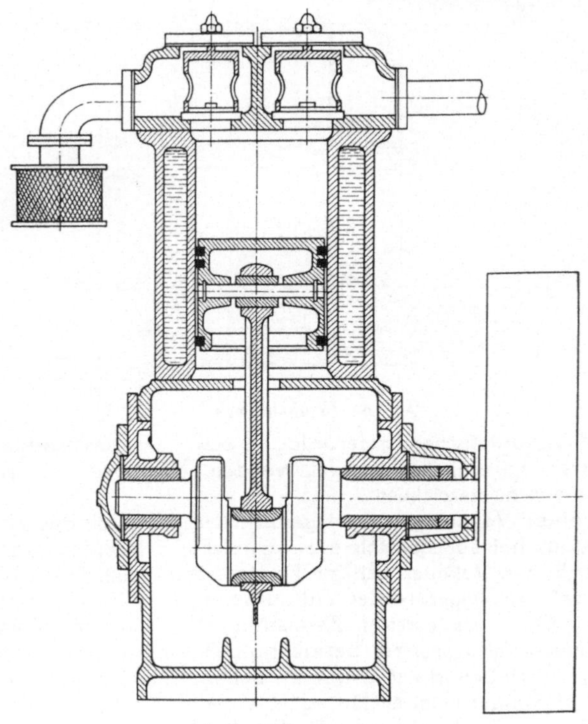

Abb. 28. Kolbenkompressor

6. Vakuumpumpen

Als Vakuumpumpen bezeichnet man im allgemeinen Verdichter, die Luft oder Gase bei einem Druck unterhalb des Druckes der freien Atmosphäre ansaugen und auf Atmosphärendruck verdichten. Ist das Vakuum nicht sehr hoch, wird also wenig Unterdruck verlangt, so pflegt man solche Vakuumpumpen auch als Saugluftpumpen, Saugzuggebläse oder ähnlich zu bezeichnen. Die Bauarten von Vakuumpumpen sind ebenso vielgestaltig wie ihre Anwendungsgebiete und Wirkungsbereiche.

Einstufige Vakuumpumpen, die vielfach in Kondensationsanlagen, Verdampferanlagen, Vakuumtrockenschränken, bei der Destillation, bei

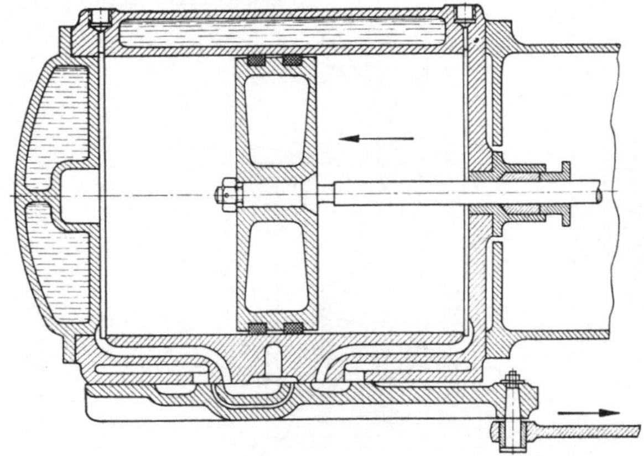

Abb. 29. Vakuumpumpe

Filter- und pneumatischen Förderanlagen bzw. zum Durchsaugen von Gasen durch Flüssigkeiten benutzt werden, pflegt man als *Nieder-Vakuumpumpen* zu bezeichnen.

Die Güte einer Vakuumpumpe ist gekennzeichnet durch das erreichbare Vakuum bei abgeflanschtem Saugstutzen, d. h. durch die Höhe des erreichbaren Vakuums bei der Fördermenge Null. Je nach Güte oder Bauart einstufiger Nieder-Vakuumpumpen werden Vakua bis etwa 3 mm Q.-S. abs. erreicht. Zweistufige Vakuumpumpen werden auch als *Hoch-Vakuumpumpen* bezeichnet. Das erreichbare Vakuum schwankt je nach Bauart und Größe zwischen 0,003 und 0,3 mm Q.-S. abs. Es gibt Sonderbauarten für noch wesentlich höhere Vakua und Sonderaufgaben der chemischen, optischen und Metallisierungsindustrie.

C. Kolbenkompressoren

Unter allen Bauarten haben die Kolbenkompressoren die weitaus größte Verbreitung für die in diesem Buch behandelten Verwendungszwecke gefunden, weshalb in den nachstehenden Ausführungen nur Kolbenkompressoren behandelt werden.

1. Arbeitsweise der Kolbenkompressoren

a) Vorgänge nach dem P, V-Diagramm. Beim theoretischen Arbeitsvorgang des Kolbenkompressors wird nach Abb. 30 während des nutzbaren Teils *a — b* des Saughubs Luft von atmosphärischer Spannung in den Zylinder gesaugt. Das Saugventil muß sich bei *a* öffnen und bei *b* schließen. Von *b — c* wird (infolge der Umkehrung des Kolbens) die angesaugte Luft verdichtet. Dabei wird in *c* im Zylinder die Spannung der Druckleitung erreicht. Jetzt beginnt das Ausschieben der Luft durch das Druckventil

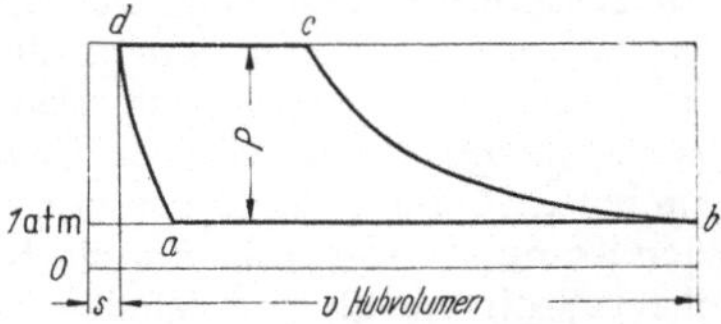

Abb. 30. Theoretisches Kompressordiagramm

in die Leitung, und im Punkt *d*, dem Ende des Ausschubs, schließt das Druckventil. Beim Rückgang des Kolbens expandiert die im schädlichen Raum des Zylinders verbliebene Druckluft. Wenn dabei in *a* der Druck auf atmosphärische Spannung gesunken ist, öffnet sich das Saugventil wieder, und der Arbeitsvorgang beginnt von neuem. Die Punkte *b* und *d* bezeichnen die beiden Kolbentotlagen.

b) Wirkungsgrad. Der schädliche Raum mit der durch ihn bewirkten Rückexpansion der Restluft bedingt den volumetrischen Wirkungsgrad. Er wird angegeben in v.H. des Hubvolumens und ist abhängig von der Größe des schädlichen Raums, der Höhe des Kompressionsenddrucks und dem Verlauf der Rückexpansion. Je größer der schädliche Raum ist, je höher verdichtet wird und je flacher die Expansionslinie verläuft, um so kleiner ist der *volumetrische Wirkungsgrad*.
Vielfach wird der volumetrische Wirkungsgrad mit dem Liefergrad verwechselt (siehe Erklärung S. 39). Während der volumetrische Wirkungsgrad praktisch keine Verluste vom Leistungsgrad des Kompressors verursacht und kein Urteil über die Güte der Maschine abgibt, bedeutet der Liefergrad nur Verluste an Liefermenge bzw. Verdichtungsarbeit und kennzeichnet einen der Gütegrade des Kompressors.

c) Leistungsbedarf. Für die Verdichtung von 1 m³ geförderter Luft ist der Leistungsbedarf bei 85 v.H. *volumetrischem Wirkungsgrad*

praktisch so groß wie bei 95 v.H. Bei einem Kompressor mit einem
Liefergrad von 85 v.H. dagegen ist der Leistungsbedarf je 1 m³ geförderter Luft größer als bei einer Maschine mit 95 v.H. Liefergrad, denn
die durch Undichtheiten ausströmende Luft hat vor dem Entweichen
Arbeitsaufwand verursacht.

Für den Käufer ist daher der volumetrische Wirkungsgrad von geringerer Bedeutung. Dem Konstrukteur dient er zur Berechnung des
nutzbaren Hubes, das ist derjenige Teil des Hubes, bei dem angesaugt
wird.

Die Linie *b — c* des Diagramms Abb. 30 stellt die Kompressionslinie
dar. Sie ist entweder eine Adiabate, eine Isotherme oder eine Linie,
die zwischen beiden liegt. Das letzte ist beim praktischen Kompressorbetrieb der Fall, und zwar ist der theoretische Leistungsbedarf umso
geringer, je näher die Kompressionslinie bei der Isotherme liegt. Bei
isothermischer Kompression erwärmt sich die Luft überhaupt nicht;
sie hat also beim Enddruck in *c* dieselbe Temperatur wie am Anfang
der Kompression in *b*. Da die Kompression nach der Isotherme den
theoretisch möglichen Mindestaufwand an Kompressionsarbeit darstellt, so liegt es nahe, die Wärme, die bei der Kompression entsteht
im Augenblick ihrer Entstehung, also während der Kompression selbst
abzuführen.

Diese theoretische Forderung findet im Diagramm Abb. 31 ihren bild-
lichen Ausdruck durch die Einzeichnung der Isotherme, welche die
Zustandsänderung bei gleichbleibender Temperatur des Ansauge-
zustandes von beispielsweise 20° C
darstellt. Könnte ein solcher Verlauf der Verdichtung erreicht werden, so würde dies einen Minder-
leistungsbedarf bringen, der der
schraffierten Fläche entspricht. Trotz
aller Versuche und Bemühungen
gibt es hierfür kein technisch durch-
führbares Mittel.

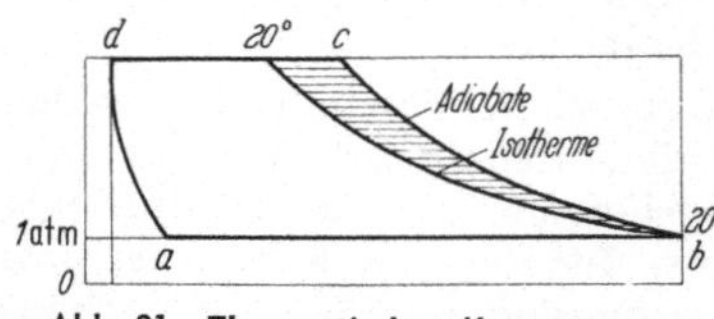

Abb. 31. Theoretisches Kompressordiagramm bei einstufiger Verdichtung

Bei der adiabatischen Kompression steigt die Temperatur der Luft
Sie läßt sich berechnen nach der allgemeinen thermodynamischen
Beziehung (s. S. 31).

d) Stufenkompression. Damit bei höheren Enddrücken und bei.
größeren Kompressoren unzulässig hohe Temperaturen vermieden
und Verminderung des Leistungsbedarfs erzielt wird, komprimiert
man stufenweise.

Abb. 32 zeigt das theoretische Arbeitsdiagramm eines zweistufigen

46

Kompressors für 8 ata. In der ersten Stufe wird von 1 ata nach der Adiabate $a - b$ auf 2,83 ata komprimiert. Hierbei steigt die Temperatur von 20° C auf 124° C. Das Volumen $e - b$ wird dann in einen Zwischenkühler gedrückt, in welchem die Luft auf annähernd Ansaugetemperatur gekühlt und infolgedessen auf das Volumen $g - e$ verringert wird.

Eine zweite Stufe vollendet dann die Kompression nach der Adiabate $g - h$ mit einem Kompressionsverhältnis $8 : 2{,}83 = 2{,}83$, so daß sich jetzt wieder die Temperatur um das gleiche Maß erhöht.

Mit dieser Temperatur verläßt dann die Luft den Kompressor. Im Vergleich zur einstufigen Verdichtung nimmt die Luft eine um $263{,}5 - 124 = 139{,}5°$ C niedrigere Temperatur an.

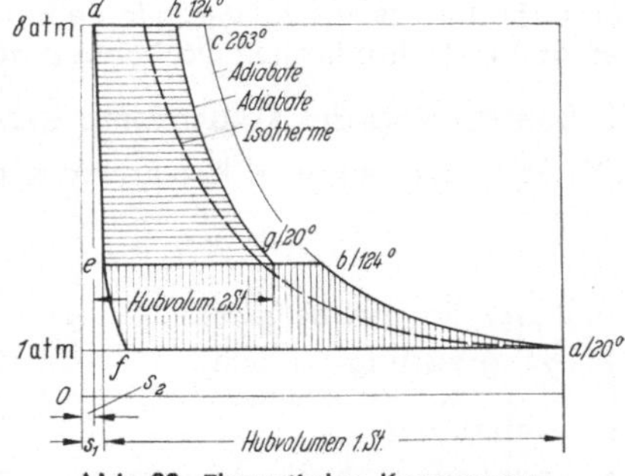

Abb. 32. Theoretisches Kompressordiagramm bei Stufenteilung

Es läßt sich beweisen, daß die Stufenteilung bezüglich der Arbeitsersparnis am günstigsten ist, wenn das Druckverhältnis in jeder Stufe gleich der

$$\sqrt[n]{\text{Enddruck in ata}}$$

ist, wobei n die Stufenzahl bedeutet (im obigen Beispiel $\sqrt{8} = 2{,}83$). Die Stufenteilung ist aus verschiedenen Gründen nicht immer genau gleich dem Wurzelwert, zumal Abweichungen innerhalb gewisser Grenzen nur von geringem Einfluß auf den Leistungsbedarf sind.

Aus dem Diagramm erkennt man die Arbeitsersparnis. Der Arbeitsaufwand bei zweistufiger Verdichtung ist durch die Summe der schraffierten Flächen in Abb. 32 dargestellt, d. h. durch a, b, g, h, d, e, f, während für das gleiche Anfangsvolumen $a - f$ bei einstufiger Verdichtung eine der Fläche a, b, c, d, e, f entsprechende Arbeit erforderlich wäre. Die Differenz beider Diagramme, also b, c, h, g, stellt die Arbeitsersparnis bei Stufenkompression dar.

Diese Arbeitsersparnis ist theoretisch recht erheblich, fällt aber praktisch nur bei Kompressoren für größere Ansaugemengen und für höhere Drücke ins Gewicht. Bei kleineren Maschinen wird der Gewinn durch vermehrte Reibung und Widerstände mehr oder weniger wieder aufgehoben. Außerdem verteuert eine Stufenkompression die Anlage, so daß bei kleineren Maschinen ein wirtschaftlicher Vorteil gegenüber den einstufigen Maschinen nicht immer vorhanden ist. Eine eindeutige Grenze der wirtschaftlichen Anwendung der Stufenteilung gibt es nicht. Im Hinblick auf die Gefahren der Schmierölverdampfung und Verkokung und die bei niedrigen Temperaturen erhöhte Betriebssicherheit ist es richtig, die Stufenteilung auch dann anzuwenden, wenn es die Wirtschaftlichkeit nicht unbedingt erforderlich macht.

2. Berechnung der Kolbenkompressoren

Die Saugleistung eines Kompressors berechnet sich nach der Formel

$$V = \frac{\pi\, D^2}{4} \cdot s \cdot n \cdot \eta_v.$$

In dieser Formel bedeuten:

V Saugleistung [m³/min], n Umdrehungen je Minute [U/min],
D Zylinderdurchmesser [m], η_v volumetrischer Wirkungsgrad
s Kolbenhub [m], [v.H.].

η_v kann aus Abb. 33 abgelesen werden. Bei doppelt wirkendem Kolben ist die Saugleistung doppelt so groß, abzüglich dem Volumen der Kolbenstange; bei mehrzylindriger Anordnung ist V bei einstufigen Kompressoren mit der Anzahl der Zylinder, bei zweistufigen mit der Anzahl der Niederdruckzylinder zu multiplizieren.

Beispiel.

$D = 0{,}180$ m Zylinderdurchmesser,
$s = 0{,}150$ m Hub,
$n = 1000$ U/min,
$p = 7$ ata $= 6$ atü,
s_0 schädlicher Raum $= 8\%$, damit
$\eta_v = 0{,}79$ (s. Abb. 33),

$$V = \frac{\pi \cdot 0{,}180^2}{4} \cdot 0{,}15 \cdot 1000 \cdot 0{,}79 = 1{,}9 \text{ m}^3/\text{min}.$$

Der Leistungsbedarf eines Kompressors läßt sich einfach und schnell mit Hilfe der Abb. 10 (für einstufige Kompressoren) und Abb. 11 (für zweistufige Kompressoren) ermitteln. Die Abbildungen geben den theoretischen Arbeitsbedarf in mkg der adiabatischen Kompression von 1 m³ angesaugter Luft an. Abb. 12 zeigt den Arbeitsbedarf für isothermische Kompression.

Für obiges Beispiel beträgt der Leistungsbedarf bei einem Luftdruck von 7 ata $= 6$ atü $L_{ad} = 26040$ mkg/m³. Mithin ist der *Leistungsbedarf des Kompressors*

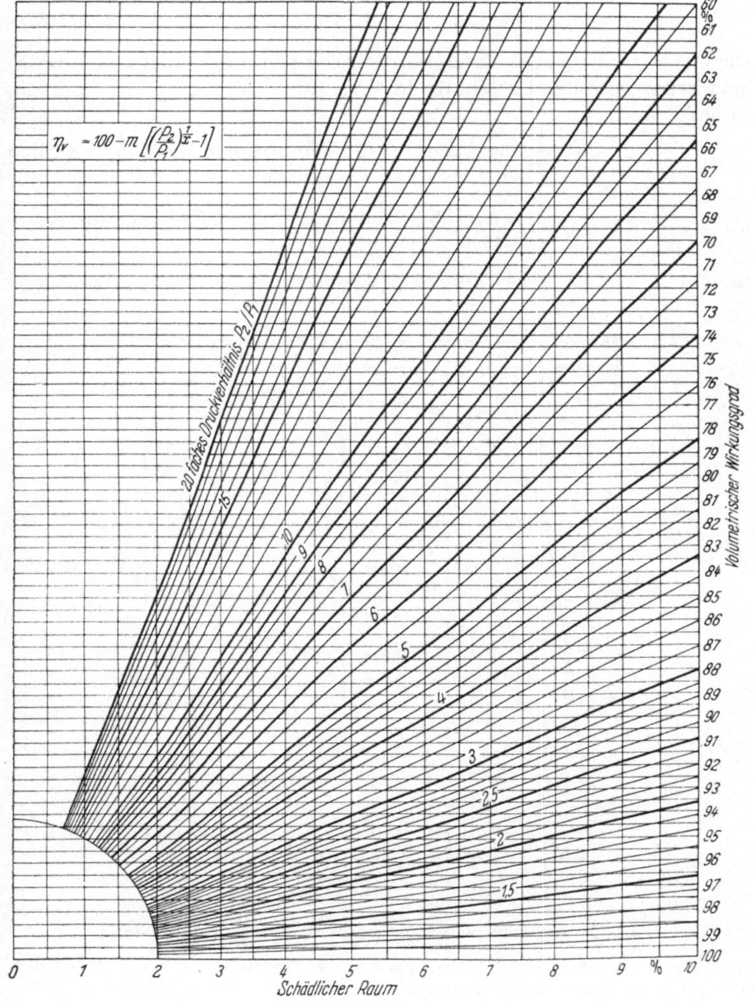

Abb. 33. Volumetrischer Wirkungsgrad bei adiabatischer Rückexpansion

4 FMA/POKORNY, Taschenbuch, 7. Aufl.

$$N_a = \frac{V \cdot L_a}{60 \cdot 75} = \frac{1{,}9 \cdot 26040}{60 \cdot 75} = 11{,}1 \text{ PS.}$$

Dieser Wert muß noch durch die Wirkungsgrade η_a und η_m berichtigt werden, um den Leistungsbedarf N_e, an der Kurbelwelle gemessen, zu bekommen.

$\eta_a = \dfrac{N_a}{N_i}$; η_a berücksichtigt die Widerstände in den Ventilen (Steuerung).

$\eta_m = \dfrac{N_i}{N_e}$; η_m berücksichtigt die mechanische Reibung des Kompressors.

$\eta_a \cdot \eta_m$ ist der Gesamtwirkungsgrad des Kompressors.

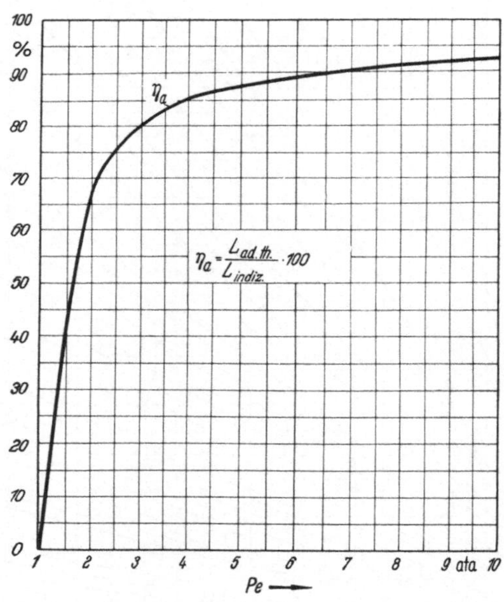

Abb. 34. Adiabatischer Wirkungsgrad (Einstufige Verdichtung)

Dieser Kurve ist ein η_a von 91 % bei $P_e = 8$ ata zu Grunde gelegt. Für andere Druckverhältnisse errechnet sich η_a wie folgt: L_a für 8 ata $= 28\,420$ mkg / m³,

$$100 - \eta_a \text{ für x ata} = (100 - 91) \cdot \frac{28\,420}{L_a \text{ für x ata}} = 9 \cdot \frac{28\,420}{L_a \text{ für x ata}}$$

50

Für sich allein ist keiner der beiden Faktoren η_a und η_m ein Maßstab für die Güte des Kompressors; erst das Produkt beider legt den wirklichen Arbeitsbedarf fest. Aus diesem Grunde ist die Abgabe einer Gewährleistung für den mechanischen Wirkungsgrad allein überflüssig, wenn der Leistungsbedarf für eine bestimmte Saugleistung bei festgelegtem Anfangs- und Enddruck in PS garantiert wird. (Ansauge- und Endtemperatur haben keinen Einfluß.) Der Leistungsbedarf schließt sowohl die Widerstände im Diagramm als auch die Verluste durch mechanische Reibung ein, während die häufig gewünschte Gewährleistung des mechanischen Wirkungsgrades die Güte der Arbeitsweise eines Kompressors durchaus nicht kennzeichnet.

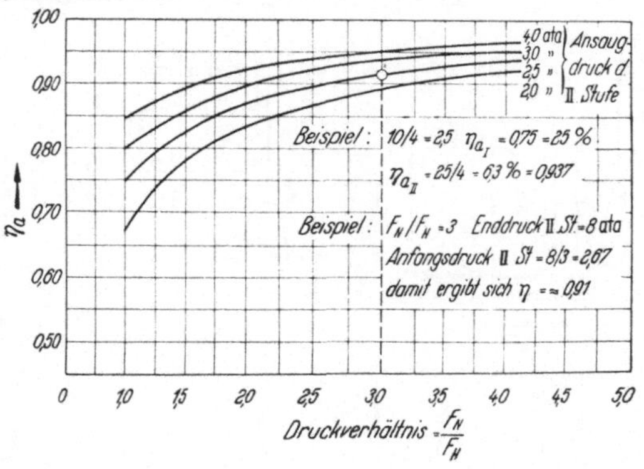

Abb. 35. Adiabatischer Wirkungsgrad (2. Stufe und Zwischenverdichter)

η_a für einstufige Verdichtung kann Abb. 34 entnommen werden und ergibt sich für obiges Beispiel zu 0,90. η_a für die zweite Stufe bei zweistufiger Verdichtung ist aus Abb. 35 ersichtlich.

η_m ist ein Erfahrungswert und abhängig von der Größe, Bauart und Drehzahl des Kompressors. Für obiges Beispiel kann η_m mit 0,83 angenommen werden.

Mit den nun festgelegten Werten für η_a und η_m ergibt sich dann der Leistungsbedarf des Kompressors, gemessen an seiner Welle, zu

$$N_e = \frac{11{,}1}{0{,}9 \cdot 0{,}83} = 14{,}91 \text{ PS}_e.$$

3. Bauarten der Kolbenkompressoren

a) Kleinkompressoren werden meist stehend in ein-, zwei- und dreistufiger Anordnung gebaut, für Drücke bis etwa 10 atü luftgekühlt, über 10 bis 70 atü zweistufig und wassergekühlt, bis 250 atü dreistufig

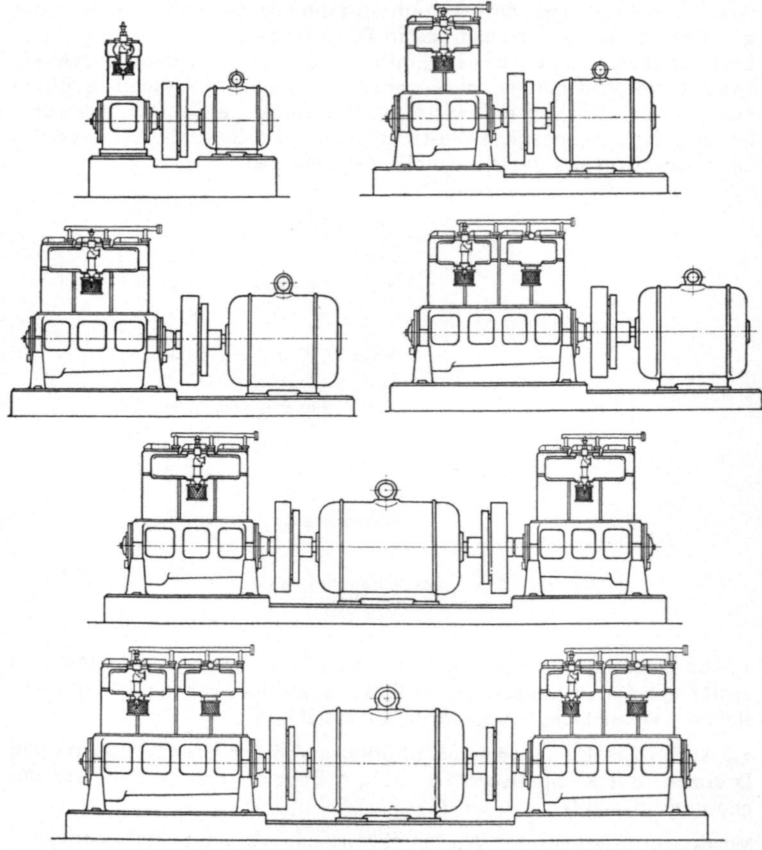

Abb. 36. Schematische Darstellung stehender Ein- bis Achtzylinderkompressoren

und ebenfalls wassergekühlt. Ihr Verwendungsgebiet ist vielseitig: Farb- und Metallspritzanlagen, Aufpumpen von Autoreifen, Anheben

von Hebebühnen, Auffüllen von Anlaßflaschen für Verbrennungsmotoren, Betätigung der Luftbremsen bei LKW, Lufteinspritzung bei
Dieselmotoren, Elektroschaltanlagen usw.

b) Niederdruckkompressoren, einstufig. Für diese Maschinen
werden die gleichen Modelle verwendet wie bei den einstufigen Mitteldruckkompressoren für Drücke bis 7 atü. Die Modelle der zweistufigen
Kompressoren sind durch Austausch der Hochdruckstufen gegen
Niederdruckstufen (Baukastenbauweise) in einstufige Niederdruckkompressoren wandelbar.

c) Mitteldruckkompressoren werden als Kolbenkompressoren
in liegender und in stehender Ausführung hergestellt. Für kleinere
und mittlere Größen wird heute die stehende Bauart bevorzugt. Die
Abb. 37 bis 43 zeigen einige dieser Kompressoren. Die gute Zugäng-
lichkeit aller Teile, der geringe Platzbedarf und die zulässige hohe
Umdrehungszahl sind Vorteile gegenüber der liegenden Anordnung.
Die Grenze, bis zu der stehende Kompressoren gebaut werden, ist
durch die Höhe und das Gewicht der oben anzubauenden Teile
gegeben. Aus diesem Grunde baut man sie bei größeren Leistungen
als Mehrzylindermaschinen bis zu 2×4 Zylindern, wobei der Elektromotor zwischen die beiden Einheiten von drei oder vier Zylindern
gesetzt wird.

d) Hochdruckkompressoren verdichten bei zweistufiger Ausführung
bis 45 atü, bei dreistufiger bis 150 atü, bei vierstufiger bis 300 atü und
bei sechsstufiger bis 1000 atü.
Die Drehzahl der Hochdruckkompressoren ist bei direkter Kupplung
den Drehzahlen der Drehstrom-Elektromotoren angepaßt. Umdrehungszahlen und Betriebsdaten von ausgeführten Modellen können
der Tabelle 7 entnommen werden. Durch direkte Kupplung mit den
Antriebsmotoren ist eine verlustfreie Kraftübertragung gegeben. Zum
Antrieb eignen sich Elektro- und Verbrennungsmotoren.
Die Kompressoren sind wassergekühlt. Die Zwischenkühler sorgen
für eine wirksame Rückkühlung zwischen den einzelnen Stufen.
Bei Hochdruckkompressoren können elektrische Stillsetzvorrichtungen
vorgesehen werden. Selbsttätige Leerlaufeinrichtungen lassen sich bei
Enddrücken bis 30 atü einbauen.
Für Drücke über 12 atü lassen sich nur Kolbenkompressoren ver-
wenden; sie sind durch keine andere Bauart zu ersetzen.
Die Anwendungsgebiete der Hochdruckkompressoren sind so viel-
fältig, daß es nicht möglich ist, sie alle im Rahmen dieses Buches auf-
zuzählen. Sie haben sich auf verschiedenen Arbeitsgebieten ein-

		M-Typen (einstufig)						
Bauart		ME 313	MZ 113	MZ 313	MZ 416	MZ 418	MD 416	MD 418
Zylinder-Dmr. ...... [mm]		1x135	2x135	2x135	2x160	2x180	3x160	3x180
Hub .... [mm]		135	100	135	150	150	150	150
Drehzahl in der Minute		1000	1000	1000	1000	1000	1000	1000
Obere Zahlen:	1 atü	1,85	2,70	3,70	5,67	6,82	8,51	10,23
		6,3	10,5	12,6	20	23,6	30	35,7
Ansaugemenge	2 atü	1,78	2,6	3,56	5,44	6,45	8,16	9,68
in m³/min,		8,2	12,8	16,3	24,7	29,5	37,3	44,1
bezogen auf den	3 atü	1,72	2,5	3,45	5,26	6,13	7,89	9,20
Ansaugezustand,		9,8	15,3	19,4	29,4	34,6	44	52,5
gültig für atmo-	4 atü	1,67	2,4	3,33	5,12	5,82	7,68	8,73
sphärische Luft		10,8	16,4	21,6	32,6	37,8	48,8	56,7
	5 atü	1,62	2,3	3,22	4,93	5,5	7,39	8,25
Untere Zahlen:		11,6	17,7	23	35,4	39,8	53,6	59,8
Leistungsbedarf	6 atü	1,56	2,2	3,11	4,78	5,23	7,16	7,85
an der Kupplung		12,4	18,4	24,7	37,3	43	56,2	64,6
in PS	7 atü	1,5	2,1	3,0				
		13,2	18,9	26,4				
	8 atü							
	9 atü							
	10 atü							
Kühlwasserbedarf	2 atü	105	155	210	330	380	480	570
in Liter/h bei	4 atü	160	230	320	495	560	740	845
einer Zulauf-	6 atü	185	265	375	575	625	860	940
temperatur	8 atü							
von 10° C	10 atü							
Gewährleistung		Die effektive Ansaugemenge und der nach den Regeln „Leistungsversuche						
Wahl des Motors		Motoren sind mit einer Reserve von der Spannung, der Frequenz, des						
L. W. der Saugleitung [mm]		80	65	80	100	125	100	125
L. W. der Druckleitung [mm]		65	65	80	100	125	100	125
Kühlwasser-Ein- u. -Austritt		R ½″	R ½″	R ½″	R ½″	R ½″	R ½″	R ½″
Netto- gewicht in kg — Kompressor		160	200	330	425	445	660	665
Kupplung		110	45	110	115	115	185	185
Satz Fußleisten		10	15	45	65	65	65	65

FMA/POKORNY-Mitteldruckkompressoren

				S-Typen (zweistufig)							
MV 418	MD 628	MD 633	MV 633	SZ 316	SZ 418	SD 316	SD 418	SV 418	SD 628	SD 633	SV 633
4×180	3×280	3×330	4×330	1×160 1×105	1×180 1×110	2×160 1×135	2×180 1×150	3×180 1×160	2×280 1×235	2×330 1×235	3×330 1×280
150	200	200	200	135	150	135	150	150	200	200	200
1000	750	750	750	1000	1000	1000	1000	1000	750	750	750
13,64	25,0	35,15	46,8								
47,3	87,2	123	164								
12,9	24,0	33,9	45,2								
58,8	109	154,5	206								
12,26	23,0	32,9	43,8								
69,2	130	186	248								
11,64	22,25										
75,6	144										
11,0				2,45	3,44	4,87	6,93	9,6	16,52	23,4	34,3
80				16,8	23,6	33,6	47,3	67,8	116	161	236
10,46				2,42	3,40	4,82	6,86	9,5	16,38	23,2	34
86				17,9	24,7	35,7	50,4	71	121	170	248
				2,39	3,37	4,78	6,8	9,4	16,2	23	33,7
				18,9	26,3	37,3	53	74,5	126	178	261
				2,36	3,34	4,74	6,73	9,3	16,03	22,8	33,4
				20	27,3	39,4	55,2	78,2	132	186	272
				2,33	3,30	4,69	6,66	9,2	15,89	22,6	33,1
				20,5	28,4	41	57,3	81	137	194	283
				2,3	3,26	4,64	6,6	9,1	15,72	22,4	32,7
				21,1	29,4	42,1	59,4	84	142	201	293
760	1410	1995	2650								
1125	2150										
1255				350	490	695	990	1375	2365	3350	4935
				410	580	825	1175	1618	2800	3960	5800
				450	640	910	1300	1795	3100	4400	6430

Leistungsbedarf gelten mit dem üblichen Bauspiel von $\pm 5\%$. Sie sind an Ventilatoren und Kompressoren'' festgestellt.

10—15% auszulegen mit Rücksicht auf unvermeidliche Schwankungen Druckes und der Temperatur.

MV 418	MD 628	MD 633	MV 633	SZ 316	SZ 418	SD 316	SD 418	SV 418	SD 628	SD 633	SV 633
150	200	225	225	100	125	125	125	125	200	225	225
125	200	200	200	80	80	80	80	100	200	200	200
R ¾″	R 1½″	R 1½″	R 1½″	R ½″	R ½″	R ¾″	R ¾″	R ¾″	R 1½″	R 1½″	R 1½″
830	2600	2630	3400	440	535	630	765	910	2760	2770	3550
185	540	540	545	110	115	110	185	185	540	540	595
65	135	135	165	45	65	45	65	65	135	135	165

Abb. 37. Einstufiger Einzylinderkompressor ME 313

gebürgert; nach Anlauf der Forschungsarbeiten nach dem zweiten Weltkrieg finden sich immer wieder neue Absatzmöglichkeiten für sie. Nachstehend nur einige Industriezweige, aus denen der Hochdruckkompressor nicht mehr wegzudenken ist:

Chemische Industrie, Gummiwerke, besonders Werke der Reifenfabrikation, Kraftzentralen, Weinbau, Talsperren, Schleusenanlagen, zum Betätigen von Schaltanlagen, Anlassen von Verbrennungsmotoren, zum Rußblasen, für Spritzguß, im Bergbau, zum Auffüllen der Druckluftbehälter der Druckluftlokomotiven, zur Erzeugung von Sauerstoff und Ammoniak, zur Erdölgewinnung u. a.

e) Sonderkompressoren. Als Sonderausführung gibt es Kompressoren, die als Zwischenverdichter arbeiten. Die Zwischenverdichtung hat den Zweck, einen wirtschaftlichen Betriebsdruck zu liefern, der den Verbrauchern der Druckluft eines Teilbetriebes angepaßt ist, z. B.

Abb. 38. Einstufiger Zweizylinderkompressor MZ 416

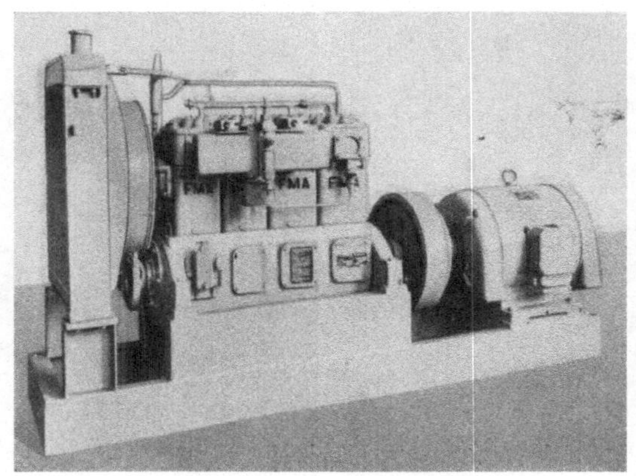

Abb. 39. Zweistufiger Vierzylinderkompressor SV 418 mit Rückkühlanlage und Thermostat, angetrieben durch Elektromotor

Abb. 40. Zweistufiger Vierzylinderkompressor SV 418 mit Rückkühlanlage und Einrichtung für Betrieb in den Tropen, angetrieben durch Dieselmotor

Abb. 41. Doppelaggregat aus zwei zweistufigen Dreizylinderkompressoren SD 418

Abb. 42. Zweistufiger Dreizylinderkompressor SD 633

Streckenvortrieb im Bergbau. In der praktischen Anwendung dieser Zwischendruckerhöhung beim Gesteinsvortrieb mit schlagenden oder drehenden Bohrwerkzeugen wurden im Laufe der vergangenen Jahre bemerkenswerte Erfolge durch erheblich gesteigerte Vortriebsgeschwindigkeiten erzielt.

Die Zwischenverdichtung führt zu einer besseren Leistung der Streckenvortriebsmaschinen und aller übrigen Druckluftgeräte. Sie wirkt

Abb. 43. Transportabler Kompressor DK 3 in Einblockausführung

sich günstig auf den Gang der Rutschen- und anderer Fördermotoren aus. Als willkommene Nebenerscheinung trägt die Aufstellung von Zwischenverdichtern sogar zur Bewetterung bei, indem die expandierende, unterkühlte Auspuffluft der Druckluftverbraucher eine Abkühlung der Abbaustellen bewirkt. Das Arbeitsprinzip eines Zwischenverdichters ist denkbar einfach. Er wird unter Tage in das Netz der Druckluftleitungen eingeschaltet, nimmt über einen Ansaugebehälter die Luft mit 3,5 bis 4 atü auf und preßt sie mit 5 bis 6 atü oder mehr in die zum Verbraucher führenden Leitungen. Unabhängig von der Übertageverdichtung hält er den Druck auf der vor Ort gewünschten Höhe.

Zwischenverdichter werden in Zwei-, Drei- und Vierzylinderausfüh-
rungen gebaut. Sie können mit Keilriemen oder durch einen direkt
gekuppelten, schlagwettergeschützten Elektromotor angetrieben werden. Sie stellen keine üblichen Kompressoren dar, sondern sind Maschinen, die eigens für den hier beschriebenen Zweck entwickelt wurden. (Abb. 47)
Ungünstige örtliche Verhältnisse, die die Zuführung ausreichender

Abb. 44. Dreistufiger Hochdruckkompressor, direkt gekuppelt mit Elektromotor

Kühlwassermengen bzw. deren Abfluß erschweren, sind kein Grund,
auf die Vorteile der Zwischenverdichtung verzichten zu müssen. Für
diese Fälle können die Kompressoren mit einer vollständigen Rückkühlanlage ausgerüstet werden. Voraussetzung für deren Aufstellung
ist eine gute Bewetterung. Bei Rückkühlanlagen ist lediglich das durch
Verdunsten schwindende Wasser zu ergänzen, dessen Menge nur ge-
ringfügig ist. Die Rückkühlanlage besteht wie bei einem Kraftfahrzeug
aus Wabenkühler, Ventilator und Kühlwasserpumpe.
Der in Abb. 48 dargestellte Kleinzwischenverdichter wird in zwei

60

Tab. 7. *Technische Daten einiger FMA/POKORNY-Hochdruckkompressoren*

Bauart	H_2Z 113	H_2Z 316	H_2Z 418	H_3D 418	H_3D 633	H_2V 418	H_3V 628	H_3V 633
Ansaugemenge . . . . . [m³/h]	56	114	168	168	666	336	942	1320
Zylinder-Dmr. 1. Stufe . [mm]	135	160	180	180	330	2×180	2×280	2×330
2. Stufe . [mm]	50	60	80	80	220	2×80	235	235
3. Stufe . [mm]	—	—	—	35	150	—	118	150
Hub . . . . [mm]	100	135	150	150	200	150	200	200
Drehzahl . . . . [U/min]	1000	1000	1000	1000	750	1000	750	750
Leistungsbedarf in PS bei einem Enddruck von — 15 atü . . [PS]	11,8	24	33	—	118	66	168	234
20 atü . . [PS]	13	26,5	37,5	—	133	74,5	188	262
30 atü . . [PS]	15,1	30,5	43	—	—	86	217	—
40 atü . . [PS]	16,5	33,5	—	—	—	—	233	—
45 atü . . [PS]	16,8	34,5	—	—	—	—	—	—
60 atü . . [PS]	—	—	—	47	—	—	—	—
150 atü . . [PS]	—	—	—	64	—	—	—	—
Saugstutzen-Dmr. . . . . [mm]	65	100	100	100	225	100	225	225
Druckstutzen-Dmr. . . . [mm]	25	35	40	20	82	40	82	82
Kühlwassereintritt Dmr.	R½″	R½″	R½″	R¾″	35 mm	R¾″	35 mm	35 mm
Kühlwasseraustritt Dmr.	R¹/₂″	R½″	R½″	R¾″	35 mm	R¾″	35 mm	35 mm
Kühlwasserverbrauch . [l/min]	5,5	11	14	27,5	60	28	107	118
Nettogewicht — Kompressor . . . [kg]	305	340	500	700	2800	900	3400	3600
Kupplung . . . . [kg]	53	90	170	170	590	170	590	590

Größen (s. Tab. 9) geliefert. Der umlaufende Kompressor wird durch einen Druckluftmotor angetrieben. Die Aufstellung ist äußerst einfach. Das nur 25 kg schwere und 560 mm lange Gerät (größter Durchmesser 180 mm) wird an dem großen, handlichen Griff am Hangenden oder am Stoß aufgehängt. Ein Schlauch verbindet es mit dem Leitungsnetz, ein zweiter mit dem Werkzeug oder Haspel. Die Aufstellung eines Windkessels erübrigt sich, da der Drehkolben des Zwischenverdichters ein gleichmäßiges Strömen der Druckluft bewirkt.

Die Kleinzwischenverdichter lassen sich mühelos von e i n e m Mann transportieren; sie sind unabhängig von elektrischem Strom, da sie mit Druckluft angetrieben werden.

f) Gaskompressoren. Luftkompressoren lassen sich ohne große Änderungen auch als Gaskompressoren für Ferngasanlagen und Erdgas

Tabelle 8. *Technische Daten der FMA/POKORNY-Zwischenverdichter*

Bauart	MZ 413 Z	MZ 415 Z	MD 413 Z	MD 415 Z	MV 413 Z	MV 415 Z
Zylinder-Dmr. . . . . [mm]	2×135	2×150	3×135	3×150	4×135	4×150
Hub . . . . [mm]	150	150	150	150	150	150
Drehzahl . . . . . . [U/min]	1000	1000	1000	1000	1000	1000
Saugstutzen-Dmr. am Umschaltventil . . . . [mm]	100 Dmr. l. W. (Anschlußflansch 108,5 Dmr. gebohrt)					
Druckstutzen-Dmr. . . [mm]	125 Dmr. l. W. (Anschlußflansch 134,0 Dmr. gebohrt)					
Kühlwasserein- und -austritt	$R\,^3/_4''$	$R\,^3/_4''$	$R\,^3/_4''$	$R\,^3/_4''$	$R\,^3/_4''$	$R\,^3/_4''$
Gewicht, netto						
Kompressor . . . . [kg]	415	435	590	610	730	750
Kupplung . . . . [kg]	100	100	158	158	185	185
Satz Fußleisten . . . . . [kg]	85	85	95	95	125	125
Ungefährer Kühlwasserbedarf bei 1000 l/min Fördermenge und 25—35° C	Ansaugedruck l/min	2,5 atü 1,0	3 atü 0,95	3,5 atü 0,90	4 atü 0,85	5 atü 0,80

Bauart		MZ 413 Z			MD 413 Z			MV 413 Z		
Enddruck atü		8	9	10	8	9	10	8	9	10
Liefermenge (m³/h) / Leistungsbedarf [PS] — Eintrittsdruck [atü]	2,5	680	655	630	1020	980	940	1360	1310	1260
		40,3	42	44	60,5	63	66	80,6	84	88
	3	813	786	760	1220	1180	1140	1626	1572	1520
		41,5	44	46,5	62,5	66	69,5	83	88	93
	3,5	950	920	895	1420	1380	1340	1900	1840	1790
		42,3	45,3	47,7	63,5	68	71,5	84,6	90,6	95,4
	4	1085	1055	1020	1630	1580	1530	2170	2110	2040
		42,5	45,5	48,5	64	68	72,5	85	91	97
	5	1360	1325	1295	2040	1990	1940	2720	2650	2590
		41	44,5	48	61,5	67	72	82	89	96

Bauart		MZ 415 Z					MD 415 Z					MV 415 Z				
Enddruck atü		5	5,5	6	6,5	7	5	5,5	6	6,5	7	5	5,5	6	6,5	7
Liefermenge (m^3/h)	2,5	960	940	925	905	890	1440	1410	1380	1360	1330	1920	1880	1850	1810	1780
Leistungsbedarf [PS]		38	41,6	44,2	46,9	48,7	57	62,2	66	70	73	76	83,2	88,4	93,8	97,4
Liefermenge (m^3/h)	3	1130	1110	1095	1075	1055	1690	1670	1640	1610	1580	2260	2220	2190	2150	2110
Leistungsbedarf [PS]		36,3	40,3	43,9	46,9	49,2	54,3	60,5	65,5	70	73,5	72,6	80,6	87,8	93,8	98,4
Liefermenge (m^3/h)	3,5	1290	1275	1260	1245	1225	1920	1900	1880	1860	1830	2580	2550	2520	2490	2450
Leistungsbedarf [PS]		33,8	38,3	42,7	46	48,7	51	57,2	64	69	73	68	76,6	85,4	92	97,4
Liefermenge (m^3/h)	4		1440	1430	1410	1390		2160	2140	2110	2080		2880	2860	2820	2780
Leistungsbedarf [PS]			36	40,7	44,5	47,8		54	61	66,5	71,5		72	81,4	89	95,6
Liefermenge (m^3/h)	4,5			1580	1570	1560			2370	2355	2340			3160	3140	3120
Leistungsbedarf [PS]				38,4	42,8	46,4			57,6	64,3	68,1			76,8	85,6	92,8

(Eintrittsdruck [atü])

verwenden. Für andere Gase, wie Azetylen, Ammoniak, Wasserstoff, Sauerstoff, Kohlenoxyd und Kohlensäure sind Sonderkonstruktionen erforderlich.

4. Steuerung

Für Kolbenkompressoren hat sich die selbsttätige Steuerung mit freigängigen Plattenventilen als zweckmäßig erwiesen. Freigängige Ventile werden durch den Luftunterdruck bzw. Luftüberdruck im Zylinder geöffnet. Beim Ansaugen öffnet der im Zylinder entstehende Unterdruck das Saugventil. Wenn der Zylinder mit Luft von etwa der Spannung im Saugstutzen gefüllt ist, schließt die Ventilfeder das Ventil wieder. Zu Beginn des Ausschiebens öffnet ein kleiner Überdruck im Zylinderinnern gegenüber dem auf dem Druckventil lastenden Windkesseldruck das Ventil. Nach dem Ausschieben schließt die Ventilfeder das Ventil.

Die Ventilhübe werden möglichst klein gehalten und richten sich nach der Größe des Kompressors, dem Betriebsdruck und der Drehzahl. Mit der zu-

Abb. 45. Dreistufiger Hochdruckkompressor

Abb. 46. Vierstufiger Hochdruckkompressor
für Drücke bis 250 atü

lässigen Ventilgeschwindigkeit soll man auch bei raschlaufenden Kompressoren nicht über eine mittlere Geschwindigkeit von 50 m/s gehen. Zur Vergrößerung des Durchflußquerschnitts werden die Ventile als Ringplattenventile ausgeführt.

Die Saugventile sind fast während des ganzen Saughubs geöffnet; daher ist ihre Öffnungs- und Schließgeschwindigkeit klein. Die Druckventile dagegen werden am Ende der Verdichtung plötzlich bei hoher Kolbengeschwindigkeit aufgestoßen und beim Hubwechsel durch den starken Überdruck heftig

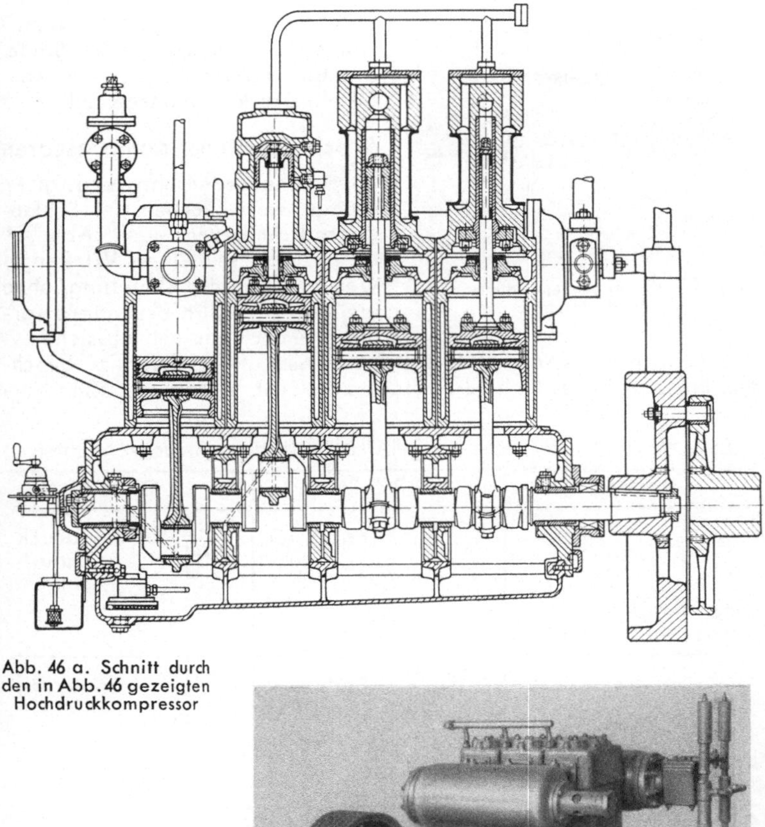

Abb. 46 a. Schnitt durch
den in Abb. 46 gezeigten
Hochdruckkompressor

Abb. 47.
Zwischenverdichter
(Antrieb durch Elektro-
motor oder Keilriemen)

Abb. 48. Kleinzwischenverdichter mit Druckluftantrieb

geschlossen. Hubfänger und Ventilsitz erhalten daher starke Stöße. In Abb. 49 ist ein Saug- und in Abb. 50 ein Druckventil dargestellt.

5. Schmierung der Kompressoren

a) Schleuderradschmierung. Kompressoren können mit Schleuderradschmierung nach Abb. 51 ausgestattet sein. Ihre Wirkungsweise ist aus der Abbildung ohne weiteres ersichtlich. Besondere Vorteile: Einfach und betriebssicher.

Die Viskosität des Schmieröls ist bei der Auswahl besonders zu beachten. Ein zu dünnes Öl wird zu stark zerstäubt; es tritt zu hoher Ver-

Tabelle 9. *Technische Daten der FMA/POKORNY-Kleinzwischenverdichter.*

Bauart	RZ 2		RZ 3	
	Eintritts-druck 2,5 atü	Enddruck 4 atü	Eintritts-druck 4 atü	Enddruck 7 atü
Liefermenge (freie Luft) [m³/h]	50[1]		85[1]	
	Eintritts-druck 4 atü	Enddruck 6 atü	Eintritts-druck 6 atü	Enddruck 8 atü
Liefermenge (freie Luft) [m³/h]	130[1]		155[1]	
Gewicht [kg]	25		25	
Größte Länge [mm]	560		560	
Größter Durch-messer [mm]	180		180	
Lichte Weite [mm] des Saugschlauches	28		28	
des Druckschlauches	19		19	

[1] Liefermengen bei anderen Eintritts- und Enddrücken auf Anfrage.

brauch ein, der sehr leicht zu Rückständen führen kann. Die Menge läßt sich in diesem Fall also nur durch die Viskosität regeln.

b) Drucköltschmierung. Für größere Kompressoren empfiehlt es sich, Drucköltschmierung vorzusehen. Eine im Öl des Kurbelgehäuses arbeitende Ölpumpe (Abb. 52) versorgt alle Lagerstellen der Kurbelwelle mit Schmieröl. Die Pumpe wird durch ein Schraubenradpaar von der Kurbelwelle aus angetrieben. Das Schmieröl fließt durch die

Abb. 49. Wassergekühltes Saugventil

Abb. 50. Wassergekühltes Druckventil

Druckleitung zum Ölfilter (Abb. 53), wird hier gereinigt und gelangt zu dem in das Kurbelgehäuse eingegossenen Ölverteilerrohr. Neben dem Ölfilter befindet sich das Überströmventil, das den Öldruck auf etwa 2 atü einstellt. Die Viskosität des Schmieröls spielt insofern eine Rolle, als bei zu dünnem Öl der Öldruck nicht ausreicht.

Eine andere Art stellt die Drucköltschmierung nach Abb. 54 dar. Die Ölpumpe wird durch eine Kupplung direkt von der Kurbelwelle angetrieben. In der Ansaugeleitung der Ölpumpe befindet sich ein Rückschlagventil, dessen Richtungspfeil beim Einbau immer zur Ölpumpe hinweisen muß. Die Druckleitung verbindet die Ölpumpe mit dem Ölfilter. Durch das im Kurbelgehäuse eingeschraubte Ölverteilerrohr werden sämtliche Lagerstellen der Kurbelwelle und der Pleuelstange mit Schmieröl versorgt. Durch das Überströmventil wird der Öldruck auf etwa 2 atü eingestellt. Beträgt die Raumtemperatur am Aufstellungs-

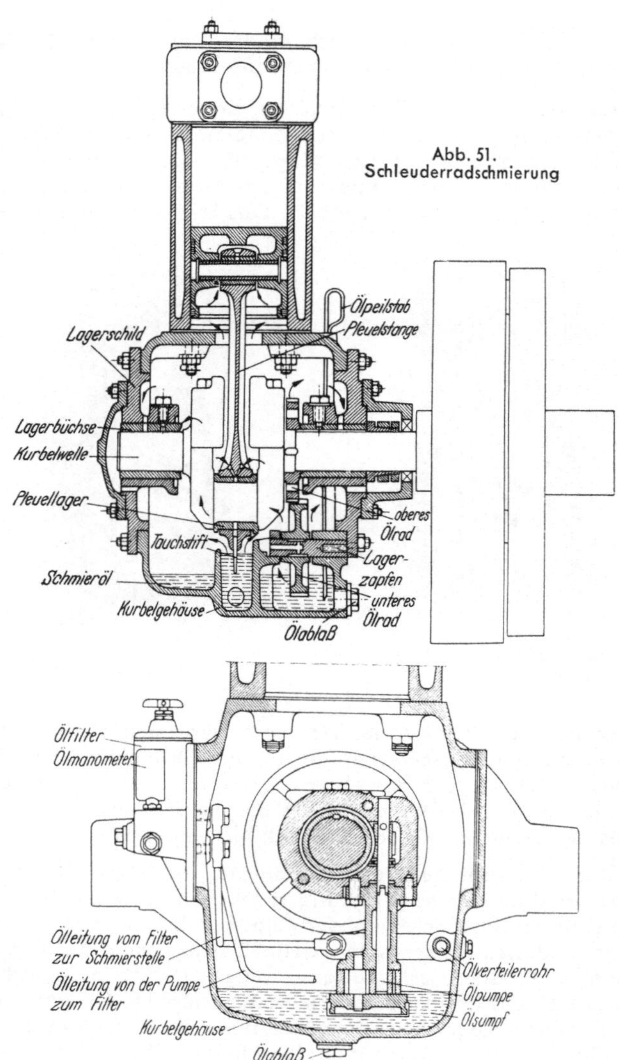

Abb. 52. Druckölschmierung

ort der Maschine mehr als 30° C, muß ein Ölkühler in den Kreislauf des Schmieröls eingebaut werden.

c) Zentralschmiergeräte. In vielen Fällen wird für Lager, Triebwerke und Zylinder das gleiche Öl verwendet. Bei getrennter Schmierung können Lager und Triebwerk mit normalem Maschinenöl durch besondere Geräte geschmiert werden. Die erforderliche Menge läßt sich hiermit genau einstellen, so daß die Gewähr besteht, daß stets genügend, aber nicht zuviel Öl gefördert wird. Die Viskosität spielt bezüglich der geförderten Menge keine besondere Rolle.

Die Auswahl des geeigneten Öles für die Zylinderschmierung hängt nicht vom absoluten Enddruck ab. Diese oft noch vertretene Ansicht ist nicht richtig; ausschlaggebend ist das Druckverhältnis und damit die Endtemperatur. Dieser Temperatur muß das Öl gewachsen sein. Es muß daher oxydationsbeständig, d. h. von chemischer Trägheit sein, darf nicht zur Rückstandsbildung neigen und muß sich leicht wieder von dem aufgenommenen Kondensat trennen (nicht emulgierbar). Es muß einen zerreißfesten Ölfilm

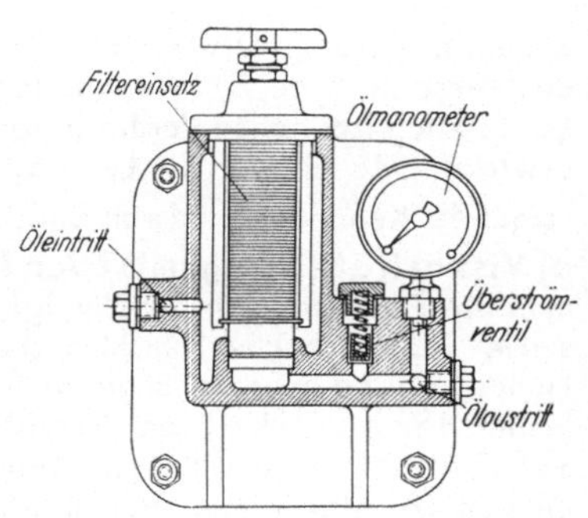

Abb. 53. Ölfilter mit Überströmventil

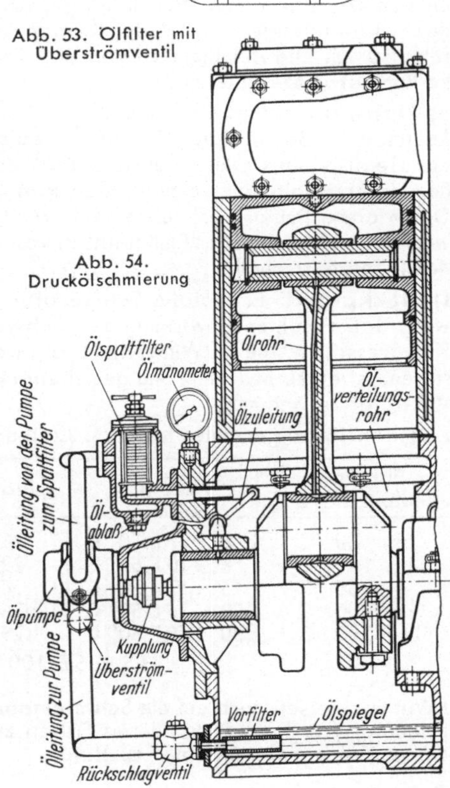

Abb. 54. Druckölschmierung

bilden, der hohen Drücken standhält, trockene Reibung verhindert und den Verschleiß an Zylinderwandungen und Kolbenringen verringert. Es soll auch bei hohen Verdichtungstemperaturen eine gute Abdichtung bewirken, da hiervon die Leistung der Kompressoren mit abhängt.

Folgende *Kenndaten* sind von Bedeutung:

d) Viskosität (Zähigkeit) oder innere Reibung. Darunter versteht man die Eigenschaft einer Flüssigkeit, der gegenseitigen Verschiebung zweier benachbarten Schichten einen Widerstand entgegenzusetzen. Handelsüblich werden Englergrade angegeben. Es ist dies das Verhältnis der Ausflußzeit von 200 cm³ Öl bei Meßtemperatur zur Ausflußzeit von 200 cm³ destilliertem Wasser bei 20° C. Die Zähigkeit eines Öles ist von der Temperatur abhängig, d. h. je höher die Temperatur, desto dünnflüssiger das Öl. Bei Kompressoröl beträgt die Meßtemperatur 50° C. Die Abhängigkeit von der Temperatur kommt in der Viskositätskurve zum Ausdruck.

e) Flammpunkt ist die Temperatur, bei der sich aus dem Öl unter festgelegten Bedingungen Dämpfe in solcher Menge entwickeln, daß das Gemisch aus Öldämpfen und Luft durch Annähern einer Zündflamme erstmalig entflammt werden kann.

Durch diese Prüfung soll festgestellt werden, wie sich ein Öl beim Erwärmen hinsichtlich der Entflammbarkeit der sich aus ihm entwickelnden Dämpfe verhält.

f) Stockpunkt. Er gibt die Temperatur an, bei der das Öl so steif wird, daß es unter Einwirkung der Schwerkraft nicht mehr fließt. Bei Kompressoren, die im Winter im Freien oder in ungeheizten Räumen stehen, ist er zu beachten, und gegebenenfalls ist ein Öl mit geringerer Viskosität zu nehmen.

Es gelten im allgemeinen folgende Daten[1]:

Für End-temperaturen	Viskosität	Flammpunkt	Stockpunkt
bis 80° C	6 … 7 E/50° C	210 … 220°	— 15 bis — 25
„ 140° C	8 … 10 E/50° C	225 … 235°	— 15 „ — 25
„ 180° C	15 … 17 E/50° C	240 … 260°	— 10 „ — 15
„ 200° C	20 … 24 E/50° C	260 … 280°	— 5 „ — 10
über 200° C	30 … 45 E/50° C	290 … 300°	— 5 „ — 10
	(3,5 … 5 E/100° C)		

[1] Wir verweisen auch auf die Schmiertabellen, die den Kompressoren beigefügt werden. In besonderen Fällen ziehe man die Fachingenieure der maßgebenden Ölfirmen zu Rate.

Die angegebenen Analysendaten sind kein Maßstab für die Bewährung eines Öles. Von Bedeutung sind auch die *Herstellungsverfahren*, die daher nachstehend kurz behandelt sind:
Aus dem anfallenden Rohöl werden durch fraktionierte Destillation u. a. in Viskosität und Flammpunkt verschiedene Maschinenöl-Destillate gewonnen. Durch Raffination werden diese für Kompressorschmierungen ungeeigneten Destillate von allen schädlichen Verbindungen mit Schwefelsäure nach dem ältesten und heute noch in größtem Umfang angewendeten Verfahren befreit. Man erhält nach anschließender Neutralisation ein reines, helles Öl. Durch diese Behandlung werden aber nicht nur die unerwünschten Bestandteile entfernt, sondern zum Teil gehen auch Verbindungen verloren, die für starke Beanspruchung der Öle im Betrieb erwünscht wären. Daher wurden neue Verfahren entwickelt, die diese Nachteile verhindern. Man verwendet selektiv (auswählend) wirkende Lösungsmittel. Die hiermit gewonnenen ¦Spezial-Raffinate sind für die Kompressorschmierung geeigneter; sie sind alterungsbeständig und emulsionsfest.
Neben dem Herstellungsverfahren ist auch die Herkunft bzw. der Aufbau des verarbeiteten Rohöles von Bedeutung. Man unterscheidet hauptsächlich zwei Gruppen von Ölen: paraffinbasische und naphthenbasische. Öle aus der zuletzt genannten Gruppe haben sich als Kompressoröle und für Verbrennungsmotoren am besten bewährt.

g) Schmierölverbrauch. Die den Zylindern zugeführte Ölmenge wird als Schmierbedarf bezeichnet; sie wird praktisch vollkommen von der Luft bzw. dem verdichteten Gas mitgenommen.
Durch Entölung und entsprechende Anzahl und Anordnung der Kühler, Abscheidegeräte und Druckluftsammelbehälter können in der Praxis 70 bis 80% zurückgewonnen werden. Das Öl ist nach Entwässern und Filtern wieder verwendbar. Die Differenz zwischen Schmierbedarf und Rücköl ist der Verlustverbrauch, d. h. die Ölmenge, die durch Frischöl ersetzt werden muß.

Es gelten im allgemeinen folgende *Werte für den Schmierbedarf*:
Kolbenverdichter, liegende Bauart:
Zylinderschmierung 0,5 bis 1,0 g/PSh.
Triebwerk:
Verlustverbrauch bei reiner Umlaufschmierung 0,3 bis 0,5 g/PSh,
Schmierbedarf bei Durchlaufschmierung 0,6 bis 1,5 g/PSh.
Kolbenverdichter, stehende Bauart:
Schmierbedarf 0,8 bis 1,0 g/PSh (Zylinder und Triebwerk).
Rotationsverdichter:
Schmierbedarf 0,5 bis 1,0 g/PSh.

h) Verwendung von legierten Ölen (HD-Ölen). Durch die immer höheren Anforderungen an die Schmierstoffe gewinnt die Verwendung von Schmierölen mit Zusätzen (Additives) oder legierten Ölen (Heavy-Duty-Öle = HD-Öle) immer mehr an Bedeutung. Chemische Zusätze verbessern die Öle über das durch Raffinationsverfahren Erreichte hinaus.

Auch für Innenkonservierung von Kompressoren und Verbrennungsmotoren wurden besondere Öle geschaffen. Mit ihrer Hilfe können längere Zeit unbenutzt stehende Kompressoren oder zum Versand kommende Kompressoren vor Korrosion geschützt werden.

Besonders zu beachtende Hinweise zur Vermeidung von Betriebsstörungen und Rückständen:

Die Druckleitung soll vom Kompressor nicht über eine große Entfernung senkrecht hochgeführt werden; denn das mitgerissene Öl bzw. die Öldämpfe kondensieren an den Wandungen, und das herunterlaufende Öl kommt immer wieder mit der heißen Luft in Berührung, es wird zäher und zäher und bildet so allmählich Rückstände. Der Querschnitt der Rohre verkleinert sich immer mehr, die Luftgeschwindigkeit erhöht sich, so daß manchmal die gebildete Ölkohle zum Glühen kommt und Ölbrände und Explosionen verursacht. Wenn sich eine senkrechte Leitung nicht vermeiden läßt, ist an der unteren Seite des Krümmers ein Gefäß zum Auffangen und Ablassen des herablaufenden Öles vorzusehen.

Rückstände, die sich an den Ventilen absetzen, wirken ähnlich. Der sichere Abschluß wird verhindert; es treten größere Durchblaseverluste und Verengungen der Ventilquerschnitte auf. Höhere Temperaturen infolge höherer Luftgeschwindigkeit vergrößern die Rückstandsbildung, die zu Glühungen und damit zu Explosionen führt.

Der Druckkessel ist regelmäßig von Öl und Wasser zu entleeren; das abgeschiedene Öl kann nach der Trennung von Wasser und anschließender Filterung für Schmierzwecke noch verwendet werden. Eine sehr gute Ölabscheidung wird erreicht, wenn der Gehalt der Druckluft an Wasserdampf durch einen Nachkühler zur Kondensation gelangt und das Schmieröl durch Koagulation bindet.

Die Ansaugfilter müssen regelmäßig nachgesehen werden. Es ist darauf zu achten, daß keine verunreinigte Luft angesaugt wird (Staub, Talkum, Auspuffgase, Abgase u. a.), die Anlaß zu Rückstandsbildung gibt.

6. Regelung

Die Regelung der Kompressoren hat die Liefermenge der jeweiligen Druckluftentnahme anzugleichen und hierbei den Enddruck möglichst unveränderlich, bzw. die Druckänderung innerhalb gewisser Grenzen zu halten.

Im allgemeinen wird der Luftbedarf eines Betriebes geringer sein als die größte Leistung des vorhandenen Kompressors. Dieser Umstand ist bei den nachstehend beschriebenen Regelungsarten vorausgesetzt.

Da sich eine Schwankung in der Luftentnahme zunächst in einer Druckänderung (und sei sie noch so klein) bemerkbar macht, nutzt man diese Druckänderung zum Betätigen der Regelorgane aus. Eine Mehrentnahme an Luft äußert sich als Druckabfall, eine geringere Entnahme als Drucksteigerung.

Man unterscheidet drei *Arten der Regelung:*

a) *Drehzahlregelung,* d. h. Regelung durch Verändern der Drehzahl bei gleichbleibender Füllung.

b) *Leerlaufregelung,* d. h. Regelung durch zeitweiligen Leerlauf bei gleichbleibender Drehzahl.

c) *Aussetzerregelung,* d. h. Regelung durch zeitweiliges Stillsetzen des Kompressors.

Zu a: Die *Drehzahlregelung* kann verwendet werden, wenn die Antriebsmaschine ein regelbarer Gleichstrommotor, eine Dampfmaschine oder ein Verbrennungsmotor ist. Meist findet man sie bei Kompressoren größerer Leistung, die mit zwangsläufiger Steuerung ausgerüstet sind (Köster-Steuerung). Da bei Antrieb durch Verbrennungsmotoren die Leerlaufregelung bevorzugt wird, wird auf diese Regelungsart hier nicht näher eingegangen.

Zu b: Die *Leerlaufregelung* ist die einfachste und billigste Regelungsart und ist auch bei kleineren und mittleren Kompressoren am meisten

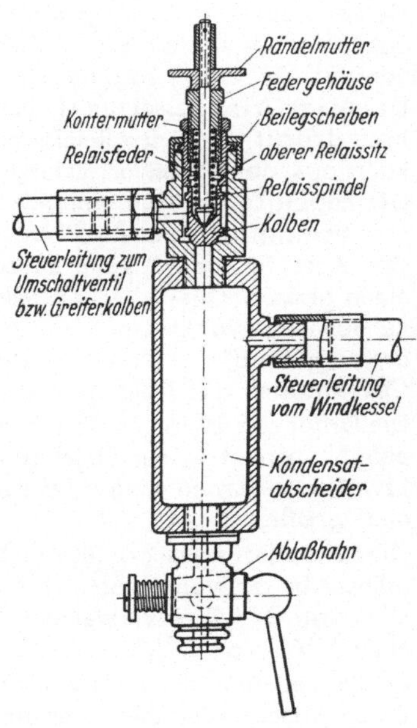

Abb. 55. Relais

73

verbreitet, weil sie den Anforderungen des Betriebs von Druckluftwerkzeugen genügt. Während der Leerlaufzeit ist nur die den mechanischen Widerständen des Kompressors und den Verlusten der Antriebsmaschine entsprechende Leistung aufzubringen.
Die Leerlaufregelung kann auf zwei Arten bewerkstelligt werden, entweder durch Abschließen der Saugleitung oder durch Offenhalten
der Saugventile. In beiden Fällen ist ein selbsttätig arbeitendes Regel-
organ als Relais erforderlich.
Das Relais (Abb. 55) ist durch eine Steuerleitung mit dem Windkessel
verbunden. Die Steuerluft durchströmt einen kleinen Kondensat-
abscheider, der regelmäßig durch Öffnen des Hahnes zu entleeren ist.
Die untere Fläche des Relaiskolbens ist durch den Windkesseldruck
belastet, dem die Kraft der Relaisfeder entgegenwirkt. Überwindet der
Druck des Windkessels die Federkraft, so hebt sich der Relaiskolben
von seinem unteren Sitz ab und legt sich am oberen Sitz an. Die Steuerluft kann durch die Bohrung zum Umschaltventil bzw. Greiferkolben
gelangen.
Da der obere Sitz einen größeren Durchmesser hat als der untere, und
daher der Druck auf eine größere Fläche wirkt, wird der Relaiskolben
von der Druckluft so lange in der oberen Stellung gehalten, bis der
Druck im Windkessel um ein bestimmtes Maß gesunken ist. Die Federkraft drückt dann den Relaiskolben auf den unteren Sitz, und die Luft
kann aus der Regelvorrichtung durch das Relais ins Freie gelangen.
Die Regelorgane sind entlastet, und die Luftförderung des Kompressors beginnt von neuem.
Der Ausschaltdruck kann durch Verändern der Federspannung auf
einen gewünschten Wert eingestellt werden. Linksdrehung des Feder-
gehäuses bewirkt eine Drucksenkung im Windkessel; bei Rechts-
drehung steigt der Druck an. Das Federgehäuse kann nur bei gelöster
Gegenmutter verdreht werden.
Die Differenz zwischen Ausschalt- und Einschaltdruck, der sog. Druckabfall, beträgt in der Regel $10^0/_0$ des Betriebsdrucks. Durch Zulegen
bzw. Wegnehmen einiger Beilegscheiben wird der Druckabfall kleiner
oder größer.
Die Relaisleitung ist grundsätzlich nur an den Windkessel anzuschließen
(ohne Absperrventil). Bei Leitungslängen bis zu 5 m ist Rohr mit einer
l. W. von R $^1/_2''$ zu verwenden, bei größeren Leitungslängen Rohr mit
einer l. W. von R $^3/_4''$.
Leerlaufregelung durch Umschaltventil. Diese Regelung (Abb. 56) arbeitet
durch Abschließen des Saugstutzens durch das Umschaltventil. Solange
der Kompressor fördert, drückt die Feder den Kolben nach oben gegen

seinen Anschlag. Tritt infolge Drucksteigerung im Windkessel das oben
beschriebene Relais in Tätigkeit, so gelangt Druckluft in den Raum
oberhalb des Umschaltventilkolbens und drückt den Kolben unter
Überwindung der Federkraft auf seinen unteren Sitz. Dadurch wird
die Saugleitung bei *b* abgeschlossen, und der Kompressor läuft leer.

Bei zweistufigen Kompressoren wird gleichzeitig mit dem Umschaltventil das Entlastungsventil am Zylinder der zweiten Stufe betätigt,
d. h. die Verbindung zwischen dem Zylinderraum der zweiten Stufe
und der Außenluft hergestellt. Durch das geöffnete Entlastungsventil
kann die noch im Zwischenkühler befindliche Druckluft ins Freie entweichen.

Leerlaufregelung durch Greiferkolben (Abb. 57). Wird der Betriebsdruck
erreicht, gelangt über das Relais (Abb. 55) Druckluft aus dem Windkessel
in den Steuerzylinder des Ventildeckels. Der Greiferkolben mit seinen
fingerartigen Greifern wird nach unten gepreßt. Die Greifer drücken
die Saugventilplatte von ihrem Sitz ab. Der Kompressor saugt zwar
an, schiebt aber die angesaugte Luft durch das offengehaltene Saugventil unverdichtet wieder aus.

Erst wenn das Relais wieder umschaltet, wird der Greiferkolben ent-

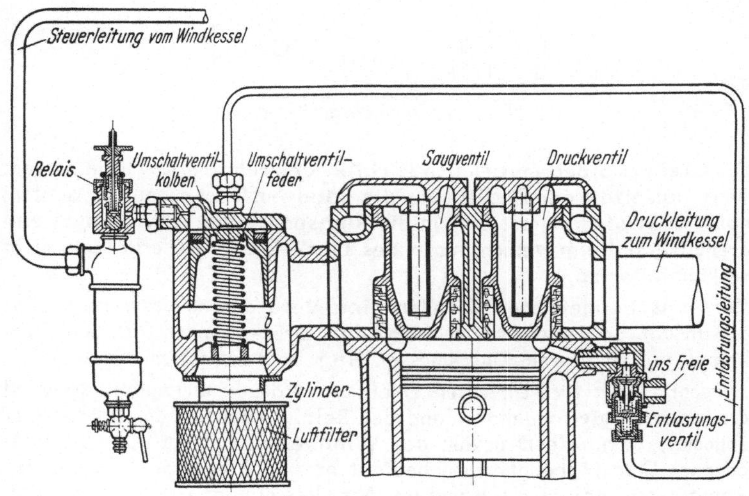

Abb. 56. Leerlaufregelung durch Umschaltventil

lastet, und die Greiferfeder drückt ihn nach oben gegen seinen Anschlag. Das Saugventil arbeitet wieder normal, und der Kompressor
beginnt zu fördern.

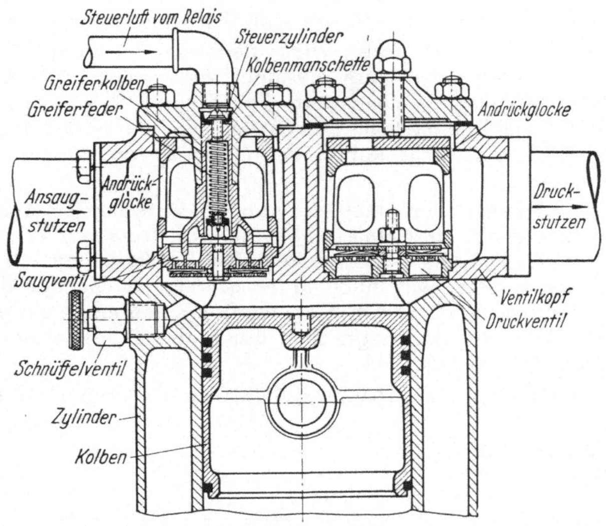

Abb. 57. Leerlaufregelung durch Greiferkolben

Die Greiferkolben müssen sich leicht in der Führung bewegen lassen.
Beim Aufsetzen der Deckel über die Saugventile ist darauf zu achten,
daß die Greiferfinger richtig in die Ringspalten des Ventilkörpers eingreifen und beim Verschrauben des Deckels der Greiferkolben nicht
verklemmt wird.

Wird aus betrieblichen Gründen eine Veränderung des Enddruckes
gewünscht, so ist zu beachten, daß bei Drücken unter 4 atü Greiferkolben mit größerem Durchmesser eingebaut werden müssen.

Handentlastung für den Anlauf. Dreht man die Rändelmutter, so wird
die Federspindel angehoben und der Relaiskolben von der Relaisfeder
entlastet, d. h. die Druckluft des Windkessels betätigt die Leerlauf-
organe. Der Handentlastung bedient man sich besonders, wenn der
Kompressor anlaufen soll und im Windkessel noch Druck vorhanden
ist.

Zu c: *Aussetzerregelung.* Zu der Steuerung eines durch Drehstrom-
motor (Kurzschlußläufer) angetriebenen Kompressors gehören:
1 automatischer Sterndreieckschalter mit Motorschutzrelais und Steuer-
  sicherung (manchmal mit Steuertransformator),
1 Druckschalter (Membrandruckregler, Kontaktmanometer),
1 Kühlwasser-Überwachungsschalter,
1 magnetgesteuertes Kühlwasserventil,
1 elektromagnetisches Druckluft-Dreiwege-Ventil,
1 Wahlschalter für Aussetz- und Durchlaufbetrieb.
Aussetzbetrieb. Wahlschalter auf Stellung „Automatik". Die Steuerung
bewirkt den selbsttätigen Anlauf oder das Stillsetzen des Kompressors
bei dem für die Anlage vorgesehenen Einschalt- und Ausschaltdruck,
entsprechend der Einstellung des Druckreglers.

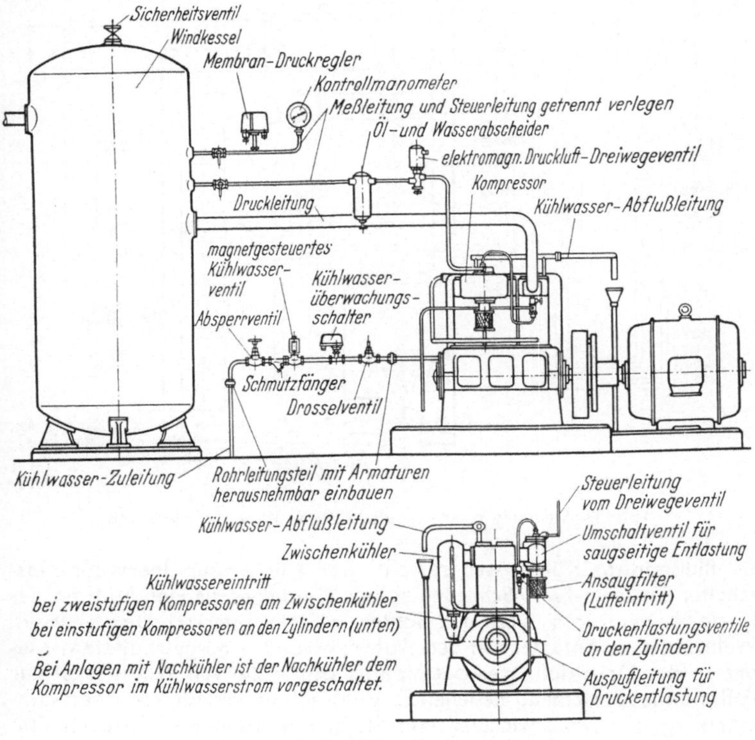

Abb. 58. Vollselbsttätige Kompressorsteuerung

Beim Absinken des Kesseldrucks unter den Einschaltdruck wird durch den Druckregler zunächst das magnetgesteuerte Kühlwasserventil betätigt und damit der Kühlwasserzufluß zum Kompressor geöffnet.

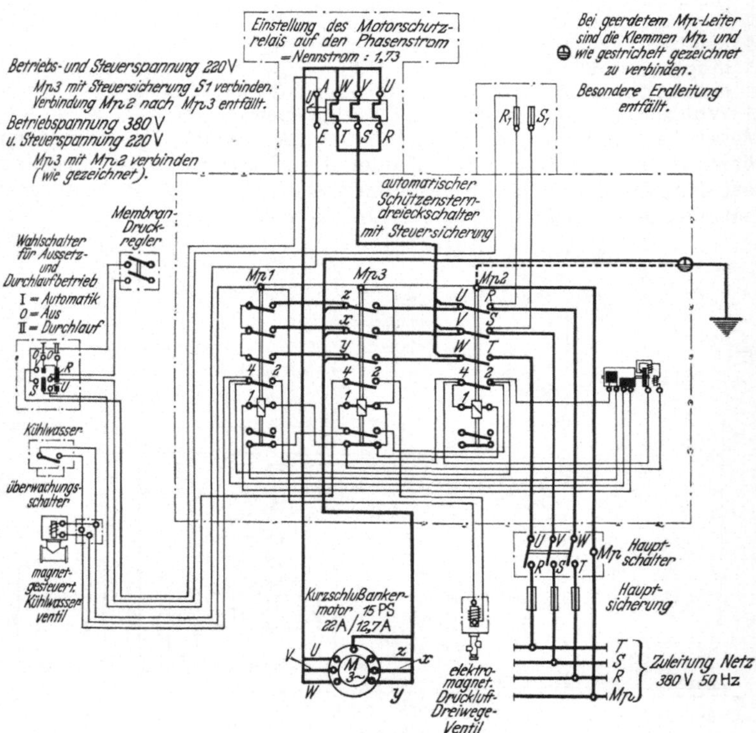

Abb. 59. Schaltbild einer vollselbsttätigen Kompressorsteuerung

Bei fließendem Kühlwasser spricht der Kühlwasser-Überwachungs-schalter an, der durch Schließen seines Kontaktes die Einschaltung des Kompressormotors durch den Schützen-Sterndreieckschalter bewirkt. Während des Anlaufens ist der Kompressor bei ausgeschaltetem Magneten des Druckluft-Dreiwege-Ventils durch die vom Windkessel zur Entlastungsvorrichtung bestehende Verbindung entlastet. Mit der Umschaltung der Motorwicklung von Stern auf Dreieck wird durch Einschalten des Magneten das Druckluft-Dreiwege-Ventil betätigt, wodurch der Druckanschluß zum Windkessel geschlossen und die Entlastungseinrichtung zur Atmosphäre entlüftet wird. Damit wird die Anlaufentlastung aufgehoben und der Kompressor auf Betrieb umgesteuert.

Ist der Ausschaltdruck erreicht, schaltet der Druckregler ab. Das Unterbrechen des Steuerstromkreises

stellt das Kühlwasser ab,

schaltet den Kompressormotor durch den Sterndreieckschütz aus und

entlastet den Kompressor durch das Druckluft-Dreiwege-Ventil.

Bei Auslösen des Motorschutzrelais durch Überlastung oder Einphasenlauf des Kompressormotors oder Ausbleiben des Kühlwassers oder der Netzspannung während des Betriebs verhält sich die Steuerung wie bei einer betriebsmäßigen Abschaltung durch den Druckregler.

Der Kompressor läuft wieder in der beschriebenen Weise bei Wiederkehr des Kühlwassers bzw. der Netzspannung oder Beseitigung der Ursache für die Motorschutzauslösung an.

Durchlaufbetrieb. Wahlschalter auf Stellung „Durchlaufbetrieb" (bei zu hohem Ansteigen der Schalthäufigkeit im Aussetzbetrieb). In dieser Stellung wird das Kühlwasserventil und der Schützensterndreieckschalter direkt durch den Wahlschalter für Dauereinschaltung betätigt. Der Druckregler bewirkt nur noch das Ein- und Ausschalten des Druckluft-Dreiwege-Ventils, so daß der durchlaufende Kompressor bei Erreichen des Ausschaltdrucks auf Leerlauf und nach Absinken des Drucks auf den Einschaltdruck wieder auf Betrieb umgesteuert wird.

Anzahl der Schaltungen: Bei Leerlaufschaltung nicht über 60, bei Selbstanlasser mit Sterndreieckschalter nicht über 30 und bei Selbstanlasser mit Widerstandsstufenschalter nicht über 15 je Stunde.

Anwendungsbeispiele und Möglichkeiten der automatischen Kompressorsteuerung. Die elektrischen bzw. elektropneumatischen Kompressorsteuerungen ermöglichen nicht nur den selbsttätigen Aussetzbetrieb *eines* Kompressors mit entsprechender Einsparung von Energie und Kühlwasser, sondern können auch beim Verbundbetrieb *mehrerer* Kompressoren auf ein gemeinsames Druckluftnetz mit betriebstechnischen und wirtschaftlichen Vorteilen angewandt werden.

So kann z. B. bei bestimmtem, relativ großem konstanten Luftbedarf von einem größeren Kompressor im Dauerbetrieb die Grundlast übernommen werden, während zur Deckung auftretender Spitzenbelastungen sich ein kleinerer Kompressor entsprechend den Druckschwankungen im Kessel bzw. Netz selbsttätig zu- und abschaltet. Bei besonders gelagerten Betriebsverhältnissen ist auch der umgekehrte Fall (Grundlast kleiner, Spitze großer Kompressor) möglich.

Schließlich ist noch das Verfahren üblich, mit zwei oder mehreren gleich großen Kompressoren ein Druckluftnetz zu versorgen, wobei die Druckschalter der einzelnen Steuerungen auf verschieden hohe Ein- und Ausschaltdrücke eingestellt sind. Mit zunehmender Belastung schalten sich diese dann stufenweise auf das Netz und bei Rückgang des Verbrauchs entsprechend wieder ab.

Wächst durch stark wechselnde Luftentnahme die Schalthäufigkeit einer auf „Automatik" geschalteten selbsttätigen Kompressoranlage so an, daß die Vorteile des selbsttätigen Betriebs durch den häufigen Anlauf (mechanische und Netzbelastung durch Anlauf, hoher Anlaufstrom, Kontaktverschleiß usw.) aufgehoben werden, so wird normalerweise durch Umlegen des Wahlschalters auf Durchlaufbetrieb geschaltet. Selbstverständlich besteht hierbei eine gewisse Abhängigkeit vom Bedienungspersonal, insbesondere bei Betrieben, wo der Zeitpunkt eines Übergangs von Durchlauf- auf Aussetzbetrieb nicht arbeitsablaufmäßig oder durch andere Bedingungen festliegt.

Zur Erreichung eines Optimums hinsichtlich der Anpassung an die Betriebsverhältnisse kann man selbst diesen Vorgang automatisieren. Durch eine Uhr, die die Schalthäufigkeit zählt und bei Erreichen eines einstellbaren Grenzwertes schaltet, wird in diesem Fall der Wahlschalter selbsttätig vom Aussetz- auf Durchlaufbetrieb umgestellt.

Hinsichtlich der Betriebssicherheit einer vollautomatischen Anlage erfüllen die heute zur Verfügung stehenden Steuer- und Anlaßgeräte alle zu stellenden Bedingungen. Darüber hinaus lassen sich bei einer tatsächlich ohne Aufsicht laufenden Anlage noch zusätzliche Einrichtungen schaffen, die selbst bei Versagen eines Steuerorgans Schäden am Kompressoraggregat verhindern. Beispielsweise kann durch Einbau von Thermostaten im Steuerstromkreis der Schaltgeräte selbst bei Ausfall des Kühlwasser-Überwachungsschalters durch die ansteigende Temperatur die Anlage sofort abgeschaltet werden. Durch Hilfskontakte an diesen Sicherheitseinrichtungen läßt sich der Vorgang in einfacher Weise sowohl als akustisches als auch optisches Signal an jede gewünschte Betriebsstelle weitermelden.

Windkessel. Bei allen unter a, b und c beschriebenen Regelungsarten ist zur Deckung des Druckluftbedarfs während der Leerlauf- bzw. Stillstandzeit ein Druckluftreservoir, also ein Windkessel, unerläßlich. Dieser Windkessel muß um so größer sein, je kleiner die Differenz zwischen dem Druckmaximum und dem Druckminimum gewählt wird oder je geringer die Anzahl der Schaltungen in der Zeiteinheit ist.

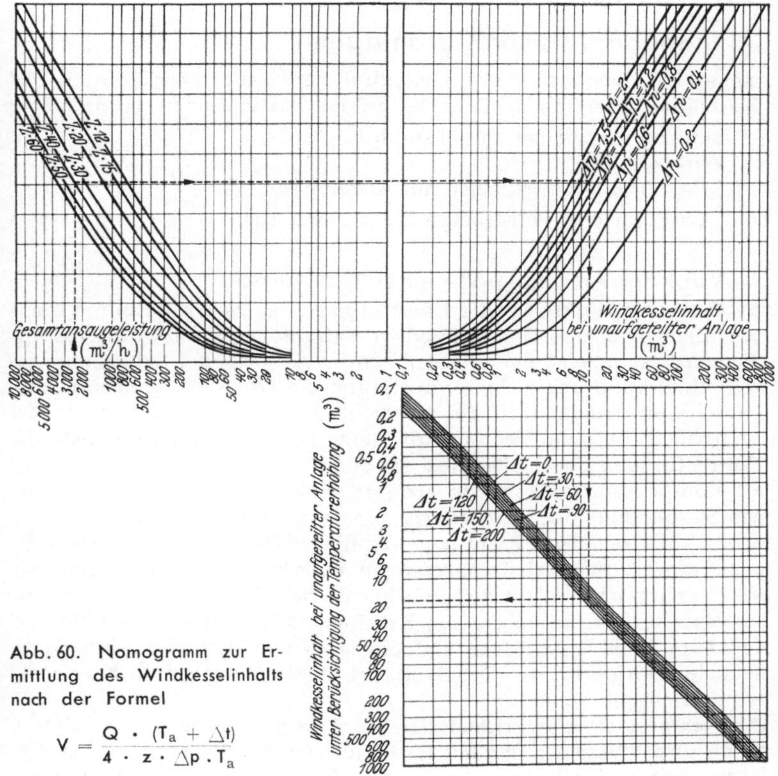

Abb. 60. Nomogramm zur Ermittlung des Windkesselinhalts nach der Formel

$$V = \frac{Q \cdot (T_a + \Delta t)}{4 \cdot z \cdot \Delta p \cdot T_a}$$

Dabei ist

V = Größe des erforderlichen Windkessels [m³]
Q = Gesamtansaugemenge des Kompressors [m³/h]
z = Anzahl der Schaltungen in der Stunde
Δp = Druckunterschied zwischen Höchst- und Tiefstdruck [kg/cm²]
Δt = Temperaturunterschied zwischen Saugstutzen und Windkessel [°C]
T_a = Absolute Temperatur am Saugstutzen [°C]

Eingezeichnetes Beispiel: Gesamtansaugemenge eines Kompressors 2400 m³/h bei 40 Schaltungen/h. Druckunterschied zwischen Höchst- und Tiefstdruck 1,2 kg/cm². Temperaturunterschied zwischen Saugstutzen und Verbraucherstelle 120° C. Nach dem Nomogramm hat der Windkessel eine Größe von 17 m³.

III. Kompressoranlagen

A. Stationäre Kompressoranlagen

Abgesehen von den durch Druckluft betriebenen Werkzeugen und Maschinen besteht eine Druckluftanlage aus folgenden Hauptteilen:

Luftkompressor mit Antriebsmotor,
Windkessel,
Saug- und Druckleitungen mit Armaturen.

Abb. 65 zeigt eine vollständige Druckluftanlage.

1. Wahl der Art und Größe eines Kompressors

a) Gesichtspunkte für die Leistungsgröße. Die Größe einer Kompressoranlage muß dem Luftbedarf entsprechen und ist daher sorgfältig zu ermitteln. Bei unzureichender Luftlieferung wird der gewünschte Luftdruck nicht erreicht, und die Druckluftwerkzeuge und -maschinen bringen nicht die erwartete Leistung. Dagegen treten bei zu großer Leistung Regelverluste ein. Hierdurch würden sich die Kosten für den Druckluftbetrieb erhöhen.

Ein Kompressor soll immer so groß gewählt werden, daß für unerwartete Steigerungen des Luftbedarfs ein angemessener Ansaugmengenüberschuß vorhanden ist. Den so ermittelten Druckluftverbrauch sollte man immer auf zwei Kompressoren aufteilen, um bei eintretendem Mehrverbrauch an Druckluft und bei Betriebsstörungen am Kompressor eine Reserve zu haben. Die Zweiteilung hat den weiteren Vorteil, daß man in Nachtschichten und an Sonn- und Feiertagen den dabei auftretenden geringeren Druckluftverbrauch mit nur einem Kompressor aufbringen kann.

Die *Kompressorleistung* richtet sich nach dem Luftbedarf aller Werkzeuge und Maschinen, die mit Druckluft betrieben werden sollen. Erfahrungsgemäß arbeitet aber nur ein Teil der geplanten Werkzeuge gleichzeitig, wie Tabelle 10 angibt.

Tabelle 10

Vorhandene Werkzeuge	3	4	6	8	10	15	20	30	40	Stück
gleichzeitig in Betrieb	90	85	80	75	70	65	60	55	50	v.H.

Es sei nun ein *Anwendungsbeispiel* für die Einrichtung einer vollständigen Kompressoranlage zum Betrieb von Druckluftwerkzeugen erläutert.

In einer *Kesselschmiede* sollen die Arbeiten mit den nachstehend aufgeführten Druckluftwerkzeugen ausgeführt werden.

	Luftbedarf
3 Bohrmaschinen zum Bohren von Löchern bis 22 mm Dmr.	3,6 m³/min
5 Hämmer für Nieten bis 22 mm Dmr..........	3,05 ,,
2 Hämmer zum Meißeln und Stemmen	0,9 ,,
5 Gegenhalter	0,5 ,,
2 Nietfeuer	0,2 ,,
17	8,25 m³/min

Der Gesamtluftbedarf beträgt somit 8,25 m³/min, wenn alle Werkzeuge gleichzeitig in Betrieb sind. Da dies aber niemals der Fall sein wird, so können nach Tab. 10 etwa 30% abgezogen werden, so daß nur noch $70/100 \cdot 8,25 = 5,8$ m³/min benötigt werden.

Die Erfahrung lehrt, daß es sich nach der Beschaffung einer Kompressoranlage bald herausstellt, daß mit sehr viel Nutzen noch eine ganze Reihe anderer Arbeiten mit Druckluftwerkzeugen ausgeführt werden kann. Im allgemeinen erweist es sich daher als vorteilhaft, den ermittelten Luftbedarf um etwa 50% zu erhöhen, um späteren Mehrbedarf decken zu können. Im vorliegenden Fall müßte dann der Kompressor $1,5 \cdot 5,8$ m³/min $= 8,7$ m³/min Druckluft, auf atmosphärische Spannung umgerechnet, fördern.

Infolge der unvermeidlichen Luftverluste im Kompressor, Windkessel und Rohrleitungsnetz bis zur Verbrauchsstelle ist die Kompressorleistung um etwa 10% größer zu wählen, so daß die endgültige Leistung nunmehr 9,5 m³/min betragen müßte.

Unter Berücksichtigung der eingangs gemachten Angaben über den schwankenden Luftverbrauch wird die Aufstellung von zwei Kompressoren vorgeschlagen. Nach Tabelle 6 entsprechen zwei Kompressoren des Typs SD 316 mit einer Ansaugemenge von je 4,78 m³/min dem errechneten Luftbedarf.

Die Betriebskosten dieser beiden Kompressoren sind kleiner als die eines großen Kompressors, da zeitweilig nur ein Kompressor arbeiten wird. Dadurch werden die höheren Anschaffungskosten in kurzer Zeit amortisiert.

Die vorgeschlagene Bauart hat einen Leistungsbedarf von 37,3 PS, an der Kurbelwelle gemessen. Mit Rücksicht auf die zulässigen Abweichungen im Leistungsbedarf des Kompressors und in der Leistung des Motors wählt man den Elektromotor um 10% stärker, also etwa 41 PS.

b) Einfluß der Höhenlage auf die Größenbestimmung eines Kompressors. Arbeitet ein Kompressor in größeren Höhen, so darf die Höhenlage bei der Festlegung der Größe nicht unberücksichtigt bleiben. Abb. 61 wird zum leichteren Verständnis dieser Forderung beitragen. In dem angeführten Beispiel wurde eine Höhe von 3000 m angenommen. In der Ebene saugt ein Kompressor die Luft mit 1 ata an; es ergibt sich dann das in Abb. 61 dargestellte ausgezogene Diagramm, wenn die Luft auf 7 ata = 6 atü gedrückt wird. Das Druckvolumen beträgt dann noch 14,25% des Hubvolumens (der Einfachheit halber ist das Diagramm ohne schädlichen Raum angenommen).

Arbeitet ein Kompressor in einer Höhe von 3000 m, dann sinkt der Ansaugedruck auf 0,71 ata (s. Abb. 61). Will man mit den angeschlossenen Druckluftwerkzeugen die gleiche Arbeit leisten wie in der Ebene, so muß der Druck der Druckluft wieder gleich 6 atü sein, also in 3000 m Höhe 6,71 ata. Für die oben angegebenen Druckverhältnisse ergibt sich das gestrichelte Diagramm. Das Druckluftvolumen beträgt dann nur noch 10,57% des Hubvolumens. Würden z. B. in der Ebene mit einem Kompressor X Werkzeuge angetrieben, dann könnten in 3000 m Höhe nur

$$\text{noch } X \cdot \frac{10,57}{14,25} = X \cdot 0,74$$

Werkzeuge arbeiten. Werden in der Ebene mit einem Kompressor 7 Werkzeuge betrieben, dann kann man an den gleichen Kompressor in 3000 m Höhe nur noch $7 \cdot 0,74 =$ rund 5 Werkzeuge mit der gleichen Leistung anschließen. Schließt man in 3000 m Höhe wieder 7 Werk-

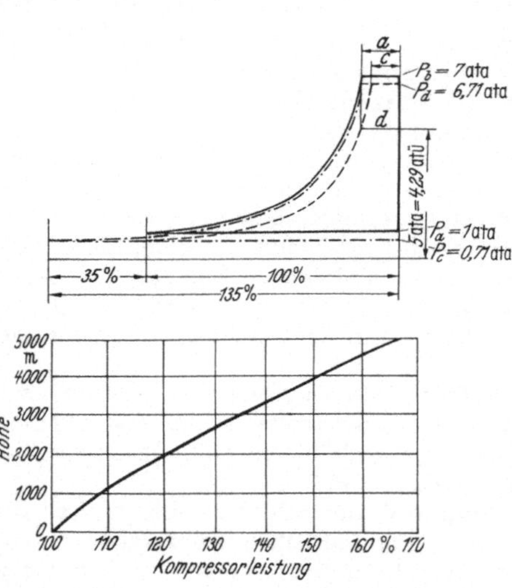

Abb. 61. Kompressorleistung in größeren Höhen. Beispiel für eine Höhe von 3000 m. Druckluftvolumen a bei isothermischer Zustandsänderung und einem Anfangsdruck Pa = 1 ata und einem Enddruck Pb = 7 ata

$$100 \cdot Pa = a \cdot Pb \qquad a = \frac{100 \cdot 1}{7} = 14,25\%$$

Druckluftvolumen c bei Pc in 3000 m Höhe = 0,71 ata und Pd = 6,71 ata

$$100 \cdot Pc = c \cdot Pd \qquad c = \frac{100 \cdot 0,71}{6,71} = 10,57\%$$

Erforderliches Ansaugevolumen b bei Pc = 0,71 ata und a = 14,25%

$$b \cdot Pc = a \cdot Pd \qquad b = \frac{14,25 \cdot 6,71}{0,71} = 135\%$$

Mithin muß die Kompressorleistung bei 3000 m Höhe um 35% größer gewählt werden als in einer Höhe von 0 m.

zeuge an, dann fällt der Druck am Kompressor auf 5 ata = 4,29 atü;
denn das Druckvolumen für den Antrieb von 7 Druckluftwerkzeugen
muß gleich 14,25% des Ansaugevolumens sein (Linie d im Diagramm).
Sollen jedoch in 3000 m Höhe wieder 7 Werkzeuge mit der gleichen
Leistung wie in der Ebene betrieben werden, dann ergibt sich das
strichpunktierte Diagramm in Abb. 61 und damit ein Ansaugevolumen,
das um 35% größer ist als das Ansaugevolumen des Kompressors in
der Ebene (in Abb. 61 mit 100% angenommen). Der Kompressor in

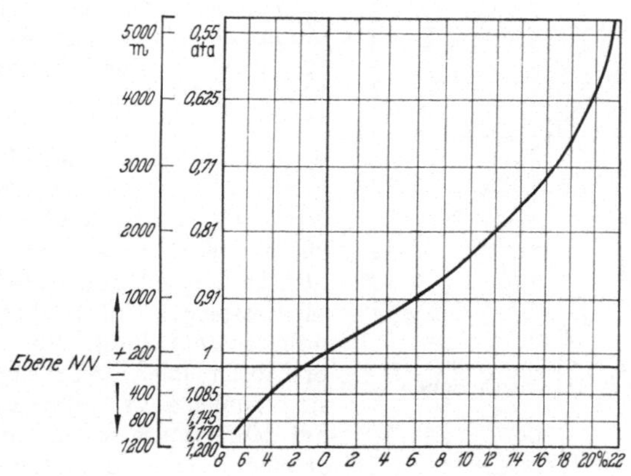

Abb. 62. Abnahme des Leistungsbedarfs eines
Kompressors in verschiedenen Höhen

3000 m Höhe müßte mithin eine um 35% größere Ansaugeleistung
haben als der Kompressor in der Ebene, um mit der gleichen Anzahl
von Werkzeugen die gleiche Arbeit zu vollbringen.
Im unteren Teil der Abb. 61 kann man für Höhen von 0 bis 5000 m
die Ansaugemenge eines Kompressors abgreifen. Würde z. B. in
der Ebene ein Kompressor mit einer Ansaugemenge von 10 m³ aus-
reichen, dann müßte in 3000 m Höhe ein solcher von 10 · 1,35 =
13,5 m³ Ansaugemenge und in 4000 m Höhe ein solcher von 10 · 1,5
= 15 m³ Ansaugemenge aufgestellt werden.
Der Leistungsbedarf eines Kompressors nimmt mit zunehmender Höhe
ab. Diese Leistungsabnahme kann in Abb. 62 abgelesen werden. Sie
beträgt in 3000 m Höhe für einen zweistufigen Kompressor bei
einem Enddruck von 7 atü 17% des Leistungsbedarfs in der

Ebene. Ein zweistufiger Kompressor, der in der Ebene einen Leistungsbedarf von 40 PS bei einem Luftenddruck von 7 atü hat, würde in 3000 m Höhe dann nur noch 40 · 0,83 = 33,2 PS benötigen. Wird der Kompressor durch einen Verbrennungsmotor von 45 PS angetrieben, dann geht dessen Leistung in der angegebenen Höhe um 35% zurück (Abb. 63). Die Leistung des Motors beträgt dann nur noch 45 · 0,65 = 29 PS, ist also für den Antrieb des Kompressors zu schwach. Es müßte ein Motor von etwa 51 PS eingebaut werden, der in 3000 m Höhe dann 51 · 0,65 = 33,2 PS leistet.

Auch die Leistung eines Elektromotors läßt in größeren Höhen nach, wie Abb. 64 zeigt.

Für die Verhältnisse unter Tage, also bei Höhenlagen unter dem Meeresspiegel, gibt Abb. 62 näheren Aufschluß. Bei Kompressoren unter Tage ergeben sich ähnliche Verhältnisse wie bei den Kompressoren, die in größeren Höhen arbeiten. Der Unterschied besteht nur darin, daß bei Verdichtern, die unter Tage aufgestellt werden, der Leistungsbedarf nicht ab-, sondern zunimmt. Die Zunahme des Leistungsbedarfs kann Abb. 62 entnommen werden. Wird ein Kompressor in einer Tiefe von 800 m aufgestellt, dann muß die Leistung des Antriebsmotors um etwa 6 % größer gewählt werden als bei einem gleich großen Kompressor, der in der Ebene arbeitet.

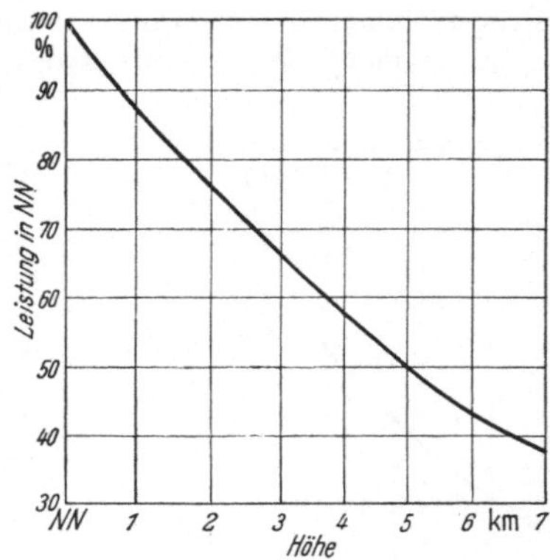

Abb. 63. Abnahme der Leistung eines Verbrennungsmotors in größeren Höhen

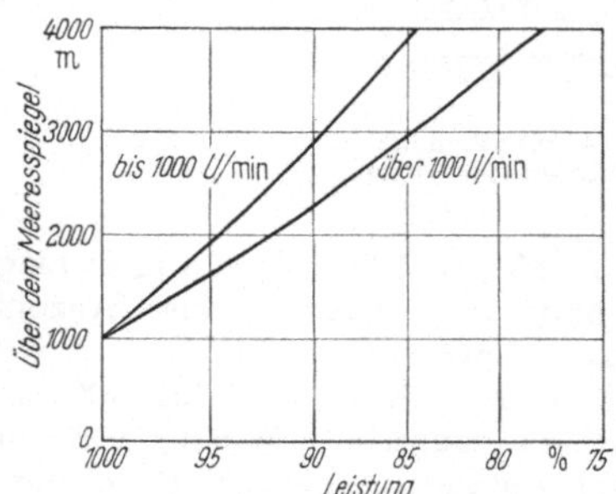

Abb. 64. Einfluß der Höhenlage auf die Leistung elektrischer Maschinen

In 800 m Tiefe herrscht ein Druck von 1,145 ata. Soll der Kompressor auf 6 atü verdichten, dann beträgt der absolute Druck 6 + 1,145 = 7,145 ata, und damit ergibt sich ein Druckverhältnis von

$$\frac{7,145}{1,145} \approx 6,3.$$

Damit ist eine einstufige Kompression noch möglich und nur notwendig, einen entsprechend großen Antriebsmotor zu beschaffen.

c) Einfluß der Umgebungstemperatur auf die Wahl des Kompressors. Die Ansaugetemperatur hat auf den Leistungsbedarf eines Kompressors keinen Einfluß; dagegen ist die Endtemperatur der Druckluft, d. h. die Temperatur, mit der die Druckluft in die Druckleitung gefördert wird, abhängig von der Ansaugetemperatur.

Beispiel: Ein Kompressor saugt Luft von 1 ata mit einer Temperatur von 25° C an und drückt diese einstufig auf 6 atü = 7 ata. Dann beträgt die Endtemperatur der Druckluft je nach Größe des Kompressors 180 bis 195° C, liegt also schon sehr nahe an der höchstzulässigen Temperaturgrenze von 200° C. Würde der gleiche Kompressor in einer Gegend mit einer Umgebungstemperatur von 50° C arbeiten, dann liegt die Endtemperatur der Druckluft um 5 bis 20° C über 200° C. In einem solchen Fall kommt nur noch eine zweistufige Kompression in Betracht.

2. Installation

a) Kompressorraum[1]. Ein Raum, in dem Kompressoren aufgestellt sind, muß dauernd und ausreichend belüftet sein, auch dann, wenn die Saugleitung ins Freie geführt ist. Eine besonders wirksame Belüftung ist erforderlich, wenn der Windkessel im Kompressorraum steht.

Zusätzlich zur Wasserkühlung müssen die um den Kompressor sich bildenden warmen Luftschichten abgeführt werden; dasselbe gilt für den Antriebsmotor. Die meisten Elektromotoren besitzen ein eingebautes Kühlgebläse, das die erwärmte Kühlluft nicht immer wieder durch die Maschine blasen darf.

Die Luft wird durch die Ausstrahlungen von Kompressor und Antriebsmotor erwärmt. Die warme Luft steigt in die Höhe. Es ist deshalb ratsam, in der Decke oder in den Wänden möglichst weit oben reichlich große Luken vorzusehen (48), damit die warme Luft entweichen kann. An möglichst tiefer Stelle müssen ausreichend große Öffnungen (47) für das Zuströmen von Frischluft angebracht sein. Offene Luken sind von außen gegen Regen- und Schnee-Einfall abzudecken.

---

[1] In den folgenden Abschnitten 2a bis f beziehen sich die in Klammern gesetzten Zahlen auf die entsprechenden Teile der Abb. 65.

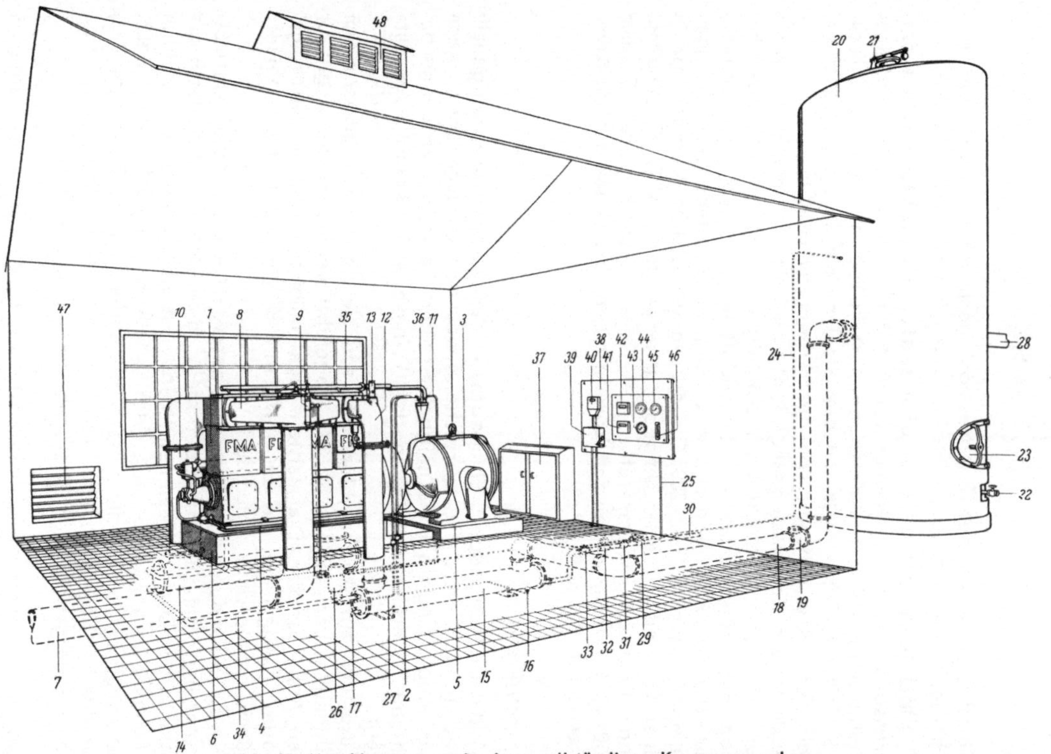

Abb. 65. Maschinenraum mit einer vollständigen Kompressoranlage

Bei Kompressoren mit Wasserkühlung soll die Raumtemperatur nicht unter 2° C sinken. Daher ist bei Frostgefahr für eine leichte Beheizung des Raumes zu sorgen. Das heißt nun nicht, daß die Temperatur im Kompressorraum im Winter etwa 30° C betragen soll und der Raum vollständig abgeschlossen wird. Es muß aber betont werden, daß ein Kompressorraum, in dem dauernd eine Temperatur von 30 bis 40° C herrscht, durch den fortwährend neue, wenn auch warme Luft streicht, für den Kompressorbetrieb bei weitem günstiger ist, als wenn die mittlere Raumtemperatur nur 15 bis 20° C beträgt, der Raum aber vollkommen abgeschlossen und ohne jegliche Luftströmung ist. Im letzten Falle besteht die Möglichkeit, daß sich unmittelbar an den Maschinenteilen heiße Luftschichten bilden, die nicht genügend schnell fortgeleitet werden können. Dieser Umstand könnte besonders bei luftgekühlten Maschinen zu Störungen führen.

Bei Kompressoren mit Wasserrückkühlanlagen und Lamellenkühler, Pumpe und Ventilator ist erst recht für reichliche Belüftung zu sorgen. Bei derartigen Anlagen ist es vorteilhaft, den Ventilator vor einer

---

Abb. 65.

1 Kompressor	26 Öl- und Wasserabscheider in der Relaisleitung
2 Kupplung mit Schwungscheibe	27 Kondensatablaß in der Relaisleitung
3 Elektromotor	28 Druckleitung vom Windkessel zur Verbrauchsstelle
4 Kompressorfußleisten	29 Absperrventil
5 Fundamentklötze des Elektromotors	30 Kühlwasserzuflußleitung
6 Fundament	31 Regulierventil
7 Saugleitung vom Luftfilter	32 Kühlwasserkontrollschalter
8 Umschaltventil	33 Drosselventil
9 Relais	34 Kühlwasserleitung vom Nachkühler zum Zwischenkühler und Kompressor
10 Druckleitung zum Zwischenkühler	35 Kühlwasseraustrittsleitung
11 Kondensatablaßleitung vom Zwischenkühler	36 Kühlwasser- und Kondensatablauf
12 Druckleitung zum Nachkühler	37 Schrank für Werkzeuge und Ersatzteile
13 Sicherheitsventil in der Druckleitung	38 Bedienungstafel
14 Zwischenkühler	39 Anlasser
15 Nachkühler	40 Motorschutzschalter
16 Kondensatablaßleitung vom Nachkühler	41 Ampèremeter für Elektromotor
17 Kühlwasserablaß am Nachkühler	42 Voltmeter für Elektromotor
18 Druckleitung zum Windkessel	43 Manometer für Öldruck im Kompressor
19 Rückschlagventil oder Absperrschieber	44 Manometer für Zwischenkühlerdruck
20 Windkessel	45 Manometer für Enddruck
21 Sicherheitsventil	46 Thermometer
22 Kondensatablaß	47 Belüftungsklappen
23 Mannloch	48 Entlüftungsluken
24 Relaisleitung	
25 Manometerleitung	

Wandöffnung anzubauen, so daß er zwangsläufig den Raum belüftet, selbstverständlich unter der Voraussetzung, daß die erwämte Luft oben aus dem Raum wieder abziehen kann. Bei Frostgefahr ist dem Kühlwasser ein Gefrierschutzmittel zuzusetzen.

b) Fundamentierung. Die Art des Fundaments hängt von der Größe des Kompressors ab. Bei der Platzwahl für den Maschinensatz ist zu berücksichtigen, daß um ihn herum so viel Raum vorhanden sein muß, daß alle Maschinenteile gut zugänglich sind. Außerdem ist Vorkehrung zu treffen, daß sperrige Stücke, wie etwa die Kurbelwelle, bequem ausgebaut werden können. Auch die Höhe des Fundaments ist wichtig; zu niedrige Aufstellung bringt Mißhelligkeiten.

Das Fundament ist zweckmäßig aus Beton herzustellen und bis auf festen Baugrund zu führen, jedoch so, daß es mit dem Gebäudefundament nicht starr verbunden ist. Anker werden bei der Montage eingebracht. Der Kompressor und der Motor sind genau zueinander auszurichten, damit die Wellen ausgerichtet laufen. Das Fundament darf nur dann nach der normalen Zeichnung ausgeführt werden, wenn fester, gewachsener Baugrund vorhanden ist. Bei Sandboden darf nicht nach der üblichen Fundamentzeichnung gearbeitet werden.

Infolge ihres erschütterungsfreien Laufes können schnellaufende Kolbenkompressoren auch in Stockwerken aufgestellt werden, wenn die Tragfähigkeit der Decke ausreicht. Es wird aber immer notwendig sein, den Kompressor auf ein *schwingungssicheres Fundament* zu setzen.

c) Saugleitung. Der Durchmesser der Leitung soll mindestens so groß sein wie der lichte Durchmesser des Ansaugstutzens am Verdichter. Die Ansaugeleitungen sollen nach Möglichkeit nicht geschweißt, sondern mit Flanschen miteinander verbunden werden, damit sie innenseitig gereinigt werden können.

Beträgt die Länge der Saugleitung mehr als 6 m, so ist bei Kolbenkompressoren in nächster Nähe eine möglichst große Saugkammer anzuordnen. Durch die kammerartige Erweiterung kann das stoßweise auftretende Ansauggeräusch stark gedämpft werden. Eine weitere Möglichkeit, das Ansauggeräusch zu mindern, ist der Einbau von sog. Dämpferrohren. Die Saugleitung (7) ist so zu führen, daß möglichst staubfreie und kühle Luft angesaugt wird. Sie soll staubfrei sein, damit ein Ausschleifen der Zylinder durch schmirgelnden Staub vermieden wird, und kühl, weil bei niedriger Temperatur das angesaugte Luftgewicht (um 1% je 3° C Temperatursenkung) zunimmt.

Da in steigendem Maße die Luft in den Großstädten und Industriebezirken durch Staub verunreinigt wird, ist es erforderlich, den Staub aus der Ansaugeluft zu entfernen. Man baut hierzu Luftfilter am

Anfang der Saugleitung ein. Am verbreitetsten sind die mit Öl als Benetzungsflüssigkeit arbeitenden Filter. Dem Öl fällt hierbei die Aufgabe zu, den in der Luft enthaltenen Staub zu binden. Die Staubaufnahmefähigkeit ist begrenzt, weshalb die Filter in gewissen Zeiträumen gereinigt werden müssen. Die einzuhaltenden Zeitabstände ergeben sich aus den Erfahrungen des Betriebs. Bei kleinen Kompressoren bringt man die Filter direkt am Saugstutzen des Kompressors an. Wenn erforderlich, muß durch Einrichtungen dafür gesorgt werden, daß die vom Kompressor angesaugten Gase und Dämpfe frei von gefährlichen Beimengungen sind.

d) Druckleitung. Die Druckleitung (*12, 18*) zwischen Kompressor und Windkessel (*20*) muß mindestens die gleiche Weite haben wie die des Druckstutzens am Kompressor. Beträgt die Länge der Leitung mehr als 5 m, so ist unmittelbar am Druckstutzen des Verdichters ein Stoßwindkessel anzuordnen, dessen Inhalt ungefähr dem Hubvolumen des Verdichters entspricht, aber auch beliebig größer sein kann, so daß eine gleichförmige Luftströmung entsteht. Dieser Stoßwindkessel wirkt gleichzeitig als Geräuschdämpfer, wenn er mit Trennblechen versehen ist. Ein- und Austrittsstutzen am Stoßwindkessel sind gegeneinander zu versetzen. Beim Stoßwindkessel ist an der tiefsten Stelle ein Öl- und Wasserablaßhahn anzubringen. Statt des Stoßwindkessels kann ein Nachkühler dienen, der dann gleichzeitig als Geräuschdämpfer fungiert.

Zwischen Kompressor und Windkessel kann ein Absperrorgan, sei es ein Absperrventil, ein Schieber oder Rückschlagventil (*19*), vorhanden sein. Zwischen diesem Absperrorgan und dem Kompressor ist ein Sicherheitsventil (*13*) einzubauen. Das Sicherheitsventil muß so groß gewählt werden, daß die vom Kompressor geförderte Luft durch das Ventil ohne eine die Sicherheit gefährdende Drucksteigerung abströmen kann.

e) Regelleitung. Die Regelung eines Drucklufterzeugers erfolgt nach den Ausführungen in II C, 6 stets in Abhängigkeit vom Luftdruck im Windkessel.

Die in Abb. 65 dargestellte Anlage ist mit Leerlaufregelung nach Abb. 56 ausgestattet. Durch die Rohrverbindung ist das Relais (*9*) dauernd mit dem im Windkessel herrschenden Druck belastet. Diese Relaisleitung muß stets sehr sauber sein, damit keine die Regelung störenden Fremdkörper in das Relais gelangen können. Damit Verstopfungen der Leitung nicht vorkommen, ist sie nicht zu eng zu bemessen (mindestens $^1/_2''$ I.W.). Ferner soll sie keine Absperrorgane haben, damit die Regelung auch nicht aus Versehen außer Tätigkeit gesetzt werden

kann. Es wird nachdrücklich darauf hingewiesen, daß die Leitung zum
Relais immer vom Windkessel ausgehen muß, weil nur dann eine stoß-
freie Belastung des Relaiskolbens gewährleistet ist. Dies ist unbedingt
erforderlich, damit die Regelung einwandfrei arbeitet und das Relais
nicht beschädigt wird. Der Ablaßhahn am Abscheidegefäß des Relais
(9) ist ein- bis zweimal täglich zu öffnen, am besten, wenn Druck im
Windkessel vorhanden ist.

f) Kühlung der Kompressoren. Die Außenkühlung der Kompressorzylinder und Ventilköpfe hat keinen großen Einfluß auf den Leistungsbedarf. Wichtig aber ist ihr Einfluß auf den Zustand der Luft während
des Ansaugens und auf die Betriebssicherheit, weil sie unzulässig hohe
Temperaturen aller Kompressorteile vermeidet. Sie führt die Reibungs-
wärme der aufeinander gleitenden Teile ab und verhindert schädliche
Erwärmung des Schmieröls.

Kompressoren können gekühlt werden durch Luft (*luftgekühlte Kompressoren*) oder Wasser (*Durchflußkühlung aus Wasserleitung* oder *Umlaufkühlung*).

Die *Umlaufkühlung* kann erfolgen 1. durch Kühlwasserrückkühlung
mit Wabenkühler, Ventilator und Kühlwasserumlaufpumpe; 2. durch
Wärmeabgabe an einen Teich ausreichender Größe; 3. durch Kühl-
türme wie bei Kondensationsanlagen.

Für sämtliche angegebenen Arten der Umlaufkühlung sind Kühlwasserumlaufpumpen erforderlich.

Bei Durchflußkühlung ist die Kühlwasserleitung (30) so zu verlegen,
daß das Wasser unten in den Verdichter ein- und oben austritt. Der
Auslauf (36) ist offen und sichtbar auszuführen und mindestens in der
Höhe der oberen Kante des Ventilkopfes zu halten. Der Absperrhahn
(29) für das Kühlwasser muß sich stets *vor* dem Kompressor, niemals
in der Abflußleitung hinter dem Kompressor, befinden. Das Kühlwasser
muß stets freien Abfluß haben, damit der Kompressor nie unter Wasserdruck gesetzt und vollkommen entleert werden kann.

Zur Überwachung der Temperatur des abfließenden Kühlwassers kann
man am Ablaufrohr ein Thermometer anbringen. Die Austrittstemperatur soll zweckmäßig nicht mehr als 40° C betragen, damit Kesselsteinbildung vermieden wird.

Ist durch die Einrichtung einer guten Rückkühlanlage die dauernde
Wiederverwendung desselben Kühlwassers möglich, so ist dies wegen
der geringen Kesselsteinbildung vorzuziehen. In diesem Fall darf die
Austrittstemperatur etwa 50° C betragen. Unter Umständen kann eine
Rückkühlanlage eine beträchtliche Ersparnis bedeuten.

Bei Frostgefahr muß es möglich sein, das Wasser aus allen Teilen und den Rohrleitungen restlos abzulassen. Daher sind an allen tieferliegenden Stellen Ablaßhähne anzubringen, soweit sie nicht schon mit der Anlage geliefert werden.

Arbeitet der Kompressor in einem Raum, dessen Temperatur unter 0° C liegt, ist die gesamte Kühlwasserleitung gegen Einfrieren zu schützen. Nach dem Ablassen des Kühlwassers muß mit einem Draht o. ä. durch die offenen Hähne gestoßen werden, da unter Umständen kleine Eisstücke das restlose Auslaufen des Wassers verhindern.

g) Druckluftbehälter. Der Druckluftkessel muß wegen des mehr oder weniger von der Kompressorleistung abweichenden Druckluftverbrauchs als Speicher dienen. Er soll nicht zu knapp bemessen sein. Über die Wahl seiner Größe ist auf S. 81 bereits alles gesagt.
Tabelle 11 enthält die Maßangaben handelsüblicher Windkessel in Größen von 0,5 bis 30 m³.
Der Windkessel dient nicht nur als Speicher, sondern auch als Öl- und Wasserabscheider. Die Druckleitung zum und vom Windkessel muß so angeordnet werden, daß die Luft gezwungen wird, den Windkessel zu durchströmen. Der Kessel soll also nie im Nebenschluß liegen. Bei Anordnung mehrerer Kessel sind sie hintereinander zu schalten.
Bau und Ausrüstung des Windkessels müssen den nachstehenden Vorschriften der gewerblichen Berufsgenossenschaften entsprechen.

VBG 19. „Druckluftbehälter". § 1. (1) Die nachstehenden Bestimmungen gelten für alle Druckluftbehälter, in denen Luft mit einem höheren Druck als 0,5 atü zu Kraftzwecken aufgespeichert wird.
(2) Für Druckluftbehälter mit einem Rauminhalt unter 10 l, bei denen das Produkt aus der Literzahl des Rauminhaltes und der Zahl des höchstzulässigen Betriebsdrucks in atü die Zahl 20 nicht übersteigt, gelten die §§ 4 und 7, Abs. 2, nicht.
(3) Ortsbewegliche Druckluftflaschen gelten nicht als Druckluftbehälter; für sie gelten als Unfallverhütungsvorschriften die behördlichen Bestimmungen.
Bau und Ausrüstung. § 2. Werkstoff, Bauart, Herstellung und Ausrüstung der Druckbehälter müssen den anerkannten Regeln der Technik entsprechen.
§ 3. Druckluftbehälter mit lichtem Durchmesser von mehr als 800 mm müssen, soweit eine Besichtigung des Innern nicht anders möglich ist, befahrbar eingerichtet sein. Ovale Mannlöcher müssen mindestens 300 · 400 mm, runde 400 mm weit sein. Druckluftbehälter mit lichtem Durchmesser bis 800 mm müssen, soweit es möglich und erforderlich ist, Besichtigungsöffnungen (Handlöcher) haben.

Tabelle 11. *Abmessungen von Druckluftbehältern für 8 ata Betriebsdruck und 11,5 ata Probedruck*
(Nach den Vorschriften der Berufsgenossenschaft / Werkstoff: Baublech I St 37.21)

m³	Maße in mm					Ein- und Aus- tritt	Ab- laß	Sich.- Ven- til	Ma- no- me- ter	Maße in mm								Gewicht mit Armaturen in kg		
	D	L	U	M	B					a	b	c	d	e	f	g	h	I	II	III
0,50	700	1300		5,5	7,9	40	13	25	½''	600	1150	250	400				100	250		
0,75	800	1500		6	7,9	40	13	25	½''	600	1300	250	400				100	330		
1,00	900	1450	350	6,5	8	50	20	25	½''	600	1300	275	400	175	350	400	175		425	475
1,25	900	1850	350	6,5	8	50	20	25	½''	700	1600	300	400	230	465	460	200		490	540
1,50	1000	1750	400	7	8.5	60	20	25	½''	700	1450	300	400	215	440	440	200		570	630
2	1000	2400	400	7	8,5	60	20	25	½''	900	1600	300	400	300	600	600	200		710	770
2,5	1000	3050	400	7	8,5	70	20	25	½''	1250	1700	500	400	385	760	760	200		840	900
3	1200	2450	400	8	10	70	20	30	½''	900	1600	300	400	305	610	620	200		970	1040
4	1200	3350	400	8	10	80	20	30	½''	1250	1800	450	400	415	840	840	200		1240	1310
5	1400	3000	500	9,5	11	90	20	30	½''	1250	1650	500	400	375	750	750	200		1560	1670
6	1400	3650	500	9,5	11	100	20	30	½''	1600	1500	600	400	455	910	920	200		1810	1920
8	1500	4250	500	10	12	125	25	40	½''	1750	1500	750	400	530	1060	1070	200		2355	2475
10	1600	4700	550	11	12	150	25	40	½''	1850	1700	750	400	585	1170	1190	200		2980	3125
12	1800	4400	600	12	14	175	25	40	½''	1850	1700	750	400	550	1100	1100	200		3660	3840
15	1800	5600	600	12	14	200	25	40	½''	1650	1700	900	400	700	1400	1400	200		4450	4630
20	2000	6000	600	13	15	250	25	40	½''	1700	1700	900	400	750	1500	1500	200		5740	5990
25	2000	7600	600	13	15	300	25	40	½''	1700	1700	900	400	950	1900	1900	200		6800	7050
30	2000	9300	600	13	15	350	25	40	½''	1700	1700	900	400	1160	2325	2330	200		8000	8250

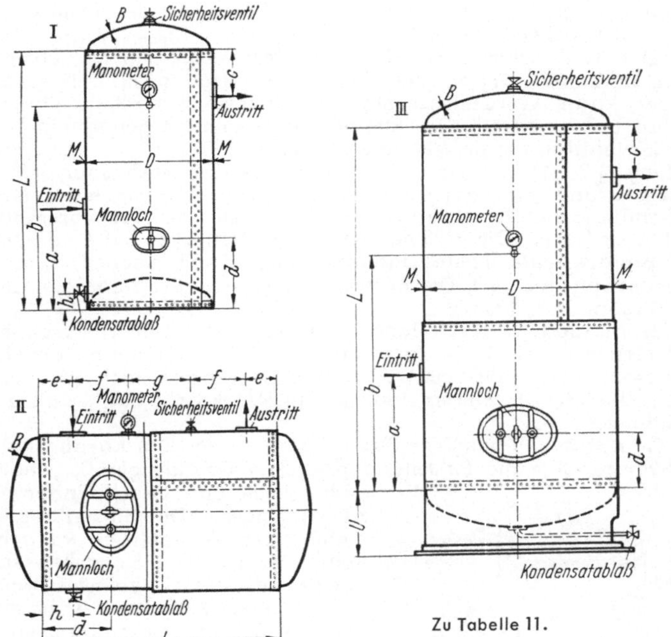

Zu Tabelle 11.

§ 4. An jedem Druckluftbehälter oder in der Druckzuleitung unmittelbar am Druckluftbehälter muß eine Vorrichtung vorhanden sein, durch die er für sich von der Druckzuleitung abgesperrt werden kann.

§ 5. (1) Druckluftbehälter müssen ein zuverlässiges Sicherheitsventil, ein Manometer mit Kontrollflansch und eine Entwässerungseinrichtung haben. Am Manometer muß der höchstzulässige Betriebsdruck durch eine Marke bezeichnet sein. Die Einstellung des Sicherheitsventils ist in geeigneter Weise zu sichern.

(2) Druckluftbehälter bedürfen eines Sicherheitsventils und eines Manometers nicht, wenn ihre Wandstärke dem Betriebsdruck des zugehörigen Druckerzeugers entspricht und dieser mit den Sicherheitseinrichtungen ausgestattet ist. Diese Ausnahme gilt nicht für Behälter, die, wenn auch nur gelegentlich, durch transportable Flaschen aufgefüllt werden.

§ 6. (1) Die Druckleitung für Druckluftbehälter, die für einen Betriebsdruck gebaut sind, der mehr als 2 atü geringer ist als der des Druckerzeugers, muß ein Druckminderventil haben, das den Druck selbsttätig entsprechend herabsetzt.

(2) Das Druckminderventil ist so einzustellen, daß der Druck im Druckluftbehälter nicht über dessen höchstzulässigen Betriebsdruck steigen kann. Werden mehrere Druckluftbehälter mit gleichem Betriebsdruck an dieselbe Druckleitung angeschlossen, genügt ein Druckminderventil in der gemeinsamen Leitung.

Prüfung. § 7. (1) Vor der ersten Inbetriebnahme, nach jeder größeren Ausbesserung und nach jeder wesentlichen Änderung eines Druckluftbehälters hat der Unternehmer ihn durch einen Sachverständigen prüfen zu lassen. Die Prüfung hat sich zu erstrecken auf eine Prüfung der Bauart, eine innere Untersuchung, soweit möglich, und eine Druckprobe nach § 9. Die Prüfung ist vom Sachverständigen zu bescheinigen.

(2) Mindestens alle 4 Jahre hat der Unternehmer durch einen Sachverständigen eine äußere und innere Untersuchung vornehmen zu lassen, alle 8 Jahre außerdem eine Druckprobe nach § 9. Bei Gefäßen, die nicht befahrbar sind, ist die Druckprobe alle 4 Jahre vorzunehmen.

§ 8. (1) Mit der Prüfung der Bauart und mit der Druckprobe hat der Sachverständige die Einstellung der zum Druckluftgefäß gehörigen Sicherheits- und Druckminderventile zu verbinden. Die Einstellung darf nicht unter Wasserdruck vorgenommen werden. Die Sicherheitsventile dürfen höchstens so belastet werden, daß sie beim Eintreten des höchstzulässigen Betriebsdrucks abblasen.

(2) Auch Änderungen an der Einstellung der Sicherheitsventile darf nur ein Sachverständiger vornehmen. Die Änderung hat der Sachverständige in der Bescheinigung (§ 7, Abs. 1) zu vermerken.

§ 9. Für die Höhe des Probedrucks gelten die behördlichen Bestimmungen für Druckgefäße.

Lufteintritt
Luftaustritt
Aktivkoks
Kondensathahn

Abb. 66. Öl- und Wasserabscheider

Außerdem gibt es Sonderbestimmungen für Druckluftbehälter in elektrischen Anlagen (zum Betätigen elektrischer Schalter oder zur Lichtbogenlöschung). Diese können vom Hauptverband der gewerblichen Berufsgenossenschaften angefordert werden.

Wenn sich die Druckluft auf dem Wege zur ersten Abnahmestelle weiter abkühlt, wird auch weiter Öl und Wasser abgeschieden. Es ist

deshalb ratsam, kurz vor der ersten Abnahmestelle einen Abscheider
(Abb. 66) anzuordnen.

3. Antriebsmotoren

Zum Antrieb von Kompressoren eignen sich alle bekannten Kraftmaschinen. Je nach Art des Kompressors, dem Verwendungszweck
und den betrieblichen Verhältnissen bietet bald diese, bald jene Antriebsart Vorteile.

Zum Antrieb von Kompressoren mittlerer und kleinerer Ansaugemengen werden meist Elektromotoren bevorzugt. Solche Kompressoren hatten früher eine Drehzahl, die unter 500 bis 600 U/min lag.
Im allgemeinen trieb daher der Elektromotor über einen Treibriemen
mit oder ohne Spannrolle
oder über ein Zahnradge-
triebe an. In diesen beiden
Fällen ist die Kraftübertragung mit einem Leistungs-
verlust verbunden, der bedingt ist durch den Wirkungsgrad des Übertragungsmit-
tels. Derartige Kompres-
soranlagen beanspruchen
außerdem verhältnismäßig
viel Platz. Die Abb. 67 und
68 zeigen zwei dieser älteren
Ausführungen.

Das Ziel, die genannten
Raum- und Leistungsverluste
auszuschalten, wird durch
die Konstruktion der schnell-
laufenden Kompressoren erreicht, bei denen es mög-
lich ist, Motor und Kompressor direkt zu kuppeln.

Abb. 67. Stehender Kompressor,
angetrieben durch Elektromotor und Riemen

Erfolgt der Antrieb mit Treibriemen, so ist die Leistung der Antriebsmaschine außer der üblichen Reserve von 10% mit einer weiteren
Reserve je nach Güte des Riemenantriebs um etwa 5% größer, also
insgesamt 15% größer als der Leistungsbedarf des Kompressors zu
wählen. Auf die notwendige Mehrleistung der Antriebsmaschine
gegenüber dem Leistungsbedarf des Kompressors sei besonders hin-

gewiesen, weil auch nach längerer Betriebszeit ein Kompressor wegen guten Einlaufens oder irgendwelcher abnormaler Betriebsverhältnisse einige Hundertteile Mehrleistung und Mehrbedarf haben kann, wohingegen der Motor aus ähnlichen Gründen in seiner Leistung wenige Hundertteile nachgelassen hat.

Bei Betrieb in größeren Höhen treten insbesondere an Verbrennungsmotoren Änderungen in der Leistungsfähigkeit ein, die mit zunehmen-

Abb. 68. Kompressoranlage mit Übersetzungsgetriebe

der Höhe abnimmt. Um dieser Tatsache Rechnung zu tragen, ergeben sich eine Reihe von Möglichkeiten, die auf S. 84 ff. eingehend behandelt wurden.

Zum Antrieb der stationären Kompressoren werden fast ausnahmslos Drehstrommotoren zum Anlassen durch Sterndreieckschalter verwendet. Wichtig ist, daß Anlauf- und Hochlaufmoment größer sind als das jeweilige Drehmoment des Kompressors. In Abb. 69 sind die Kurven für einen Elektromotor und einen Kompressor sowie die Anlaufstromkurve für den Elektromotor dargestellt.

Bei Elektromotoren mißt man die Leistung des Motors einschließlich der Verluste im Motor durch die Größe seiner Stromaufnahme in Ampere. Die Eigenverluste des Motors betragen etwa 10 bis 12%. Der Wirkungsgrad ist deshalb mit $\eta_{mot} = 0{,}88$ bis $0{,}90$ einzusetzen, im

Mittel mit 0,89. Zum Antrieb eines Kompressors mit 99 PSe Leistungsbedarf ist dann ein Motor erforderlich, der eine Strommenge aufnimmt, die einer Leistung von

$$\frac{99}{0,89} \approx 112 \text{ PSe} \quad \text{entspricht.}$$

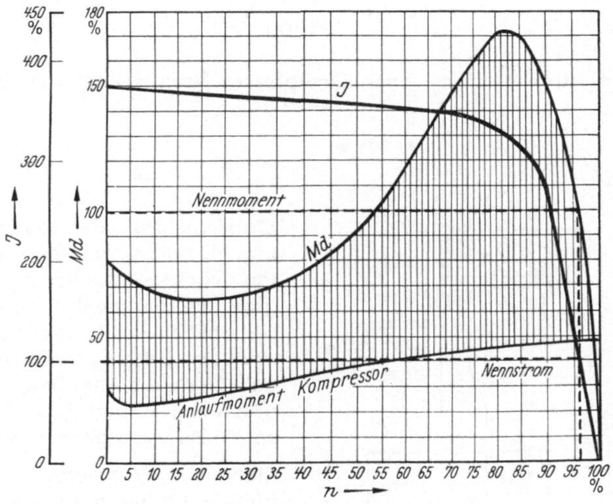

Abb. 69. Anlaufkurve eines Drehstrommotors mit Kompressor

Es ist jedoch üblich, diese Leistung in Kilowatt auszudrücken. Man erhält diese aus

$$\frac{99}{0,89} \cdot 0,736 = 82 \text{ kW.}$$

Stehen bei Gleichstrombetrieb E Volt Spannung, in obigem Beispiel 220 Volt, zur Verfügung, so beträgt der Strombedarf in Ampere

$$J = \frac{kW \cdot 1000}{E} = \frac{82 \cdot 1000}{220} \approx 370 \text{ Ampere.}$$

Will man aus den Ablesungen der Spannung E am Voltmeter und der Stromstärke J am Amperemeter oder aber aus den Angaben des

Produktes $E \cdot J$ an einem Wattmeter die Leistung eines vorhandenen Gleichstrommotors in PS bestimmen, so geschieht dies mit der Formel

$$L = \frac{E \cdot J}{736} \text{ PS.}$$

Die Leistung in Kilowatt beträgt

$$L = \frac{E \cdot J}{1000} \text{ kW.}$$

Die effektive Leistung eines Dreiphasen-Drehstrommotors bestimmt sich aus

$$PSe = \frac{E \cdot J \cdot \sqrt{3} \cdot \cos \varphi}{736} \cdot \eta_{mot} = \frac{E \cdot J \cdot \cos \varphi}{426} \cdot \eta_{mot}.$$

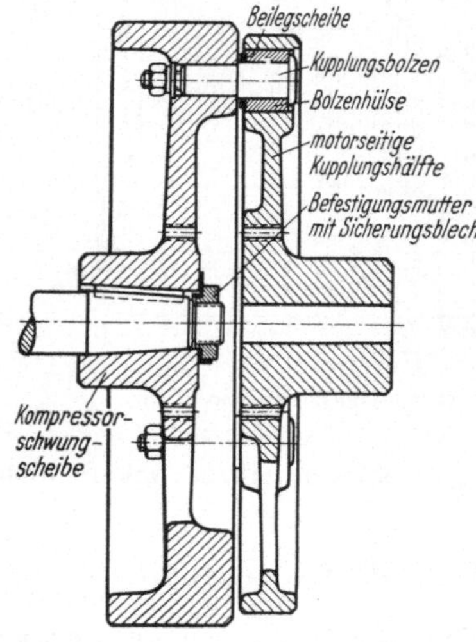

Abb. 70. Gummibolzenkupplung

Dabei ist $\cos \varphi$ der jedem Motor eigentümliche, von der sogenannten Phasenverschiebung abhängige Leistungsfaktor und wird stets neben der Umdrehungszahl und der Leistung angegeben. E und J sind die Angaben von Volt- und Amperemeter. η_{mot} ist der gesamte Wirkungsgrad des Motors.

Steht ein Wattmeter zur Verfügung, so liest man das Produkt

$$E \cdot J \cdot \sqrt{3} \cdot \cos \varphi$$

unmittelbar ab.

Den Strombedarf eines Drehstrommotors berechnet man aus den verlangten effektiven Pferdestärken zu

$$J = \frac{PS \cdot 426}{E \cdot \cos \varphi \cdot \eta_{mot}} \text{ Ampere.}$$

4. Kupplung

Kompressor und Elektromotor werden durch eine elastische Kupplung verbunden (Abb. 70). Ihre Konstruktion muß eine axiale Belastung von Motor und Kompressor zuverlässig verhindern und Dreh-schwingungen ausreichend dämpfen.

5. Rohrleitungen

a) Berechnung der Rohrleitung. Für die Bemessung der Haupt- und Nebenleitungen sind keinesfalls Faustregeln unter Zugrunde-legung einer bestimmten Luftgeschwindigkeit zu benutzen, sondern aus Luftmenge und Rohrlänge ist der Druckverlust für den beabsich-tigten Rohrdurchmesser zu berechnen. In den Tab. 12 und 13 sind die Druckverluste für normale Rohrweiten zusammengestellt. Da der Druckabfall proportional der Rohrlänge ist, kann für beliebige Rohr-längen der Druckverlust schnellstens festgelegt werden. Die beiden Schaubilder mit eingezeichnetem Anwendungsbeispiel führen zum gleichen Ergebnis (Abb. 71 und 72).

Tabelle 12. *Druckluftbetrieb in Werkstätten bei 6 atü Luftdruck*

Druckverlust in at in Druckluftleitungen von 100 m gerader Rohrlänge.
(Der Druckverlust ist proportional der Rohrlänge.)

Ansaugemenge in m³/min	Lichter Rohr-Dmr. in mm										
	20	25	32	40	50	60	70	80	90	100	125
0,5	**0,1**	0,04									
1	**0,4**	**0,1**	0,04								
2	1,5	**0,5**	**0,2**	0,04							
5		2,5	0,8	0,3	0,08	**0,03**					
10			3,0	0,9	0,3	0,1	0,05	0,03			
15				1,8	0,6	**0,2**	0,1	0,05	0,03		
20				3,2	1,0	0,4	**0,2**	0,09	0,05	0,03	
25					1,5	0,6	0,3	**0,15**	**0,07**	0,05	
30					2,1	0,8	0,4	0,2	**0,1**	0,07	0,02
40					3,8	1,4	0,6	0,4	0,2	**0,11**	0,04
50						2,0	1,0	0,5	0,3	0,17	**0,06**

Die fettgedruckten Druckverluste zeigen zweckmäßige Rohrweiten an.

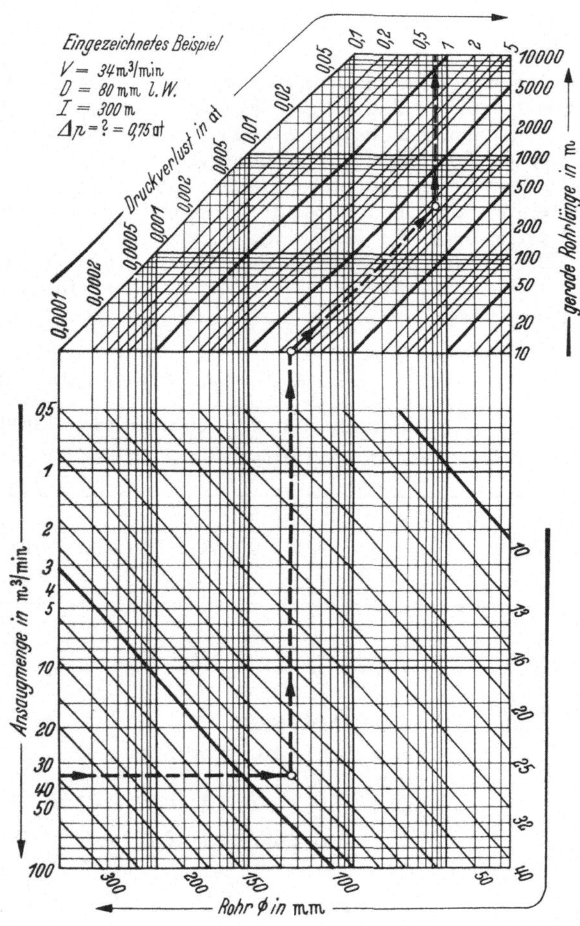

Abb. 71. Druckverlust in Druckluftleitungen bei 6 atü mittlerem Druck

Tabelle 13. *Druckluftbetrieb unter Tage bei 5 atü mittlerem Luftdruck*

Druckverlust in at in Druckluftleitungen von 1000 m gerader Rohrlänge.
(Der Druckverlust ist proportional der Rohrlänge.)

Lichter Rohr-Dmr. in mm	50	80	100	125	150	200	250	300	350	400	500
200	**0,4**										
500	2,5	0,2									
1000		**0,9**	0,3	0,1							
1500		1,8	**0,6**	0,2							
2000		3,0	**1,0**	**0,3**	0,1						
3000			2,0	**0,7**	0,3						
4000				**1,3**	**0,5**	0,1					
5000				2,0	**0,7**	0,2					
6000				2,5	**1,0**	**0,3**					
8000					1,7	0,4	0,1				
10000					2,5	**0,6**	**0,2**				
12000						0,9	**0,3**	0,1			
15000						1,3	**0,4**	0,2			
20000						2,2	0,7	**0,3**	0,1		
25000							1,0	**0,4**	**0,2**	0,1	
30000							1,5	0,6	0,3	**0,2**	
40000							2,6	1,0	**0,5**	**0,3**	
50000								1,5	0,7	0,4	0,1

Ansaugemenge in m³/h

Die fettgedruckten Druckverluste zeigen zweckmäßige Rohrweiten an

Der Widerstand von Leitungszubehörteilen ist in der Praxis am besten
in der Weise zu berücksichtigen, daß man aus Tab. 14 die gerade Rohrlänge entnimmt, die den gleichen Widerstand wie der Armaturenteil hat.
Diese rechnerische Widerstandslänge ist zur geraden Leitungslänge
zu addieren und die Summe in die Rechnung zur Ermittlung des Druckverlustes einzuführen.

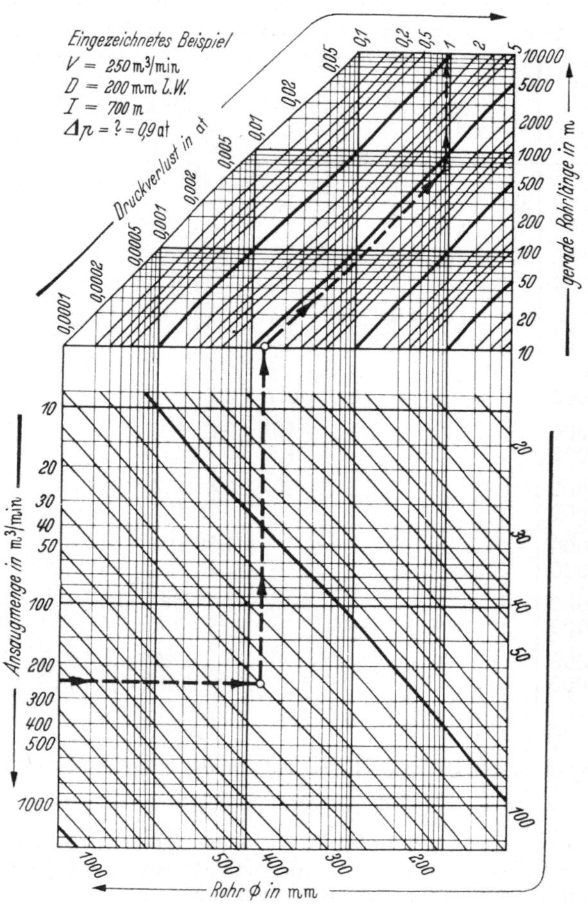

Abb. 72. Druckverlust in Druckluftleitungen bei 5 atü mittlerem Druck

Tabelle 14. *Widerstandslänge von Leitungszubehörteilen in m*

Lichter Rohr-Dmr. in mm	25	50	80	100	125	150	200	250	300	350	400	500
Durchgangsventil	6	15	25	35	50	60	85	110	140	170	200	260
Eckventil	3	7	11	15	20	25	35	50	60	70	85	110
Schieber	0,3	0,7	1	1,5	2	2,5	3,5	5	6	7	8,5	11
Normalkrümmer	0,2	0,4	0,7	1	1,4	1,7	2,4	3,2	4	5	6	7
T-Stück	2	4	7	10	14	17	24	32	40	50	60	70
Plötzl. Verengung	0,5	1	2	2,5	3,5	4	6	8	10	12	15	18

Der Rechnung für die vorstehende Ermittlung des Druckverlustes ist der angegebene Luftdruck und eine mittlere Temperatur von $273 + 30 = 303°$ C abs. zugrunde gelegt. Für abweichende Verhältnisse ist zu berücksichtigen, daß der Druckverlust proportional dem absoluten Luftdruck ist. Er nimmt also mit je 3° höherer Temperatur um etwa 1% zu und mit je 0,5 at höherem Druck um etwa 8% ab, mit je 0,5 at geringerem Druck um etwa 8% zu. Im allgemeinen brauchen diese Abweichungen nicht berücksichtigt zu werden, da man bei der Entscheidung für eine bestimmte Rohrweite stets einen gewissen Sicherheitszuschlag für später fortzuleitende größere Luftmengen machen wird. Eine Druckluftleitung kann nicht wie eine Dampfleitung zu groß bemessen werden; die Begrenzung liegt lediglich in den höheren Kosten für den größeren Leitungsdurchmesser.

Das *Druckluftrohrnetz* kann mit einem wachsenden Baum verglichen werden; der Stamm muß dicker werden, je mehr Äste und Zweige aus ihm wachsen. Die Hauptdruckluftleitung bleibt aber lange in der einmal gewählten Abmessung, bis man sich zu einer Erweiterung oder zum Verlegen einer Parallelleitung entschließt.

b) Rohrführung. Die Druckluftleitungen sind möglichst im Freien zu verlegen, die Verlegung in geschlossenen Rohrkanälen beeinträchtigt die Wasserabscheidung und erschwert die Überwachung auf Dichtheit. Sie sollen über Tage auf je 1 m Rohrlänge etwa 3 bis 5 mm Gefälle in der Strömungsrichtung der Luft erhalten, damit das sich ausscheidende Wasser nicht dem Luftstrom entgegenläuft. An senkrechten Hochführungen und an tiefsten Stellen der Leitungen sind Wasserabscheider vorzusehen, sei es auch nur in Form von erweiterten T-Stücken. Alle tiefsten Punkte sind mit Ablaßhähnen auszurüsten. Ringleitungen sind zu empfehlen; sie tragen bei örtlicher starker Entnahme

zur Vermeidung eines Druckverlustes bei und verhindern bei zweck-
mäßiger Anordnung von Absperrschiebern eine Betriebsstörung, wenn
ein Rohrstrang zerstört würde oder aus anderen Gründen ausgebaut
oder gesperrt werden müßte. Abzweigungen für geringere Luftmengen
sollten nicht unter 25 mm lichte Weite erhalten. Der Anschluß wird
oben oder seitlich derartig gemacht, daß Rieselwasser von der Hauptleitung nicht in den Abzweig gelangen kann. Leitungen sollten stets in
einem spitzen Winkel zur Strömungsrichtung abgezweigt werden. Ist
bei Ringleitungen die Strömungsrichtung ungewiß, so ist der Abzweig
mit einer trichterförmigen Erweiterung an die Hauptleitung anzuschließen. Der Übergang einer Leitung in einen engeren Querschnitt
ist stets durch einen Übergangskonus auszuführen; die Stutzen an allen
Druckluftbehältern sollten ebenfalls Trichterform haben. Vor pausen-
weise arbeitenden Druckluftmaschinen mit starkem Verbrauch baut
man zweckmäßig Druckluftbehälter ein, deren Größe sich nach den
örtlichen Verhältnissen richten muß. Der Luftdruck wird durch diese
Vorratskessel günstig beeinflußt, da die starke Strömung dann nur in
einer kurzen Rohrlänge auftritt, während der Zufluß zum Pufferkessel
gleichmäßiger verläuft.

c) Werkstoff der Rohre. Abmessungen und Werkstoff der Rohre
richten sich nach DIN. Im Bergbau sind die aus den Normen gewählten Sondernormen des Fachnormenausschusses für den Bergbau
maßgebend.
Die Lebensdauer kann durch Verzinken erhöht werden, jedoch keinesfalls durch einen Teer-, Asphalt- oder Farbüberzug auf der Innen-
seite. Dieser Überzug würde sich mit der Zeit unter dem Einfluß von
Öl und wechselnder Temperatur lösen und die Druckluftmaschinen
beschädigen. Auf größte Sauberkeit des Inneren ist bei allen Rohren
Wert zu legen.

d) Flansche. Feste, glatte Bunde mit Dichtungsrillen und losen Flanschen sind die geeignetste Flanschverbindung. Vor- und Rücksprung
sind im allgemeinen für Druckluftbetrieb bis etwa 8 atü nicht erforderlich. Bei allseitig verzinkten Rohren ist die mitverzinkte Dichtfläche
besonders sorgfältig zu säubern. Wenn das Schweißen der Rohrverbindung irgendwie möglich ist, so sollte stets hiervon Gebrauch gemacht werden. Querschnittverengungen müssen beim Schweißen vermieden werden.

e) Dichtungen. Die Anschaffung billigsten Dichtungsmaterials ist
in der Unterhaltung nicht immer am billigsten. Klingerit und son-
stiges It-Material hat die größte Lebensdauer, setzt aber für beste

Dichtheit saubere und genau parallele Dichtflächen voraus. Schon mit
einmaligem Nachziehen der Flanschschrauben nach dem Inbetrieb-
setzen ist bei Verwendung von Klingerit ein dauerndes Dichthalten
zu erzielen. Gummidichtungen, auch bei Leinwandein- und -umlagen,
geben im Laufe der Zeit wieder nach und müssen des öfteren nachge-
zogen werden. Außerdem werden sie durch den Ölgehalt der Druckluft
allmählich zerstört. Dichtungen aus Buna sind öl- und bis zu gewissen
Temperaturen auch hitzebeständig. Sie eignen sich wegen ihrer größeren Nachgiebigkeit aber am besten für nicht ganz saubere Dichtflächen,
selbst wenn der Dichtflächenabstand durch schiefes Verlegen der Rohre
ungleich geworden ist. Aus diesem Grunde werden Bunadichtungen für
vorübergehend verlegte Rohre, besonders im Grubenbetrieb, bevorzugt.

f) Absperrorgane. Aus Tabelle 14 über die Widerstandslängen
von Armaturteilen geht hervor, daß Ventile einen erheblich größeren
Druckverlust zur Folge haben als Schieber. Bei lichten Weiten von
mehr als 80 mm sollten daher nur Schieber eingebaut werden. Für
engere Querschnitte sind selbstdichtende Hähne empfehlenswert. Mit
dem Abschlußhahn am Ende einer Abzweigleitung ist eine Schlauch-
kupplungshälfte fest zu verbinden. Außer schneller und leichter Be-
tätigungsmöglichkeit ist das Hauptgewicht auf absolute Dichtheit zu
legen. Bei der Auswahl hat hier besonders der Grundsatz zu gelten,
daß nicht das billigste, sondern das beste Fabrikat zu wählen ist.

g) Schläuche sind so kurz wie möglich zu halten, die Abzweigungen
daher als Rohrleitung so nahe wie möglich an die Druckluftmaschine
heranzuführen. Die lichte Weite des Schlauches richtet sich nach dem
Luftverbrauch der Druckluftmaschine und ist von ihrem Lieferer anzugeben; sie schwankt zwischen 10 und 50 mm. Als Schlauchlängen
sind 10 bis 12 m üblich. Die Wandungen der Gummischläuche sollen
mehrere Leinen- und Klöppeleinlagen haben; die Innenschicht soll
eine möglichst hohe Widerstandsfähigkeit gegen den zersetzenden
Einfluß des Öles aufweisen (Buna). Für Schläuche mit starker Knick-
beanspruchung ist eine Teerkordelumwicklung empfehlenswert. Die
Schlauchenden erhalten zweckmäßig Momentkupplungen mit selbsttätiger Dichtung. Federnd gelagerte Metalldichtungen in den Kupp-
lungen sind vorteilhaft.

Der *Zustand des gesamten Druckluftnetzes* ist von nicht zu unterschätzen-
der Bedeutung. Es ist deshalb eine dauernde und planmäßige Überprüfung nicht nur des Kompressors, sondern auch der Druckluft-

leitungen und Zubehörteile erforderlich. Wie groß die *Druckluftverluste* durch undichte Rohrleitungen sein können, zeigt folgende kleine Rechnung:

Ist der Querschnitt der undichten Stelle bekannt, so läßt sich die austretende Luft leicht errechnen. Durch 1 cm² Querschnitt strömen in der Stunde 70 m³ Luft von normaler Temperatur aus. Dieser Wert ändert sich nur wenig mit der Temperatur. Man ist mithin sofort in der Lage festzustellen, daß z. B. bei 6 atü Luftdruck und 1 cm² Querschnitt $7 \cdot 70 = 490$ m³/h Ansaugemenge des Kompressors verlorengehen. Es ist also nur der Wert 70 mit dem absoluten Luftdruck zu multiplizieren.

Für den Verlust von 490 m³/h angesaugter Luft, wie vorstehend errechnet, sind im Kompressor 60 PS $= 60 \cdot 0,736 = 45$ kW aufzuwenden. Rechnet man die Kilowattstunde zu DM 0,12 und den Arbeitstag zu 10 Stunden, dann entsteht an täglichen Verlusten $45 \cdot 0,12 \cdot 10 =$ DM 54,—. Die Undichtheiten von zusammen 1 cm² verursachen also jährlich bei 300 Arbeitstagen einen Verlust von $54 \cdot 300 =$ DM 16 200,—.

Außer den Verlusten durch Undichtheiten beeinträchtigt der Druckverlust, der beim Strömen der Druckluft durch die Rohrleitungen entsteht und nie ganz zu vermeiden ist, die Wirtschaftlichkeit des Druckluftbetriebs. Am Verwendungsort der Druckluft wird immer ein geringerer Druck zur Verfügung stehen als am Druckstutzen des Kompressors. Durch richtige Bemessung der Rohrleitung kann zwar dafür gesorgt werden, daß der Druckverlust durch Reibung erträglich bleibt. Wenn dies nicht immer der Fall ist, so liegt es meistens daran, daß der Druckluftbetrieb sich schneller entwickelt hat, als vor seiner Einführung vorauszusehen war.

B. Fahrbare Kompressoranlagen

1. Entwicklung der fahrbaren Kompressoranlagen der FMA/POKORNY

Die ersten dieser Anlagen wurden von der FMA/POKORNY im Jahre 1910 gebaut. Die Anforderungen, die man früher wie heute an eine fahrbare Kompressoranlage stellte, sind die gleichen wie bei einer stationären Anlage. Sie muß deshalb mit allen Maschinen, Einrichtungen und Zubehörteilen ausgerüstet sein, die für einen selbständigen Betrieb erforderlich sind. Eine richtig durchgebildete fahrbare Kompressoranlage stellt ein kleines, unabhängiges Kraftwerk dar, das gegenüber der ortsfesten Anlage den Vorzug hat, jede beliebige Arbeitsstelle schnell mit Druckluft versorgen zu können.

Die Grundlage für fahrbare Anlagen bildeten die bereits vorhandenen Kompressoren der ortsfesten Anlagen. Solche Kompressoren wurden samt dem Antriebsmotor auf ein Fahrgestell montiert; hinzu kamen noch Windkessel mit Ausrüstung, seltener eine Rückkühlanlage für das Kühlwasser der Maschinen. In Fällen, in denen Schutz gegen Witterungseinflüsse notwendig war, wurden die Anlagen mit einem Dach versehen. Infolge des großen Raumbedarfs und der niedrigen Drehzahl dieser Kompressoren hatten solche Anlagen beträchtliche Abmessungen und waren schwer beweglich.

Um fahrbare Anlagen kleiner und leichter beweglich zu gestalten, wurden aus Verbrennungsmotoren sogenannte Motorkompressoren entwickelt (Abb. 73). Aus der Abbildung ist ersichtlich, daß die Anlage

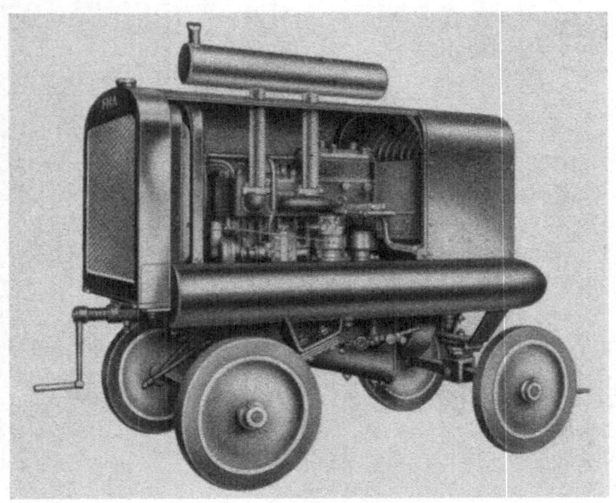

Abb. 73. Ältere fahrbare Motorkompressoranlage

keinen besonderen Windkessel hat, sondern der Fahrgestellrahmen aus Rohren gebildet ist, in denen die Druckluft aufgespeichert wird. Dieser sogenannte Rohrrahmen wurde der FMA/POKORNY unter DRP Nr. 419472 im Jahre 1924 geschützt.

Das Aufkommen der schnellaufenden Kompressoren der Bauart K 30 wirkte sich auf die Entwicklung der fahrbaren Kompressoranlagen günstig aus, da diese an und für sich leichten Kompressoren mit ihren kleinen hin- und hergehenden Massen die direkte Kupplung mit den neuzeitlichen, schnellaufenden Antriebsmotoren ermöglichten.

2. Heutige Ausführungsformen

Je nach Ansaugemenge, Enddruck, Verwendungszweck und Antriebsart weichen die Anlagen voneinander in ihrem Aufbau ab. In Tab. 15 sind serienmäßig hergestellte fahrbare Kompressoranlagen mit Antrieb durch Dieselmotor, in Tab. 16 solche für Antrieb durch Elektromotor zusammengestellt.

Kompressoren, die in die fahrbaren Anlagen eingebaut werden, sind in Tab. 6 enthalten.

Abb. 74. Teile einer fahrbaren Kompressoranlage (linke Seite). 1 Kompressor. 2 Umschaltventil, 3 Luftfilter des Kompressors, 4 Relais, 5 Kühlwasserpumpe des Kompressors, 6 Schmierölfilter, 7 Nachkühler, 8 Dieselmotor, 9 Brennstoffpumpe, 10 Brennstoffilter, 11 Luftfilter des Motors, 12 Schwungrad des Motors mit Zahnkranz, 13 Kühlwasserpumpe des Motors mit Ventilator, 14 Rohrrahmen, 15 Flachkühler, 16 Brennstoffbehälter, 17 Werkzeugkasten, 18 Luftentnahmehahn, 19 Zugvorrichtung, 20 Spornrad, 21 Jalousieknebel, 22 Luftmanometer des Kompressors, 23 Ölmanometer des Kompressors, 24 Ölmanometer des Motors, 25 Fernthermometer für Kühlwasser

Serienmäßig sind die Räder mit Luft- oder Elastikbereifung ausgerüstet.
Für Sonderfälle können Räder mit Eisenbereifung für Schienenfahrt
angebracht werden.
Die Kupplung zwischen Motor und Kompressor ist in Abb. 81 dar-
gestellt. Sie ist als Reibungskupplung ausgebildet und kann sowohl im
Stillstand als auch während des Betriebes ein- und ausgerückt werden.
Die Übertragung ist nachgiebig; kleine Verlagerungen zwischen
Motor- und Kompressorwelle werden dadurch unschädlich gemacht.
Im ausgerückten Zustand der Kupplung kann der Antriebsmotor mit

Abb. 75. Teile einer fahrbaren Kompressoranlage (rechte Seite). 1 Kompressor,
2 Nachkühler, 3 Handgriff zur Ein- und Ausrückkupplung, 4 Motor, 5 Luftfilter des
Motors, 6 Kühlwasserpumpe, 7 Schmierölfilter des Motors, 8 Auspufftopf, 9 Schwungkraftanlasser, 10 Handgriff zu 9, 11 Rohrrahmen, 12 Sicherheitsventil, 13 Leitung zu
11, 14 Brennstoffbehälter, 15 Werkzeugkasten, 16 Luftentnahmehähne, 17 Kühl-
wassereinfüllstutzen

seiner vollen Drehzahl laufen, ohne daß die Kupplung Schaden leidet.
Der Antriebsmotor kleiner Anlagen wird von Hand mit einer Sicher-
heitskurbel angelassen, kann aber auch, wie bei größeren Anlagen,
durch Druckluft- oder elektrische Anlasser oder mit einem Schwungkraftanlasser (Abb. 84) in Betrieb gesetzt werden.

Tabelle 15. *Technische Daten der fahrbaren FMA/POKORNY-Kompressoranlagen mit Dieselmotor*

Bauart	DK 3	DK 3S	DK 4E	DK 4SE	DK 6	DK 6S	DK 8	DK 8S	DK 4HE	DK 6H	DK 8H
Kompressor		[1]	MZ 416	SD 316	MD 416	SD 418	MV 418	SV 418	H_2Z 418	H_3D 418	H_3V 416
Zylinderzahl	1	1	2	3	3	3	4	4	2	3	4
Drehzahl [U/min]	1220	1280	1000	1000	1000	1000	1000	1000	1000	1000	1000
Betriebsdruck [atü]	6	7	6	8	6	7[2]	6	8	30	125	60
Liefermenge bei hier angegebenem Betriebsdruck [m³/min]	3,0	3,0	4,2	4,2	6,3	5,8	9,4	8,5	2,3	2,5	4,6
Dieselmotor[3]		[1]	ZD 140[4]	Daimler-Benz	DD 140	DD 140	Daimler-Benz		Daimler-Benz		
Zylinderzahl	2	2	2	2	3	3	4	4	2	3	4
Leistung [PS]	33,5	35	40	45	60	60	90	90	45	70	90
Gesamtgewicht mit FMA/POKORNY-Motor [ca.kg]	1500	1500	2440	—	3600	3760	—	—	—	—	—
Daimler-Benz-Motor [ca.kg]	—	—	2500	2550	3650	3810	4300	4430	2560	3710	4300
Achsen	1	1	1	1	2	2	2	2	1	2	2
Federung	gefedert				ungefedert				gefedert	ungefedert	
Bereifung	Luftbereifung				wahlweise Luft- oder Elastikbereifung				Luftbereifung	wahlweise Luft- oder Elastikber.	
Anlasser mit Schwungkraftanlasser	*	*			*	*	*	*		*	*
auf Wunsch mit Schwungkraftanl.			*	*					*		

[1] Der Kompressorzylinder und die beiden Motorzylinder sind auf einem gemeinsamen Kurbelgehäuse montiert. — [2] Bei Verwendung eines Daimler-Benz-Motors: 8 atü. — [3] An Stelle der angegebenen FMA/POKORNY-Dieselmotoren können auch Daimler-Benz-Motoren geliefert werden. — [4] Bei Einrichtung der Kompressoranlage für Tropenbetrieb muß ein Daimler-Benz-Motor eingebaut werden, auch wenn der Betriebsdruck 6 atü nicht übersteigt. — Daten der luftgekühlten Anlage auf Anfrage.

Abb. 76. Fahrbare luftgekühlte zweistufige Kompressoranlage DV 17
mit Dieselantrieb (Verkleidung abgenommen)

Abb. 77. Fahrbare Motorkompressoranlage DK 3 mit Dieselantrieb

Abb. 78. Fahrbare Kompressoranlage DK 4 a mit Dieselmotor

Abb. 79. Fahrbare Hochdruckkompressoranlage DK 8 H mit Dieselmotor

Abb. 80. Kompressor SD 418 in Sonderausführung auf LKW-Fahrgestell

3. Antrieb

Die Kompressoren in fahrbaren Anlagen werden mit Verbrennungs- oder Elektromotoren gekuppelt. Als Verbrennungsmotoren gelten Wärmekraftmaschinen, die mit einem Gemisch von Luft und brennbaren Gasen oder verdampften oder zerstäubten flüssigen Brennstoffen betrieben werden. Man unterscheidet hierbei zwei Arbeitsverfahren und spricht von Ottomotoren und Dieselmotoren. Beide Arbeitsverfahren werden für Vier- und Zweitaktgang, in einfach- und doppeltwirkenden, liegenden und stehenden Bauarten ausgeführt.

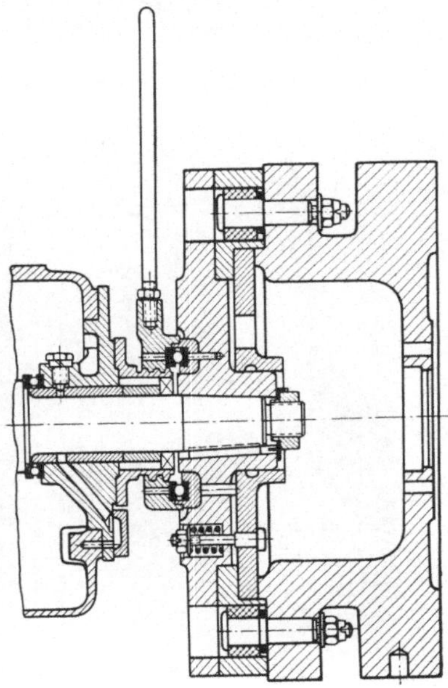

Abb. 81. Ein- und ausrückbare Kupplung

Abb. 82. Fahrbare Kompressoranlage EK 4 mit Elektromotor

Abb. 83. Fahrbare Kompressoranlage EK 6 mit Elektromotor

116

Tabelle 16. *Technische Daten der fahrbaren FMA/*POKORNY-*Kompressor-anlagen mit Elektromotor*

Bauart	EK 3	EK 4 E	EK 4 SE	EK 6	EK 6 S
Kompressor	MZ 313	MZ 416	SD 316	MD 416	SD 418
Zylinderzahl	2	2	3	3	3
Betriebsdruck .... [atü]	6	6	7	6	7
Liefermenge bei n = 1000 .... [m³/min]	2,7	4,2	4,2	6,3	5,8
Elektromotor..........[V]	220/380/500[1]			Einspannungs-motor	
Leistung ....[PS]	32	42	42	60	60
Gesamtgewicht[2] ...[ca. kg]	1390	1990	2040	3120	3280
Achsen	1	1	1	2	2
Federung	gefedert			ungefedert	
Bereifung	Luftbereifung			wahlw. Luft- oder Elastikbereifung	

[1] Auf Wunsch werden auch Einspannungsmotoren eingebaut.
[2] Abweichungen von den angegebenen Gewichten sind wegen Aus-rüstung mit Motoren unterschiedlicher Schwere — je nach Fabrikat — möglich.

Abb. 84. Schwungkraftanlasser für Dieselmotoren

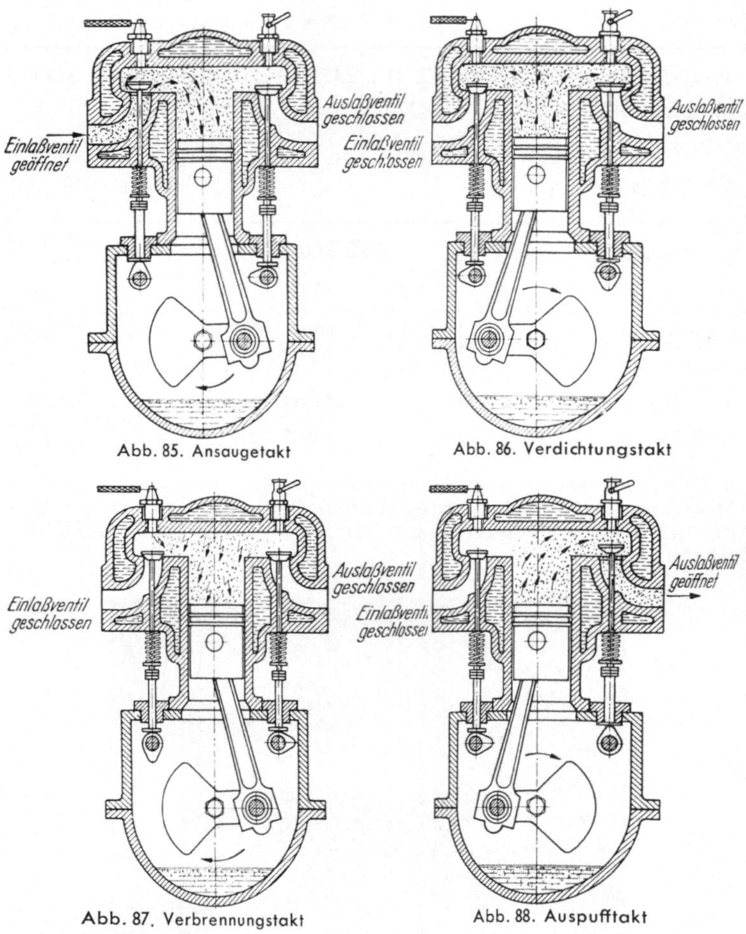

Abb. 85. Ansaugetakt

Abb. 86. Verdichtungstakt

Abb. 87. Verbrennungstakt

Abb. 88. Auspufftakt

1. Takt: Ansaugen.
Beim Abwärtsgang des Kolbens wird durch das geöffnete Einlaßventil vom Vergaser frisches Gasgemisch durch das Saugrohr in den Zylin-

118

der gesaugt (bei Dieselmotoren nur frische Luft). Das Auslaßventil ist geschlossen.

2. Takt: Verdichten.
Nachdem der Kolben den tiefsten Punkt erreicht hat, geht er wieder nach oben; vorher schließt sich das Einlaßventil; das Auslaßventil bleibt geschlossen. Durch den Aufwärtsgang des Kolbens wird das angesaugte Gasgemisch verdichtet.

3. Takt: Verbrennen.
Wenn der Kolben wieder den höchsten Punkt erreicht hat, entzündet beim Ottomotor der an der Zündkerze überspringende Funken das verdichtete Gemisch, wodurch sich die Gase schnell erhitzen und sich auszudehnen suchen, den Kolben abwärts drücken und so Arbeit leisten. Beide Ventile sind geschlossen.
Beim Dieselmotor wird Brennstoff kurz vor Beginn des 3. Taktes in die hochkomprimierte und heiße Luft durch eine Düse eingespritzt. Es tritt Selbstzündung ein. Der weitere Verlauf ist dann derselbe, wie oben beschrieben.

4. Takt: Auspuffen.
Bei dem Aufwärtsgang des Kolbens werden die verbrannten Gase durch das vorher geöffnete Auslaßventil in das Auspuffrohr gestoßen. Das Einlaßventil bleibt geschlossen.

b) Zweitaktmotor. Während beim Viertaktmotor die vier Takte Ansaugen, Verdichten, Verbrennen und Auspuffen nur im Verbren-

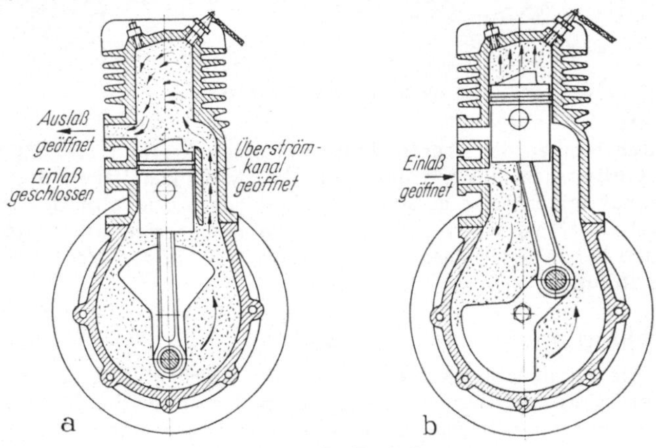

Abb. 89. 1. Takt des Zweitaktmotors

nungsraum des Zylinders, also zwischen Kolben und Zylinderkopf, vor sich gehen, werden beim Zweitaktmotor sowohl der Verbrennungsraum über dem Kolben wie das Kurbelgehäuse unter dem Kolben hierfür benutzt. (Bei großen Zweitaktmotoren werden Luft und Gas in gesondert angeordneten Pumpen [bei Dieselmotoren nur Luftpumpen] angesaugt und verdichtet.)

1. Takt:
Der Kolben geht vom unteren zum oberen Totpunkt; dabei wird das Gas oberhalb des Kolbens verdichtet, unterhalb des Kolbens wird Gas durch die Einströmöffnung in das Kurbelgehäuse gesogen.

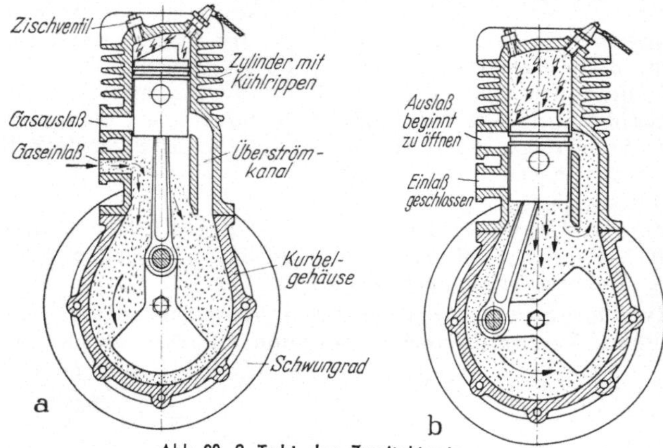

Abb. 90. 2. Takt des Zweitaktmotors

2. Takt:
Hat der Kolben den oberen Totpunkt erreicht, erfolgt die Zündung. Der Kolben geht abwärts und gibt den Auslaßkanal frei, durch den die verbrannten Gase ausströmen. Fast gleichzeitig gibt der Kolben den Überströmkanal frei, durch den die im Kurbelgehäuse durch das Abwärtsgehen des Kolbens verdichteten Gase in den Verbrennungsraum strömen.

4. Kühlung von Kompressor und Motor

Über die Kühlung des Kompressors ist in Abschnitt III A, 2f, berichtet worden. Das dort Gesagte gilt sinngemäß auch für die Kühlung des Motors. Für die Kühlung von Motorkompressoranlagen ist folgendes noch erwähnenswert.

Bei Antrieb durch Verbrennungsmotor werden Kompressor und Motor
fast ausschließlich durch Umlaufkühlung gekühlt, zu der Wabenkühler,
Umlaufpumpe, Ventilator und Kühlwasserleitung gehören. Bei kleinen
Anlagen erfolgt die Wasserkühlung in einem gemeinsamen Wabenkühler für Kompressor und Motor. Das Kühlwasser muß dann so
geführt werden, daß das rückgekühlte Wasser zunächst durch den
Kompressor und dann erst durch den Motor fließt.
Bei einer zweiten Art dieser Kühlung wird der Wabenkühler in zwei
Teile geteilt. Die eine Hälfte dient zur Rückkühlung des Kühlwassers
für den Kompressor, die andere für den Motor. Kompressor und Motor
erhalten dann getrennte Kühlwasserumlaufpumpen. Bei größeren Anlagen erhalten Kompressor und Motor je eine eigene vollständige
Kühlanlage.
Es werden in neuerer Zeit mehr und mehr luftgekühlte Kompressoranlagen gebaut. Sie sind wegen des Wegfalls von Kühler, Kühlwasser-
leitungen und -pumpe einfacher in der Konstruktion und leichter. Da
sie unabhängig von Wasser sind, lassen sie sich ohne Schwierigkeiten
in heißen wie in kalten Zonen betreiben; sie können auch nicht einfrieren und sind kälteunempfindlich. Es besteht bei ihnen keine Gefahr,
daß sich (wie dies bei Verwendung ungeeigneten Kühlwassers bei
wassergekühlten Anlagen vorkommt) Kesselsteinansätze bilden, die
mit der Zeit die Kühlwirkung beeinträchtigen.

C. Meßverfahren zur Bestimmung der Liefermenge von
   Kompressoren

Von den Verfahren zur Bestimmung der Ansauge- und Liefermenge
sollen die vier gebräuchlichsten hier beschrieben werden.

1. Düsenmeßverfahren

Dieses Meßverfahren eignet sich für alle Arten von Luftkompressoren
und ist bis in die kleinsten Einzelheiten festgelegt in den „Regeln für die
Durchflußmessung mit genormten Düsen und Blenden", VDI-Durch-
flußmeßregeln, DIN 1952, sowie in DIN 1945 „Regeln für die Abnahme
von Kompressoren". Man mißt hauptsächlich große Einheiten nach
diesem Verfahren.

2. Auffüllverfahren

Nach diesem Verfahren wird die Liefermenge gemessen, indem man
die verdichtete Luft in einen geschlossenen Behälter drückt, d. h. einen

Windkessel auffüllt. Es ist nicht notwendig, daß der Windkessel am Anfang keine Druckluft enthält; es kann vielmehr bei einem beliebigen Druck angefangen und die Messung bei einem beliebigen höheren Druck beendet werden. Die Messung ist um so genauer, je näher diese beiden Drücke um den Enddruck liegen, für den die Leistung des Kompressors bestimmt werden soll. Die Ursache hierfür ist der unterschiedliche Verlauf der Rückexpansion bei verschiedenen Enddrücken. Hat die Druckluft im Windkessel nicht dieselbe Temperatur wie die Saugluft vor dem Kompressor, so muß dieser Temperaturunterschied noch berücksichtigt werden. Das Meßverfahren ist hinreichend genau und sehr verbreitet für die Leistungsmessung von Kleinkolbenkompressoren.

Beispiel. Ein Kompressor fördert Druckluft in einen Windkessel von 3 m³ Inhalt. (In diesen 3 m³ ist der Inhalt der Druckleitung zwischen Kompressor und Windkessel einbegriffen, und es ist angenommen, daß sich hinter dem Windkessel ein geschlossenes Absperrventil befindet.) Es soll die Leistung bei 7 atü Enddruck bestimmt werden. Am zweckmäßigsten wird die Messung bei 6 atü begonnen und bei 8 atü beendet. Die Füllzeit von 6 auf 8 atü wird mit der Stoppuhr möglichst genau gemessen. Bei 6 atü sind im Windkessel 3 m³ Druckluft $= 6 \cdot 3 = 18$ m³ Luft, auf atmosphärische Spannung umgerechnet. Bei 8 atü befinden sich in ihm 3 m³ Druckluft $= 8 \cdot 3 = 24$ m³ Luft, auf atmosphärische Spannung umgerechnet. Es sind also $24 - 18 = 6$ m³ Luft von atmosphärischer Spannung gefördert worden. Die Druckdifferenz bei der Förderung betrug $8 - 6 = 2$ atü. Multipliziert man den Windkesselinhalt in m³ mit dieser Druckdifferenz, so erhält man die geförderte Luftmenge, auf atmosphärische Spannung umgerechnet, in m³. Um den Windkessel von 6 auf 8 atü aufzufüllen, braucht der Kompressor nach der Stoppuhr eine Zeit von 129 Sekunden; er hat somit eine Liefermenge von $\dfrac{6 \cdot 60}{129} = 2{,}8$ m³/min. Diese Liefermenge bezieht sich auf den atmosphärischen Druck am Ansaugestutzen des Kompressors und auf die durchschnittliche Temperatur der Druckluft im Windkessel. Soll die Leistung auf die Temperatur der Saugluft umgerechnet werden, bedient man sich der allgemeinen Beziehung, daß die Volumina sich umgekehrt verhalten wie die absoluten Temperaturen. War die Temperatur am Ansaugestutzen 20° C und die mittlere Temperatur im Windkessel 55° C, so ist das auf Ansaugezustand umgerechnete Fördervolumen des Kompressors $2{,}8 \cdot \dfrac{273 + 20}{273 + 55} = 2{,}5$ m³/min. Zur Bestimmung der mittleren Temperatur der Druckluft im Windkessel ist es vorteilhaft, mehrere Thermometer an ihm anzubringen, von denen die Hälfte tiefer in den Windkessel hineinragen soll. Die genaue Bestimmung der mittleren Temperatur ist von Bedeutung für die Genauigkeit des Ergebnisses.

3. Überström-Meßverfahren

Mit Hilfe dieses Verfahrens bestimmt man die Liefermenge und lehnt sich dabei an das unter 2. beschriebene Verfahren an. Man bedient sich zweier Windkessel, in deren einen der Kompressor fördert. Aus diesem Windkessel läßt man die Druckluft derartig in den zweiten überströmen, daß der Druck im ersten stets gleichbleibt. Wie unter 2. beschrieben, mißt man dann für eine bestimmte Druckdifferenz im zweiten Windkessel die Auffüllzeit für den Inhalt des Kessels und die mittlere Drucklufttemperatur darin.

Die Genauigkeit dieses Verfahrens ist nur abhängig von der Bestimmung der mittleren Temperatur, da die unterschiedliche Rückexpansion während der Drucksteigerung von 6 auf 8 atü des Meßverfahrens unter 2. entfällt. (Der Kompressor fördert auf den im ersten Kessel konstant gehaltenen Druck.) Dieses Meßverfahren ist nur möglich, wenn die Druckleitung zwei Windkessel besitzt.

4. Düsenausström-Meßverfahren
Bezeichnungen:

P_A absoluter Ansaugedr. [ata],
$P_{Dü}$ Überdruck v. d. Düse [atü],
$P_D = P_{Dü} + P_A$, absoluter Druck vor der Düse [ata],
P_{Kr} kritischer Druck an der Düsenmündung [ata],
d Durchmesser d. Düse [cm],
$F = \pi d^2/4$ Düsenfläche [cm²],
T_A absolute Ansaugetemperatur [°K],
T_D absolute Temperatur vor der Düse [°K],

T_{Kr} kritische Temperatur an d. Düsenmündung [°K],
W_{Kr} kritische Geschwindigkeit an der Düsenmündung [m/s],
μ Düsenbeiwert $= 0,836$,
R Gaskonstante [mkg/kg°],
V_{eff} effektive Ausströmmenge, umgerechnet auf den Ansaugezustand d. Kompressors [m³/min].

Das seit vielen Jahren angewendete Düsenmeßverfahren läßt die zu messende Druckluft aus dem Windkessel durch eine Meßdüse mit der *kritischen Geschwindigkeit* ins Freie ausströmen. Hierdurch sind Messungen unter 1 atü nicht möglich.

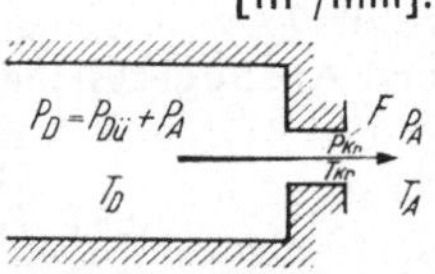

$P_D = P_{Dü} + P_A$ F P_A P_{Kr} T_{Kr} T_D T_A

Abb. 91. Schematische Darstellung der Meßdüse

Eine genau geschliffene Bohrung in einer Scheibe von 10 mm Dicke stellt die Düse dar. Die Kanten müssen absolut scharf sein. Der Einbau der Düse mit den dazugehörigen Meßstellen ist aus Abb. 94 ersichtlich. Es sollen tunlichst keine Düsen mit einer Bohrung > 12 mm verwendet

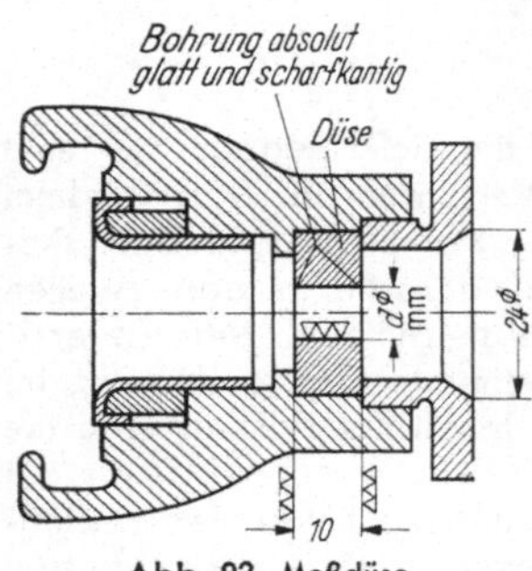

Abb. 92. Meßdüse

werden. Sind größere Luftmengen zu messen, so werden mehrere Düsen parallel geschaltet. Der Druck $P_{Dü}$ muß möglichst genau vor der Düse gemessen werden (Kontrollmanometer).

Auf Grund sorgfältiger Versuche wurde der Düsenbeiwert, d. h. die Kontraktion des Luftstrahles, bei vorgenannter Düsenform zu $\mu = 0{,}836$ ermittelt. Sorgfältige Vergleichsmessungen mit Blenden- und Auffüllmessungen haben die Richtigkeit und die geringe Störanfälligkeit des vorstehenden Verfahrens bewiesen.

Allgemein gilt: Die Luft vom Druck P_D entspannt sich auf den Druck P_{Kr} an der Düsenmündung und schließlich auf den Druck P_A der Atmosphäre:

$$P_{Kr} = \frac{P_D}{\left(\dfrac{\varkappa + 1}{2}\right)^{\frac{\varkappa}{\varkappa - 1}}} = \frac{P_D}{1{,}893} \ [\text{ata}]. \tag{1}$$

Die ausströmende Luftmenge ist

$$V = \mu \cdot F \cdot W_{Kr} = \mu \cdot F \cdot \sqrt{2 \cdot g \cdot R \cdot T_D \cdot \frac{\varkappa}{\varkappa + 1}} \ [\text{m}^3/\text{s}]. \tag{2}$$

Diese Luftmenge hat den Druck P_{Kr} und die Temperatur

$$T_{Kr} = T_D \frac{2}{\varkappa + 1} \ [^\circ\text{K}]. \tag{3}$$

Um den effektiven Luftdurchsatz des Kompressors zu bestimmen, ist diese Luftmenge auf den Ansaugedruck P_A und die Ansaugetemperatur T_A zu beziehen. Die minutliche effektive Luftmenge, bezogen auf den Ansaugezustand, ist dann

$$V_{eff} = \mu \cdot \frac{1}{1{,}893} \cdot \frac{P_D}{P_A} \cdot F \cdot 0{,}0001 \cdot 60 \cdot \sqrt{2\,g \cdot R \cdot T_D \cdot \frac{\varkappa}{\varkappa + 1}} \cdot \frac{T_A}{T_D \cdot \dfrac{2}{\varkappa + 1}}$$

$$[\text{m}^3/\text{min}].$$

124

Mit $R = 29{,}27$ (trockene Luft) und $\mu = 0{,}836$ lautet diese Gleichung

$$V_{eff} = 0{,}0583 \cdot F \cdot \frac{P_D}{P_A} \cdot \frac{T_A}{\sqrt{T_D}} \ [\text{m}^3/\text{min}]. \tag{4}$$

Die Meßergebnisse werden entweder nach Gleichung (4) oder mit Hilfe des Nomogramms Abb. 95 ausgewertet. Der *Gebrauch des Nomogramms* ist nachstehend erläutert.

Beispiel 1. Die Luftförderung einer Kompressoranlage DK 4 wurde überprüft, und folgende Werte wurden gemessen:
Aufstellungsort Frankfurt a. M., Druck der angesaugten Luft ≈ 1 ata.

Meßwerte: $P_{\overline{D\ddot{u}}}= 7$ atü (Druck vor der Düse, genau messen),
$d\ = 8{,}25$ mm Dmr. (Düsendurchmesser),
$t_A = 18°\ \text{C}$ (Ansaugetemperatur in $°\ \text{C}$ vor dem Luftfilter),
$t_D = 48°\ \text{C}$ (Temperatur in $°\ \text{C}$ vor der Meßdüse).

Lösung: 1. Verbinde $P_{D\ddot{u}} = 7$ atü (*linke Seite* der 1. Skala) mit $d = 8{,}25$ Dmr.
Schnittpunkt dieser Linie mit Zapfleiter W ist Punkt 1.
2. Verbinde $t_A = 18°\ \text{C}$ mit $t_D = 48°\ \text{C}$. Schnittpunkt dieser Linie mit Zapfleiter R ist Punkt 2.
3. Verbinde Punkt 1 mit Punkt 2. Der Schnittpunkt dieser Linie mit der Skala $V_{eff} = 4{,}07$ m³/min ist das gesuchte Ergebnis.

Bei Messungen in Gebieten mit einem Luftdruck von etwa 735 mm Barometerstand genügt in den meisten Fällen diese Auswertung. Die P_A-Skala braucht hier im Gegensatz zum nächsten Beispiel nicht berücksichtigt zu werden.

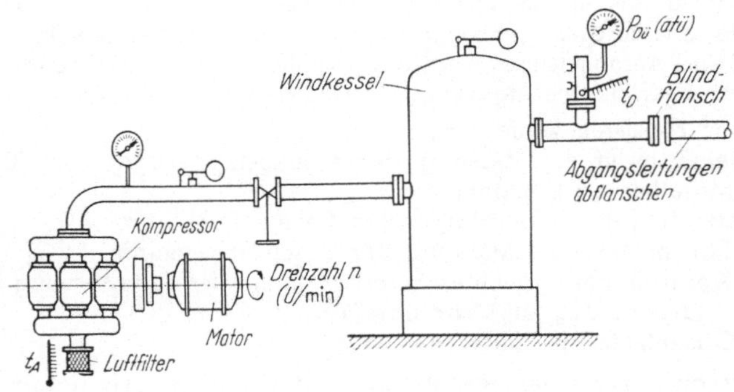

Abb. 93. Anordnung der Meßeinrichtung

Beispiel 2. Eine Kompressoranlage zur Versorgung des Luftnetzes einer Tunnelbaustelle in 1500 m Höhe wurde gemessen, und folgende Werte wurden ermittelt:

Meßwerte: P_A = 0,87 ata (Ansaugedruck; Umrechnung des Barometerstandes in ata s. Seite 7/8),

$P_{Dü}$ = 8 atü,

d = 9,75 mm Dmr.,

t_A = 11° C,

t_D = 63° C.

Lösung: 1. Bestimmung von P_D. $P_D = P_{Dü} + P_A = 8 + 0,87 = 8,87$ ata.

2. Verbinde P_D = 8,87 ata (*rechte Seite der* 1. Skala) mit d = 9,75 mm Dmr.
Markiere Schnittpunkt mit Zapfleiter W.

wie in

Bei-   3. Verbinde t_A = 11° C mit t_D = 63° C.
Markiere Schnittpunkt mit Zapfleiter R.

spiel

1   4. Verbinde die Schnittpunkte der beiden Zapfleitern W und R. Diese Linie schneidet auf der V_{eff}-Skala den Wert 6,0.

5. Ziehe von diesem Punkt 6,0 bis zu dem Punkt 1,00 der P_A-Leiter eine Linie und markiere auf der Zapflinie A den Schnittpunkt 3. Drehe diese Linie solange um den Schnittpunkt 3, bis das rechte freie Ende den Punkt 0,87 ata der P_A-Skala schneidet.
Das linke freie Ende der gedrehten Linie schneidet dann auf der V_{eff}-Skala den gesuchten Wert V_{eff} = 6,89 m³/min.

a) Anordnung der Meßeinrichtung (Abb. 93). Zur Aufnahme des Meßrohres ist hinter dem Windkessel ein Rohrstutzen mit Flansch einzuschweißen. Vor der Durchführung der Messung ist der Kompressor auf den bestmöglichen maschinellen Zustand zu bringen. Undichte Ventile austauschen, gebrochene Federn und Platten ersetzen, Luftfilter und Ansaugeleitung reinigen, Kühler auf Verschmutzung überprüfen, Leerlaufregelung außer Betrieb setzen.

Folgende Meßgeräte werden angebaut:

Thermometer zur Messung der Ansaugetemperatur t_A [° C] unmittelbar am Luftfilter;

Meßrohr (Abb. 94) mit folgenden Geräten:

Thermometer zur Messung der Düsentemperatur t_D [° C],

Kontroll- oder geeichtes Feinmeßmanometer zur Messung des Druckes $P_{Dü}$ [atü] vor der Düse,

Düsenhalter mit Düse (Abb. 92).

b) Durchführung der Messung. Sämtliche Abgangsleitungen und Steuerleitungen vom Windkessel abflanschen, Leitungen und Armaturen vom Kompressor bis zum Blindflansch hinter dem Windkessel auf Dichtigkeit überprüfen.

Wichtig: *Sämtliche geförderte Luft muß durch die Düsen strömen.*

Kompressor in Betrieb nehmen und Durchmesser der Düse so auswählen, daß der Druck vor der Düse $P_{Dü}$ ungefähr den auf dem Kompressor-Typenschild angegebenen Enddruck erreicht. Wird der angegebene Druck nicht erreicht, ist die Düse zu groß, wird der Druck überschritten, dann ist die Düse zu klein.

Die erste Ablesung darf erst vorgenommen werden, wenn Beharrungszustand eingetreten ist, d. h. wenn die Temperatur vor der Düse t_D nicht mehr steigt. Es ist zweckmäßig, danach noch 10 bis 20 min zu warten und erst dann die Meßgeräte abzulesen.

Düsen von mehr als 12 mm Dmr. sollen nicht verwendet werden; gegebenenfalls sind mehrere Düsen in das Meßrohr einzubauen.

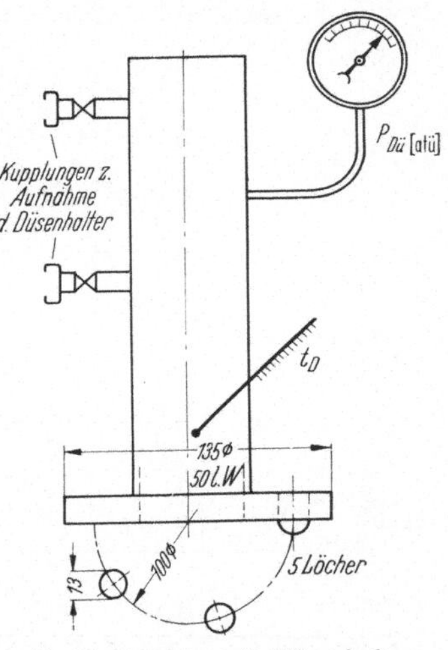

Abb. 94. Meßrohr mit Düsenhalterkupplungen und Meßgeräten

Ablesen: Ansaugetemperatur t_A [° C],
Drehzahl des Kompressors n [U/min],
Temperatur vor der Düse t_D [° C],
Druck vor der Düse $P_{Dü}$ [atü],
Durchmesser der Düse(n) d [mm].

Nach etwa 5 min wird eine weitere Ablesung vorgenommen. Die Werte von t_D und $P_{Dü}$ dürfen nicht wesentlich vom ersten Versuch abweichen, sonst bestand kein Beharrungszustand; die erste Ablesung ist ungültig.

c) Auswertung der Messung mit Nomogramm.
Beispiel.

Zweistufiger Kompressor $P_e = 7$ atü   ⎫   Angaben
Nenndrehzahl $n_N = 1000$ U/min ⎬   nach
Liefermenge $V = 4{,}4$ m³/min ⎭ Typenschild

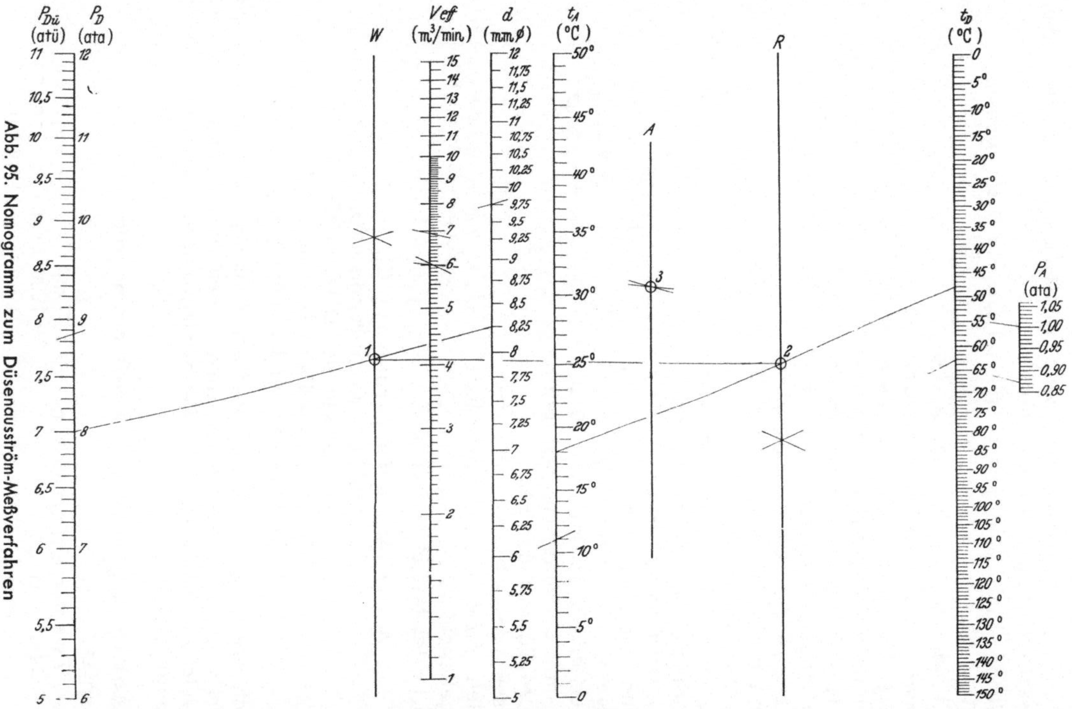

Abb. 95. Nomogramm zum Düsenausström-Meßverfahren

Es wurden folgende Werte abgelesen:

$$P_e = 7 \text{ atü,}$$
$$P_{D\ddot{u}} = 7 \text{ atü,}$$
$$n = 958 \text{ U/min,}$$
$$t_A = 18^\circ \text{ C,}$$
$$t_D = 48^\circ \text{ C,}$$
$$d = 8,25 \text{ mm Dmr.}$$

Lösung mit Nomogramm (Abb. 95):

1. Verbinde $P_{D\ddot{u}} = 7$ atü (1. Skala von links) mit $d = 8,25$ Dmr.; Schnittpunkt dieser Linie mit Zapfleiter W ist Punkt 1.

2. Verbinde $t_A = 18^\circ$ C mit $t_D = 48^\circ$ C; Schnittpunkt dieser Linie mit Zapfleiter R ist Punkt 2.

3. Verbinde Punkt 1 mit Punkt 2; Schnittpunkt dieser Linie mit der Skala V_{eff} ist das gesuchte Ergebnis: $V_{eff} = 4,06$ m³/min.

Diese Luftmenge $V_{eff} = 4,06$ m³/min ist die tatsächlich geförderte freie Luftmenge, bezogen auf Ansaugezustand. Sie allein ist maßgebend für Energierechnungen. Zum Vergleich ist jedoch diese Menge auf die Nenndrehzahl umzurechnen. Die bei $n = 1000$ U/min geförderte Luft würde demnach sein

$$V'_{eff} = V_{eff} \cdot \frac{N}{n} = 4,06 \cdot \frac{1000}{958} = 4,25 \text{ m}^3/\text{min.}$$

Die Minderleistung würde demnach betragen

$$100 - \frac{V'_{eff} \cdot 100}{V} = 100 - \frac{4,25 \cdot 100}{4,4} = 100 - 96,5 = 3,5\%.$$

IV. Druckluftwerkzeuge, -maschinen und -geräte

Die in Druckluft aufgespeicherte Energie kann unter Ausnutzung des Druck- und Wärmegefälles in Arbeit umgewandelt werden. In Druckluftwerkzeugen und -maschinen wirkt das Gefälle auf einen in einem Zylinder laufenden Kolben; in Druckluftgeräten kommt Druckluftausströmungsgeschwindigkeit oder Druck als solcher zur Auswirkung.

Das Maß der Ausnutzung des Druckgefälles, d. h. die Art der Expansion der Druckluft während der Arbeit, muß, da Entspannung mit starker Abkühlung verbunden ist, in bestimmten Grenzen gehalten werden; denn die in der Druckluft enthaltenen Wasser- und Ölmengen würden bei zu großer Abkühlung im Werkzeug zur Vereisung führen. Drucklufthämmer arbeiten daher mit annähernder Vollfüllung, so daß die Expansion zu einem geringen Teil im Zylinder, größtenteils jedoch in den Auspuffkanälen und außerhalb des Zylinders vor sich geht. Nur so ist es verständlich, daß trotz der sich theoretisch unter 0° C ergebenden Temperaturen Vereisungen bei einem Druckgefälle bis zu 7:1 nur selten auftreten.

Je nach Wirkungsart und Konstruktion unterscheidet man *schlagende* und *drehende Druckluftwerkzeuge* sowie *Druckluftgeräte*.

A. Schlagende Druckluftwerkzeuge

Bei diesen Werkzeugen wird die potentielle Energie der Druckluft in kinetische Energie des freifliegenden Kolbens umgesetzt.

Der Kolben steht meistens nicht in mechanischer Verbindung mit dem Einsteckwerkzeug, wie bei Niet-, Meißel- und Bohrhämmern usw. Er schlägt dann frei auf das Einsteckwerkzeug — Döpper, Meißel, Gesteinsbohrer und dergleichen — und gibt an dieses die Energie ab (Abb. 97, 99, 100, 101). Der Kolben kann aber auch in fester Verbindung mit einer aus dem Zylinder herausragenden Stange stehen, die das Arbeitswerkzeug trägt. Dies ist der Fall bei Stampfern (Abb. 98), Hammerköpfen, Stoßsägen, Stoßbohrmaschinen, Schrämhämmern usw. Schließlich kann der Kolben auch direkt als Arbeitswerkzeug wirken, z. B. bei Kesselsteinklopfern, Formkastenklopfern u. ä. (Abb. 96). Mit Druckluft betriebene schlagende Werkzeuge ergeben die günstigsten Verhältnisse bezüglich Gewicht, Schlagzahl, Handlichkeit und Betriebssicherheit, wie sie durch keine mit einem anderen Kraftmittel betriebenen Werkzeuge erreicht werden können.

1. Allgemeine Konstruktion

Die hin- und hergehende Bewegung des Kolbens wird durch geregelte Zuführung von Druckluft in die Zylinderräume vor und hinter dem Kolben und Abführung der expandierenden Luft aus denselben erreicht. Diese geregelte Zu- und Abführung (Steuerung) der Luft kann auf dreierlei Art geschehen:

a) Freigeben und Überdecken der Lufteintritts- und Austrittsöffnungen in der Zylinderwand durch den hin- und hergehenden Arbeitskolben selbst: *Ventillose Hämmer.*

b) Öffnen und Schließen der Lufteintrittsöffnungen mittels eines be-

sonderen Steuerorgans, des Ventils, während die Austrittsöffnungen
für verbrauchte Luft in der Zylinderwand durch den hin- und hergehenden Kolben überdeckt und freigegeben werden: *Ventilhämmer
mit Einlaßsteuerung* durch das Ventil.

c) Öffnen und Schließen der Lufteintritts- *und* Austrittsöffnungen mittels
eines Steuerorgans, des Ventils: *Ventilhämmer mit Ein- und Auslaßsteuerung* durch das Ventil.

a) Ventillose Hämmer. Der in Abb.
96 dargestellte *Klopfer* zeigt die Wirkungsweise eines ventillosen Hammers. Die
Druckluft tritt bei *1* in Zylinderraum *2*
ein und treibt Kolben *4* rückwärts (von
der Arbeitsstelle weg), bis Kolbenkante *6*
Kanal *7* freigibt. Die im Zylinderraum *3*
befindliche Luft entweicht durch Kanal
12 ins Freie, solange Kolbenkante *11*
diesen noch nicht überschritten hat. Damit
die nun beginnende Kompression im Zylinderraum *3* bis zur Öffnung des Kanals
7 durch Kolbenkante 6 nicht zu hoch wird,
ist der Verbindungskanal *8* entsprechend

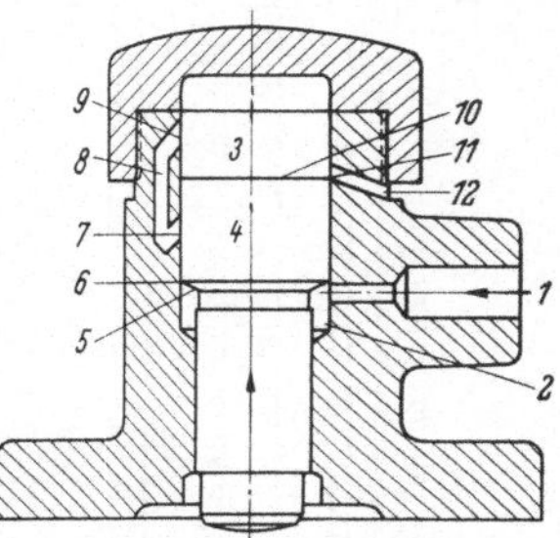

Abb. 96. Steuerung eines
ventillosen Hammers

bemessen. Wenn dann die Druckluft durch die Kanäle *7, 8* und
9 in den Zylinderraum *3* eintritt, wird Kolben *4* infolge des Unter-
schiedes der beiden Kolbenflächen *5* und *10* wieder vorwärts getrieben (auf die Arbeitsstelle zu), und zwar entsprechend der Größe
der Differenz der beiden Kolbenflächen. Sobald Kolbenkante *11* Kanal *12* überschritten hat, entweicht die Druckluft aus Zylinderraum *3*
und den Kanälen *9, 8* und *7* ins Freie. Dadurch ist der Druck auf
Kolbenfläche *5* imstande, den Kolben wieder rückwärts zu treiben.
Außerordentliche Einfachheit, Unempfindlichkeit und Betriebssicherheit der ventillosen Hämmer sind ihre Vorzüge. Während hohe Schlagzahlen erreicht werden können, ist die Schlagkraft begrenzt, weil der
Kolbenhub an die Kolbenlänge gebunden ist.

b) Ventilhämmer mit Einlaßsteuerung durch das Ventil. Da die
Schlagarbeit durch die Größe

$$A = \frac{m\,v^2}{2}\ \text{[mkg]}$$

bestimmt wird, ist es vorteilhaft, die Geschwindigkeit (*v*) zu steigern
und die Kolbenmasse (*m*) dem zulässigen Hammergewicht und der
Größe des Einsteckwerkzeuges entsprechend zu bemessen. Steigerung

9*

der Kolbengeschwindigkeit (Beschleunigung) bis zum Aufschlag ist aber nur durch Verlängerung des Kolbenhubes möglich, so daß eine ventillose Steuerung wegen ihrer Gebundenheit an die Kolbenabmessungen nicht mehr durchführbar ist.

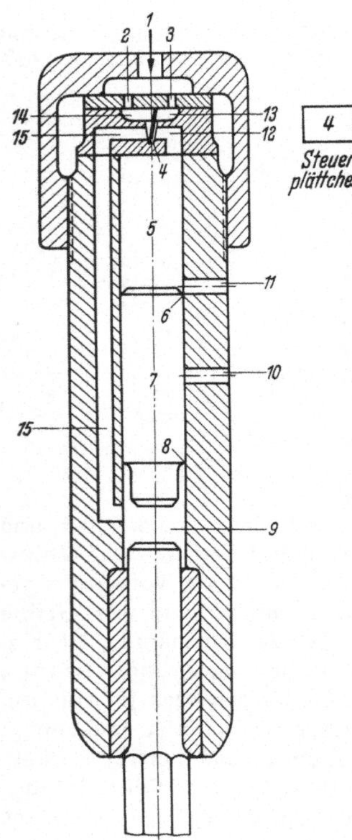

Abb. 97. Steuerung eines Hammers mit Flatterventil

Es ist also notwendig, die Steuerung der Luft besonderen Organen zu übertragen. Die Abbildungen 97 a, b, 98 a, b, c und 99 a, b, c zeigen solche Steuerungen, bei denen die Einlaßöffnungen durch ein Steuerorgan (Ventil) geöffnet und geschlossen werden, während der Luftaustritt noch von den Kanten des Schlagkolbens gesteuert wird. Nachstehend sind drei Ausführungen beschrieben. Die Ventile werden bei ihnen durch Unterschiede der auf den Ventilflächen ruhenden Drücke bewegt.

a) *Flattersteuerung.* Abb. 97 zeigt die einfachste Art einer Ventilsteuerung (Flattersteuerung). Die Druckluft tritt bei *1* ein und durch die Kanäle *2* und *3* in die Räume *13* und *14*, zwischen denen sich das Steuerplättchen *4* befindet und in der dargestellten Lage Kanal *12* abschließt. Die Luft strömt weiter durch Kanal *15* in Zylinderraum *9* ein, Kolben *7* wird rückwärts getrieben (von der Arbeitsstelle weg) und schiebt die im Zylinderraum *5* befindliche Luft durch Kanal *11* ins Freie. Sobald Kolbenkante *6* Kanal *11* verschließt, wird die Luft im Zylinderraum *5* und Kanal *12* durch Weiterbewegung des Kolbens komprimiert und drückt auf Plättchen *4*.

Sobald Kolbenkante *8* Kanal *10* freigibt, genügt eine ganz geringe Expansion im Zylinderraum *9* und Kanal *15*, um bei gleichzeitig ansteigender Kompression auf der anderen Seite des Plättchens dieses in die entgegengesetzte Lage zu kippen. Kanal *15* wird dadurch abgeschlossen; die Druckluft tritt durch Kanal *12* in den Zylinderraum *5* und treibt den Kolben vorwärts (auf die Arbeitsstelle zu). Die

Luft im Zylinderraum 9 entweicht ins Freie, solange Kolbenkante 8 Kanal 10 offen läßt. Nach dessen Abschluß wird die Luft im Zylinderraum 9 und Kanal 15 so hoch verdichtet, bis der Druck auf dem Steuerplättchen höher geworden ist als auf der Gegenseite, auf welcher nach dem Freigeben des Kanals 11 durch Kolbenkante 6 ein absinkender Druck liegt. Dieser Druckunterschied kippt erneut das Plättchen um, so daß wieder Druckluft in Zylinderraum 5 gelangen kann.

An Stelle eines rechteckigen oder runden Plättchens können als Steuerorgan auch Wippen, Ringe oder Kugeln verwendet werden.

β) *Gleichstrom - Vollventilsteuerung.* Abb. 98 zeigt eine Ventilsteuerung mit Vollventil. Die Luft tritt bei *1* ein und gelangt durch Kanal *17* in Zylinderraum 5 und treibt Kolben 7 vorwärts. Die vor dem Kolben im Zylinderraum 9 befindliche Luft entweicht durch die Kanäle *10, 12, 13* und *14*, später durch *25, 24* und *20*, Ventileinschnürung *18* und Kanäle *16* und *14* ins Freie. Sobald Kolbenkante 6 Kanal 23 freigibt, strömt Druckluft durch die Kanäle 22 und 21 in den Ringraum und belastet die Ringfläche 15 des Ventils, so daß dieser Druck zusammen mit dem auf der oberen Fläche 2 ruhenden Druck denselben Gesamtdruck ergibt wie der Druck aus dem Zylinderraum 5 auf die untere Ventilfläche 3. Nach Freigabe des Kanals 11 durch Kolbenkante 6 entweicht die Druckluft aus Zylinderraum 5 durch die Kanäle 12, 13 und 14 ins Freie; bei dem geringsten Druckabfall auf Fläche 3 geht das Ventil nach unten, bis es auf dem Zwischenring 4 aufliegt. In dieser Stellung ist die

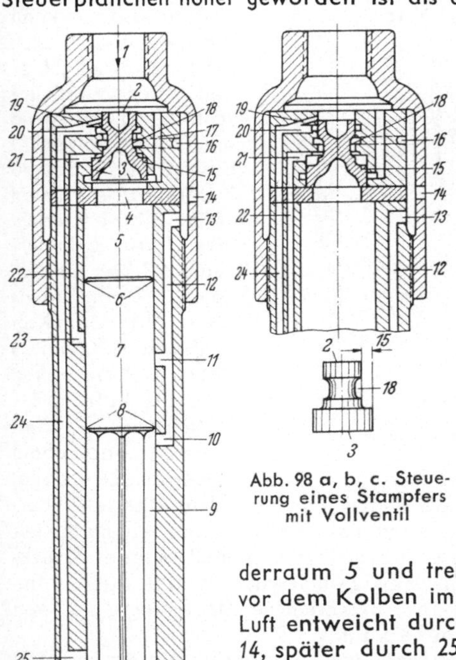

Abb. 98 a, b, c. Steuerung eines Stampfers mit Vollventil

Luftzuführung zum Zylinderraum 5 abgeschlossen, während die Druckluft jetzt durch die Kanäle 19, 20, 24 und 25 in den Zylinderraum 9 gelangt und den Kolben nach oben treibt. Die Luft aus dem Zylinderraum 5 wird durch die Kanäle 10, 11, 12, 13 und 14 ins Freie gedrückt. Nach Abschluß des Kanals 11 durch Kolbenkante 6 kann die Luft noch durch die Kanäle 23, 22, 21 und über Ventileinschnürung 18 sowie die Kanäle 16 und 14 ausströmen. Sobald Kolbenkante 8 Kanal 10 freigibt, entweicht die Luft aus Zylinderraum 9 über die Kanäle 12, 13 und 14 ins Freie. Nachdem Kolbenkante 6 Kanal 23 überschritten hat, wird die Luft im Zylinderraum 5 komprimiert, und sobald dieser Druck auf Ventilfläche 3 den Druck auf Ventilfläche 2 überwiegt, wird das Ventil in seine Ausgangsstellung zurückgedrückt, so daß wieder Druckluft in den Zylinderraum 5 gelangen kann und das beschriebene Steuerungsspiel von neuem beginnt.

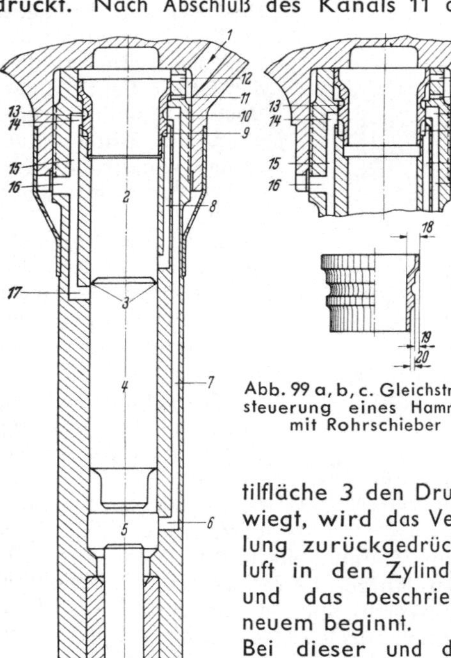

Abb. 99 a, b, c. Gleichstromsteuerung eines Hammers mit Rohrschieber

Bei dieser und der nachfolgend beschriebenen Steuerung geht die Luftführung in gleicher Stromrichtung (Gleichstrom) vor sich.

γ) *Gleichstrom-Rohrschiebersteuerung.* Abb. 99 stellt eine Ventilsteuerung dar, bei der das Ventil als Rohrschieber ausgebildet ist, durch den der Kolben hindurchgehen kann; dadurch erreicht man eine größere Hublänge ohne Verlängerung des Werkzeugs.

Die Luft tritt durch die Kanäle 1 und 12 in den Zylinderraum 2 und treibt den Kolben 4 vorwärts. Die vor dem Kolben im Zylinderraum 5 befindliche Luft entweicht durch die Kanäle 6, 7 und 10, Ringnut 13 sowie die Kanäle 14, 15 und 16 ins Freie. Die Schieberflächen 18 und 19

(Abb. 99 c) stehen unter Betriebsdruck. Weil Fläche *18* größer ist als *19*, wird der Schieber in der Schlaghubstellung festgehalten. Sobald aber Kolbenkante *3* Kanal *8* freigibt, wirkt die Druckluft auch auf Schieberfläche *20*. Da der Betriebsdruck auf Schieberfläche *19* immer gleich bleibt, während der Druck auf Schieberfläche *18* mit zunehmender Expansion im Zylinderraum *2* abnimmt, beginnt der Schieber, sich unter Einfluß der Druckunterschiede auf den drei Schieberflächen *18*, *19* und *20* rückwärts zu bewegen. Wenn nun Kolbenkante *3* Kanal *17* öffnet, dann entweicht die Luft aus Zylinderraum *2* durch die Kanäle *15* und *16* ins Freie, und der Schieber wird infolge des auf der Schieberfläche *18* eingetretenen Druckabfalles vollständig umgesteuert.

Diese Schieberstellung ist in Abb. 99 b ersichtlich. Eintrittskanal *12* ist abgeschlossen. Die Luft tritt über Kanal *11*, Schieberringnut *13*, die Kanäle *10*, *7* und *6* in den Zylinderraum *5* und treibt den Kolben rückwärts. Aus Zylinderraum *2* entweicht nun die Luft zuerst durch Kanäle *17*, *15* und *16*, später über Kanal *8*, Ringraum *9* und die Kanäle *14*, *15* und *16* ins Freie. Sobald Kolbenkante *3* Kanal *8* abschließt, wird die Restluft im Zylinderraum *2* verdichtet. Dieser Druck beginnt, auf Schieberfläche *18* zu wirken. Wenn er größer geworden ist als der Gegendruck auf Schieberfläche *19*, wird der Schieber in Schlaghubstellung zurückgedrückt, und das Spiel beginnt von neuem.

Im Unterschied zur ventillosen Steuerung entsteht bei der Ventilsteuerung des Lufteinlasses im letzten Teil des Schlaghubes im Zylinderraum vor dem Kolben nur eine geringe Kompression. Dadurch ist die Ausnutzung der lebendigen Kraft des Kolbens günstiger.

c) Ventilhämmer mit Ein- und Auslaßsteuerung durch das Ventil. Durch das Vereinigen der Ein- und Auslaßsteuerung in einem Ventil werden die Steuerphasen zwangläufig in Abhängigkeit voneinander festgelegt. In Abb. 100 ist eine nach diesem System arbeitende *Wechselstrom-Rohrschiebersteuerung* dargestellt, die deswegen so genannt wird, weil hier die Stromrichtung der Luft bei den verschiedenen Arbeitsphasen wechselt, während bei Hämmern mit Gleichstromsteuerung die Luftführung in gleicher Stromrichtung vor sich geht. Abb. 100a zeigt den Hammer im Anfang seines Arbeitshubes. Die Druckluft tritt bei *1* ein, strömt durch die Kanäle *2* in den Zylinderraum *3* und treibt Kolben *4* vorwärts (gegen das Einsteckwerkzeug). Aus Zylinderraum *5* vor dem Kolben kann die Luft durch Kanal *6*, Ringraum *7*, die Kanäle *8* und *10* ins Freie entweichen. Hat der Kolben auf seinem Arbeitshub Kanal *11* freigegeben (Abb. 100b), so tritt Arbeitsluft durch diesen Kanal, Schieberringnut *14* und füllt Kanal *15* auf, dessen untere Öffnung jetzt vom Kolben *4* verschlossen

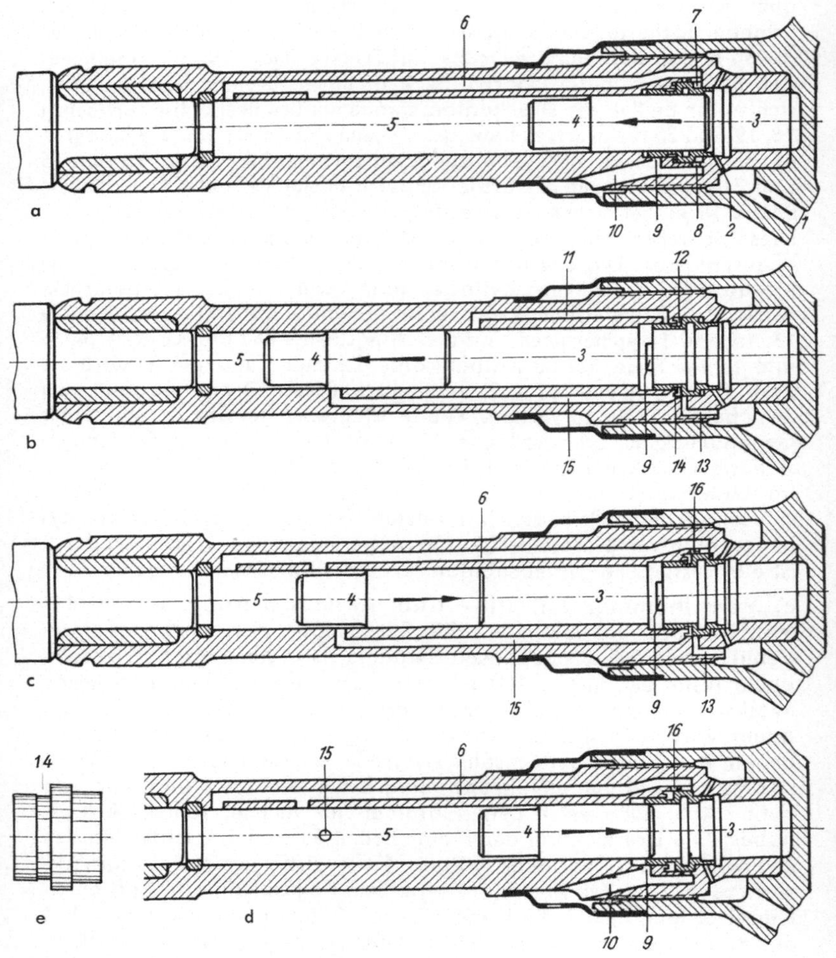

Abb. 100 a—e. Wechselstromsteuerung eines Hammers mit Rohrschieber

ist. Infolge der nun eintretenden Belastung der Ringfläche *12* wird der Rohrschieber nach rechts geschoben. Dabei wird ungefähr auf halbem Schieberweg die obere Öffnung des Kanals *11* verschlossen und gleichzeitig Kanal *13* durch die Kante der Steuerfläche *12* geöffnet. Die eintretende Druckluft steuert den Rohrschieber vollständig um, hält ihn in dieser Lage fest und staut sich in Kanal *15* mit vollem Druck an. Die linke Schieberendkante hat Auspuffschlitze *9* freigelegt; durch sie und Kanal *10* kann die Luft aus Zylinderraum *3* über dem Kolben ins Freie treten. Durch die Kante der Steuerfläche *12* wurde auch Kanal *16* geöffnet (Abb. 100 c). Über Kanal *6* strömt jetzt Druckluft in den Zylinderraum *5* und bringt in Verbindung mit dem Rückprall den Kolben in die gezeichnete Stellung. Dabei wird die untere Öffnung des Kanals *15* vom Kolben freigegeben. Da die Menge der Rückhubluft durch die Größe des Kanals *13* abgestimmt und nur sehr gering ist, fließt auch der angestaute Druck aus Kanal *15* und unter Steuerfläche *12* ab. Sie wird dadurch entlastet und die nächste Umsteuerung vorbereitet. Die bei der Entlastung abströmende Luft geht aber nicht verloren, sondern leistet für den Rückhub Arbeit. Sobald der Kolben bei seinem Rückhub in den Rohrschieber eintritt und damit Auspuffschlitze *9* abschließt (Abb. 100 d), wird die vor ihm im Zylinderraum *3* befindliche Luft verdichtet. Die Kompression belastet einerseits die rechte Endfläche des nur noch mit geringem Druck in seiner Lage gehaltenen Rohrschiebers und drückt ihn wieder in die Anfangsstellung. Andererseits dient die komprimierte Luft als Polster für den Kolben. Abb. 100 e zeigt den Rohrschieber in Ansicht.

Wie aus der Beschreibung hervorgeht, übernimmt der Rohrschieber in seiner zweckmäßigen und einfachen Gestaltung die Regelung aller Steuerphasen. Die Zwangläufigkeit dieser Steuerungsart verleiht dem Hammer bei sehr geringem Luftverbrauch eine sehr gute Arbeitsweise und eine feine Schlagregelung beim Ansetzen.

Zusammenfassend kann gesagt werden, daß jede der beschriebenen Steuerungsarten ihr besonderes Anwendungsgebiet hat.

Die *ventillosen Hämmer* werden für Arbeiten verwendet, bei denen es auf hohe Schlagzahl, aber geringe Schlagkraft ankommt (Kesselsteinabklopfer, Vibratoren u. a.).

Die einfachen *Flattersteuerungen*, die nur den Einlaß steuern, werden in solche Werkzeuge eingebaut, für die große Betriebssicherheit und einfache Bauart maßgebend sind (Bohrhämmer, kleine Meißelhämmer u. a.). Ein Vorteil dieser Steuerungsart besteht darin, daß durch die Kompression vor dem Kolben Leerschläge auf die Brücke und dadurch Beschädigungen des Hammers vermieden werden.

Vollventil- und *Rohrschiebersteuerungen* werden da angewendet, wo es vor allem auf sehr kräftige Schläge ankommt (Niethämmer, Meißelhämmer, Aufbruchhämmer, Stampfer u. a.). Die beim Arbeitshub vor dem Kolben befindliche Luft wird durch besondere Kanäle abgeführt, so daß große Schlagleistungen erzielt werden. Der Wunsch nach größeren Schlagleistungen führte von der Vollventilsteuerung zur Rohrschiebersteuerung. Dem Kolben wird hierbei der maximale Hub ermöglicht, da er durch den Rohrschieber hindurchgehen kann. Bezüglich Gleichstrom-Rohrschiebersteuerungen und Wechselstrom-Rohrschiebersteuerungen ist zu bemerken, daß je nach der erforderlichen Arbeit die eine oder die andere sich als vorteilhafter erweist.

d) Hämmer mit Umsetzvorrichtung. Für manche Verwendungszwecke ist es erforderlich, daß das Werkzeug beim schlagenden Arbeitsvorgang eine absatzweise Drehbewegung (*Umsetzung*) durchführt, wie z. B. bei Bohrhämmern. Bei den meisten Ausführungen derartiger Druckluftwerkzeuge wird die Rückwärtsbewegung des Schlagkolbens für die Umsetzung des Werkzeuges benutzt. Abb. 101 zeigt die Umsetzvorrichtung eines Gesteinsbohrhammers. Das Bohrwerkzeug (Gesteinsbohrer) steckt mit seinem Vierkant- oder Sechskant-Einsteckende in einem Bohrerhalter *1*, der eine entsprechende untere Öffnung hat. Das andere Ende des Bohrerhalters hat gerade Führungsrippen *2*, die in gerade Führungsnuten des Kolbens *4* eingreifen. Im Kolben sitzt eine Drallmutter *5*, durch die eine Drallspindel *7* hindurchgeht. Die Drallspindel ist in ihrem oberen Teil zu einer Sperrvorrichtung *8* ausgebildet, die eine Drehung der Drallspindel nur in einem einzigen Drehsinn zuläßt. Sperrklinken *10* werden durch Federn *9* in Sperring *11* gedrückt, der durch einen Arretierstift in seiner Lage gehalten wird. Bewegt sich der Kolben beim Schlaghub vorwärts, dann ist die Sperrvorrichtung freigegeben und wird durch die

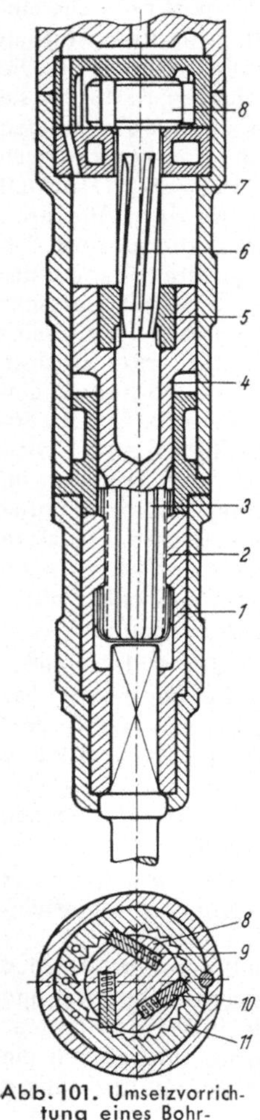

Abb. 101. Umsetzvorrichtung eines Bohrhammers

138

Drallzüge 6 der Drallspindel 7 und der Drallmutter 5 gedreht, wobei die Sperrklinken 10 um einen oder mehrere Sperringzähne weiterspringen. Kolben 4 und Bohrerhalter 1 führen keine Drehbewegung aus. Beim Rückgang des Kolbens wird die Drallspindel 7 durch die Sperrung festgehalten, und der Kolben dreht sich auf dem Drall derselben bei gleichzeitiger Mitnahme des Bohrerhalters und des Gesteinsbohrers hinauf. Bei dem folgenden Schlaghub des Kolbens schlägt dieser eine neue Kerbe neben der vorhergehenden in das Gestein und keilt damit Gesteinspartien ab.

2. Prüfverfahren für schlagende Druckluftwerkzeuge

Druckluftwerkzeuge sind Präzisionswerkzeuge, die mit genauen Maßtoleranzen hergestellt werden. Diese Präzisionsarbeit ist notwendig, um eine Austauschbarkeit der Einzelteile zu gewährleisten und um Höchstleistungen bei geringem Luftverbrauch und langer Lebensdauer der Werkzeuge zu erzielen.

Bei der Kontrolle jedes Einzelteils werden die besten Meßgeräte und Meßverfahren angewendet. Die fertig montierten Werkzeuge werden einer umfangreichen Leistungsprüfung unterzogen. Hierfür wurden besondere Prüfgeräte entwickelt, die sowohl dem Hersteller der Werkzeuge als auch dem Betrieb, der mit ihnen arbeitet, Aufschluß über den Zustand und die Leistungsfähigkeit der Werkzeuge geben.

Für die *praktische Beurteilung von Drucklufthämmern* müssen folgende Werte gemessen und festgestellt werden:

1. Gesamtleistung, wobei entweder die Kolbenschlagleistung oder die über ein Einsteckwerkzeug von bestimmtem Gewicht abgegebene Leistung festgestellt wird.
2. Einzelschlagleistung, mit Unterscheidung wie unter 1.
3. Schlagzahl in der Zeiteinheit.
4. Rückstoß des Werkzeugs.
5. Luftverbrauch in der Zeiteinheit und spezifischer Luftverbrauch je PS.

Das einfachste Verfahren ist die Prüfung durch Schlagen von Kalotten in Werkstoff von gleicher Festigkeit. Dazu ist ein längliches Stahlstück erforderlich, das unter dem schlagenden Hammer fortbewegt wird, oder eine sich langsam drehende Welle, so daß einige Kalotteneinschläge entstehen. Der Schlagkolben des zu prüfenden Hammers überträgt seine kinetische Energie auf einen Kugeldöpper, dessen Gewicht dem Kolbengewicht angepaßt sein muß. Vergleichsweise wird dann mit Hilfe einer Freifall-Einrichtung eine Kalotte gleichen Durchmessers geschlagen. Aus der Fallhöhe und dem Fallgewicht wird mit Hilfe der Formel

$$A = \frac{m\,v^2}{2}$$

die Einzelschlagarbeit A in mkg genau festgestellt. Die Schlagzahl n/min läßt sich aus der Anzahl der in irgendeiner Zeit geschlagenen Kalotten ermitteln. Damit ergibt sich die Leistung in PS zu

$$N_e = \frac{A \cdot n}{60 \cdot 75}.$$

Die Schlagzahl läßt sich annähernd auch mit einem Vibrationsmesser feststellen.

Ein anderes Gerät, das hauptsächlich zur Prüfung von Abbauhämmern verwendet wird, ist das „*Einheitsprüfgerät* für Drucklufthämmer des Vereins für die bergbaulichen Interessen", Essen. Mit diesem Prüfgerät kann die Einzelschlagarbeit, die Schlagzahl je min, der Luftverbrauch in Nm³/h und der Rücklaufweg des Hammers (Rückstoß) gemessen werden.

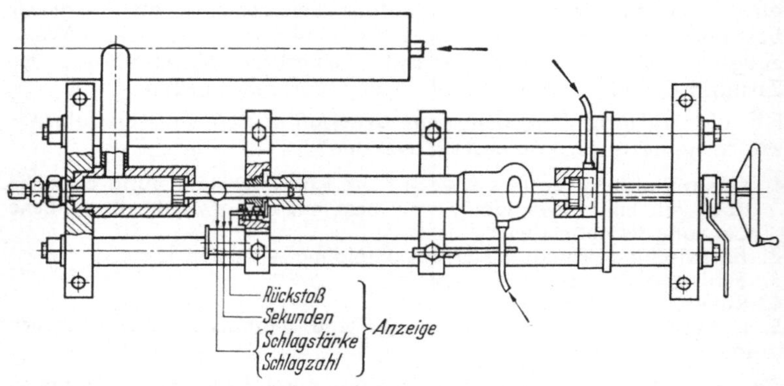

Abb. 102 Schema des Einheitsprüfgerätes

An Hand der Abb. 102 sei die Wirkungsweise beschrieben. Der Hammerkolben schlägt auf einen Stößel, dessen vorderes Ende als Kolben ausgebildet ist und in einem Zylinder von 69,1 mm Dmr. geführt wird. Der Zylinder steht mit einem im Verhältnis zur Kolbenbewegung großen Druckluftbehälter in Verbindung. Im Zylinder und Druckluftbehälter wird ein Druck von 4 atü gehalten, so daß praktisch keine Kompression auftreten kann. Der Gegendruck beträgt daher konstant

$$P = \frac{\pi \cdot 6{,}91^2}{4} \cdot 4 = 150\ \text{kg.}$$

Der Hammer wird durch einen Andrückkolben, dessen Kraft durch Druckluft verschiedener Spannung verändert werden kann, nach vorn gedrückt; der normale Andruck beträgt 25 kg. Der Weg des Stößels wird von einem Schreibstift auf dem vorbeigeführten Schreibpapier aufgezeichnet.

Der Hammer kann sich auch nach hinten bewegen und tut das auch, wenn der Kolben gegen Ende des Rückhubes abgebremst und anschließend wieder nach vorn getrieben wird. Solange also die Rückdruckkraft größer als die Andruckkraft ist, wird der Hammer nach hinten gegen das Luftpolster im Andrückzylinder ausweichen. Der Hammerweg wird durch einen mit dem Hammer fest verbundenen Schreibstift ebenfalls auf dem Schreibpapier aufgezeichnet. Die Größe des Ausschlags ist ein Maß für die Größe des Rückstoßes.

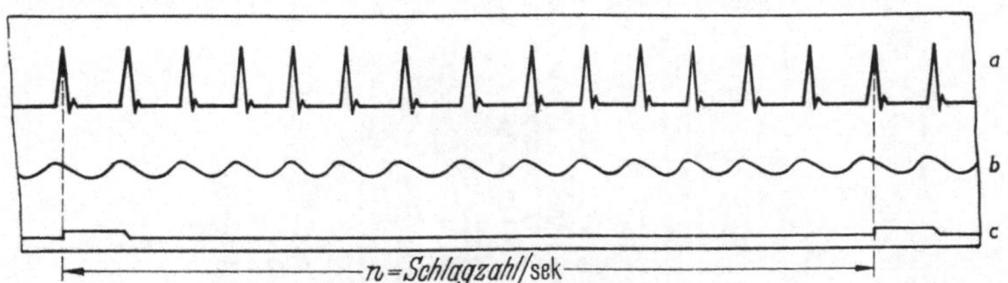

Abb. 103 Auf Einheitsprüfgerät aufgenommenes Diagramm

Durch ein synchrongesteuertes Magnetsystem (z. B. Sekundenpendel) werden auf dem Schreibpapier Zeitmarken angebracht, mit denen man die Schlagzahl ermitteln kann. Abb. 103 zeigt ein Diagramm, das auf der vorstehend beschriebenen Prüfmaschine gewonnen wurde. Kurvenweg a ist der Stößelweg, der, multipliziert mit der Kraft (150 kg), die erzielte Arbeit in mkg (P · a) ergibt.

Angenommen, die Diagrammhöhe beträgt 15 mm, so ist die Schlagarbeit

$$A = \frac{P \cdot 15}{1000}\ \text{mkg} = \frac{150 \cdot 15}{1000} = 2{,}25\ \text{mkg.}$$

Kurvenzug b stellt den Rücklaufweg des Hammers dar und ist ein Maß

141

Abb. 104. Einrichtung zur Aufnahme von Zeit-Weg- und
Zeit-Druck-Diagrammen und Stauchgerät

für den Rückstoß, der sich infolge der Massenverhältnisse von Hammer und Kolben und der Umsteuerverhältnisse ergibt.

Bei c sind die Zeitmarken für jede Sekunde markiert. Die Anzahl der Einzelschläge (Spitzen im Kurvenzug a) zwischen zwei Zeitmarken, multipliziert mit 60, ergibt die Schlagzahl je Minute, z. B. $n = 800$. Die Leistung beträgt dann

$$N = \frac{150 \cdot 15 \cdot 800}{1000 \cdot 60 \cdot 75} = 0,4 \text{ PS.}$$

Wenn man nur Vergleiche anstellen und dazu nur die Schlagarbeit heranziehen will, so kann man ein ganz einfaches Verfahren anwenden. Man stellt Metallzylinder her, deren Abmessungen und Festigkeitswert von der Größe des zu prüfenden Hammers abhängig sind. Man läßt den Hammer genau 5 Sekunden auf einen Metallzylinder schlagen und stellt fest, um wieviel Millimeter der Metallzylinder zusammengestaucht ist. Absolute Werte lassen sich mit diesem Verfahren nicht erzielen. Abb. 104, rechts, zeigt eine solche Prüfeinrichtung.

Den besten Einblick in die Bewegungsfunktionen schlagender Werkzeuge kann man durch Aufnahme von *Zeit-Weg-* und *Zeit-Druck-Diagrammen* gewinnen. Zur Aufzeichnung des Zeit-Weg-Diagramms ist es erforderlich, daß der Schreibstift mit dem Schlagkolben des zu untersuchenden Hammers fest verbunden ist. Der Schreibstift gleitet bei der Kolbenbewegung über eine mit Schreibpapier bespannte Trommel, die sich während des Meßvorganges dreht. Um die Zeit festzustellen, läßt man einen zweiten Schreibstift die zeitlich genau abgestimmten und bekannten Schwingungen einer Stimmgabel gleichzeitig auf das Schreibpapier aufzeichnen.

Zur Aufnahme des Zeit-Druck-Diagramms wird ein optischer Indikator verwendet. Er besteht aus einer Membrane, die mit einem Spiegel verbunden ist. Der Spiegel muß den Bewegungen der Membrane folgen, die infolge der Druckschwankungen entstehen. Der Spiegel wirft den Strahl einer starken Lichtquelle auf eine sich drehende Trommel mit lichtempfindlichem Papier und zeichnet dort die Druckkurven auf. Zu beachten ist, daß beide Trommeln (für Kolbenweg und für Druck) sich mit derselben Geschwindigkeit drehen müssen. (Diagramme s. Abb. 105.) Dieses Prüfverfahren ist besonders für wissenschaftliche Untersuchungen von Druckluftwerkzeugen gedacht. In diesem Zusammenhang sei auch auf das Elektronenmeßverfahren hingewiesen, das zur Zeit im Maschineninstitut an der Bergakademie in Clausthal durch Herrn Prof. Dr. *Engel* und Herrn Dipl.-Ing. *Gloeckner* entwickelt wird und über das Herr Gloeckner im Abschnitt 3 berichtet.

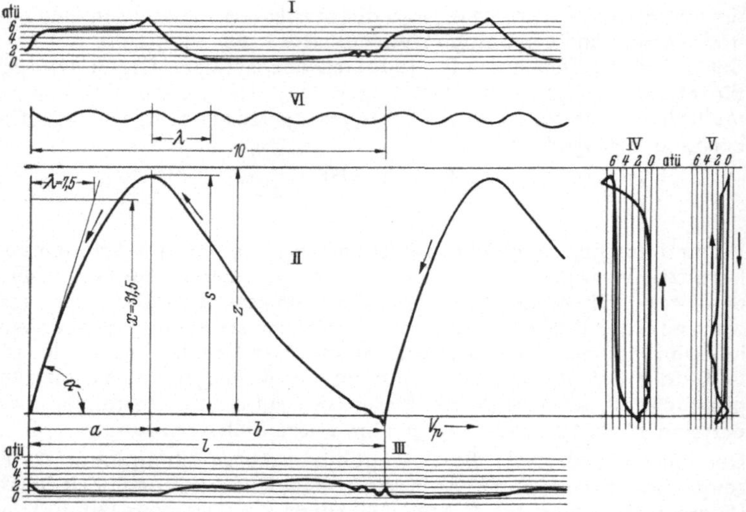

Abb. 105. Gleichzeitig aufgenommene Diagramme eines Drucklufthammers

I Zeit-Druck-Diagramm; Druck hinter dem Kolben
II Zeit-Weg-Diagramm
III Zeit-Druck-Diagramm; Druck vor dem Kolben
VI Stimmgabelschwingungen (100 je Sekunde)
Aus diesen Diagrammen sind entwickelt:
IV Druck-Weg-Diagramm; Druck hinter dem Kolben
V Druck-Weg-Diagramm; Druck vor dem Kolben

In **Abb. 105** bedeuten:

s Kolbenhub (226 mm $= 0,226$ m)
z möglicher Kolbenweg (234 mm $= 0,234$ m)

α Tangentenwinkel der Aufschlagstelle $\left(\operatorname{tg}\alpha = \dfrac{x}{\lambda} = \dfrac{31,5}{7,5} = 4,2\right)$

l Diagrammlänge (324 mm $= 0,324$ m)
a Diagrammlänge für den Schlaghub (106 mm $= 0,106$ m)
b Diagrammlänge für den Rückhub (218 mm $= 0,218$ m)
λ Länge einer Schwingung im Diagramm (47,3 mm $= 0,0473$ m)
Kolbengewicht 0,522 kg.

Aus den Werten lassen sich errechnen:

Papiergeschwindigkeit $V_P = \lambda \cdot$ Stimmgabelschwingungszahl

$$V_P = 0,0473 \cdot 100 = 4,73 \text{ m/s.}$$

Kolbenschläge je Minute $n = \dfrac{V_P \cdot 60}{\text{Diagrammlänge}}$

144

$$n = \frac{4,73 \cdot 60}{0,324} = 878/\text{min.}$$

Aufschlaggeschwindigkeit $V_a = 4,2 \cdot 4,73 = 19,9$ m/s.

Schlagarbeit $A = \dfrac{m \cdot V_a^2}{2}$

$$A = \frac{0,522 \cdot 19,9^2}{9,81 \cdot 2} = 10,5 \text{ mkg.}$$

Leistung $L = \dfrac{A \cdot n}{60 \cdot 75}$

$$L = \frac{10,5 \cdot 878}{60 \cdot 75} = 2,05 \text{ PS.}$$

Die Kurven der Diagramme lassen genau die Bewegungsverhältnisse des Kolbens erkennen. Durch Anlegen einer Tangente kann in jedem Punkt die Geschwindigkeit des Kolbens bestimmt werden. Aus der so ermittelten Geschwindigkeit beim Aufschlag des Kolbens läßt sich dann die Leistung je Schlag errechnen. Da auch die genauen Schlagzahlen aus dem Diagramm zu entnehmen sind, kann die Leistung in PS ausgedrückt werden.

Rückstoßmessung. Im allgemeinen wird nur der Rückstoß des Hammers, gegeben durch seine Massen- und Steuerungsverhältnisse, gemessen. Außerdem ist aber auch die Rückfederung des Einsteckwerkzeugs und des zu bearbeitenden Werkstoffes von großer Bedeutung.
Der Rückstoß des Hammers wird gemessen, indem man z. B. die Rücklaufbewegung bei einem bestimmten Andruck mißt. Dabei ist nicht nur die Größe des Ausschlags, sondern auch die Härte des Stoßes (Ansteigen der Kraft in der Zeiteinheit) zu beachten. Auch hier wird schon das Elektronenmeßverfahren mit Erfolg eingesetzt, ebenso wie bei Schwingungsmessungen von Einsteckwerkzeugen (Gesteinsbohrern, Spitzeisen usw.).

Luftverbrauchsmessung. Das genaueste und verläßlichste Verfahren benötigt zwei Meßwindkessel mit gleichgroßem Inhalt, die nebeneinander aufgestellt sind. Durch einen Vierwegehahn kann jeder der beiden Kessel mit der Druckluftzuleitung verbunden werden, während gleichzeitig der andere mit dem zu messenden Druckluftwerkzeug in Verbindung gebracht wird. Die Kessel sind zur Hälfte mit Wasser gefüllt, das durch eine untere Rohrleitung hin- und herfließen kann (Abb. 106). Zur Luftverbrauchsmessung wird z. B. der linke Kessel mit Druckluft gefüllt, wodurch das Wasser in den rechten Kessel gedrückt wird. Die Wasserstandhöhe kann an einem Wasserstandrohr, das auf Liter geeicht ist, abgelesen werden. Der Druck wird durch ein Druckregelventil auf unveränderlicher Größe gehalten. Die Messung wird begonnen, wenn der Wasserstand im druckgefüllten linken Kessel die niedrigste Marke erreicht hat. Durch Umschalten des Vierwegehahns wird die Druckluft in den rechten Kessel geleitet, während sie aus dem linken Kessel zu dem Werkzeug geführt wird. Auf der Meßskala· kann an dem steigenden Wasserstand die verbrauchte Luftmenge in Litern

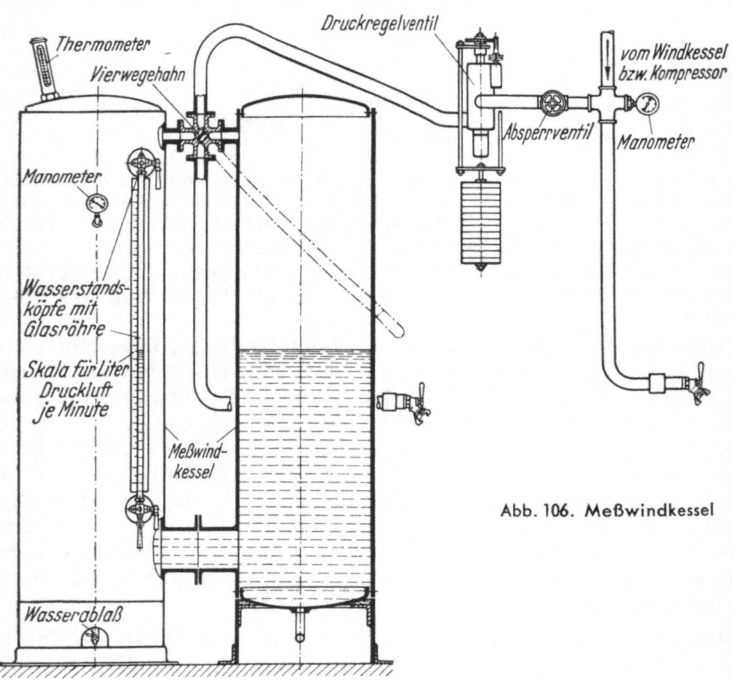

Abb. 106. Meßwindkessel

abgelesen werden. Während der Messung ist die Zeit aufzunehmen. Aus beiden Größen ergibt sich dann der Druckluftverbrauch je Zeiteinheit.

Ein anderes für die praktische Überwachung und Überprüfung des Luftverbrauchs von Druckluftwerkzeugen sehr geeignetes Verfahren ist die Messung der zuströmenden Luftmenge mit Düse oder Stauwand nach DIN 1952. Hier wird in die Rohrleitung, durch die die zu messende Druckluft strömt, eine Scheibe mit kreisförmiger Öffnung eingesetzt, die kleiner ist als der Rohrleitungsquerschnitt. Beim Durchströmen entsteht durch den verengten Querschnitt ein Druckabfall, allgemein Differenzdruck genannt. Dieser Differenzdruck wird meistens mit einem Quecksilber-Differenzdruckmesser gemessen. Der Differenzdruck ist ein Maß für die durchfließende Luftmenge.

Es gibt verschiedene solcher Geräte, die auch noch eine Fehlerberichtigung bei Druck- und Temperaturschwankungen aufweisen. Mit diesem Verfahren kann direkt die Luftmenge im angesaugten Zustand abgelesen und der Luftverbrauch über elektrische Hilfseinrichtungen laufend aufgezeichnet werden.

Andere bekannte Verfahren beruhen auf dem Prinzip eines Flügelrades oder Schwimmers; sie sind ziemlich empfindlich und besonders bei stoßartigem Luftdurchgang ungenau.

3. Schlagdynamische Forschungsprobleme, von Dipl.-Ing. M.H. Gloeckner

Die heute üblichen Druckluftwerkzeuge wurden im wesentlichen auf empirischer Grundlage entwickelt, indem die jeweils mit einer Bauart gewonnenen praktischen Erfahrungen die Verbesserungen der nachfolgenden Bauart bestimmten. Auf die Dauer wird ein solches Vorgehen allein nicht befriedigen können, weil die Gefahr einer einseitigen Entwicklungsrichtung besteht und sich in ihr die konstruktiven Ideen allmählich erschöpfen. Es ist daher sinnvoll und notwendig, in systematischer Forschung die physikalisch-technischen Grundlagen herauszuarbeiten, nach denen sich eine Gerätekonstruktion richten muß, um eine gestellte Aufgabe, z. B. die Zertrümmerung oder die Spaltung von Gestein, die Herstellung eines Bohrloches usw., mit bestem Wirkungsgrad, d. h. am wirtschaftlichsten, zu lösen.

Die Fragestellung ist daher weniger die, wann arbeitet ein gegebener Hammer am günstigsten, als vielmehr die, welche Anforderungen hat der Hammer als Werkzeug zu erfüllen, damit er der gestellten Aufgabe der Gesteinsbearbeitung am besten gerecht wird? Welche Einflußgrößen spielen dabei eine Rolle und wie ist ihr Zusammenspiel?

Auf diese Fragen gibt es zur Zeit keine befriedigende Antwort, insbesondere ist über die Schlagdynamik noch recht wenig bekannt. Die Erfahrungen mit den üblichen Abbauhämmer-Prüfgeräten zeigen, daß die erstrebte Bestimmung der *Einzelschlagarbeit* auf recht erhebliche Schwierigkeiten stößt und man sich darauf beschränken sollte, vergleichende Messungen zur Qualifizierung von Hämmern nur innerhalb der jeweiligen Bauart durchzuführen. Für eine einwandfreie Bewertung verschiedener Bauarten untereinander reichen also die üblichen Meßverfahren nicht aus. Sie sind daher in geeigneter Weise abzuändern und zu verfeinern, um zu einer Analyse des Schlages gelangen zu können.

Der Begriff des *Schlages* wie auch des *Stoßes* ist mit der Vorstellung der Kurzzeitigkeit einer Kraftwirkung verbunden. Der Stoß ist ein Sonderfall des Schlages; er setzt die freie Beweglichkeit der sich stoßenden Körper voraus. In der Praxis der Hämmer haben wir es mit dem *Schlag* zu tun. Zur Analyse des Schlages müssen also Meßverfahren angewendet werden, die möglichst trägheitlos arbeiten, die Vorgänge naturgetreu abbilden und sie durch die angewendeten Meßmittel nicht verändern. Die Elektronik bietet solche Möglichkeiten.

Das physikalische Charakteristikum des auf ein Spitzeisen oder eine Bohrstange — im folgenden generell mit „Stange" bezeichnet — schlagenden Kolbens K ist seine Bewegungsgröße $B_K = m_K \cdot v_K$, also seine Massengeschwindigkeit (m_K Kolbenmasse, v_K Kolbengeschwindigkeit). Während der Dauer der Berührung Δt des Kolbens mit der Stange ändert sich die Bewegungsgröße des Schlagkolbens. Es entsteht eine Kraft P_t auf den Kolben, die der zeitlichen Abnahme der Bewegungsgröße $-\dfrac{dB}{dt}$ proportional und seiner Bewegungsrichtung entgegengerichtet ist. Die Stange erhält den Kraftantrieb

$$J = \int_0^{\Delta t} P_t\, dt.$$

Die Größe dieser äquivalenten Reaktionskraft P_t, die die Kolbenbewegung während des Aufschlags hemmt, hängt von den elastischen Eigenschaften, der Dämpfung, der Masse der Stange und des Kolbens sowie den entsprechenden Bedingungen ab, die am anderen Ende der Stange durch das Gestein gegeben sind.

Zum besseren Verständnis der im einzelnen zu erwartenden Erscheinungen wollen wir zunächst annehmen, daß die Stangenlänge sehr groß gegen die Kolbenlänge und die Kolbenmasse in einem Punkt konzentriert, d. h. der Kolben vollkommen starr sei. Schlägt ein solcher Kolben auf das freie Stangenende, so wird sich die Reaktionskraft aus drei Anteilen zusammensetzen:

1. dem dynamischen Anteil aus den Beschleunigungen, denen die Massenteile der Stange unterworfen werden,
2. dem Anteil der elastischen Kräfte bei den reversiblen Verformungen der Stange,
3. dem Reibungsanteil.

Denkt man sich nun die Stange in Scheiben von der Fläche F des Stangenquerschnittes und der Dicke Δl zerlegt, so werden diese Scheiben durch den Kolbenschlag nicht gleichzeitig denselben Druckbeanspruchungen unterworfen, sondern fortschreitend vom freien Stangenende aus nacheinander. In jedem Stangenelement müssen also die an seinen Stirnflächen wirkenden Kräfte verschieden groß sein. Ihr Unterschied bewirkt eine (negative) Dehnung. Sie ist der Differenzkraft, wenn man von der Reibung absieht, proportional. Auch für eine frei im Raum bewegliche Stange kann sie nur zustande kommen, wenn eine Gegenkraft ihr das Gleichgewicht hält. Diese ist die Trägheitskraft der betrachteten Elementarscheibe. Auf diese Weise entsteht eine Druckwelle, die die Stange mit der Geschwindigkeit des Körperschalles durchläuft. Sie lag bei den untersuchten Stangen in der Größenordnung von 5200 m/s. Am anderen Ende der Stange wird die Druckwelle zu einem Teil vom Gestein aufgenommen, zum anderen Teil als Zugwelle reflektiert. Der reflektierte Teil gelangt an das dem Schlagkolben zugekehrte Stangenende und wird dort erneut mit Phasensprung reflektiert usw. Die Amplituden hängen von den jeweiligen Energieabgaben ab.

Für die Praxis ist es wichtig, diese Vorgänge meßtechnisch nachzuweisen, weil sich aus ihrer Kenntnis wichtige Folgerungen sowohl für den Hammer und die Stange als auch für das Gestein ziehen lassen. Das Spiel der Kräfte in der Stange kann mit Hilfe von *Dehnungsmessungen* gut sichtbar gemacht werden. Zur Dehnungsmessung lassen sich mit Vorteil die Änderungen des elektrischen Widerstandes besonderer Meßdrähte heranziehen, wenn diese auf der Stange so befestigt werden, daß sie die Längenänderungen der Stange in Auswirkung des Kolbenschlages getreu mitmachen. Eine technische Ausführungsform solcher Dehnungsaufnehmer ist der sogenannte Dehnungsmeßstreifen, bei dem ein dünner Widerstandsdraht aus besonderem Werkstoff in einen Träger aus Papier oder einer anderen Folie meist mäanderförmig eingebettet ist. Dieser wird mit einem besonderen Klebstoff innig mit der Stange verbunden. Für schlagdynamische Untersuchungen bedarf es allerdings besonderer Maßnahmen, damit diese Streifen den hohen Beschleunigungskräften beim Schlag gewachsen sind. Die bezogene Widerstandsänderung $\dfrac{\Delta R}{R}$ ist der Dehnung $\varepsilon = \dfrac{\Delta l}{l}$ proportional und diese wiederum der Spannung σ. Es besteht die Beziehung:

$$\frac{\Delta R}{R} = k_\varepsilon \cdot \varepsilon = k \cdot \sigma.$$

Die Konstante k_ε liegt in der Größenordnung von 2,0 und ist für jeden Aufnehmer bekannt. Es kommt also nur noch darauf an, die Widerstandsänderung in geeigneter Weise zu messen oder sichtbar zu machen. Da man es hier mit schnell veränderlichen Vorgängen zu tun hat, geschieht das durch Aufschalten des Aufnehmers auf eine Elektronenstrahlröhre mit photographischer Registriereinrichtung. Die Ausbildung der Eingangsschaltung richtet sich nach den Versuchsbedingungen.

Meßanordnungen für schlagdynamische Untersuchungen (Dehnungsmessungen):

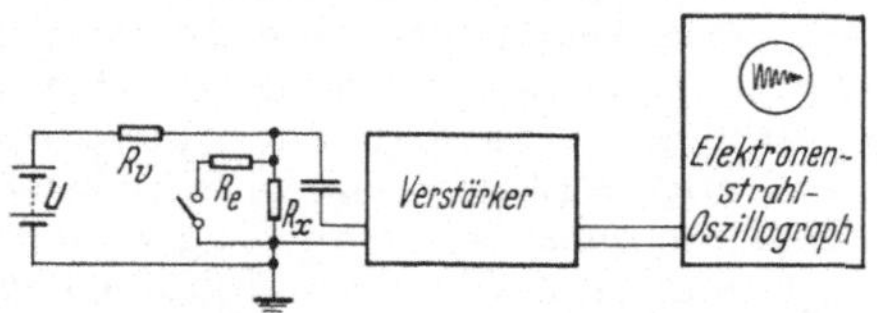

Abb. 107. Direktes Verfahren für Vorgänge mit höheren Frequenzen. U = Speise - Gleichspannung; R_x = Meß-Streifen; R_v = Vorwiderstand; R_e = Eichwiderstand

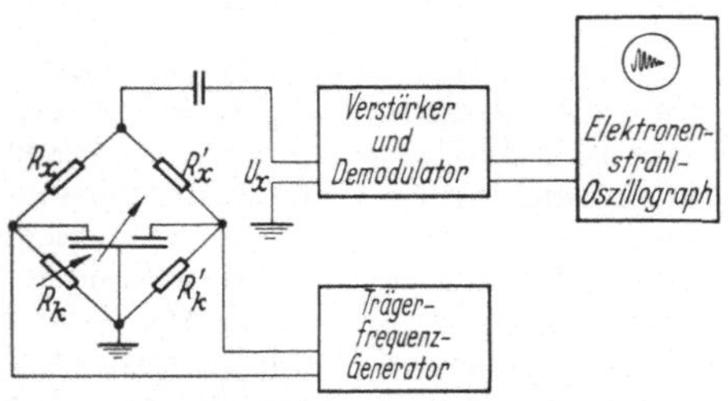

Abb. 108. Trägerfrequenz-Brückenverfahren für Vorgänge mit Frequenzen < Trägerfrequenz und für statische Messungen. R_x = Meß-Streifen; R'_x = Temperaturkompensationsglied; R_k , R'_k = Brückenabgleich.

In den Abb. 107 und 108 sind zwei für dynamische Untersuchungen geeignete Schaltungen im Prinzip dargestellt. In beiden werden die Widerstandsänderungen im Meßstreifen in entsprechende Spannungsänderungen umgewandelt. In Abb. 107 wird der Meßkreis von einer Gleichspannung U gespeist, und die bei Änderung des Streifenwiderstandes R_x an ihm auftretenden Spannungsschwankungen werden unmittelbar abgegriffen. Im Fall Abb. 108 wird eine Trägerfrequenz - Brückenschaltung verwendet, wobei die Brückenquerspannung U_x nach Maßgabe der Widerstandsänderung im Meßstreifen moduliert wird. Mittels des nachgeschalteten Demodulators erhält

man ein Schwingungsbild auf der Elektronenstrahlröhre, das dem Verlauf der Kräfte an der Meßstelle entspricht. Das Brückenverfahren ist von Vorteil bei der Darstellung von Vorgängen, deren Frequenz wesentlich unterhalb der Brückenspeisefrequenz liegt.

Abb. 109 zeigt das Schwingungsbild, das ein Kolbenschlag auf eine senkrecht stehende 2 m lange Bohrstange auslöst, die mit dem Schlag-

bohrer auf Gestein angesetzt ist. Die Anordnung der Dehnungsmeßstreifen war so getroffen, daß die in der Stange unvermeidlich auftretenden Biege-Querschwingungen eliminiert wurden. Am Kopf des
Diagramms zeichnet sich die erste Druckwelle, die die Meßstelle durchläuft, durch eine größere nach oben gerichtete (Druck-)Amplitude ab.

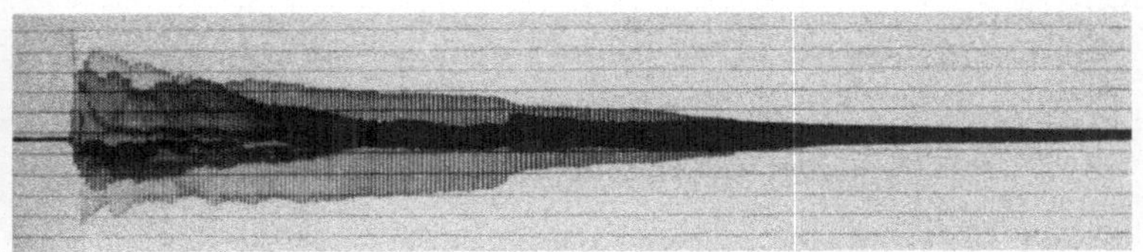

Abb. 109. Freischlag auf eine 2-m-Bohrstange mit Fallgewicht.
Longitudinale Druck-Zug-Schwingungen

Sie verringert sich sprungartig durch Energieabgabe an das Gestein,
wenn sie die Berührungsstelle des Schlagbohrers mit dem Gestein erreicht hat. In wiederholten Reflektionen verbleibt eine Restschwingung,
die sich durch Nutz- und Verlustdämpfung allmählich aufzehrt. Jede
Energieabgabe nach außen äußert sich dabei in einer Asymmetrie
zur Abszissenachse. Die weiteren drei Sprünge im Schwingungsbild
rühren von den nachfolgenden Kolbenaufschlägen her. Die Versuchs-
anordnung war so getroffen, daß ein Kolben, in einem Fallrohr geführt, im Freifall die Stirnfläche der Stange traf, dann zurückprallte

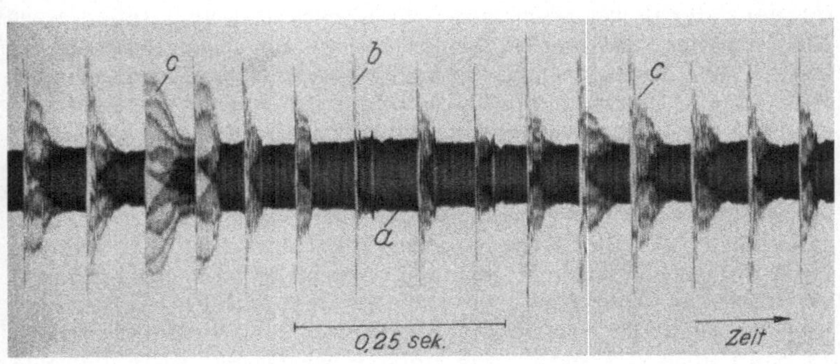

Abb. 110. Schlagdiagramm eines mittelschweren Abbauhammers
beim Arbeiten auf einen Granitblock
a = Trägerfrequenz-Basis-Spannung; b = Schlag mit guter Wirkung;
c = Schlag mit schlechter Wirkung

und erneut aufschlagen konnte. Der Versuch zeigt deutlich, daß der Schwingungsanteil, der nach dem ersten Schlag noch in der Stange verbleibt, beachtlich hoch ist. Man erkennt ferner an der Modulation auch den Einfluß der Gesteinsschwingungen.

Abb. 110 gibt einen Einblick in die Arbeitsverhältnisse eines mittelschweren Abbauhammers beim Arbeiten auf einen Granitblock. Das Diagramm, das in einer Trägerfrequenz-Brückenschaltung nach Abbildung 108 erhalten wurde, stellt in Abhängigkeit von der Zeit die Druckbeanspruchungen dar, wie sie auf der Mantellinie des Spitzeisens auftreten. Zu seinem Verständnis sei folgendes gesagt: Das sich durch das Diagramm ziehende dunkle Band *a* ist mit der Träger-

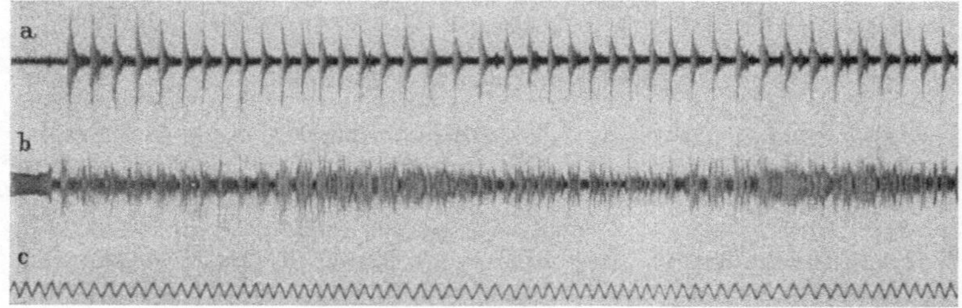

Abb. 111. Schwingungsbild einer 2-m-Bohrstange in mittelschwerem Hammer unter normalen Betriebsbedingungen beim Bohren in Sandstein (Kurve b). Kurve a = Gesteinsreaktionskräfte. Kurve c = Zeitmaßstab 50 Hz.

frequenz der Brücke geschrieben. Es ist auch dann vorhanden, wenn der Hammer nicht arbeitet, da die Brücke zur Unterscheidung von Druck- und Zugspannungen außerhalb ihrer Nullstellung betrieben wurde. Jede Druckbeanspruchung äußert sich in einer Verbreiterung dieses Bandes, jede Zugbeanspruchung in einer Verjüngung. Die einzelnen Schläge sind deutlich erkennbar durch die steile Wellenstirn; jedoch sind die Schlagfolgeerscheinungen stark voneinander verschieden. Schläge, die ihre Energie gut an das Gestein abgeben, z. B. *b*, zeichnen sich lediglich durch einen senkrechten Strich ab. Bei Schlägen, die weniger wirkungsvoll sind, z. B. *c*, verbleibt Schwingungsenergie im Spitzeisen. Diese Schwingungen klingen je nach den Gesteinsverhältnissen oder der Handhabung des Hammers verschieden schnell ab. Es kann auch vorkommen, daß noch Schwingungen vorhanden sind, wenn bereits der nächste Schlag kommt. Solche Schlagdiagramme sind besonders wertvoll, weil sie beim normalen Betrieb des Hammers, also außerhalb besonderer Prüfstände, aufgenommen und alle bei der

152

Handhabung des Hammers auftretenden Erscheinungen erfaßt werden
können, wie z. B. zusätzliche Biegebeanspruchungen im Spitzeisen.
Bei Bohrhämmern mit Umsetzeinrichtung sieht bei sonst gleichem Arbeitsprinzip das in der Bohrstange nach dem Verfahren von Abb. 108
aufgenommene Schwingungsbild, wie Abb. 111, Kurve *b*, zeigt, wesentlich anders aus. Der Grund liegt in dem durch die größere Schlaglänge
begünstigten Auftreten von Biege-Querschwingungen mit stark aus-
geprägten höheren Harmonischen. Es hat sich gezeigt, daß diese
Biegeschwingungen für die Standfestigkeit der Stange eine große Bedeutung haben, weil ihre Eigenschwingungen u. U. mit der Kolben-
schlagzahl in Resonanz kommen können. Die Bandbreite des Schlag-
diagramms weist im gezeigten Bereich zwei deutliche Maxima auf, die
die größten Druckbeanspruchungen kennzeichnen. Ihr zeitlicher Abstand kennzeichnet eine volle Umdrehung der Bohrstange. Wie aus
dem in Kurve *c* mitgeschriebenen 50-Hz-Zeitmaßstab zu entnehmen
ist, machte die Stange etwa 90 U/min. Die einzelnen Schläge sind in
der Kurve *b* zunächst nicht mit Sicherheit auszumachen, da sie von
Querschwingungen überlagert sind. Nimmt man jedoch die Gesteinsreaktionskräfte gleichzeitig auf (Kurve *a*), so lassen sich diesen, die in
ihrem Aussehen dem Abbauhammer-Schlagdiagramm nach Abb. 110
sehr ähnlich sind, die Schläge in Kurve *b* leicht zuordnen.
Zur Beurteilung von schlagenden Werkzeugen ist es notwendig, alle
Kraftäußerungen des Hammers nach außen zu erfassen. Hierzu gehört

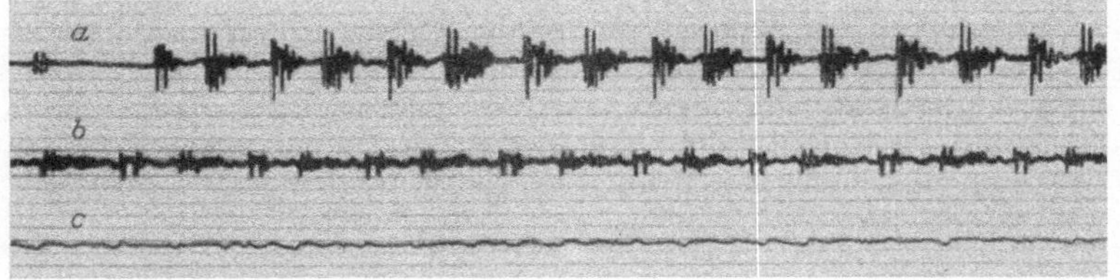

Abb. 112. Rückschlagdiagramme bei einem mittelschweren Abbauhammer mit
a) Vollmetallgriff aus Stahl, b) Griff mit Steg aus Gummi, c) Griff aus Kunststoff
mit guter Dämpfung unter gleichen Arbeitsbedingungen im Prüfstand

auch der *Rückschlag* am Hammergriff. Neben seiner Bedeutung für
den Wirkungsgrad interessiert auch seine physiologische Bedeutung.
Als Meßkopf zur Aufnahme des Schwingungsverlaufs der Rückschlag-
kräfte hat sich der Quarzdruckgeber bewährt, weil er auch für den
Körperschall, dessen Bedeutung oft unterschätzt wird, genügend auf-
nahmeempfindlich ist. Mit diesem Verfahren, das allerdings in seiner

Anwendung viel Sorgfalt erfordert, läßt sich u. a. das Dämpfungs-
verhalten verschiedener Hammergriffkonstruktionen gut beurteilen.
Abb. 112 zeigt als Beispiel die Rückschlagdiagramme eines mittelschweren Abbauhammers, der unter sonst gleichen Betriebsbedingungen mit verschiedenen Hammergriff-Konstruktionen auf einem
Prüfstand lief. Kurve *a* gilt für einen Vollmetallgriff aus Stahl, Kurve *b*
für einen solchen mit Gummieinlage und Kurve *c* für einen Griff aus
stark dämpfendem Kunststoff. In der Darstellung sind die Druckkräfte
nach unten gerichtet. Man erkennt das Dämpfungsvermögen besonders
daran, daß die Schwingungen höherer Frequenzen bevorzugt unter-
drückt werden.

Die Ausführungen dieses Abschnitts erheben nicht den Anspruch auf Vollständigkeit; sie sollten lediglich einen kurzen Überblick über eine noch
laufende Forschung und die bereits gewonnenen Erkenntnisse geben.
Für die praktische Geräteentwicklung wird es von Nutzen sein, wenn
den beim Schlag auftretenden Schwingungserscheinungen und den
Möglichkeiten ihrer Dämpfung erhöhte Aufmerksamkeit geschenkt
wird.

B. Drehende Werkzeuge

Drehende Werkzeuge sind Druckluftmaschinen, bei denen die Energie
des Druckgefälles auf Kolben übertragen wird, die zwangläufig ihre
Eigenbewegung in *Drehbewegung* zur Betätigung von drehenden
Arbeitswerkzeugen (Bohrern, Reibahlen, Gewindeschneidern, Schleifscheiben) oder zur Kraftabgabe an andere Maschinen und Einrichtungen umsetzen. Zur ersten Gruppe gehören Bohr- und Schleifmaschinen, zur zweiten die Antriebsmotoren. Die nachfolgenden Dar-
stellungen beschränken sich auf die eigentlichen drehenden Druckluftwerkzeuge.

1. Allgemeine Konstruktion

Im wesentlichen unterscheidet man vier verschiedene Systeme von
Druckluftmaschinen:

a) *Kolbenmaschinen.* Die Druckluft wirkt auf hin- und hergehende
Kolben, die mit einer Kurbelwelle den Werkzeughalter oder die
Antriebswelle in drehende Bewegung versetzen (Abb. 113).

b) *Rotationsmaschinen mit Lamellen* (Vielzellen-Entspannungsmaschinen
mit sichelförmigem Arbeitsraum). Die Druckluft wirkt auf einen
Drehkolben mit veränderlichem Zylindervolumen, der seine Dreh-

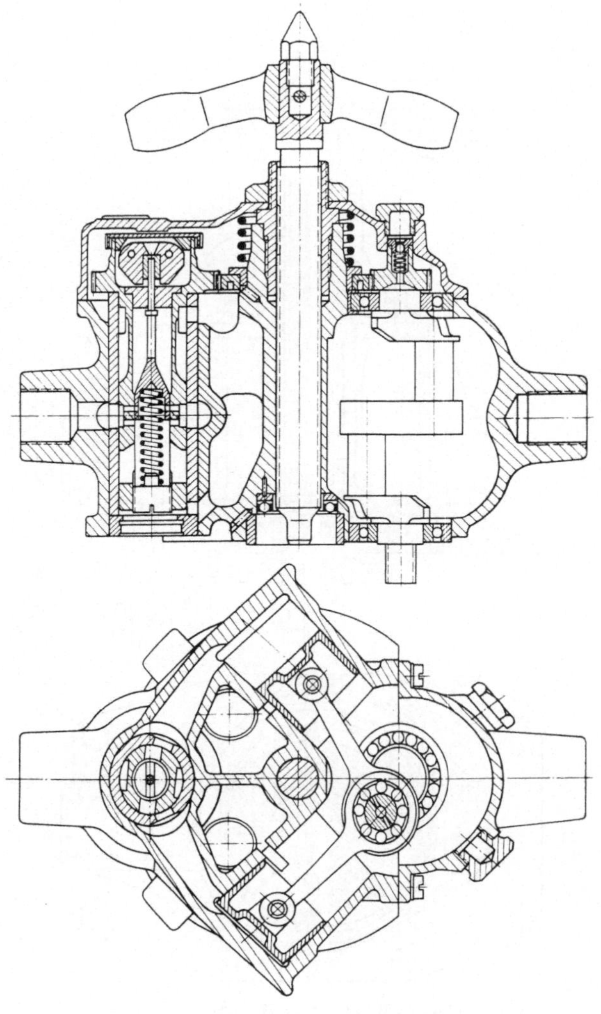

Abb. 113. Kolbenmaschine als Bohrmaschine

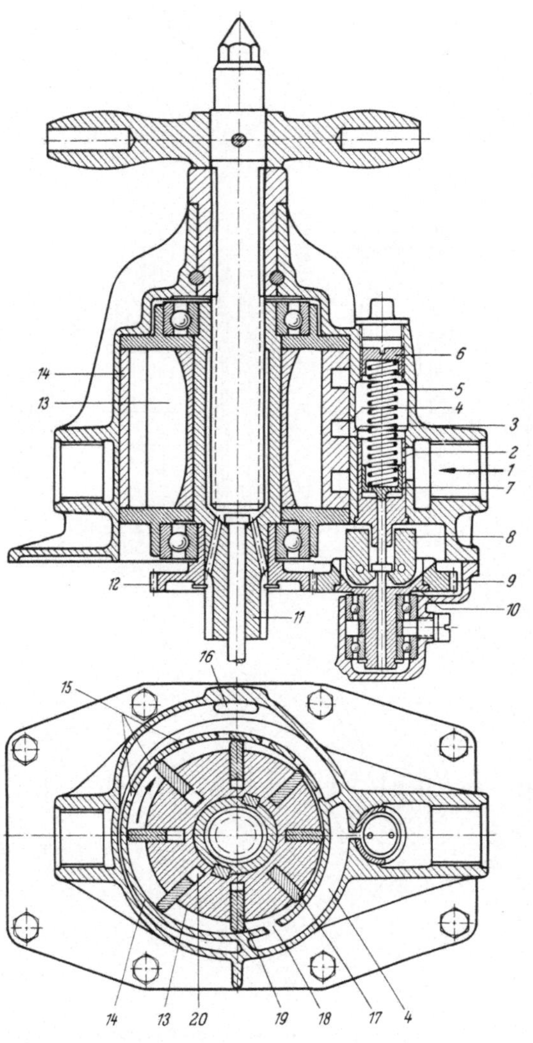

Abb. 114. Rotationsmaschine mit Lamellen als Bohrmaschine (ohne **Rädergetriebe**)

bewegung auf den Werkzeughalter oder die Arbeitswelle überträgt (Abb. 114).

c) *Zahnradmaschinen.* Die Druckluft wirkt auf die Flanken zweier in Eingriff stehender Zahnräder, die in drehende Bewegung versetzt werden, und von denen das eine Zahnrad seine Drehbewegung auf den Werkzeughalter oder die Arbeitswelle überträgt (Abb. 116).

d) *Turbomaschinen.* Die aus einer Düse ausströmende Druckluft wirkt hier durch ihre kinetische Energie.

a) Kolbenmaschinen. Die ersten Druckluftbohrmaschinen wurden als Zweizylinder-Kolbenmaschinen gebaut, aus denen sich dann die Drei- und Vierzylindermaschinen entwickelten; denn erst diese ermöglichten durch die Mehrzahl der Zylinder einen stoßfreien Gang und eine höhere Leistung.

Diese Bauart wird für Bohr- und Schleifmaschinen heute kaum noch angewendet; doch sind noch viele derartige Maschinen in Betrieb, weshalb eine solche auch noch im Schnitt (Abb. 113) gezeigt wird. Das Rädergetriebe ist weggelassen, da sich dessen Teile je nach erforderlicher Drehzahl ändern. Für Antriebszwecke werden auch heute noch Kolbenmaschinen mit Druckluftantrieb verwendet.

b) Rotationsmaschinen mit Lamellen. Druckluft-Bohr- und Schleifmaschinen werden wegen des einfachen Aufbaues und des geringen Gewichts heute fast ausschließlich als Rotationsmaschinen ausgeführt. Abb. 114 zeigt eine solche Maschine im Schnitt. Die bei *1* eintretende Druckluft gelangt durch Schlitze *2* und *3* in den Lufteinströmungsraum *4*. Der Rotationskolben, exzentrisch im Zylindergehäuse *14* gelagert, besteht aus dem zylindrischen Kolben *13* und den Lamellen *17, 19* usw., die in Längsschlitzen *20* geführt sind. Durch die Fliehkraft werden diese Lamellen nach außen geworfen und dichten durch Anpressung an Zylinderwand *14* die einzelnen Zylinderräume ab. Die Luft tritt bei *18* in den Zylinderraum ein und drückt auf die Lamellen *17* und *19*. Da die herausragende Fläche der Lamelle *17* kleiner ist als die der Lamelle *19*, bewegt sich der Kolben infolge des Druckunterschiedes im eingezeichneten Drehsinn. Wenn Lamelle *17* durch Weiterdrehung des Kolbens die Einlaßöffnung *18* überschritten hat, wirkt die jetzt expandierende Luft weiter auf die beiden Flächen *17* und *19* und gibt, deren Unterschied entsprechend, ihre Energie ab.

Die Druckluft arbeitet in Rotationsmaschinen mit etwas höherer Expansion als bei Kolbenmaschinen, so daß der Wirkungsgrad trotz höherer Lässigkeitsverluste dem der Kolbenmaschinen nicht nachsteht.

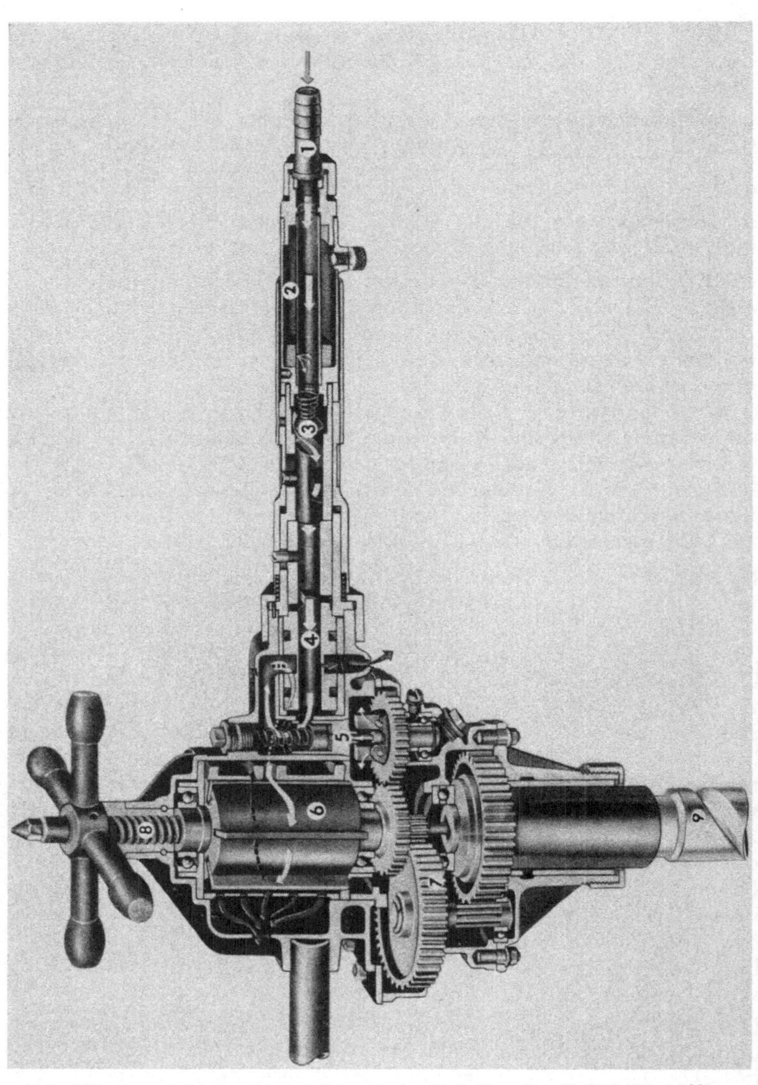

Abb. 115. Perspektivisches Schnittbild einer vollständigen Druckluft-Bohrmaschine
(Rotationsmaschine mit Lamellen)

1. **Luftanschluß;** — 2. **Öler;** — 3. **Einlaßventil;** — 4. **Umschaltventil;** — 5. **Drehzahlregler;** — 6. **Lamellenrotor;** — 7. **Rädervorgelege;** — 8. **Nachstellspindel;** — 9. **Einsteckwerkzeug.**

Die verbrauchte Luft tritt durch die Bohrungen *15* und Schlitz *16* aus. Die Drehbewegung des Rotationskolbens wird durch die Verzahnung der Kolbenwelle *11* über ein Zahnradvorgelege auf den Werkzeughalter übertragen. Die Übersetzungsverhältnisse werden je nach Verwendungszweck gewählt.

Um eine unzulässige Steigerung der Drehzahl bei Leerlauf zu verhindern, ist ein Fliehkraftregler *10* angebracht, der von der Kolbenwelle *11* aus über die Zahnräder *12* und *9* angetrieben wird. Steigt die Drehzahl über das zulässige Maß, so werden die beiden Gewichte *8* entgegen dem Federdruck nach außen geschleudert und drücken den Reglerschieber *7* vor, so daß die Lufteinlaßöffnung *2* verkleinert wird. Wenn dann bei steigender Belastung der Maschine die Drehzahl heruntergeht, erweitert der Regler wieder die Einlaßöffnung. Durch die Spannung der Feder *5* mit Schraube *6* kann die Leerlaufdrehzahl eingestellt werden.

Zur Handhabung der Maschine dienen zwei Griffe, von denen einer als Einlaßorgan ausgebildet ist. Bei kleinen Ausführungen werden Faustgriffe mit Daumendrücker verwendet, und die kleinsten Maschinen haben überhaupt keinen Handgriff; sie werden ganz mit der Hand umfaßt.

c) Zahnradmaschinen. Während Zahnradmaschinen früher nur für kleine Leistungen verwendet wurden, werden sie heute als Antriebsmaschinen mit sehr großen Leistungen, insbesondere für bergbauliche Zwecke, in bedeutendem Umfang benutzt.

Abb. 116 stellt eine solche Maschine schematisch dar. Bei *1* tritt Druckluft ein und gelangt in den Raum *2*. Er wird von den ihn jeweils umhüllenden Flanken der Zahnräder *5* und *9* und einem Teil der Zylinderwand gebildet. Bei den miteinander kämmenden Zähnen *3* und *10* steht je nur eine halbe Zahnflanke unter Luftdruck mit Drehmomenten in der Ein-

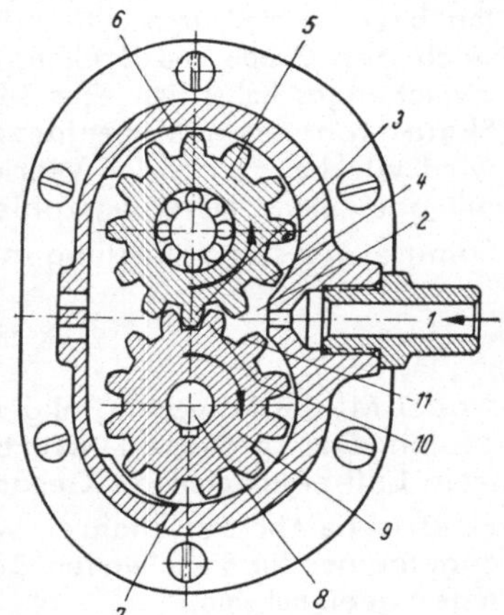

Abb. 116. Zahnradmaschine

strömrichtung. Entsprechend den doppelt so großen entgegengesetzten Drehmomenten infolge der voll belasteten Zahnflanken *4* und *11* drehen sich die Zahnräder in eingezeichneter Richtung. Die in den Zahnlücken befindliche Luft tritt aus, wenn von ihnen die Auspuffkanten *6* bzw. *7* erreicht werden. Während Zahnrad *5* frei läuft, ist Zahnrad *9* auf seiner Welle *8* festgekeilt, die die Kraft überträgt.

Die Abbildung zeigt eine Maschine mit Geradverzahnung, bei der keine Expansion stattfindet. Um diese zu erzielen, müssen die Zahnräder mit Schräg- oder Pfeilverzahnung ausgeführt werden.

d) Turbomaschinen. Turbinenmaschinen für Druckluft erzielen ihre Leistung durch Ausnutzen der Luftgeschwindigkeit. Sie werden nur verwendet für Werkzeuge, die höchste Drehzahlen erfordern.

2. Prüfverfahren für drehende Druckluftwerkzeuge

Drehende Druckluftwerkzeuge werden wie andere Kraftmaschinen mit den bekannten Bremsen geprüft. Dabei ist zu beachten, daß die Maschinen entsprechend dem Belastungsfall der Praxis geprüft werden, z. B. Bohrmaschinen unter Druckbelastung über die Zuspannspindel.

Die Maschinen werden bei den gebräuchlichen Prüfvorrichtungen in eine Pendelwaage eingespannt. Der Widerstand wird über Reiblamellen bzw. verstellbaren Luft- oder Wasserpropeller erzeugt, wobei je nach der Größe und Drehzahl der Maschinen auch Vorgelege dazwischengeschaltet sind. Das Moment wird dann auf einer geeichten Skala von einem Momentanzeiger angegeben. Der Luftverbrauch wird wie bei schlagenden Werkzeugen gemessen. Die Drehzahl wird mit geeichten Umdrehungszählern festgestellt.

Somit ergibt sich die Leistung in PS nach der Formel

$$N = \frac{M_d \cdot n}{716},$$

wobei M_d das Moment in mkg und n die Drehzahl in der Minute bedeuten. Der spezifische Luftverbrauch l/PSmin Druckluft bzw. m³/PSh freie Luft ergibt dann die Gesamtcharakteristik der Maschinen.

Elektrische Abbremsverfahren werden weniger angewendet, da sie im allgemeinen für die in weiten Bereichen zu messenden Maschinen weniger geeignet sind.

C. Druckluftgeräte

Gegenhalter, *Hubgeräte*, *Hebezeuge*, *Nietpressen* und ähnliche Einrichtungen nutzen den Druck der Luft auf den Kolben aus, um eine bestimmte Druckwirkung zu erzielen, z. B. Andrücken eines Arbeits-

werkzeugs (Döpper) [Abb. 117], Heben und Halten von Lasten, Kraft-
umsetzung in Hebeldruck (Kniehebelpressen) [Abb. 118] oder hydrau-
lischen Druck (kombinierte pneumatisch-hydraulische Pressen).

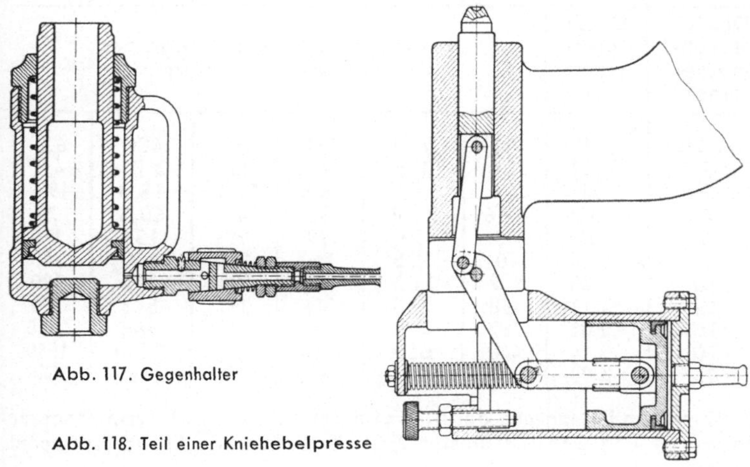

Abb. 117. Gegenhalter

Abb. 118. Teil einer Kniehebelpresse

Strahlgeräte nutzen die Strömungsgeschwindigkeit des Druckgefälles
aus und erzielen durch den aus einer geeigneten Düse ins Freie blasen-
den Druckluftstrahl eine Strahlwirkung, die sich zur Verrichtung einer
Reihe von Arbeiten verwenden läßt. Druckluft-Blasdüsen, Farbspritz-
geräte (-pistolen), Metallspritzgeräte (-pistolen) sind Strahlgeräte.
Auch bei Sandstrahlgebläsen und Betonspritzmaschinen wird die Strahlwirkung der Druckluft ausgenutzt.
Der Luftverbrauch der Strahlgeräte ist bestimmt durch den Luftdruck
und die Größe der Düsenbohrung, die sich wiederum nach dem Verwendungszweck richten. Sehr wesentlich wird der Luftverbrauch durch
eine infolge von Verschleiß eintretende Ausweitung der Düsenbohrung
beeinflußt (Tab. 17).

D. Lufteinlaß- und -abschlußorgane für Druckluftwerk-
zeuge und -maschinen

Als Lufteinlaß- und -abschlußorgane werden *längsbewegliche Ventile* und
Drehventile verwendet, die ersten hauptsächlich dort, wo der jeweilige
Arbeitseinsatz nur kurzzeitig und rascher Luftabschluß zweckmäßig

Tabelle 17. *Luftdurchgang durch Blasdüsen*

Düsen-durch-messer mm	Düsen-quer-schnitt cm^2 / Druck P_d atü	1	2	3	4	6	8

Düsen-durch-messer mm	Düsen-quer-schnitt cm²	Erforderliche Ansaugemenge des Kompressors in m³/h					
		1	2	3	4	6	8
11,28	1	140	210	280	345	480	620
1	0,0078	1,1	1,6	2,2	2,7	3,75	4,8
2	0,0314	4,4	6,5	8,8	10,8	15,0	19,5
4	0,126	17,6	25,2	35	43	60,5	78
6	0,283	40	59	79	98	136	175
8	0,50	70	105	140	172	240	310
10	0,78	109	162	216	270	375	480
12	1,13	158	235	316	390	543	700
16	2,01	282	420	560	690	965	1250
20	3,14	440	650	880	1080	1500	1950
25	4,90	687	1020	1370	1700	2350	3040

ist, Drehventile dagegen dann, wenn der Arbeitseinsatz von längerer Dauer ist und während dieser Zeit die bedienende Hand entspannt werden soll.

Bei den längsbeweglichen Ventilen sind zu unterscheiden:

Schieberventile mit Lufteinlaß und -abschluß über Einschnürung (Abb. 119) oder Querbohrung oder auch mit einem an einer Planfläche der Einlaßbüchse öffnenden und schließenden Kopf (Abb. 120). Die ersten eignen sich besonders gut für Meißelhämmer, da sich mit Hilfe einer kleinen Anlaufnute in der Einlaßbüchse die für das Meißel-

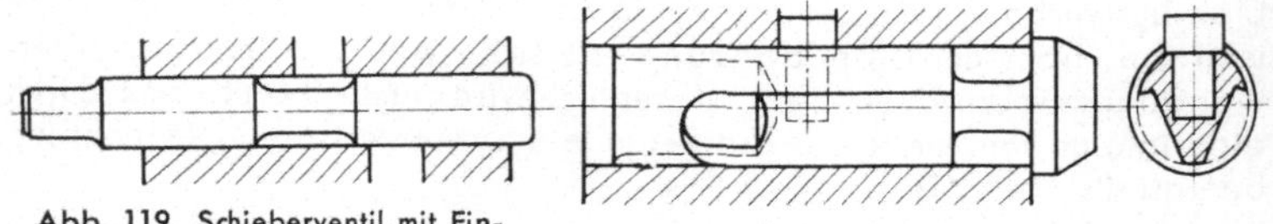

Abb. 119. Schieberventil mit Ein-schnürung

Abb. 120. Schieberventil mit Kopf

ansetzen erforderlichen Anfangsschläge gut regeln lassen und eine günstige, stetige Zunahme des Luftzutritts und damit der Arbeitsfähig-keit zu erreichen ist.

Kegelventile (Abb. 121) haben den Vorteil, daß der Dichtungskegel keinem Verschleiß unterliegt und einen dauernd guten Luftabschluß beim Werkzeugstillstand gewährleistet. Bei der Verwendung von Kegelventilen für Niethämmer drosselt ein hinter dem Dichtungskegel angeordneter schmaler Bund zunächst den Lufteintritt auf das für das Ansetzen des Werkzeugs notwendige Maß, gibt aber dann beim Weiteröffnen rasch den ganzen Eintrittsquerschnitt für die volle Leistung frei.

Kugelventile sind einfach, jedoch für feinfühlige Regelung weniger geeignet und werden deshalb vorzugsweise dort angewendet, wo eine solche nicht notwendig ist, wie bei Abbruch-, Spaten- und Kernausstoßhämmern und bei kleinen Schleifmaschinen.

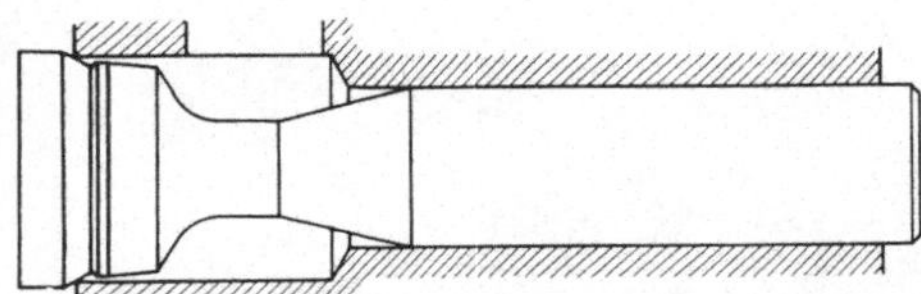

Abb. 121. Kegelventil mit Drosselungsbund

Längsbewegliche Ventile findet man hauptsächlich bei allen schlagenden Werkzeugen und bei kleinen drehenden Maschinen. Ihre Betätigung geschieht durch Daumendrücker (Abb. 256), Ballendrücker (Abb. 261), Hebeldrücker (Abb. 260) oder Druckknopf (Abb. 271).

Bei Nietpressen, Nietmaschinen u. dgl. werden Einlaß- und Abschlußorgane mit längsbeweglichem Ventil mitunter auch getrennt auf dem Boden aufgestellt und mit dem Fuß über Hebeldrücker bedient.

Drehventile, zylindrisch (Abb. 274) oder kegelförmig, werden u. a. in Schleifmaschinen eingebaut, da sie sich in günstiger Bedienungslage im Handgriff unterbringen lassen. Kegelige Drehventile werden auch bei Bohrhämmern (Einlaßhahn), Stampfern, Gegenhaltern (Abb. 117), Klopfern, Spantenniethämmern und Puderhämmern angewendet.

Es gibt auch Drehventile, bei denen durch eine Drehhülse mit Hubkurve ein Schieber bewegt wird, der seinerseits alle Formen der längsbeweglichen Ventile haben kann; bei der Kugel wirkt der Schieber dann als Druckstift. Drehventile dieser Art findet man bei Bohrmaschinen (Abb. 269), Schlagschraubern (Abb. 272) und Schleifmaschinen.

E. Druckluftarmaturen und -schläuche

Zur Rohrleitungsausrüstung und zur Verbindung der Druckluftwerkzeuge, -maschinen und -geräte mit den Rohrleitungen dienen die Armaturen und Schläuche, über die hier eine Übersicht gegeben wird. Nur beste Ausführung in bezug auf Dichthalten auch während langer Gebrauchsdauer gewährleistet Schutz vor Luftverlusten.

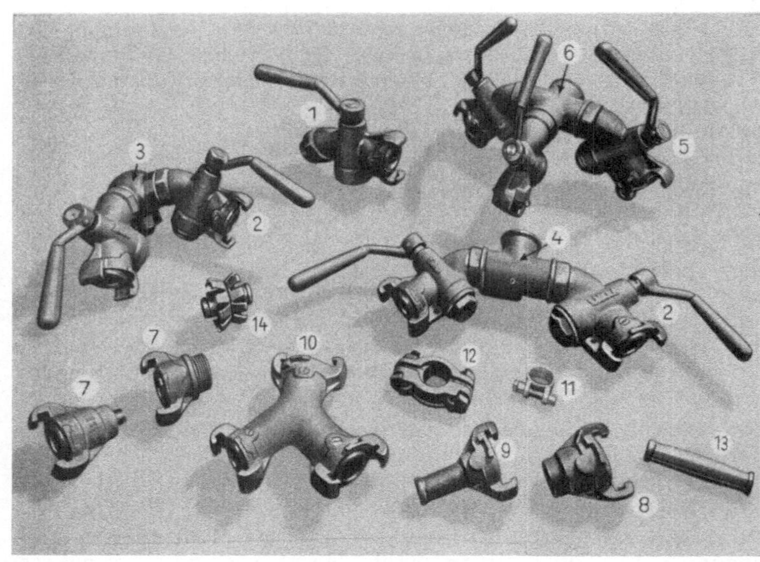

Abb. 122. Armaturen

Lukrahähne

Ausführung	Einfach, gerade	Einfach, gebog.	Doppelt	Doppelt	Doppelt	Dreifach
Lager-Nr.	Z 512	Z 498	Z 499	Z 509	Z 501	Z 500
Teil-Nr. in Abb. 122	—	1	—	2	2	5
mit Kugelstück ...	—	—	Z 504	Z 504	Z 508	313236
Teil-Nr. in Abb. 122	—	—	—	3	4	6

Sämtliche Lukrahähne haben **1** Zoll Rohrgewindeanschluß, angegossene Kupplungsklauen und Metalldichtung. Die Einfachhähne haben Außengewinde, die übrigen Lukrahähne Innengewinde.

Kupplungshälften mit Außengewinde
(Teil-Nr. 7 in Abb. 122)

Gewinde	$R\,^1/_4''$	$R\,^3/_8''$	$R\,^1/_2''$	$R\,^3/_4''$	$R\,1''$
Bohrung ....[mm]	7	10	12	17	19
Lager-Nr.	Z 78	Z 79	Z 81	Z 83	Z 85

164

Gewinde	R $^1/_4$″	R $^3/_8$″	R $^1/_2$″	R $^3/_4$″	R 1″
Lager-Nr.	Z 89	Z 91	Z 93	Z 95	Z 97

Kupplungshälften mit Momentverschluß werden vielfach an Stelle von Schlauchtüllen in die Druckluftwerkzeuge geschraubt; jedoch ist dies nur zu empfehlen, wenn die Werkzeuge keinen starken Erschütterungen unterliegen.

Schlauch I.W. [mm]	10	13	16	19	22	25
Äußerer Dmr. der Tülle [mm]	12	15	18	21,5	26	29
Bohrung ....[mm]	7	10	13	16	19	22
Lager-Nr.	Z 71	Z 73	Z 75	Z 77	Z 127	Z 145

Abzweigstück Z 284 (Teil-Nr. 10 in Abb. 122) dient als Zwischenglied von einer einfachen Rohr- bzw. Schlauchleitung zu doppelten Schlauchanschlüssen für *zwei* Entnahmestellen.

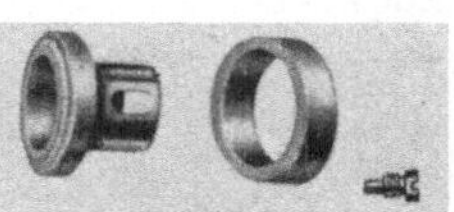

Abb. 123. Verschlußkappe für Lukrahähne.
Lager-Nr. Z 307

Ersatzteile (Abb. 124)

Lager-Nr.	Metall-hülse	Gummi-ring	Schraube
	A 42	A 44	A 63

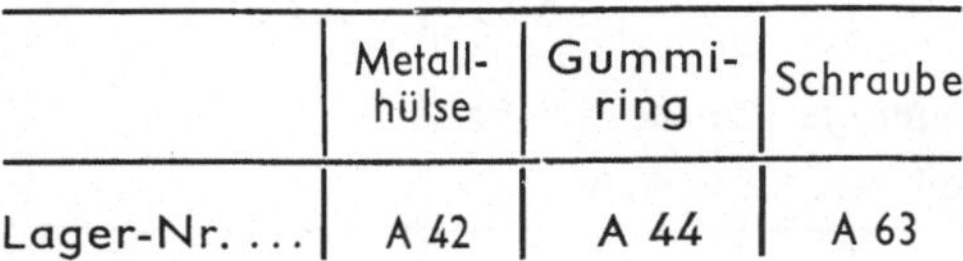

Abb. 124. Ersatzteile, passend für sämtliche Kupplungshälften, Einfach- und Mehrfachhähne und Abzweigstücke

Druckluftschläuche ohne Umwicklung.
Auswahl: Für die Zuführung der Druckluft von 4 bis 6 atü zu den einzelnen Werkzeugen dürfen nur besondere Gummischläuche aus bestem Werkstoff mit mehreren Einlagen verwendet werden. Lichte Weite nach den Angaben bei Lieferung der betreffenden Werkzeuge. Bei Längen über 10 m (und wenn im Gebrauch befindliche Schläuche geflickt werden mußten) nächst größeren Durchmesser nehmen. (Siehe auch S. 107.)

Druckluftschläuche

Lichte Weite [mm]	5	10	13	16	19	25
Äußerer Dmr. [mm]	11	21	25	30	32	40
Lager-Nr.	A 381	A 501	A 502	A 503	A 504	A 505

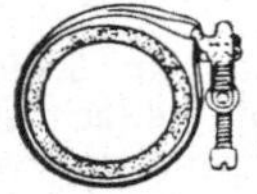

Abb. 125. Schlauchbinder für Druckluftschläuche.
Bandlängen nach folgender Tabelle

Lager-Nr.	Schlauchbinder 315 501; Schlauchbinderband 315 502			
Äußerer Schlauch-Dmr. [mm]	15 bis 16	17 bis 19	20 bis 22	23 bis 25
Bandlänge .... [mm]	140	160	180	200
Äußerer Schlauch-Dmr. [mm]	26 bis 28	29 bis 32	33 bis 37	38 bis 42
Bandlänge .... [mm]	220	250	280	310
Äußerer Schlauch-Dmr. [mm]	43 bis 47	48 bis 52		
Bandlänge .... [mm]	350	380		

Einteilige Schlauchschellen

(Teil-Nr. 11 in Abb. 122)

Äußerer Schlauch-Dmr. [mm]	15 bis 16	17 bis 19	20 bis 22	23 bis 25	26 bis 28
Lager-Nr.	A 58	A 64	A 65	A 66	A 67

Zweiteilige Schlauchschellen

(Teil-Nr. 12 in Abb. 122)

Äußerer Schlauch-Dmr. [mm]	26 bis 28	29 bis 32	33 bis 37	38 bis 42
Lager-Nr.	A 68	A 69	A 240	A 167

Doppel-Schlauchtülle

(Teil-Nr. 13 in Abb. 122)

Lichte Schlauchweite [mm]	10	13	16	19
Äußerer Dmr. der Tülle [mm]	11,5	14,5	18	21
Bohrung .... [mm]	8	11	14	17
Lager-Nr.	Z 134	Z 135	Z 136	Z 137

Lichte Schlauchweite . . . . [mm]	13	16	19
Lager-Nr.	A 399	A 396	A 397

Gut bewährt bei schadhaften Stellen an Druckluft- und anderen Gummischläuchen.

Einbau. Beide Schlauchenden glatt abschneiden und fest über die Stutzen schieben, so daß sich der am Rohr befindliche Wulst stark bemerkbar macht. Dann die Krallen auf einer festen Unterlage leicht zusammenschlagen, bis sie sich in den Schlauch eindrücken. Hierbei darf nur auf die Krallenenden geschlagen werden.

Bei Bestellungen ist es wichtig, den genauen inneren Schlauchdurchmesser anzugeben, da bei zu kleinen Schlauchverbindern Undichtheiten auftreten können.

F. Anwendungsgebiete der Druckluftwerkzeuge, -maschinen und -geräte und sonstige Verwendung von Druckluft

Die Anwendungsmöglichkeiten sind außerordentlich groß und mannigfaltig. Wenn ihr Umfang auf einem Gebiet sich einmal verringert, so treten andere Anwendungsmöglichkeiten dafür neu hinzu.

Betriebssicherheit, einfache Handhabung bei größter Zweckmäßigkeit und Gefahrlosigkeit sind die hauptsächlichsten Vorzüge der Druckluft als Kraftübertragungsmittel, also auch der Verwendung von Druckluftgeräten. Im Nachstehenden werden die wichtigsten Arbeitsvorgänge, die man mit ihnen ausführt, kurz beschrieben.

Um den Umfang des Taschenbuchs in annehmbaren Grenzen zu halten, sind für die verschiedenen Werkzeuggruppen nur die Tabellen mit den Leistungs- und sonstigen wichtigen Angaben aufgenommen. Zur genauen Unterrichtung dienen die auf Anforderung zu erhaltenden Prospekte und Ersatzteilverzeichnisse. Auch stehen Fachingenieure zur Beratung jederzeit unverbindlich zur Verfügung.

1. Nieten

Unlösbare Verbindungen von Stahlteilen oder die Vereinigung von Metallteilen zu Konstruktionen, Bauten oder Maschinen können durch Nieten oder Schweißen hergestellt werden. Obwohl das Schweißen auf diesem Gebiet bedeutend fortgeschritten ist, hat das Nieten noch immer einen wesentlichen Anteil, weil die Sicherheit bezüglich einwandfreier Verbindung größer ist, da örtliche Erhitzung und damit verbundene Verspannungen vermieden werden.

Abb. 126. Nieten einer Stahlkonstruktion

Die *Wahl eines Nietgerätes* richtet sich nach folgenden Gesichtspunkten:
       Nietstärke (Stahlniete 3 bis 45 mm Dmr.),
           (Duralniete 2 bis 16 mm Dmr.),
       Nietlänge,
       Form des Nietkopfes,
       Nietwerkstoff,
       Zugänglichkeit der Nietstellen,
       Warm- oder Kaltnietung.

Hierfür stehen *Niethämmer* im Gewicht von 6 bis 18 kg zur Verfügung, sowie Spantennieter, Nietmaschinen und Nietpressen. Zum Nieten kleinerer Nietdurchmesser sind auch alle hauptsächlich für Meißelarbeiten bestimmten Hämmer geeignet. Sie müssen dann mit runder Führungsbüchse versehen sein (siehe Tab. 30).
Eine besonders kurze Baulänge und trotzdem hohe Schlagleistung haben die sogenannten *Waggon-Niethämmer*, die — mitunter auch mit Seitengriff an Stelle des normalen Handgriffes — an engen Stellen

verwendet werden, wie z. B. im Waggon-, Lokomotiv-, Brückenbau usw.

Spantennieter sind Niethämmer mit einer angebauten Vorschubeinrichtung; sie werden hauptsächlich im Schiffbau gebraucht. Durch Drehen des Einlaßhahns am Vorschubgehäuse wird die Druckluft zunächst dem Andrückkolben zugeführt, so daß der Spantennieter zwischen die Abstützung und den zu schlagenden Niet eingespannt wird; beim Weiterdrehen beginnt der Hammer zu schlagen und den Niet zu stauchen.

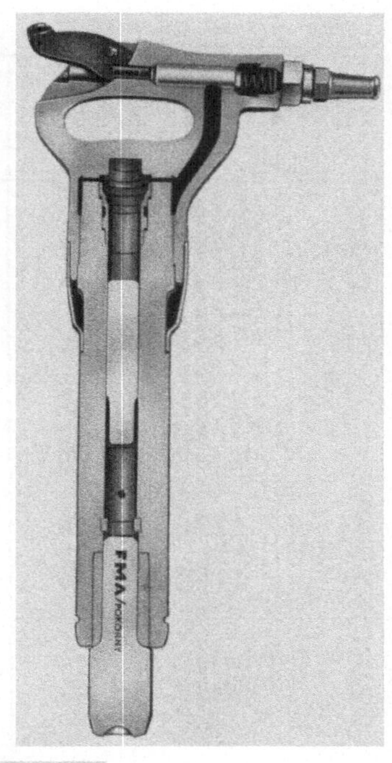

Abb. 127. Schnittmodell eines
Druckluft-Niethammers

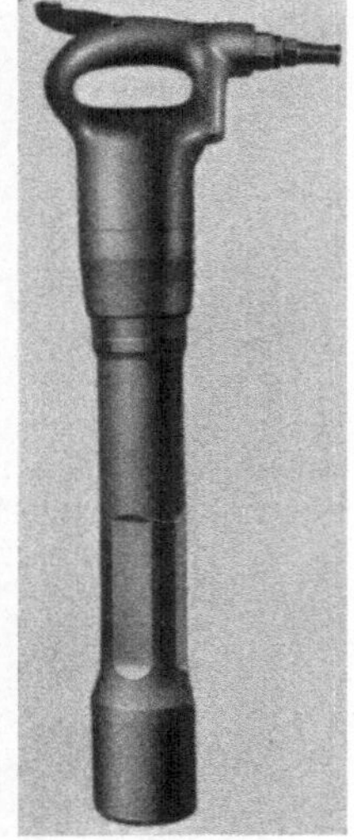

Abb. 128.
Niethammer N 78

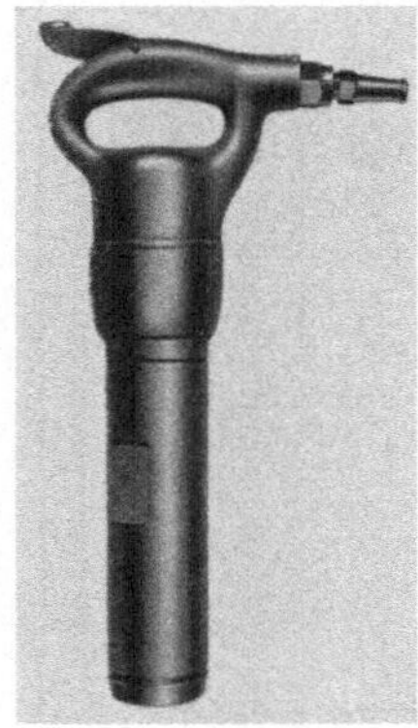

Abb. 129.
Niethammer N 82 a

Abb. 130.
Niethammer H 28

Bauart		für Stahlbauniete bis mm	für Kesselbauniete bis mm	Gewicht kg	Ganze Länge mit Griff mm	Luftverbrauch m³/min
Schwere Niethämmer	N 78[1])	45	40	18	660	1,40
	N 80a[2])	38	34	13	570	1,25
	N 81a	33	30	12	520	1,15
	N 82a	30	27	11	470	1,10
	N 83a	26	23	10	420	1,00
	N 84e	24	21	9,5	370	0,90
	H 34b[3])	37	32	12	525	0,80
	H 33b	32	28	10,3	485	0,75
	H 32b	28	26	9,6	435	0,72
Mittlere Niethämmer	H 29[3])	24	22	7,5	485	0,65
	H 28	20	18	7,0	440	0,60
	H 27 Ne	16	13	6,2	380	0,55
Waggon-Niethämmer	WH 36e[3])	26	24	8,0	280	0,75
	WH 36 S	26	24	7,8	210	0,75
Spanten-Niethämmer	SP 80[2])	33	30	16,5	630	1,25
	SP 81	30	27	15,5	580	1,15
	SP 82	27	24	14,5	530	1,10
	SP 83	24	21	13,5	480	1,00
	SP 84	22	19	13,0	430	0,90
	SP 22[3])	22	[4])	9,0	220	1,0
	SP 25 L	25		9,0	275	1,0
Entnietungshämmer		für Entnietung bis mm			einschl. Haltefeder	
	N 80 Fa[2])	32		14,0	620	1,25
	N 81 Fa[2])	26		13,0	570	1,15
	H 27 NFe[3])	18		8,5	420	0,55

[1]) Gleichstrom-Vollventil-Steuerung. [2]) Gleichstrom-Rohrschieber-Steuerung. [3]) Wechsel jeweils für die anschließenden Niethammertypen bis zum nächsten Indexzeichen. [4]) Au hämmer auch für Einsteckschaft 20 Dmr., 17/6 kt×75. — Leistungsangaben gültig für 6 at

und -Entnietungshämmer

Schlagzahl je min	Kolben-Dmr. mm	Kolbenhub mm	Kolben-länge mm	f. Einsteck-schaft Dmr. × Länge mm	Schlauch l. W. mm
800	40	250	185	40 × 90	19
800		270	137		
900		230	127		
1000	30	190	115	31 × 70	16
1150		145	110		
1400		105	100		
750		265	105		
840	30	234	95	31 × 70	16
960		184	95		
800		240	100	31 × 70	
950	27	190	90	23 × 65⁵)	13
1100		140	90	23 × 65⁵)	
1400	36	85	70	31 × 40	16
1400		85			
800		270	137		
900		230	127		
1000	30	190	115	31 × 70	16
1150		145	110		
1400		105	100		
1850	40	70	55	48 × 51	16
1730		80	55	31 × 70	
850	30	270	137	31 × 70	16
950	30	230	127	31 × 70	16
1100	27	140	90	23 × 65	13

strom-Rohrschieber-Steuerung. — Die Indices 1, 2 und 3 in der Spalte „Bauart" gelten als schlagende Gegenhalter zu verwenden. ⁵) Zur Verwendung als schwere Meißel-

Niethämmer mit Haltefeder *(Entnietungshämmer)* dienen zum Aufspalten und Abschlagen von Nietköpfen, zum Austreiben von zu erneuernden Nietschäften und Rohren und zum Aufdornen.

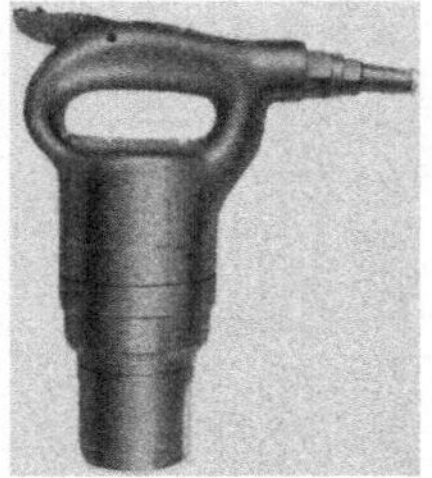

Abb. 131. Waggon-Niethammer WH 36 e

In manchen Fällen werden für das Abschlagen von Nietköpfen sog. *Nietkopfabscherer* mit Kolbenhüben bis zu 1 m benutzt, Gewicht etwa 35 kg. Durch Drehen eines Hahns wird hier jeweils nur ein einziger, aber besonders harter Schlag bewirkt.

Bei jedem Nietvorgang müssen die Niete durch einen Gegendruck gehalten werden, der zweckmäßig durch *Druckluft-Gegenhalter* ausgeübt wird. Die Arbeit wird durch sie bedeutend erleichtert und die Güte der Nietverbindung zugleich verbessert. Im Schiffbau und in anderen Fällen, in denen es auf Dichtnietung ankommt und der Zugang zum Setzkopf beengt ist, werden besonders kurz gebaute Spantennieter (Abb. 133) als *schlagende Gegenhalter* verwendet. Diese bringen durch ihre Schlagwirkung zunächst den Setzkopf zur sicheren Anlage und wirken dann als einfache Gegenhalter weiter.

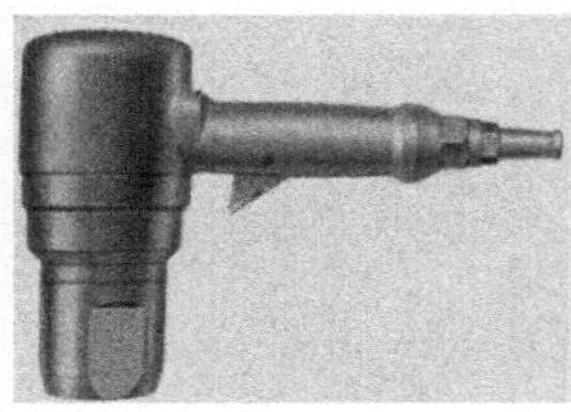

Abb. 132.
Waggon-Niethammer WH 36 S

In der Blech- und Metallwarenindustrie usw. lassen sich manche Teile vorteilhaft auf *Schlagnietmaschinen* vernieten. Das sind zweckentsprechend ausgebildete Bügel, die einerseits ein Vorschubgehäuse mit eingebautem Niethammer, andererseits einen Gegenhalter tragen. Die

Tabelle **19.** *Druckluft-Gegenhalter*

Bauart	für Niete bis mm	Gewicht kg	Ganze Länge mm	kleinster Achsabstand mm	Kolbenhub mm	Kolben-Dmr. mm	für Einsteckschaft Dmr. × Länge mm	Schlauch I. W. mm
G 90	32	10	215	55	95	90	31 × 70	10
G 75	26	7,5	210	47	95	75	31 × 70	10
G 75 Ea	26	6	140	32	40	75	31 × 70	10
G 65	22	5	135	30	42	65	23 × 65	10

zu vernietenden Gegenstände werden durch einen Blechschluß zunächst zusammengepreßt. Hierauf schiebt sich der Niethammer mit dem Döpper unter Druckluftbelastung selbsttätig vor; dann erst beginnt das Nieten.

Tabelle 20. *Druckluft-Schlagnietmaschine SN 22*

Für Stahlniete (Flachkopf) ... [bis mm]	5
für Duralniete .... [bis mm]	6
Luftverbrauch .... [m³/min]	0,37
Schlagzahl je Minute	2100
Gewicht ohne Bügel .... [kg]	16
Länge des Hammerkopfes ..... [mm]	430
max. Vorschub des Blechschlusses [mm]	35

Für Seriennietungen im Fahrzeug- und Waggonbau, im Brücken- und Stahlhochbau vor Aufbau der Trägerkonstruktionen und für andere Zwecke lassen sich *hydraulische Nietpressen mit Druckluftantrieb* günstig anwenden, sofern die Ausladung des Bügels keine Schwierigkeiten macht. Sie bestehen aus einem kleinen fahrbaren Druckumsetzgerät mit Druckluftzylinder und Hochdruck-Ölzylinder, der über einen Hochdruckschlauch und zwei dünne Steuerschläuche mit dem in einem Bügel eingeschraubten

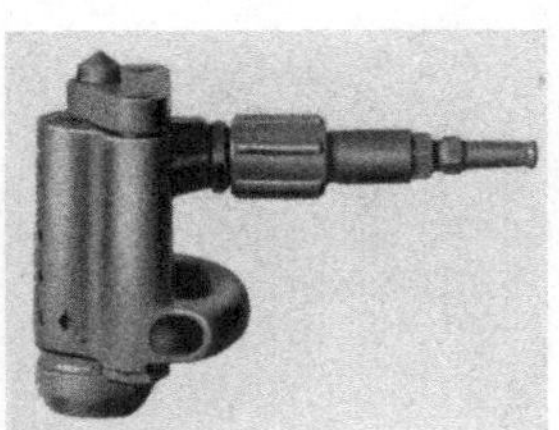

Abb. 133. Spantennieter SP 22

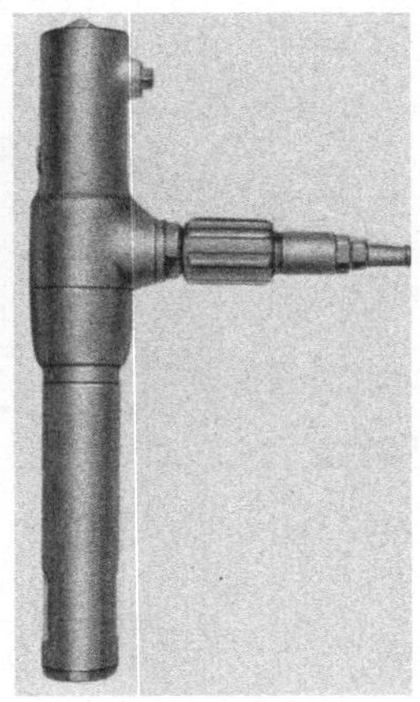

Abb. 134.
Spantenniethammer SP 82

Arbeitskopf in Verbindung steht. Die *Vorzüge dieser Nietpressen* sind: gute Beweglichkeit, daher leichtes Heranbringen an jede beliebige Arbeitsstelle;

Abb. 135. Entnietungshammer bei Lokomotiv-Reparaturarbeiten

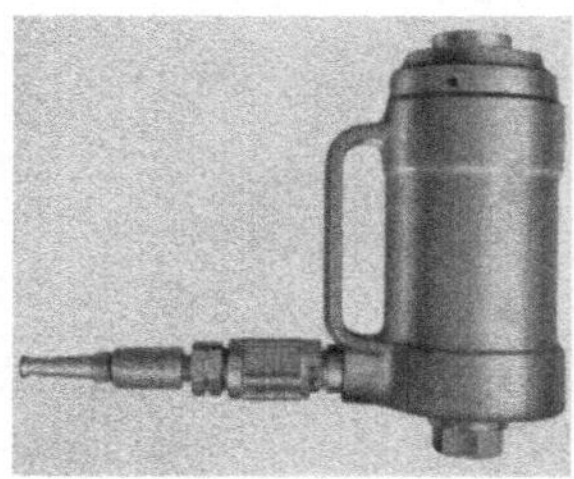

Abb. 136. Gegenhalter G 90

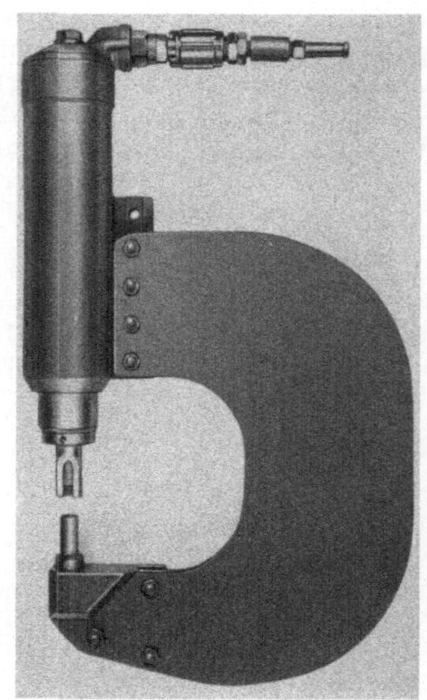

Abb. 137.
Schlagnietmaschine SN 22

174

sehr gute Qualität der Nietung; bei richtiger Bemessung der Niet-
schaftlänge unbedingt sichere Ausfüllung des Nietloches;
geringer Luftverbrauch;
geräuschlose und sehr wirtschaftliche Arbeitsweise, da nur ein einziger
Bedienungsmann erforderlich ist. Seine Arbeit besteht lediglich darin,
den an einem Federzug aufgehängten Nietbügel mit Arbeitskopf zu
führen und das Steuerventil durch Drücken eines Knopfes zu betätigen.

Das Druckumsetzgerät kann
auch aufgehängt werden,
wenn die Arbeitsverhält-
nisse es erfordern. Der von
oben kommende Hoch-
druckschlauch wird dann
dem Arbeitskopf über die
Aufhängevorrichtung zuge-
führt.
Diese Nietpressen sind nicht
allein auf das Nieten be-
schränkt; sie können bei Verbindung des Arbeitskopfes
mit einfachen Einrichtun-
gen in manchen Fällen die
Arbeit von teuren Werk-
zeugmaschinen, wie Stan-
zen, Prägen usw., über-
nehmen.
Für die vielfältigen Aufgaben und häufig beschränk-
ten Raumverhältnisse des
Flugzeugbaues sind den
verschiedenen Anforderun-
gen angepaßte *Sonderaus-
führungen* von *Druckluft-
Nietpressen* entstanden.

Abb. 138. Nieten einer Stahlkonstruktion
mit pneumatisch-hydraulischer Nietpresse

Bei Reihennietungen, wie sie im Kessel- und Behälterbau vorliegen,
werden auch noch *Druckluft-Kniehebelnietpressen* verwendet, bei denen
die Druckkraft von einem druckluftbelasteten Kolben über einen Knie-
hebel auf den Stauchdöpper übertragen wird. Sie haben den Nachteil,
daß ihr Hub entsprechend den verschiedenen Blechdicken und Niet-
längen jeweils genau eingestellt werden muß. Die Nietpressenbügel

175

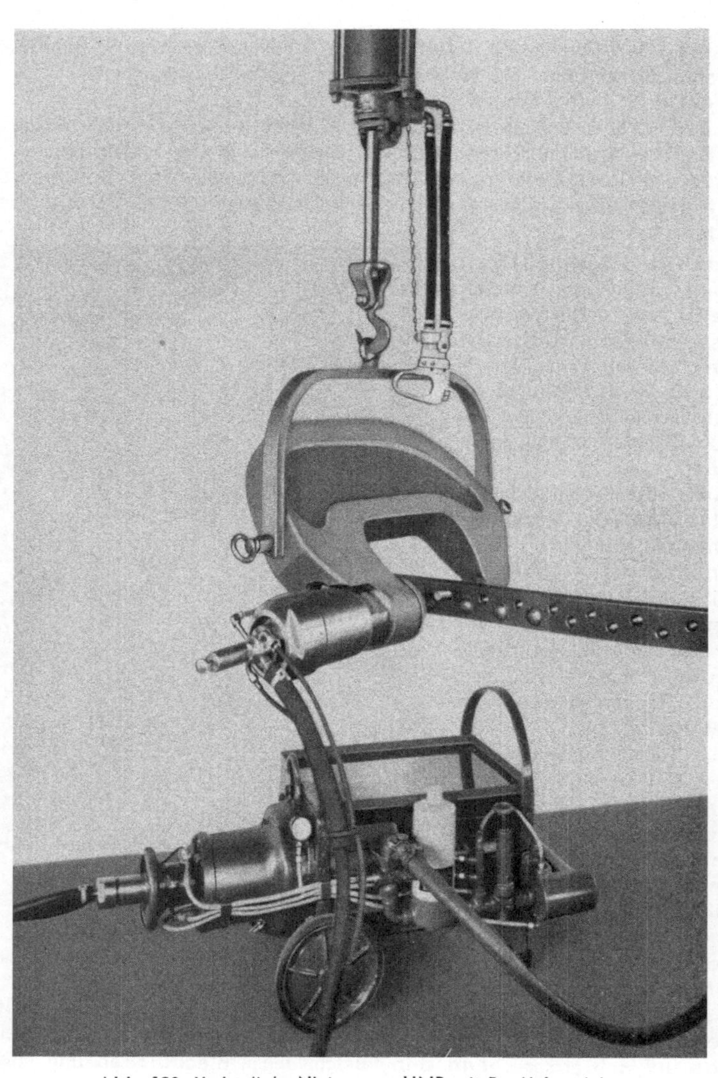

Abb. 139. Hydraulische Nietpresse HNP mit Druckluftantrieb

Tabelle 21. *Hydraulische Nietpressen mit Druckluftantrieb*

Bauart	HNP 15	HNP 22	HNP 28
Niet-Dmr., kalt/warm[1]			
Rundkopf .... [bis mm]	6/8	8/12	10/16
Kegelkopf .... [bis mm]	7/9	10/14	12/18
Flachkopf, Tonnenkopf ... [bis mm]	8/10	11/16	13/20
Betriebsdruck .... [atü]	6	6	6
Luftverbrauch .... [m³/min]	0,3	0,3	0,4
Döppereinsteckende .... [mm]	17,5 Dmr. 40 lg	17,5 Dmr. 40 lg.	17,5 Dmr. 40 lg.
Größter Hub des Döppers ..... [mm]	55	65	65
Druckluftschlauch l. W. .... [mm]	19	19	25
Länge des Hochdruckschlauches [mm]	3500	3500	3500
Nietbügelausladungen .... [mm]	60/100/ 270	150/200	150/200
Gewichte			
Druckumsetzer .... [kg]	80	90	150
Arbeitskopf .... [kg]	4	12	20
Nietbügel 60 mm Ausladung .. [kg]	7	—	—
100 mm Ausladung .. [kg]	25	—	—
150 mm Ausladung .. [kg]	—	40	5
200 mm Ausladung .. [kg]	—	64	95
270 mm Ausladung .. [kg]	55	—	—
Aufhängevorrichtung .... [kg]	zwischen 6 und 20 kg, je nach Bauart		

[1]) Werkstoff-Festigkeit 40—45 kg/mm².

dürfen nur sehr wenig durchfedern und sind deswegen bei hohen Schließdrücken und großen Ausladungen sehr schwer. Nicht stationäre Pressen, mit gut durchgebildeter Aufhängung versehen, können in jede erforderliche Lage geschwenkt werden, wodurch die Bedienung erleichtert wird.

Die Massennietungen von 2,6 bis 4 mm dicken Leichtmetallnieten, wie sie im Leichtbau und hauptsächlich im Flugzeugbau vorkommen, erforderten die Herstellung von *halbautomatischen Druckluft-Nietpressen* und *vollautomatischen Druckluft-Nietmaschinen*. Bei den ersten werden die bereits gebohrten Bleche über der Preßstempelmitte zentriert und zusammengehalten; dann wird der Niet aus der Niettrommel eingeführt und der Nietkopf gepreßt. Betätigt werden sie durch ein Fußventil.

Bei den *Vollautomaten* werden zunächst die Bleche durch einen Blechschluß zusammengedrückt, das Nietloch und die Senkung für den Nietkopf gebohrt oder geprägt und die Bohrspäne fortgeblasen. Danach wird der Niet aus dem Magazin eingeführt, durch die im abstützenden Bodenarm eingebaute Nietpresse gestaucht und das Werkstück nach der eingestellten Teilung weitertransportiert. Durch ein Fußventil wird ein Elektromotor eingeschaltet, der die Bohrspindel

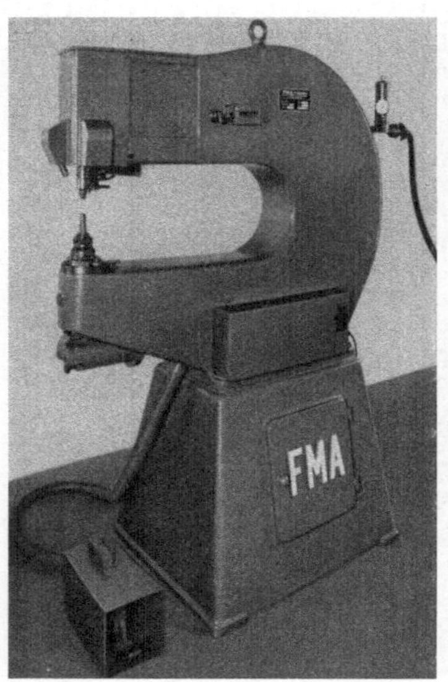

Abb. 140. Halbautomatische Druckluft-
Nietpresse NP 20

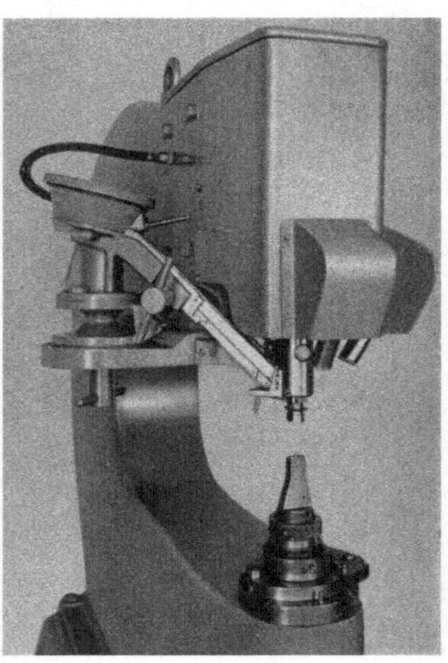

Abb. 141. Niettrommel und Niet-
zuführung der Nietpresse NP 20

und eine Steuerwalze antreibt, welche die Druckluftzuführung für alle anderen Arbeitsvorgänge steuert.

Halbautomat und Vollautomat sind so konstruiert, daß für die verschiedenen Nietgrößen nur die Werkzeuge ausgewechselt werden müssen. Beim Vollautomat können nach Einbau der entsprechenden Werkzeuge auch mehrere Nietreihen gleichzeitig hergestellt werden.

Wenn in Sonderfällen, z. B. bei Duralnieten, die Verwendung eines normalen Hammers mit hoher Schlagzahl das Entstehen einer zu großen Sprödigkeit befürchten läßt, benutzt man sogenannte *Einzelschlaghämmer* und *-nietmaschinen*. Bei diesen wird durch Betätigen des Ein-

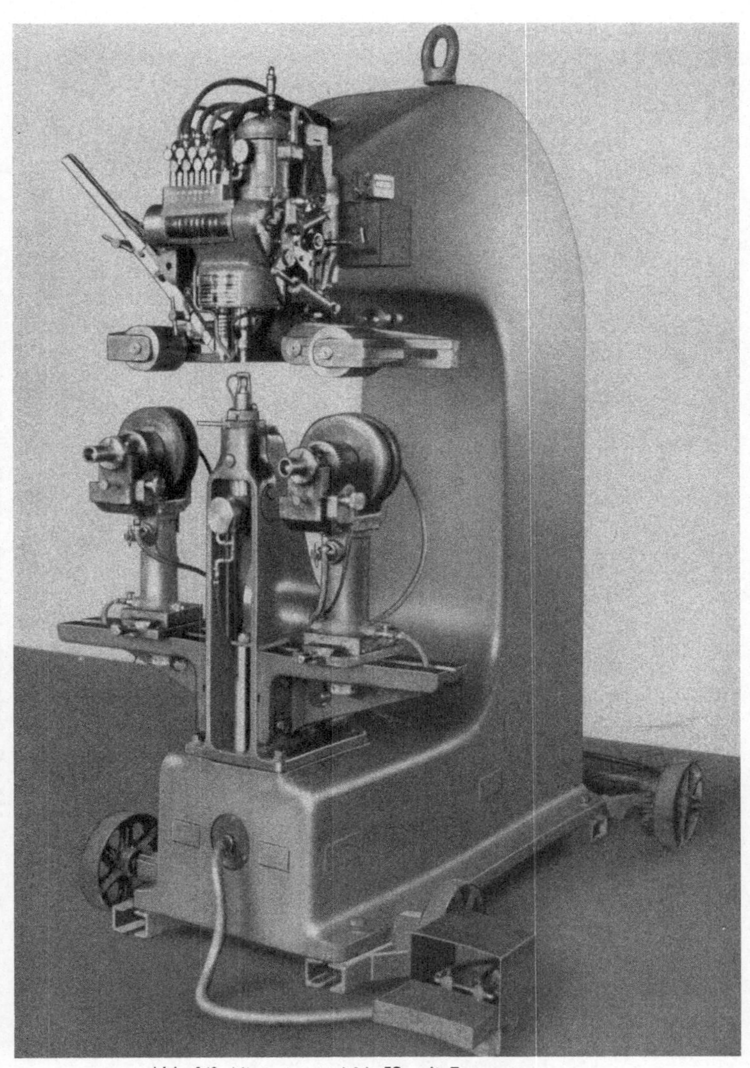

Abb. 142. Nietautomat NA 52 mit Transporteinrichtung

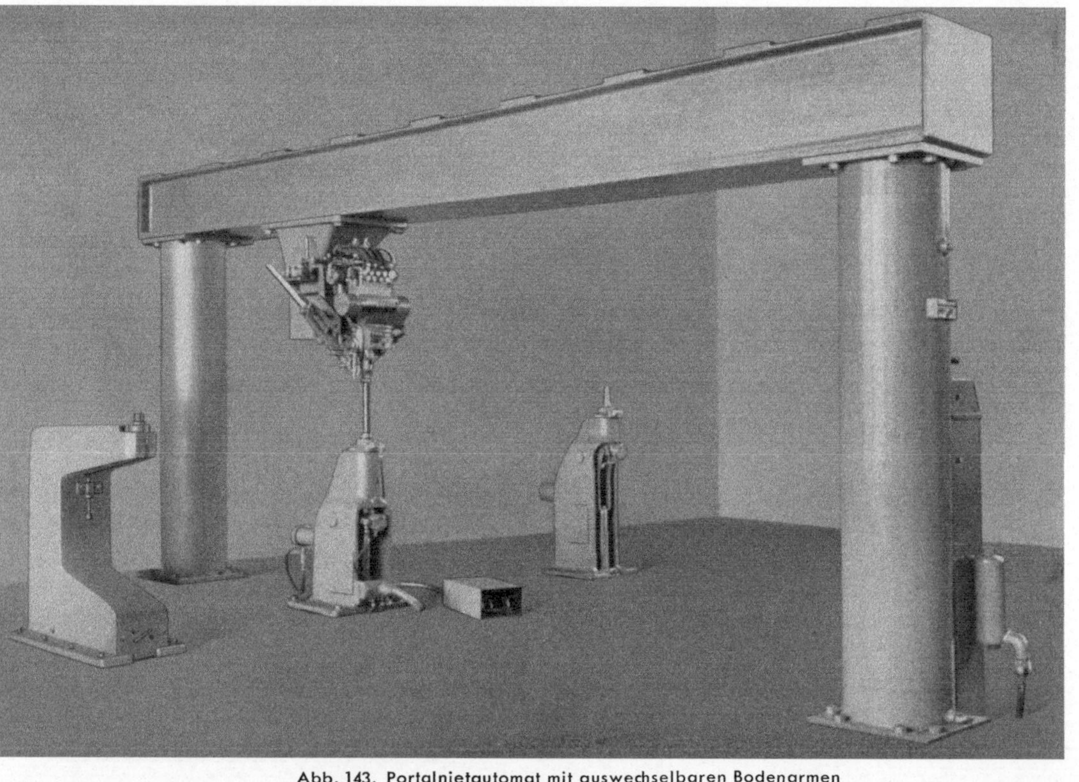

Abb. 143. Portalnietautomat mit auswechselbaren Bodenarmen

laßorgans jeweils nur ein einziger so starker Schlag ausgelöst, daß Duralnieten bis zu 6 mm Durchmesser gestaucht werden können.
Zur Erwärmung der Stahlnieten werden *Druckluft-Nietfeuer* gebraucht. Die eingebaute Druckluftdüse saugt mittels eines Injektors die zur

Abb. 144. Werkzeuge zum Nietautomat für Doppelreihen-
nietung

Verbrennung erforderliche Luft an. Sie wird durch strahlenförmige Schlitze gleichmäßig über die reichlich bemessene Heizfläche verteilt.

Bei Verwendung *elektrischer Nietwärmer* muß die Stromstärke so eingestellt werden, daß ein gleichmäßiger Wärmefluß und damit auch die unbedingt notwendige gleichmäßige Erhitzung der Niete erreicht wird. Ist die Stromstärke zu hoch, so wird das Schaftende rasch weißglühend, während der Nietkopf und der anschließende Schaftteil noch nicht ausreichend erwärmt sind. Die Folge ist, daß wohl der Schließkopf rasch gebildet wird, aber der Nietschaft nicht satt in der Bohrung zum Anliegen kommt, der Niet also locker im Loch sitzt.

Abb. 145. Nietfeuer

181

Tabelle 22. *Unausgearbeitete Döpper*

Lager-Nr.	Abmessungen	d	l	für Hammerbauart
Z 474	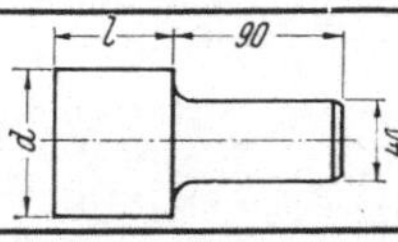	80	60	N 78
Z 475		100	75	
Z 531	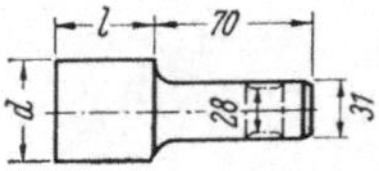	45	55	H 32 b—H 34 b N 80 a—N 84 e
N 125 c		50	55	H 29
Z 59		60	55	SP 80—SP 84
Z 60		70	58	SP 25 L G 90—G 75
Z 403		80	58	G 75 Ea
Z 570	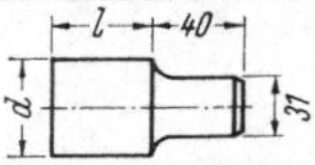	50	35	WH 36 e
Z 511		60	35	WH 36 S
Z 163	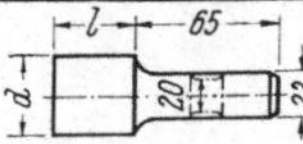	40	40	H 27 Ne—H 28
Z 464		45	45	G 65
Z 468	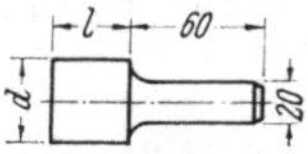	40	40	M 91e—M 94 e H 24e u. H 27e H 21e—H 22e MH 22e - MH 23e
Z 469	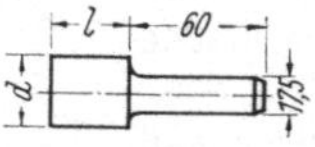	35	40	M 91e—M 94e H 24 e u. H 27e H 21 e—H 22e MH 22e - MH 23e
RVZ 1935	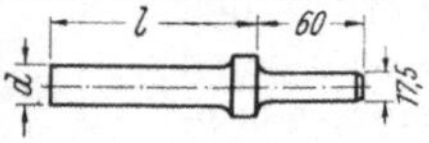	20	140	FMA 91—93 H 21 Fe - H 22 Fe
RVZ 1911	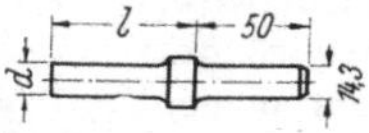	15	70	H 18 b H 19 b
RVZ 1993	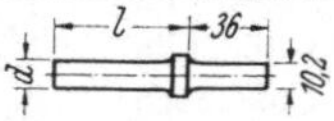	15	64	H 17 a H 17 b
N 216	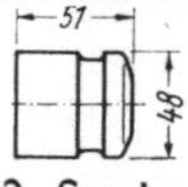			SP 22

[1]) Schaft nach DIN 7252, September 1947.
[2]) Mit Klemmringnuten nur auf besonderen Wunsch.

Tabelle 22 a. Döpperbefestigungen

Abmessungen	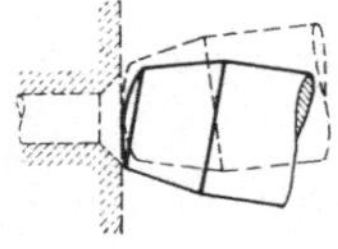		
Lager-Nr.	Klemmring N 127	Klemmring SN 152	Klemmring N 217

Tabelle 23. Ausgearbeitete Döpper für Versenkniete

Lager-Nr.	Abmessungen ¹)	Für Niet-Dmr. mm	Lager-Nr. des un- ausgearbeiteten Döppers
Z 265		8—16	Z 163
Z 266		12—22	Z 163
Z 267		12—22	N 125c
Z 268		23—30	N 125c

¹) Mit Klemmringnuten **nur** auf besonderen Wunsch.

*Döpperstellungen beim
Schlagen von Versenknieten
mit dem Drucklufthammer*

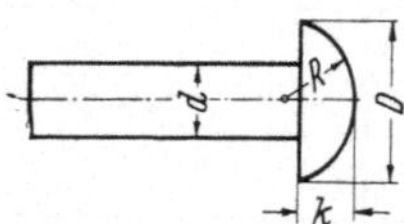

d = Rohnietdurchmesser (Nennmaß) [mm],
D = Kopfdurchmesser [mm],
k = Kopfhöhe [mm],
R = Kopfrundung [mm].

Nach DIN 660, 2. Ausgabe, März 1944				Für den *Kesselbau* nach DIN 123, 2. Ausgabe, Juli 1948				Für den *Stahlbau* nach DIN 124, 2. Ausgabe, Juli 1948			
d	D	k	R	d	D	k	R	d	D	k	R
2	3,5	1,2	1,9	10	18	7	9,5	10	16	6,5	8
2,6	4,5	1,6	2,4	12	22	9	11	12	19	7,5	9,5
3	5,2	1,8	2,8	14	25	10	13	14	22	9	11
3,5	6,2	2,1	3,4	16	28	11,5	14,5	16	25	10	13
4	7,0	2,4	3,8	18	32	13	16,5	18	28	11,5	14,5
5	8,8	3,0	4,6	20	36	14	18,5	20	32	13	16,5
6	10,5	3,6	5,7	22	40	16	20,5	22	36	14	18,5
7	12,2	4,2	6,6	24	43	17	22	24	40	16	20,5
8	14,0	4,8	7,5	27	48	19	24,5	27	43	17	22
9	15,8	5,4	8,5	30	53	21	27	30	48	19	24,5
				33	58	23	30	33	53	21	27
				36	64	25	33	36	58	23	30

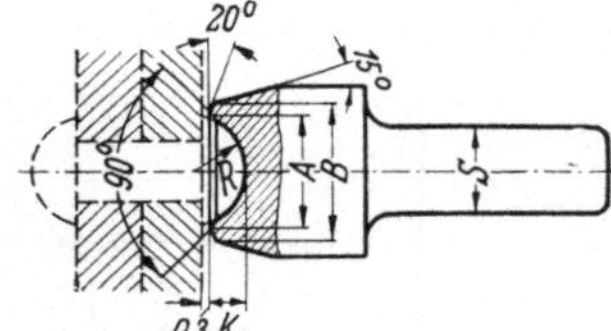

Tabelle 25. *Ausgearbeitete Döpper für Halbrundniete 6 bis 9 mm Dmr. nach DIN 660, 2. Ausgabe, März 1944.* (Neue Norm.)

für Kesselbau

Niet-Dmr.	Abmessungen					Lager-Nr. des Döppers	Lager-Nr. d. unausgearbeiteten Döppers
	R	K_1	A	B	Schaft-Dmr. S		
6	5,7	3,4	11	16	17,5	Z 846/6 K	Z 469
7	6,6	4	12,8	17,5	17,5	Z 846/7 K	Z 469
8	7,5	4,6	15	20	17,5	Z 846/8 K	Z 469
					20	Z 847/8 K	Z 468
9	8,5	5,2	16,7	22	17,5	Z 846/9 K	Z 469
					20	Z 847/9 K	Z 468
					23	Z 848/9 K	Z 163

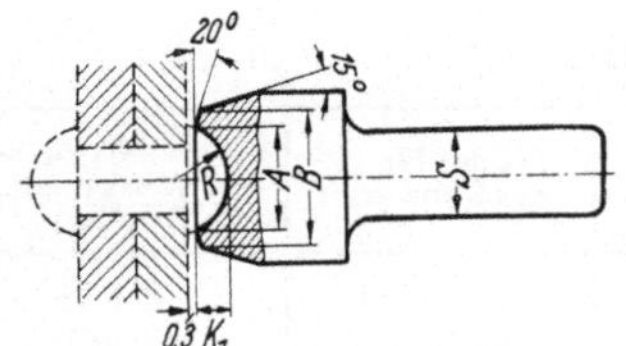

Tabelle 25. (Fortsetzung)

für Stahlbau

Niet-Dmr.	Abmessungen					Lager-Nr. des Döppers	Lager-Nr. d. un-ausgearbeiteten Döppers
	R	K_1	A	B	Schaft-Dmr. S		
6	5,7	3,4	10,4	16	17,5	Z 846/6 E	Z 469
7	6,6	4	12	17,5	17,5	Z 846/7 E	Z 469
8	7,5	4,6	13,8	20	17,5	Z 846/8 E	Z 469
					20	Z 847/8 E	Z 468
9	8,5	5,2	15,6	22	17,5	Z 846/9 E	Z 469
					20	Z 847/9 E	Z 468
					23	Z 848/9 E	Z 163

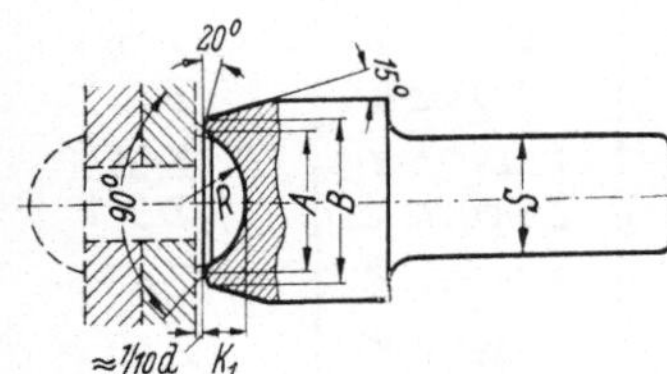

Tabelle 26. Ausgearbeitete Döpper für Kesselbauniete *10 bis 36 mm* Dmr. nach DIN 123, 2. Ausgabe, Juli 1948. (Neue Norm.)

Niet-Dmr.	Abmessungen					Lager-Nr. des Döppers	Lager-Nr. d. un-ausgearbeiteten Döppers
	R	K_1	A	B	Schaft-Dmr. S		
10	9,5	6,8	19,2	25	17,5	Z 846/10 K	Z 469
					20	Z 847/10 K	Z 468
					23	Z 848/10 K	Z 163
					31	Z 849/10 K	Z 531
					31 [1])	Z 989/10 K	Z 570
12	11	8,8	23	29	17,5	Z 846/12 K	Z 469
					20	Z 847/12 K	Z 468
					23	Z 848/12 K	Z 163
					31	Z 849/12 K	Z 531
					31 [1])	Z 989/12 K	Z 570

[1]) 40 mm Schaftlänge

Tabelle 26. (Fortsetzung)

Niet-Dmr.	Abmessungen				Schaft-Dmr. S	Lager-Nr. des Döppers	Lager-Nr. d. un-ausgearbeiteten Döppers
	R	K_1	A	B			
14	13	9,8	27	33	17,5	Z 846/14 K	Z 469
					20	Z 847/14 K	Z 468
					23	Z 848/14 K	Z 163
					31	Z 849/14 K	Z 531
					31[1])	Z 989/14 K	Z 570
16	14,5	11,3	30	36	20	Z 847/16 K	Z 468
					23	Z 848/16 K	Z 163
					31	Z 849/16 K	N 125c
					31[1])	Z 989/16 K	Z 570
18	16,5	12,8	34	40	23	Z 848/18 K	Z 464
					31	Z 849/18 K	N 125c
					31[1])	Z 989/18 K	Z 570
20	18,5	13,8	38	44	23	Z 848/20 K	Z 464
					31	Z 849/20 K	N 125c
					31[1])	Z 989/20 K	Z 570
22	20,5	15,8	42,5	50	31	Z 849/22 K	Z 59
					31[1])	Z 989/22 K	Z 511
24	22	16,8	46	54	31	Z 849/24 K	Z 59
					31[1])	Z 989/24 K	Z 511
27	24,5	18,8	51	59	31	Z 849/27 K	Z 60
30	27	20,8	56	65	31	Z 849/30 K	Z 60
33	30	22,8	62	71	31	Z 849/33 K	Z 403
36	33	24,8	68	77	31	Z 849/36 K	Z 403

[1]) 40 mm Schaftlänge

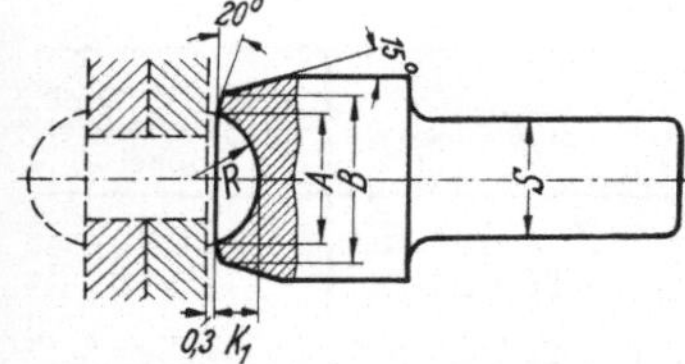

Tabelle 27. *Ausgearbeitete Döpper für Stahlbauniete 10 bis 36 mm Dmr. nach DIN 124, 2. Ausgabe, Juli 1924, (Neue Norm.)*

Niet-Dmr.	Abmessungen					Lager-Nr. des Döppers	Lager-Nr. d. unausgearbeiteten Döppers
	R	K_1	A	B	Schaft-Dmr. S		
10	8	6,3	15,6	22	17,5	Z 846/10 E	Z 469
					20	Z 847/10 E	Z 468
					23	Z 848/10 E	Z 163
					31	Z 849/10 E	Z 531
					31 [1])	Z 989/10 E	Z 570
12	9,5	7,3	18,4	25	17,5	Z 846/12 E	Z 469
					20	Z 847/12 E	Z 468
					23	Z 848/12 E	Z 163
					31	Z 849/12 E	Z 531
					31 [1])	Z 989/12 E	Z 570
14	11	8,8	21,6	29	17,5	Z 846/14 E	Z 469
					20	Z 847/14 E	Z 468
					23	Z 848/14 E	Z 163
					31	Z 849/14 E	Z 531
					31 [1])	Z 989/14 E	Z 570
16	13	9,8	25,2	33	17,5	Z 846/16 E	Z 469
					20	Z 847/16 E	Z 468
					23	Z 848/16 E	Z 163
					31	Z 849/16 E	Z 531
					31 [1])	Z 989/16 E	Z 570
18	14,5	11,3	28,2	36	20	Z 847/18 E	Z 468
					23	Z 848/18 E	Z 163
					31	Z 849/18 E	N 125 c
					31 [1])	Z 989/18 E	Z 570
20	16,5	12,8	32,2	40	23	Z 848/20 E	Z 464
					31	Z 849/20 E	N 125 c
					31 [1])	Z 989/20 E	Z 570
22	18,5	13,8	35,8	44	23	Z 848/22 E	Z 464
					31	Z 849/22 E	N 125 c
					31 [1])	Z 989/22 E	Z 570

[1]) 40 mm Schaftlänge

Tabelle 27. *(Fortsetzung)*

Niet-Dmr.	Abmessungen					Lager-Nr. des Döppers	Lager-Nr. d. un-ausgearbeiteten Döppers
	R	K_1	A	B	Schaft-Dmr. S		
24	20,5	15,8	39,8	50	31 31[1])	Z 849/24 E Z 989/24 E	Z 59 Z 511
27	22	16,8	42,8	54	31	Z 849/27 E	Z 59
30	24,5	18,8	47,5	59	31	Z 849/30 E	Z 60
33	27	20,8	52,5	65	31	Z 849/33 E	Z 60
36	30	22,8	58	71	31	Z 849/36 E	Z 403

[1]) 40 mm Schaftlänge

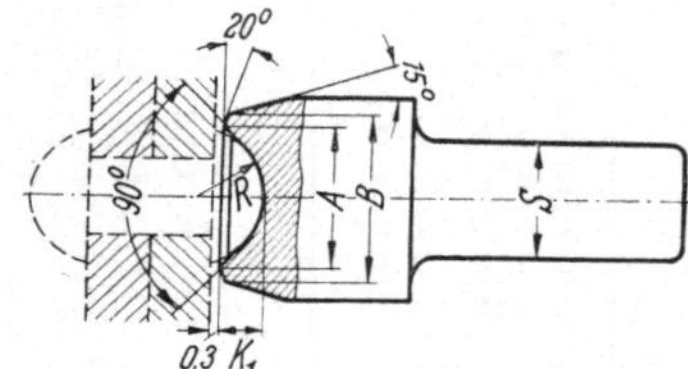

Tabelle 28. *Ausgearbeitete Döpper für Halbrundniete nach alter Norm.*

Niet-Dmr.	Abmessungen					Lager-Nr. des Döppers	Lager-Nr. des unausgearbeit. Döppers
	R	K_1	A	B	Schaft-Dmr. S		
nach DIN 660, 1. Ausgabe, Oktober 1926							
6	5,5	3,4	10,7	16	17,5	Z 485/6 K/6 E	Z 469
7	6,3	3,8	12,2	17,5	17,5	Z 485/7 K/7 E	Z 469
8	7,2	4,7	14,3	20	17,5 20	Z 485/8 K/8 E Z 484/8 K/8 E	Z 469 Z 468
9	8	5,1	15,8	21,5	17,5 20 23	Z 485/9 K/9 E Z 484/9 K/9 E Z 199/9 K/9 E	Z 469 Z 468 Z 163
nach DIN 123, 124, 1. Ausgabe, September 1921							
E 10	8	5,5	16,3	22,5	17,5 20 23 31 31[1])	Z 485/10 E Z 484/10 E Z 199/10 E Z 221/10 E Z 988/10 E	Z 469 Z 468 Z 163 Z 531 Z 570

E = für Stahlbau, K = für Kesselbau. [1]) 40 mm Schaftlänge

Niet-Dmr.	Abmessungen				Schaft-Dmr. S	Lager-Nr. des Döppers	Lager-Nr. des unausgearbeit. Döppers
	R	K_1	A	B			
K 10	9,5	6	18,5	25	17,5	Z 485/10 K	Z 469
					20	Z 484/10 K	Z 468
					23	Z 199/10 K	Z 163
					31	Z 218/10 K	Z 531
					31[1])	Z 988/10 K	Z 570
E 13	11	7,2	21,5	28	17,5	Z 485/13 E	Z 469
					20	Z 484/13 E	Z 468
					23	Z 199/13 E	Z 163
					31	Z 222/13 E	Z 531
					31[1])	Z 988/13 E	Z 570
K 13	12	7,7	23,5	30	17,5	Z 485/13 K	Z 469
					20	Z 484/13 K	Z 468
					23	Z 199/13 K	Z 163
					31	Z 219/13 K	Z 531
					31[1])	Z 988/13 K	Z 570
E 16	13,5	8,4	27	34	17,5	Z 485/16 E	Z 469
					20	Z 484/16 E	Z 468
					23	Z 199/16 E	Z 163
					31	Z 215/16 E	Z 531
					31[1])	Z 988/16 E	Z 570
K 16 E 19	15,5	10,4	31	38	20	Z 484/16 K/19 E	Z 468
					23	Z 199/16 K/19 E	Z 163
					31	Z 224/16 K/19 E	N 125 c
					31[1])	Z 988/16 K/19 E	Z 570
K 19 E 22	18	12,1	36	44	23	Z 199/19 K/22 E	Z 464
					31	Z 225/19 K/22 E	N 125 c
					31[1])	Z 988/19 K/22 E	Z 570
K 22 E 25	20,5	13,8	41,5	50	31	Z 226/22 K/25 E	Z 59
					31[1])	Z 988/22 K/25 E	Z 511
K 25 E 28	23	15,5	46,5	55	31	Z 220/25 K/28 E	Z 59
					31[1])	Z 988/25 K	Z 511
K 28 E 31	25,5	17,2	51,5	61	31	Z 483/28 K/31 E	Z 60
					40	Z 477/28 K/31 E	Z 474
K 31 E 34	28	18,9	56,5	67	31	Z 482/31 K/34 E	Z 60
					40	Z 477/31 K/34 E	Z 474
K 34 E 37	30,5	20,6	62	73	31	Z 481/34 K/37 E	Z 403
					40	Z 477/34 K/37 E	Z 474
K 37	34,5	22,3	69	80	31	Z 480/37 K	Z 403
					40	Z 477/37 K	Z 475
E 40	32,5	22	66	78	40	Z 477/40 E	Z 475
K 40	37	24	74	86	40	Z 477/40 K	Z 475

E = für Stahlbau, K = für Kesselbau. [1]) 40 mm Schaftlänge

Tabelle 29. *Entnietungswerkzeuge*

	Lager-Nr.	Abmessungen	D	Verwendung
Nieten-spalt-meißel	Z 591		—	N 80 Fa N 81 Fa
	Z 598		—	N 27 NFe
Nieten-ab-scher-meißel	Z 590		—	N 80 Fa N 81 Fa
	Z 953		—	H 27 NFe
Entnietungsdorne — ausgearbeitet	Z 945 Z 946 Z 947 Z 948		10 12 15 18	N 80 Fa N 81 Fa
	Z 950 Z 951 Z 952 Z 1037		20 23 26 29	
	Z 940 Z 941 Z 942 Z 943		10 12 15 18	H 27 NFe
Entnietungsdorne — unausgearbeitet	Z 944		—	Z 945 Z 946 Z 947 Z 948
	Z 949		—	Z 950 Z 951 Z 952 Z 1037
	Z 939		—	Z 940 Z 941 Z 942 Z 943

Verwendung (rechte Spalte, unterer Teil): Lager-Nr. der ausgearbeiteten E.-Dorne

Wärmebehandlung der Döpper und Entnietungsdorne. Diese
Werkzeuge sind sehr hoch beansprucht und werden im allgemeinen
aus einem Sonderstahl (sog. Dauerstahl) hergestellt, der sich durch
einfache Wärmebehandlung, große Zähigkeit und hohen Verschleißwiderstand auszeichnet. Dieser Stahl ist infolge seiner Zusammen-
setzung ein verhältnismäßig schlechter Wärmeleiter; er muß daher
vorsichtig und *durchgreifend erwärmt* werden.

Schmieden: Gelbrot- bis Hellrotglut = etwa 1000° bis 850° C mit langsamer Abkühlung, am besten in *trockener* Lösche oder Asche.

Glühen: Dunkelrotglut = etwa 700° bis 720° C, 1 bis 2 Stunden lang
mit langsamer Abkühlung.

Härten: Hellrotglut = etwa 830° bis 850° C in Wasser oder Hellrotglut
= etwa 860° bis 880° C in Öl.

Mit Einsteckende voran senkrecht eintauchen; Döpper sofort waage-
recht drehen und unter waagerechtem Schwenken abkühlen, Dorne
senkrecht. Bei Wasserhärtung ist gebrochene Härtung zu empfehlen,
d. h. nach Aufhören der Zischhitze in einem Ölbad von etwa 20° C
vollständig abkühlen. Die Werkzeuge müssen über die ganze Länge
gehärtet werden und haben nach dem Ablöschen eine Festigkeit von
etwa 170 bis 190 kg/mm², so daß die Prüffeile noch klebt.

Anlassen: Im Sandbad je nach Bedarf auf gelbe bis violette Anlaßfarbe,
besser durch zweistündiges Abkochen im Ölbad bei 200° bis 280° C.
Werden die Hohlkehlen sauber ausgeführt und gegebenenfalls poliert,
dann sind die Werkzeuge bei richtiger Wärmebehandlung äußerst
dauerbruchsicher.

Wärmebehandlungsanleitung für Nietenspalt- und Nietkopfabscher-
meißel siehe S. 201.

2. Meißeln und Verstemmen

Bei der Be- und Verarbeitung von Eisen, Stahl, Grauguß, Stahlguß,
allen Metallegierungen und Leichtmetallen werden in großem Umfang
Meißel-, Stemm-, Bördel- und andere Arbeiten mit Drucklufthämmern
ausgeführt. Je nach Art der auszuführenden Arbeiten und dem gewünschten Arbeitsfortschritt werden verschiedene Hammerbauarten
im Gewicht von 1 bis 6 kg angewendet.

Werden *Meißelhämmer* mit zweckentsprechenden Meißeln ausgerüstet,
so können damit Trennarbeiten an allen Schwer- und Leichtmetallen
ausgeführt werden. In Schlagzahl und Schlagart angepaßte schwere
und mittelschwere Hämmer dienen zum Verputzen von Grau-, Temper-

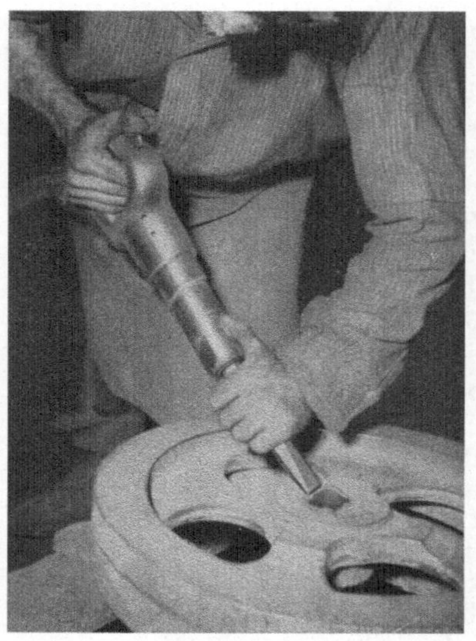

Abb. 146. Abmeißeln von Angüssen und Gußnähten

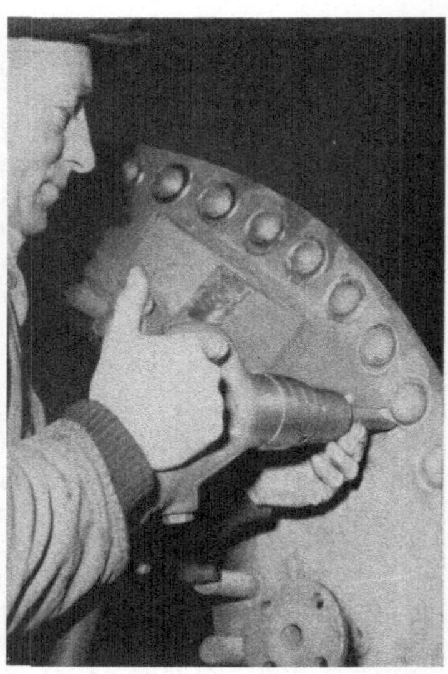

Abb. 147. Verstemmen von Nietköpfen

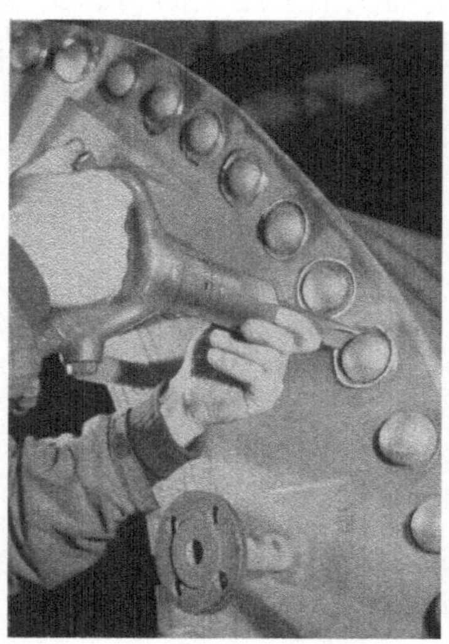

Abb. 148. Entgraten von verstemmten Nietköpfen

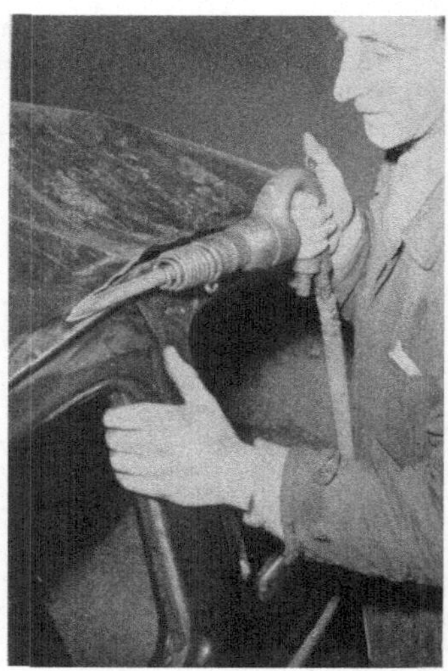

Abb. 149. Durchtrennen von Blechen mit Spezialmeißeln

Tabelle 30. *Druckluft-Meißelhämmer*

(Mit runder Führungsbüchse auch als leichte Niethämmer zu verwenden.)

Bauart	f. Halbrundniete für Stahlbau bis mm		f. Duralniete bis mm	Gewicht kg	Ganze Länge mit Griff mm	Luftverbrauch m³/min	Schlagzahl je min	Kolben-Dmr. mm	Kolbenhub mm	Kolbenlänge mm	für Einsteckschaft Durchmesser × Länge mm	Schlauch l.W. mm
	warm	kalt										
M 91e ¹)	19	10	—	5,9	400	0,60	1200	27,5	146	112	20 Ø 17/ 6 kt. × 60	13
M 92e ¹)	16	10	—	5,5	345	0,56	1500	27,5	112	92		13
M 93e ¹)	13	9	—	5,0	300	0,50	1900	27,5	85	74		13
M 94e ¹)	9	6	—	4,5	260	0,49	2500	27,5	62	57		13
H 27e ²)	16	10	—	6,0	360	0,50	1300	27	140	80	17,5 Ø×60	13
H 24e ²)	9	6	—	4,8	245	0,48	2800	27	60	50		13
MH 22e ³)	10	6	—	5,9	325	0,70	2100	27,5	83	57	17,5 Ø 15/6kt. × 60 / 20 Ø × 60	13
MH 23e ³)	9	6	—	5,5	280	0,70	3000	27,5	50	45		13
H 22e ²)	—	5	—	3,6	270	0,38	2100	23	74	60	15 Ø × 55	13
H 21e ²)	—	4	—	3,5	250	0,38	2500	23	54	60	15 Ø × 55	13
H 22 Fe ²)⁵)	—	5	—	3,8	285	0,38	2100	23	74	60	15/6 kt. konisch {15 üb. Flächen {16 üb. Ecken	10
H 21 Fe ²)⁵)	—	4	—	3,6	265	0,38	2500	23	54	60		10
H 19b ²)⁵)	—	3 Flachkopf	6 Flachkopf	2,3	205	0,30	2800	20,5	40	42	12,5 Ø × 50 / 14,3 Ø × 50 / 12,5 Ø 10,6/6kt. × 50	10
H 18b ⁴)⁵)	—	2 Flachkopf	4 Flachkopf	1,3	194	0,30	4400	20	40	42	14,3 Ø 12,5/6kt. × 50 / 15 Ø 12,5/6kt. × 55	10
H 17b ⁴)⁵)	—	2	4	1,1	180	0,30	4800	20	40	42	10,2 Ø × 36	10
H 17a ⁴)⁶)	—	2	4	1,1	152	0,30	4800	20	40	36		10

Meißelhämmer (M 91e–H 21 Fe); *leichte Meißelhämmer* (H 19b–H 17a)

Leistungsangaben gültig für 6 atü.

¹) Gleichstrom-Rohrschieber-Steuerung.
²) Wechselstrom-Rohrschieber-Steuerung.
³) Gleichstrom-Vollventil-Steuerung.
⁴) Flattersteuerung.

⁵) Diese Hämmer sind mit einer Haltefeder und zur Einstellung verschiedener maximaler Schlagstärken mit einer Regelvorrichtung versehen.

⁶) Mit Haltefeder.

Tabelle 31. *Unausgearbeitete Meißel*

Lager-Nr.	Abmessungen	Länge L mm						für Hammer-bauarten
		nor-mal	a	b	c	d	e	
H 118	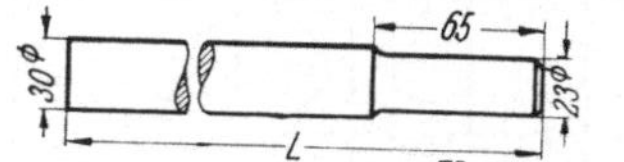	240						H 27 Ne H 28
H 113	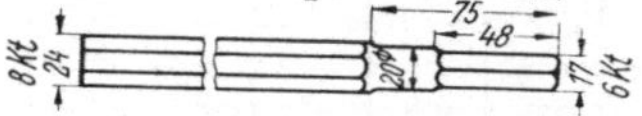	240						
M 158	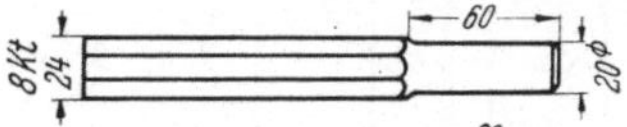	200	250	320				H 21 e H 22 e
M 143	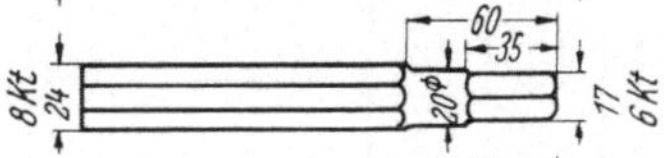	200	250	320				
M 152	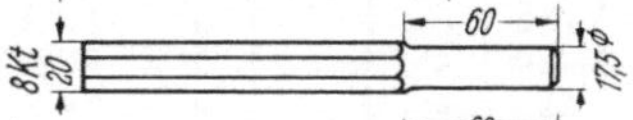	200	250	320	500	750	1000	H 24 e H 27 e
M 151 N	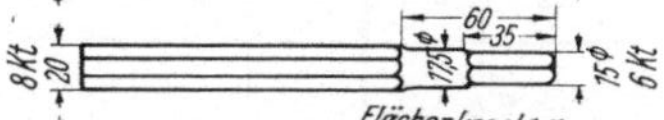	200	250	320	500	750	1000	M 91 e bis M 94 e
M 240	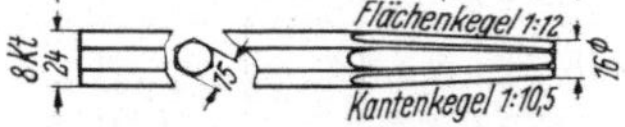	240	290	350	500	750	1000	
GB 467	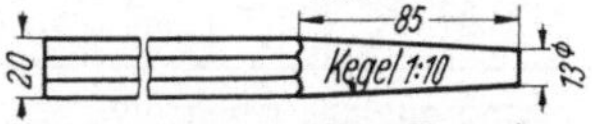	240						MH 22 e MH 23 e
GB 468	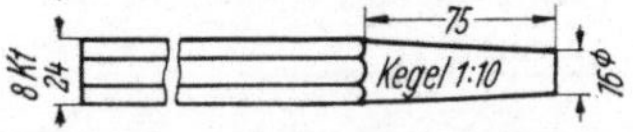	240						

Type	Designation	Lengths (mm)
VH 521b	H 21 Fe / H 22 Fe	320
VH 354 N	H 21 Fe / H 22 Fe	200, 250, 320
M 201	H 21 e / H 22 e	200
Z 954	H 18 b / H 19 b	200
VZ 1914	H 18 b / H 19 b	200, 250, 320
Z 727	H 18 b / H 19 b	185
VZ 1973	H 18 b / H 19 b	185
VZ 2022	H 17 a / H 17 b	185

Tabelle 32. *Ausgearbeitete Meißel*

Lager-Nr.	Schneidenform	Einsteckende[1] mm	Länge mm						für Hammer-bauarten
			nor-mal	a	b	c	d	e	
M 302	Flach-meißel	20 ∅ × 60	200	250	320				
M 311		20 ∅ 17/6 kt. × 60	200	250					
M 248 [2]		6 kt.-] 16 über Ecken kon. J 15 über Fläch.	240	290	350	500	750	1000	
M 304 [2]		17,5 ∅ × 60	200	250	320	500	750	1000	M 91e bis M 94e
M 205 N [2]		17,5 ∅ 15/6 kt. × 60	200	250	320	500	750	1000	
M 315	Kreuz-meißel	17,5 ∅ × 60	200	250					H 24e H 27e
M 213 N		17,5 ∅ 15/6 kt. × 60	200	250	320				
M 206 N		17,5 ∅ 15/6 kt. × 60	200	250	320				MH 22e MH 23e
M 209 N	Spezial-meißel für Guß	17,5 ∅ 15/6 kt. × 60	200	250	320				H 21e H 22e
M 314	Nuten-meißel	17,5 ∅ × 60	200						
M 207 N		17,5 ∅ 15/6 kt. × 60	200	250	320				

	Meißel zum Durchschneiden von Blechen und Rohren	17,5 Ø 15/6 kt. × 60	200	250	320				
M 208 N									
M 210	Stemmer für Stemmnähte	17,5 Ø ×60	200		320				M 91e bis M 94e
M 211	zum Verstemmen von Nietköpfen	17,5 Ø × 60	140						H 24e H 27e
M 319 [3]	Siederohrbörtler	17,5 Ø × 60	165						MH 22e MH 23e
M 320 [4]			165						H 21e H 22e
M 303	Spitzmeißel zum Kernausstoßen und für Gesteinsarbeiten	20 Ø × 60	200	250	320				
M 310		20 Ø 17/6 kt. × 60	200	250					
M 305		17,5 Ø × 60	200	250	320	500	750		
M 301 [2]		17,5 Ø 15/6 kt. × 60	200	250	320	500	750	1000	

[1] Lager-Nr. der unausgearbeiteten Meißel siehe Tabelle 31.
[2] Ab 500 mm Länge zum Kernausstoßen.
[3] Zum Vorbördeln. [4] Zum Fertigbördeln.

Fortsetzung siehe nächste Seite

Tabelle 32 (Fortsetzung). *Ausgearbeitete Meißel*

Lager-Nr.	Schneidenform	Einsteckende[1) mm	Länge mm						für Hammerbauarten
			normal	a	b	c	d	e	
VZ 2371	Flachmeißel	14,3 $\varnothing$ × 50	200		320				
Z 981		14,3 $\varnothing$ 12,5/6 kt. × 50	200						
VZ 2367		12,5 $\varnothing$ 10,5/6 kt. × 50	185						
VZ 2372	Spitzmeißel	14,3 $\varnothing$ × 50	200		320				
Z 980		14,3 $\varnothing$ 12,5/6 kt. × 50	200						H 18b
VZ 2368		12,5 $\varnothing$ 10,5/6 kt. × 50	185						H 19b
Z 977	Schneidmeißel für dünne Bleche	14,3 $\varnothing$ × 50	230						
Z 979		14,3 $\varnothing$ × 50	230						

VZ 2406	Schneid-meißel für dünne Bleche	14,3 $\varnothing \times$ 50	250						H 18b H 19b
Z 771	Spitzmeißel zum Kern-ausstoßen	20 $\varnothing \times$ 60	350	500	750	1000			FMA 91 bis FMA 93
Z 770		20 $\varnothing$ 17/6 kt. $\times$ 60	350	500	750				
VH 867 [2]	Spitzmeißel	17,5 $\varnothing \times$ 60			320				H 21Fe H 22Fe
VH 875 [3]		17,5 $\varnothing$ 15/6 kt. $\times$ 60	200	250	320				
VH 866 [2]	Flach-meißel	17,5 $\varnothing \times$ 60 -			320				
VH 874 [3]		17,5 $\varnothing$ 15/6 kt. $\times$ 60	200	250	320				
VZ 2370		10,26 $\varnothing \times$ 36	185						H 17a H 17b
VZ 2369	Spitzmeißel	10,26 $\varnothing \times$ 36	185						

[1] Lager-Nr. der unausgearbeiteten Meißel siehe Tabelle 31.
[2] Lager-Nr. der unausgearbeiteten Meißel: VH 521 b.
[3] Lager-Nr. der unausgearbeiteten Meißel: VH 354 N.

Abb. 150. Abmeißeln ver-
schweißter Stehbolzenköpfe

und Stahlguß, während leichte, schnellschlagende Hämmer für die
Bearbeitung von Leichtmetallen vorgesehen sind. Bei Verwendung
besonders hierfür ausgebildeter Meißel haben sich leichte Meißelhämmer zum Aushauen von Blechen, insbesondere Karosserieblechen,
bewährt.

Das Verstemmen der Nietnähte und Nietköpfe an Kesseln und Behältern, der Muffen von Gas- und Wasserrohrleitungen, das Bördeln
von Heiz-, Rauch- und Siederohren und von Blechen läßt sich vorteilhaft mit Meißelhämmern ausführen. Infolge des leichten Anschlags,
der weitgehenden Regelbarkeit der Schlagstärke und des geringen
Rückstoßes eignen sich Meißelhämmer mit runder Führungsbüchse
auch gut für leichte und sehr leichte Nietarbeiten.

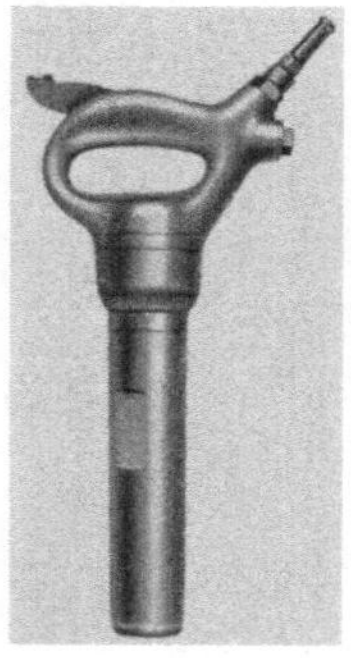

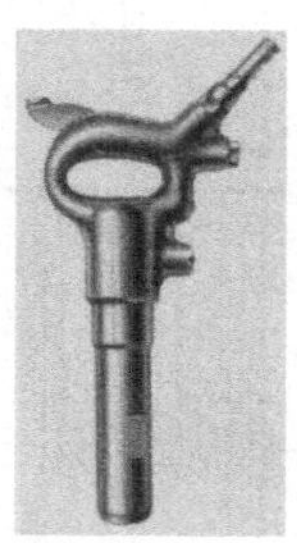

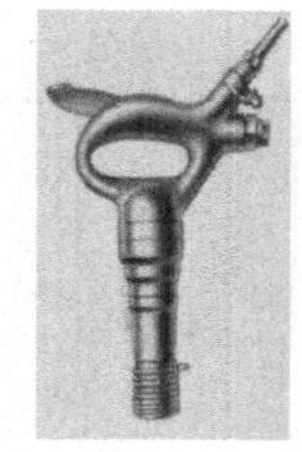

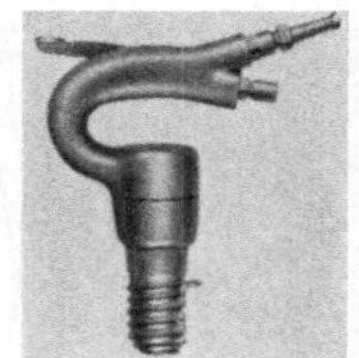

Abb. 151. Meißel-
hammer M 91 e

Abb. 152. Gußputz-
hammer MH 22 e

Abb. 153. Meißel-
hammer H 21 Fe

Abb. 154. Meißel-
hammer H 19 b

200

Wärmebehandlung der Meißel für Metallbearbeitung. Diese
Meißel werden im allgemeinen ebenfalls aus Dauerstahl hergestellt
(siehe Wärmebehandlung der Döpper, S. 191). Sie müssen *vorsichtig*
und *durchgreifend erwärmt* werden.

Schmieden: Gelbrot- bis Hellrotglut = etwa 1000° bis 850° C mit langsamer Abkühlung. Fällt beim Schmieden die Temperatur unter Hellrotglut, dann erneut erwärmen. Nach dem Ausschmieden vorderes,
meist aufgeplatztes Stück abschroten, damit die Schneide Kernmaterial
enthält. Erkalten lassen am besten in
trockener Lösche oder Asche. Auf keinen
Fall restliche Schmiedehitze zum Härten
verwenden. Schneidenform soll nicht zu

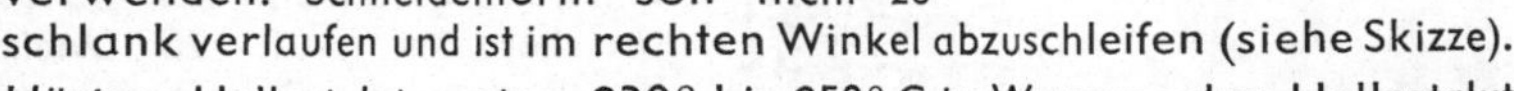

schlank verlaufen und ist im rechten Winkel abzuschleifen (siehe Skizze).

Härten: Hellrotglut = etwa 830° bis 850° C in Wasser oder Hellrotglut
= etwa 860° bis 880° C in Öl.

Bei Wasserhärtung ist gebrochenes Härten zu empfehlen, d. h. nach
Aufhören der Zischhitze in einem Ölbad vollständig abkühlen. Wenn
die Möglichkeit besteht, in einem Muffel- oder Plattenofen oder in
einem Salzbad die Meißel bis zu 320 mm Länge im ganzen zu erwärmen und ganz abzuhärten, so ist dies vorzuziehen; sonst nur
Meißelschneide auf 80 bis 100 mm Länge in einem Schmiedeofen erwärmen. Je kürzer der Meißel, desto kürzer sei auch das erwärmte
Stück, sonst leidet die Härte des Einsteckendes. Die Meißel haben
nach dem Ablöschen eine Festigkeit von etwa 170 bis 190 kg/mm²,
so daß die Prüffeile noch klebt, woraus jedoch keine Schlüsse auf
die Haltbarkeit der Meißel zu ziehen sind.

Anlassen: Im Sandbad auf gelbe bis violette Anlaßfarbe, besser durch
Abkochen in einem Ölbad bei 200° bis 280° C, je nach Bedarf.

3. Bohren, Aufreiben und Gewindeschneiden in Metall

Die in der sechsten Auflage des Taschenbuchs ausgesprochene Ansicht, daß für Bohr- und Schleifmaschinen sowohl die Elektrizität als
auch die Druckluft ihre besonderen Arbeitsgebiete haben, auf denen
sie sich behaupten, hat sich weiterhin bestätigt; das trifft auch auf die
Hochfrequenzmaschinen zu.

Vorzüge der druckluftbetriebenen Maschinen sind:

    dauernde große Überlastbarkeit;
    höchste Sicherheit gegen Unfall;
    Unempfindlichkeit gegen rauhe Behandlung, auch in staubhaltigen
      Betrieben;

Abb. 155. Abbohren von Stehbolzen bei Reparaturen

geringe Reparaturanfälligkeit; Möglichkeit, Reparaturen in eigenen Werkstätten durchzuführen;

daher wirtschaftlich im Betrieb.

Um den vielseitigen Ansprüchen der Betriebe zu genügen, steht eine ansehnliche Reihe von *Bohrmaschinen*-Bauarten mit Motorleistungen von 0,2 bis 4,5 PS und Umdrehungszahlen von 15000 bis herunter auf 20 U/min zur Verfügung. Damit können Löcher von 1 bis 100 mm Durchmesser in Metall gebohrt werden. Die Bohrmaschinen dienen auch zum Aufreiben, Gewindeschneiden und Rohreinwalzen; jedoch ist ihre Anwendung nicht auf die angeführten Arbeiten beschränkt, z. B. werden Druckluft-Bohrmaschinen auch als Antriebsmotoren für verschiedene Zwecke gebraucht (siehe S. 255).

Abb. 156. Aufreiben mit Druckluft-Bohrmaschine

Bei den Maschinen der Bauarten RB 32, RB 50 und RB 80 ist ein Regler
eingebaut, der Drehzahl und Luftverbrauch der Belastung entsprechend
regelt und ein Durchgehen bei Leerlauf verhütet.
Sämtliche Bohrmaschinen haben Rotationsmotoren mit Lamellen; das
Gewicht ist bei gleicher Leistung und gleichem Luftverbrauch geringer
als bei der früheren Ausführung mit Vierzylinder-Kolbenmotoren,
denen sie auch in bezug auf gedrängte Bauweise, Einfachheit und

Abb. 157. Gewindeschneiden mit
Druckluft-Bohrmaschine

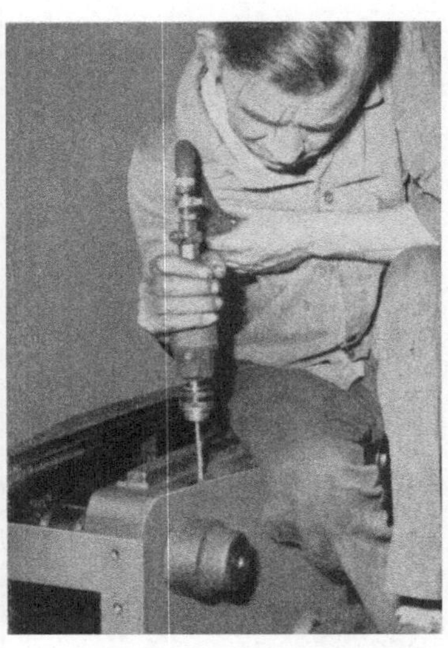

Abb. 158. Bohren mit Druckluft-
Kleinbohrmaschine

erschütterungsfreien Lauf überlegen sind. Sie werden sowohl nur
rechtslaufend als auch links- und rechtslaufend gebaut. Die Drehrichtung wird durch Umschalten des Getriebes oder der Luftzuführung
umgesteuert. Letztes ist vorzuziehen, da es bei vollem Betrieb möglich ist.
An räumlich beengten Stellen werden sogenannte *Ecken-* und *Winkel-
bohrmaschinen* benutzt. Für kleine Maschinen gibt es Winkelbohraufsätze mit sehr geringen Abmessungen.

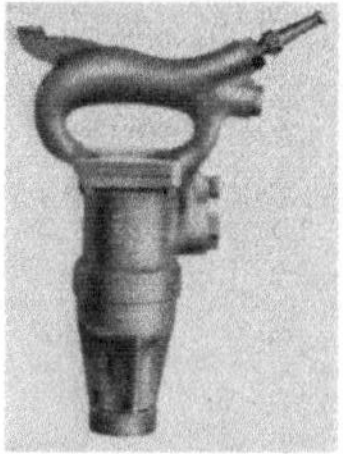

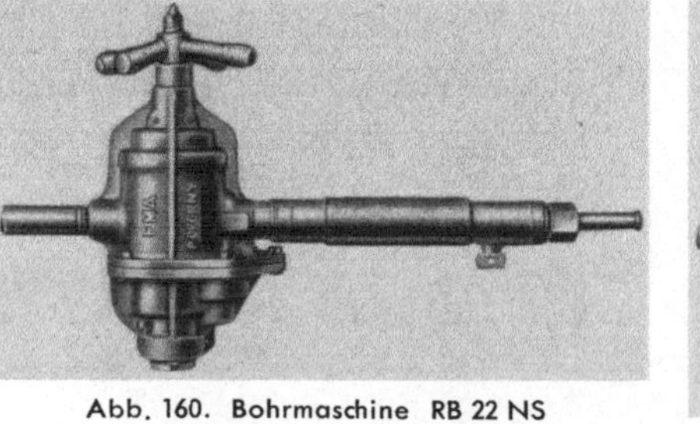

Abb. 159. Bohrmaschine RB 11/1

Abb. 160. Bohrmaschine RB 22 NS

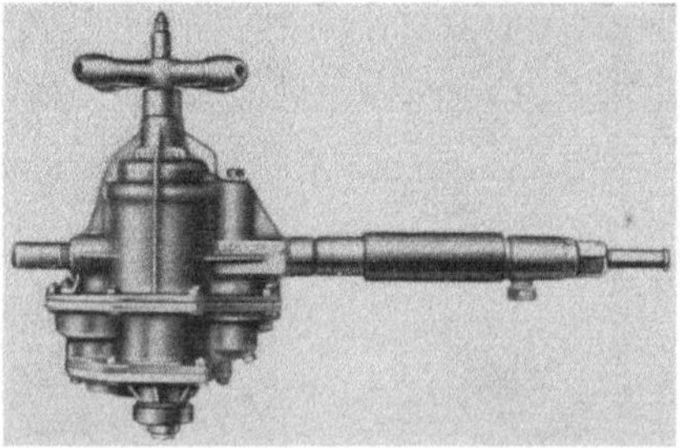

Abb. 161. Bohrmaschine RB 32 N

Tabelle 33. *Druckluft-Bohrmaschinen für Rechtslauf*

Bauart	RB 11/1* RB 11/1 N	RB 11/2* RB 11/2 N	RB 22 NS	RB 22 MS	RB 32 N	RB 32 Nb	RB 32 NL
Bohren .... [bis mm]	15	18	23	32	32	32	50
Aufreiben .... [bis mm]	13	16	18	30	32	36	40
Morsekegel	1	2	2	3	3	4	4
Gewicht .... [kg]	3,8	3,8	9,2	9,8	16,8	18,5	18,5
Drehzahl bei Vollast .... [U/min]	800	800	450	250	270	270	130
Luftverbrauch bei Vollast [m³/min]	0,70	0,70	1,35	1,35	2	2	2
Höhe .... [mm]	300/325	315/340	325	350	375	410	410
Kleinster Achsabstand ..... [mm]	—/39	—/39	55	55	65	65	65
Nachstellbarkeit der Vorschub- spindel .... [mm]	—/50	—/50	100	100	120	120	120
Schlauch I. W. .... [mm]	10	10	16	16	16	16	16
PS an der Spindel	0,95	0,95	2	2	3	3	3

Leistungsangaben gültig für 6 atü.   *) Die Bohrmaschinen RB 11/1 und RB 11/2 haben einen Handgriff.

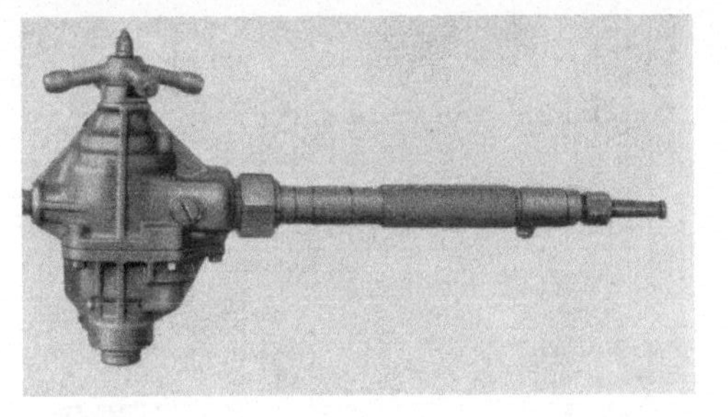

Abb. 162. Bohrmaschine RB 22 UMS

Abb. 163. Bohrmaschine RB 8ü U

Tabelle 34. *Druckluft-Bohrmaschinen für Rechts- und Linkslauf*

Bauart	RB 22 US	RB 22 UMS	RB 22 UG	RB 32 U	RB 32 Ub	RB 32 UL	RB 50 UM	RB 50 ULe	RB 80 U
Bohren [bis mm]	23	32	50	32	40	50	60	80	100
Aufreiben [bis mm]	18	30	40	32	36	36	50	70	80
Gewindeschneiden [bis mm]	16	22	50	22	36	40	65	80	100
Aufwalzen von Rohren [bis mm]	22	26	75	32	40	40	65	80	150
Morsekegel	2	3	4	3	4	4	4	5	5
Gewicht [kg]	11	11,5	17,5	20	18,5	21	23	25	38
Drehzahl bei Vollast [U/min]	450	250	45	270	270	140	140	80	45
Luftverbrauch bei Vollast [m³/min]	1,45	1,45	1,6	2,0	2,0	2,0	2,5	2,5	2,5
Höhe [mm]	330	340	390	380	410	410	440	470	520
Kleinster Achsabstand [mm]	57	57	55	65	65	65	65	65	120
Nachstellbarkeit der Vorschub-spindel [mm]	100	100	100	120	120	120	150	150	150
Schlauch I. W. [mm]	16	16	16	16	16	16	16	16	16
PS an der Spindel	2	2	2	2,6	2,5	2,6	3,5	3,5	3,5

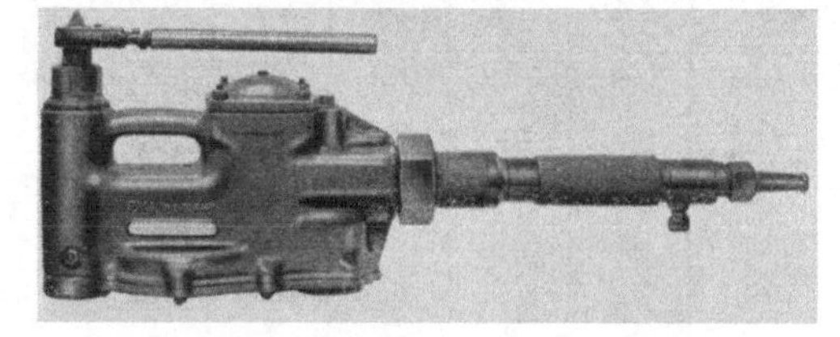

Abb. 164. Eckenbohrmaschine SB 22 MEf

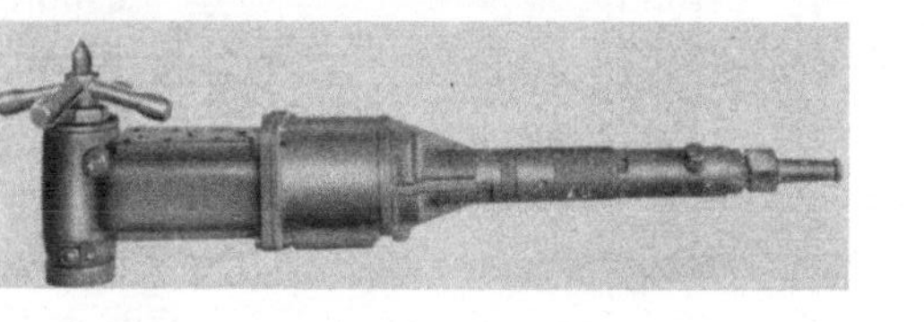

Abb. 165. Eckenbohrmaschine RB 32 UE

Tabelle 35. *Druckluft-Eckenbohrmaschinen*

Bauart	für Rechtslauf			für Rechts- und Linkslauf			
	SB 22 MEd	SB 22 MEe	SB 22 MEf	SB 22 UEd	SB 22 UEe	SB 22 UEf	RB 32 UE
Bohren .... [bis mm]	32	32	23	32	32	23	50
Aufreiben .... [bis mm]	30	30	18	30	30	18	40
Gewindeschneiden .... [bis mm]	—	—	—	22	22	16	40
Morsekegel	3	3	2	3	3	2	4
Gewicht .... [kg]	11	10,5	10,3	13,8	13,3	13,2	19
Drehzahl bei Vollast .... [U/min]	240	240	240	240	240	240	165
Luftverbrauch bei Vollast .... [m³/min]	1,3	1,3	1,3	1,3	1,3	1,3	1,9
Ganze Höhe .... [mm]	220	165	150	220	165	150	260
Kleinster Achsabstand .... [mm]	28	28	28	28	28	28	33
Nachstellbarkeit der Vorschubspindel [mm]	50	25	25	50	25	25	70
Schlauch I. W. .... [mm]	16	16	16	16	16	16	16
PS	1,8	1,8	1,8	1,7	1,7	1,7	2,4

Tabelle 36. Druckluft-Kleinbohrmaschinen und Winkelbohraufsätze „Wibo"

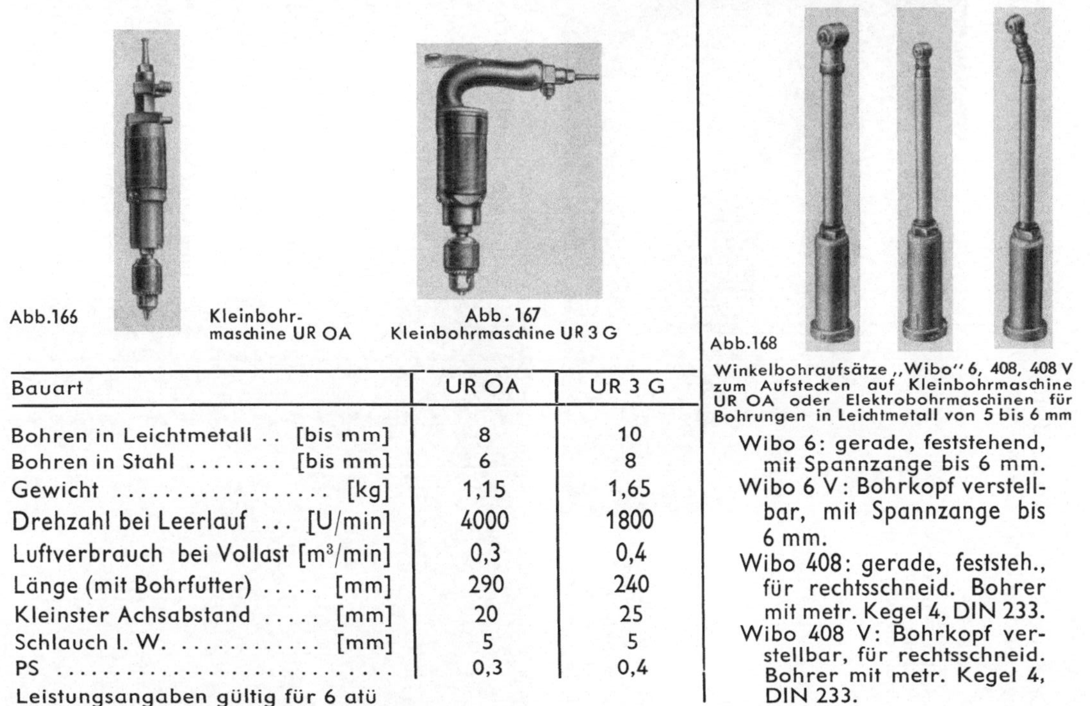

Abb.166 Kleinbohr-
maschine UR OA

Abb. 167
Kleinbohrmaschine UR 3 G

Abb.168

Winkelbohraufsätze „Wibo" 6, 408, 408 V zum Aufstecken auf Kleinbohrmaschine UR OA oder Elektrobohrmaschinen für Bohrungen in Leichtmetall von 5 bis 6 mm

Wibo 6: gerade, feststehend, mit Spannzange bis 6 mm.
Wibo 6 V: Bohrkopf verstellbar, mit Spannzange bis 6 mm.
Wibo 408: gerade, feststeh., für rechtsschneid. Bohrer mit metr. Kegel 4, DIN 233.
Wibo 408 V: Bohrkopf verstellbar, für rechtsschneid. Bohrer mit metr. Kegel 4, DIN 233.

Bauart	UR OA	UR 3 G
Bohren in Leichtmetall .. [bis mm]	8	10
Bohren in Stahl .... [bis mm]	6	8
Gewicht .... [kg]	1,15	1,65
Drehzahl bei Leerlauf ... [U/min]	4000	1800
Luftverbrauch bei Vollast [m³/min]	0,3	0,4
Länge (mit Bohrfutter) ..... [mm]	290	240
Kleinster Achsabstand ..... [mm]	20	25
Schlauch l. W. .... [mm]	5	5
PS	0,3	0,4

Leistungsangaben gültig für 6 atü

4. Anziehen und Lösen von Schrauben und Muttern

Dreh- und *Schlagschrauber* dienen zum Anziehen und Lösen von Schrauben und Muttern. Sie werden durch Rotationsmotoren mit Lamellen

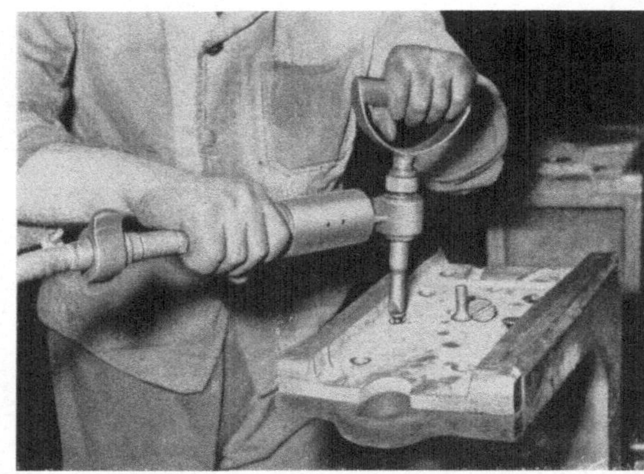

Abb. 169.
Anziehen von
Senkschrauben
M 12 mit einem
Drehschrauber

Abb. 170.
Lösen von Dom-
schrauben $1^1/_8''$
mit einem
Schlagschrauber

angetrieben. Die Drehschrauber, die hauptsächlich für kleine Schraubenabmessungen bestimmt sind, erreichen das erforderliche Drehmoment über ein stark untersetztes Getriebe. Bei den Schlagschraubern wird das ausreichende Anziehen von Schrauben und Muttern bis zu den größten Abmessungen und ihr Lösen, selbst wenn sie sehr festsitzen, durch einen in der Drehrichtung wirkenden Schlagmechanismus erzielt. Der Einsatz dieser Maschinen bringt gegenüber Handarbeit eine vielfach höhere Leistung und damit eine wesentliche Zeit- und Kostenersparnis. Das statische Drehmoment bei Schlagschraubern ist auffallend klein, d. h. das beim schlagartigen Anziehen auftretende Anziehmoment wird von der umlaufenden Masse innerer Teile aufgebraucht und äußerlich nicht wirksam. Die beim Anziehen oder Lösen großer Schrauben und Muttern von Hand oder unter Verwendung von Drehschraubern auftretenden großen Drehmomente, die vom Bedienungsmann aufgenommen werden müssen, sind vermieden, und damit entfällt eine Ursache vieler Unfälle.

Die Entwicklung auf diesem Gebiet ist noch in Fluß. Es werden bereits Schlagschrauber bis zu 4″ Leistung gefordert sowie Drehschrauber, die sich wie Bohreinheiten zu Arbeitsvorrichtungen kombinieren lassen, um 4, 6 oder 8 Schrauben oder Muttern gleichzeitig anzuziehen oder zu lösen.

Tabelle 37. *Druckluft-Drehschrauber*

Bauart	SA 1 A
Anziehen und Lösen von	
Sechskantschrauben	$M8 \cdots M16$
	$^5/_{16}'' \ldots {}^5/_8''$
Stiftschrauben	$M12 \cdots M16$
	$^1/_2'' \ldots {}^5/_8''$
Drehzahl . . . . [U/min]	300
Luftverbrauch . . . . . . [m³/min]	0,3
Gewicht ohne Einsatz . . . [kg]	2,4
Schlauch I. W. . . . . [mm]	10

Leistungsangaben gültig für 6 atü.

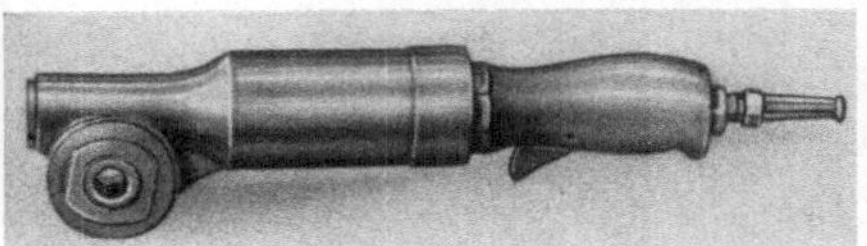

Abb. 171. Drehschrauber
SA 1 A

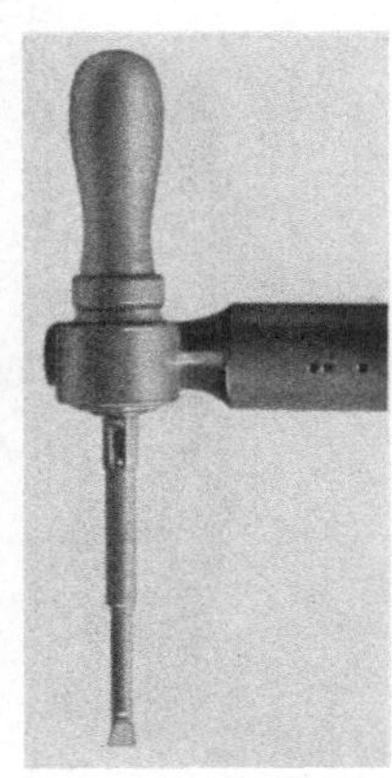

Abb. 172. Steckschlüsseleinsätze
zu SA 1 A

Abb. 173. Schraubenziehergriff zu SA 1 A

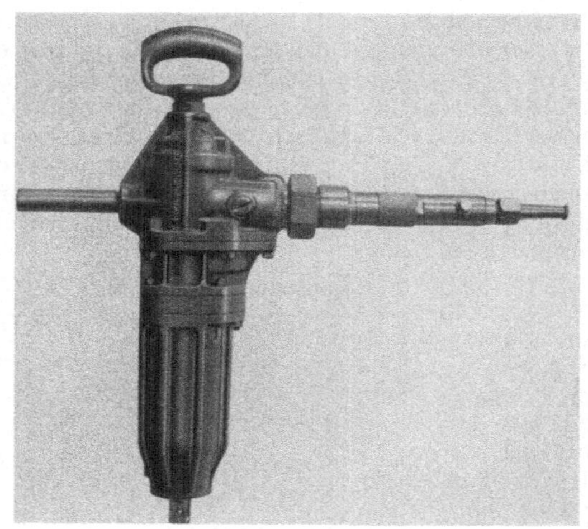

Abb. 174. Schlagschrauber SA 4

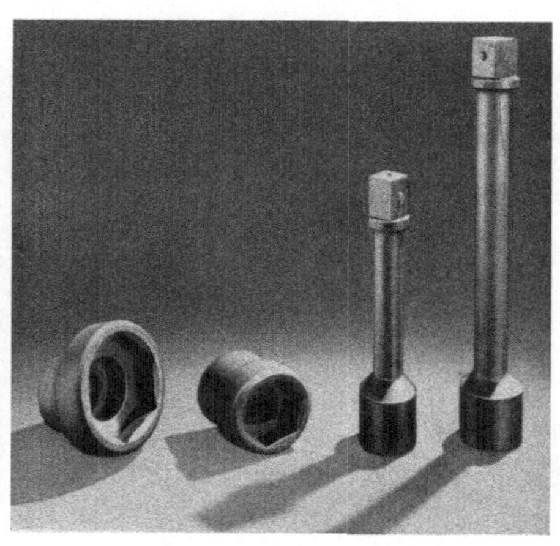

Abb. 175. Einsätze und Verlängerungen zu SA 4

Tabelle 38. Druckluft-Schlagschrauber

Bauart	SA 2	SA 4
Anziehen und Lösen von Sechskantschrauben und Muttern .	M 16 ··· M 22 $^5/_8''$ ... $^7/_8''$	M 22 ··· M 39 $^7/_8''$ ... $1^1/_2''$
Drehzahl .... [U/min]	720	820
Luftverbrauch .... [m³/min]	1,2	2,0
Gewicht ohne Einsatz ..... [kg]	10	17
Länge .... [mm]	500	580
Schlauch l. W. .... [mm]	16	19

Leistungsangaben gültig für 6 atü.

5. Schleifen

Bei der Bearbeitung von Eisen, Stahl, Metallegierungen und Leichtmetallen häufig vorkommende Schleifarbeiten werden zweckmäßig mit *Druckluft-Schleifmaschinen* ausgeführt. Je nach Aufgabe und geforderter Leistung sind unterschiedliche Maschinengrößen zu verwenden. Bei der Auswahl der am besten geeigneten Bauart sind das Maschinengewicht, die örtlichen Verhältnisse und die Drehzahl zu be-

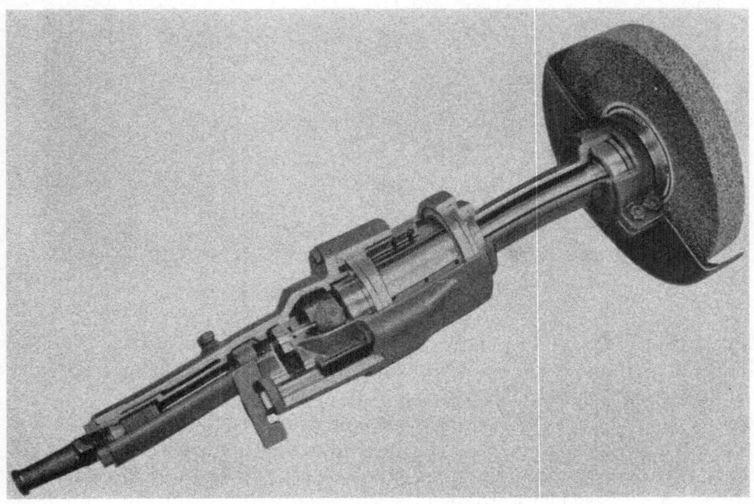

Abb. 176. Schnittmodell einer Druckluft-Schleifmaschine

achten. Die letzte bestimmt die Bindung der Schleifscheibe, während
der zu schleifende Werkstoff für das Schleifmittel, die Körnung und
die Härte maßgebend ist.

Die Schleifmaschinen sind ebenfalls mit den hier besonders geeigneten
Rotationsmotoren mit Lamellen ausgerüstet, deren hohe Umlauf-
geschwindigkeit unmittelbar auf die Schleifscheibe übertragen und
bei den mittleren und großen Maschinen durch einen Regler im zulässigen Bereich gehalten wird. Dieser Regler wirkt sich nicht nur
vorteilhaft auf den Luftverbrauch im Leerlauf aus, sondern durch ihn
wird auch das Zerspringen der Schleifscheiben infolge zu hoher Um-

Abb. 177. Abschleifen von Gußnähten

fangsgeschwindigkeit verhindert. Bei den kleinen Maschinen sind die
Lufteintrittskanäle so bemessen, daß die zulässige Umfangsgeschwindigkeit nicht überschritten werden kann.

Der Lauf der Schleifmaschinen ist ruhig und erschütterungsfrei. Die
Schleifscheiben sind leicht auszuwechseln; an ihrer Stelle können auch
Stahldrahtbürsten für Reinigungszwecke oder Schwabbelscheiben zum
Polieren eingespannt werden. Die kleinsten Schleifmaschinen mit ihren
hohen Umdrehungszahlen, für die in einigen Ausführungen auch Tur-

212

Abb. 178. Fräsen eines Werkstücks aus Leichtmetall mit Schleifmaschine RS 40 KH mit eingesetztem Fräser

binenantrieb verwendet wird, werden im Gesenk-, Werkzeug- und Modellbau, in der Keramik, Glasschleiferei, Bildhauerei usw. angewendet. Mit Fräsern an Stelle der Schleifscheiben können auch Fräsarbeiten ausgeführt werden; für Arbeiten in Stahl sind Hartmetallfräser zu verwenden.

Mit *Winkelschleifmaschinen* lassen sich Stellen und Teile bearbeiten, die mit den üblichen Maschinen nicht erreicht werden können. Sie sind so ausgebildet, daß mit Hilfe entsprechender Seitenbacken gerade und konische Schleifscheiben verschiedener Durchmesser und Breiten sowie Topfscheiben und Topfbürsten angebracht werden können.

In der letzten Zeit wurden Hochleistungs-Schleifscheiben mit Sonderbindungen mit oder ohne Gewebeeinlagen entwickelt, die für Umfangsgeschwindigkeiten von 80 m/s zugelassen sind. Für diese

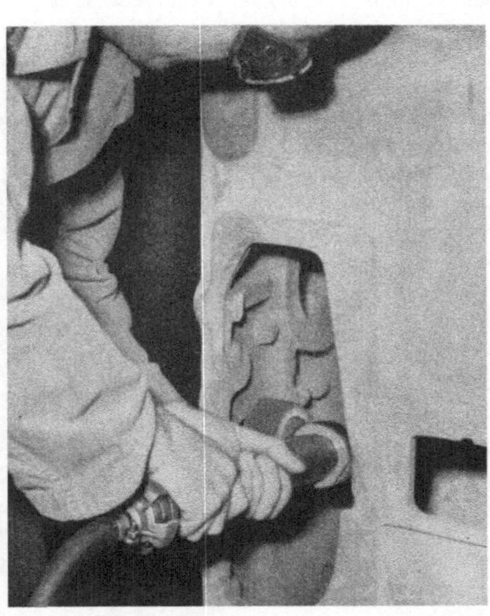

Abb. 179. Arbeiten mit der Winkelschleifmaschine RS 80 HW. (Die vorgeschriebene Schutzhaube ist hier abgenommen.)

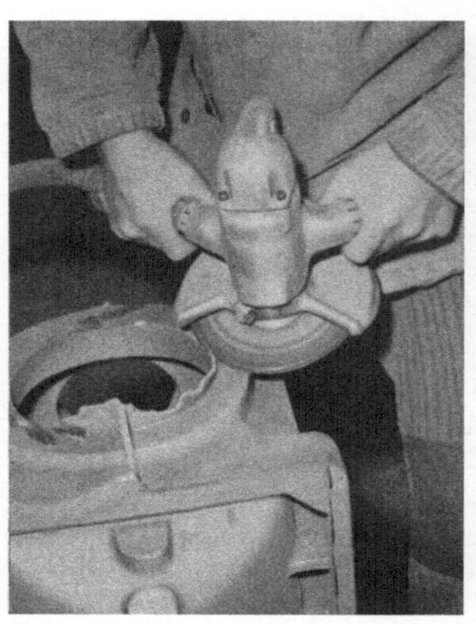

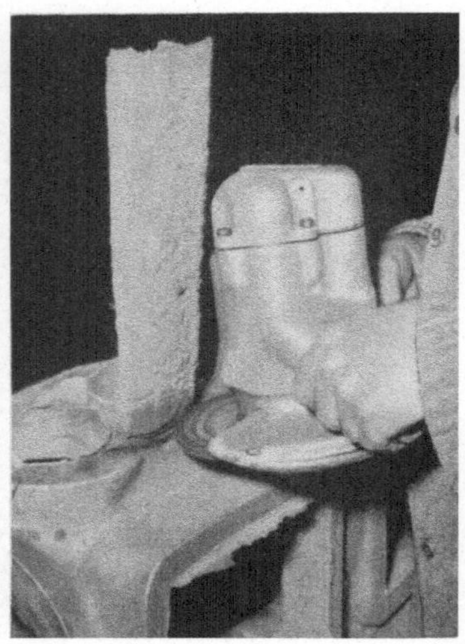

Abb. 180. Abschleifen eines Grates
mit Hochleistungs-Schleifmaschine SH 175

Abb. 181. Abtrennen eines Steigers
mit Hochleistungs-Schleifmaschine SH 175

Scheiben werden besondere *Hochleistungs-Schleifmaschinen* mit Drehzahlregler gebaut. Sie weisen bei sehr geringem Gewicht eine hohe Leistung mit günstigem spezifischem Luftverbrauch auf (siehe Tab. 40). Der eine Handgriff ist als Sicherheitsdrehventil ausgebildet, das beim Loslassen in die Schließstellung zurückfedert und damit ungewolltes Anlaufen verhindert. Der andere Handgriff enthält einen Ölraum, der ausreichende Schmierung der umlaufenden Teile gewährleistet.

In Fällen, in denen Oberflächen zur Vorbereitung für nachfolgende Lackierung sehr glatt und fein geschliffen werden müssen, leisten *Flächenschleifmaschinen* gute Dienste.

Abb. 182. Schleifen einer Badewanne mit RF 15

Sie eignen sich auch zum Schleifen von Badewannen vor der
Emaillierung, zum Flächenschleifen von größeren Metallmodellen
und von Holz sowie zum Abschleifen von Herdplatten. Man gibt
hier biegsamen Schleifscheiben (Schmirgelleinen auf Filzscheiben,
die durch federnde Stahlbleche abgestützt werden) den Vorzug,
weil sie sich unebenen Formen anpassen. Kleinere Flächenschleifmaschinen werden im Karosseriebau u. a. zum Überschleifen von
gespachtelten Flächen verwendet. Sie sind mit zentraler Wasser-
zuführung versehen, tragen eine Schwammgummischeibe, auf die der
Schleifteller geklebt wird, und können deswegen auch für beliebig
gewölbte Flächen gebraucht werden. Die gleichen Maschinen können
auch mit Schleifsteinen versehen werden, die mit Schmelzkitt auf der
Schwammgummischeibe befestigt werden; sie eignen sich dann vor-
züglich zum Schleifen von Betonflächen, Kunst- und Naturstein (Granit,
Marmor usw.) Das Polieren von Kunst- und Naturstein ist mit besonderen Polierscheiben möglich.

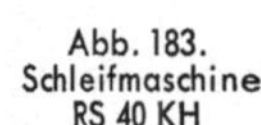

Abb. 183.
Schleifmaschine
RS 40 KH

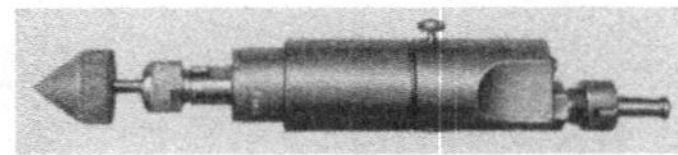

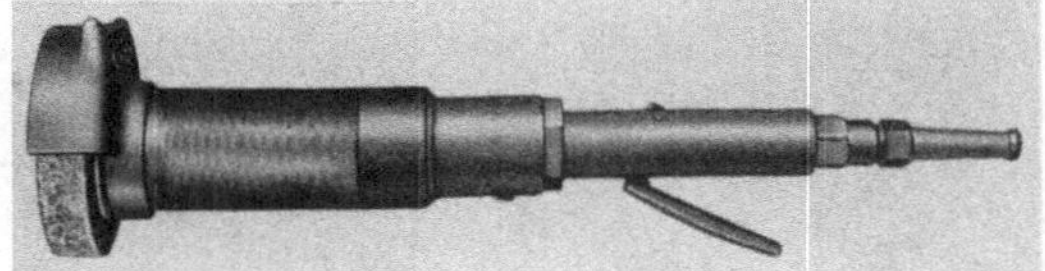

Abb. 184. Schleifmaschine RS 80 HR

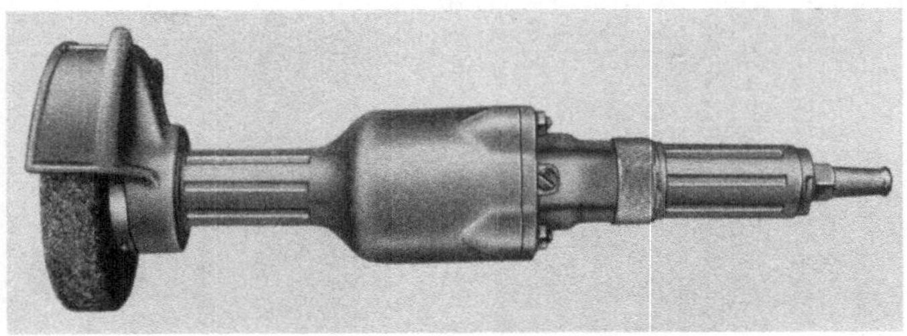

Abb. 185. Schleifmaschine S 150

Tabelle 39. *Druckluft-Schleifmaschinen*

Bauart	RS*) 40 KH	RS*) 80 HR	RS 100 e R	RS*) 100 HR	S 150	S 150 H	RS 200	RS 200 H
Länge .... [mm]	215**)	360	415	415	490	490	530	530
Drehzahl bei Leerlauf .. [U/min]	22000	10000	5500	8500	3800	5750	2800	4800
Luftverbrauch .... [m³/min]	0,3	0,6	0,7	0,8	1,4	1,5	1,2	1,3
Schleifscheibe								
Durchmesser .... [mm]	8···40	60···80	100	100	150	150	200	200
Breite .... [mm]	—	20	32	25	32	32	32	32
Bohrung .... [mm]	—	20	32	20	32	32	32	32
Gewicht ohne Scheibe ..... [kg]	0,9	1,9	4,0	3,2	6,1	6,1	7,6	8,5
Schlauch I. W. .... [mm]	8	10	13	13	16	16	16	16
PS an der Spindel	0,2	0,7	0,9	0,9	1,8	2,1	1,5	1,5

Leistungsangaben gültig für 6 atü.

*) ohne Regler. — **) mit Verlängerungsaufsatz R 775: 515 mm.

Schleifscheiben

Keramisch gebunden bis 25 m/s   Bakelitgebunden bis 45 m/s

für Schleifmaschinenbauarten

RS 40 KH (Scheiben bis 25 mm Dmr.)	RS 40 KH (Scheiben über 25 mm Dmr.; bis 40 mm Dmr.)
RS 100 eR	RS 80 HR (Scheiben über 60 mm Dmr.; bis 80 mm Dmr.)
S 150	RS 100 HR
RS 200	S 150 H
	RS 200 H

Damit Unfälle durch Zerspringen von Schleifscheiben verhütet werden, dürfen die Schleifmaschinen nur mit solchen Schleifscheiben in Betrieb genommen werden, für deren höchstzulässige Umfangsgeschwindigkeit (bis 25, 45 oder 80 m/s) sie gebaut und eingestellt sind.

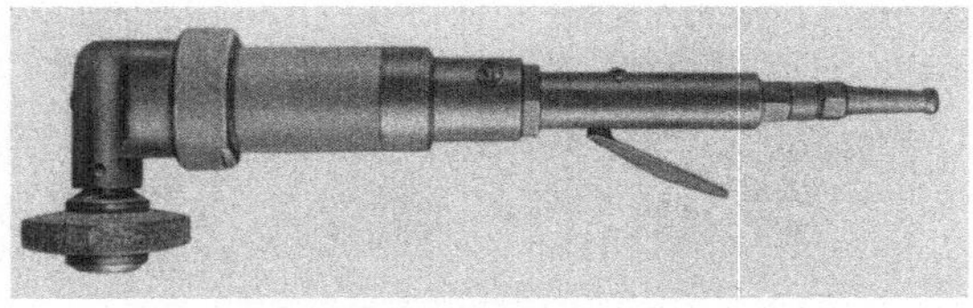

Abb. 186. Winkelschleifmaschine RS 80 HW mit Hebelventil und konischer Schleifscheibe. (Vorgeschriebene Schutzhaube auf dem Bild abgenommen.)

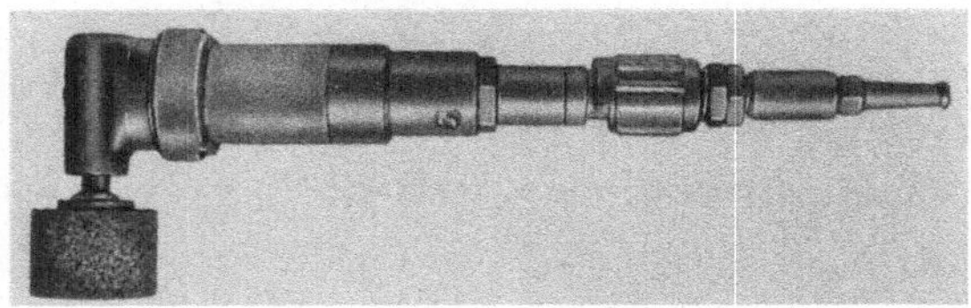

Abb. 187. Winkelschleifmaschine RS 80 HW mit Drehventil und Topfscheibe. (Vorgeschriebene Schutzhaube auf dem Bild abgenommen.)

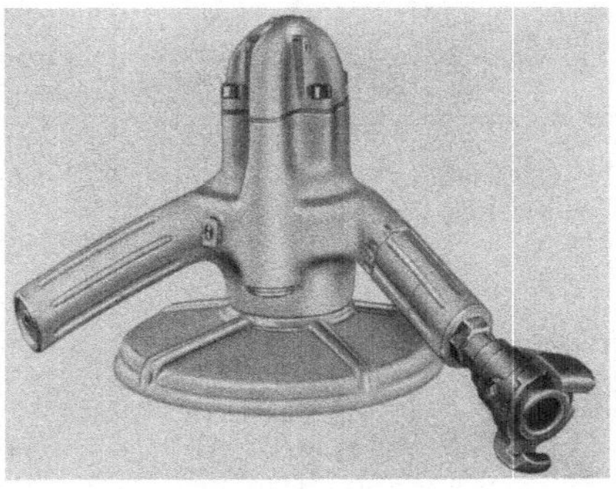

Abb. 188. Hochleistungs-Schleifmaschine SH 175

217

Über die *zulässigen Höchstumfangsgeschwindigkeiten*, die Befestigung, Lagerung, Kennzeichnung usw. der Schleifscheiben bestehen Vorschriften, die unbedingt beachtet werden müssen. Diesbezüglich wird auf die vom Verband der Eisen- und Metall-Berufsgenossenschaften herausgegebene Schrift „*Sicherheit beim Schleifen*" ausdrücklich hingewiesen. Diese Schrift enthält auch einen Abschnitt „Schleifen" aus den „Sicherheitsvorschriften für Magnesium-Legierungen".

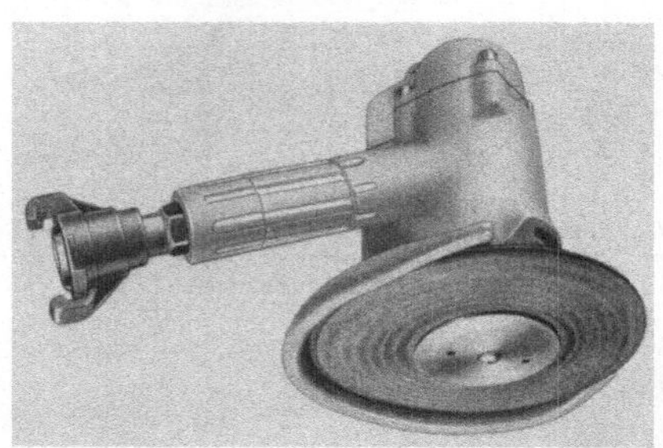

Abb. 189. Hochleistungs-Schleifmaschine SH 175, Ansicht von unten

Tabelle 40. *Druckluft-Winkelschleifmaschine. Druckluft-Hochleistungsschleifmaschine. Druckluft-Flächenschleifmaschine*

Bauart	Winkel-schleif-maschine RS 80 HW	Hoch-leistungs-schleif-maschine SH 175	Flächen-schleif-maschine RF 15
Gewicht ohne Schleifscheibe [kg]	2,3	4,6	—
Gewicht mit Schleifscheibe .. [kg]	—	—	7,0
Drehzahl im Leerlauf .. [U/min]	10000	8600	—
Drehzahl bei Vollast ... [U/min]	—	—	2400
Luftverbrauch .... [m³/min]	0,6	1,7	1,0
Schleifscheiben-Dmr...... [mm]	60 ··· 80	178	225
Schleifscheiben-Breite .... [mm]	6 ··· 20	6,3	—
Schleifscheiben-Bohrung . [mm]	20 und 25	22	—
Schlauch I. W. .... [mm]	10	16	13
PS an der Spindel..............	0,7	2	—

Leistungsangaben gültig für 6 atü.

6. Stampfen und Kernausstoßen

Überall da, wo man einen größeren Festigkeitsgrad halbfeuchter Massen, des Erdreiches
oder anderer Stoffe erreichen will, insbesondere in Gießereien, kann dies sehr vorteilhaft mit *Druckluft-Stampfern* geschehen. Je
nach der Beschaffenheit der zu verdichtenden
Masse, dem gewünschten Festigkeitsgrad und
der geforderten Leistung sind Stampfergrößen
mit Kolbenhüben von etwa 100 bis 350 mm
verfügbar, die durch verschiedene, die Ein-
laßorgane enthaltende Anschlüsse den vorliegenden Verhältnissen angepaßt werden
können. Für leichte und Werkbank-Arbeiten
in Gießereien, in der Kunststein- und in der
Zementwarenindustrie werden kleine Stampfer in möglichst leichter Ausführung bevorzugt. Zum Einstampfen des Feuerschirms in
Lokomotiv-Feuerbüchsen, wo die Raumhöhe
sehr beschränkt ist, dienen besonders kurz
gebaute Stampfer, die trotzdem eine starke,
in die Tiefe wirkende Leistung haben. Zum
Einstampfen von Formsand in größeren Form-
kästen und Dammgruben oder zum Verdichten von erdigen Massen verwendet man
mittlere Stampfergrößen, die einen kräftigen
Schlag haben und vom Bedienungsmann in
stehender Haltung geführt werden. Dies ist
durch längere Anschlußstücke möglich, bei
denen das Einlaßventil in Brusthöhe liegt.
Zum Stampfen großer Betonmengen und
zu ähnlichen Zwecken (z. B. Stampfen
von Konverter-Dolomitböden) werden die
schweren Stampfer verwendet. Für Stampfarbeiten mit häufiger Unterbrechung nimmt
man Anschlüsse mit Hebelventil, für längere
ununterbrochene Arbeitsdauer solche mit
Drehventil.

In Gießereien ist das Lösen und Herausarbeiten
von Kernen aus den Gußstücken eine schwie-
rige Arbeit, die wirtschaftlich nur mit *Druck-*

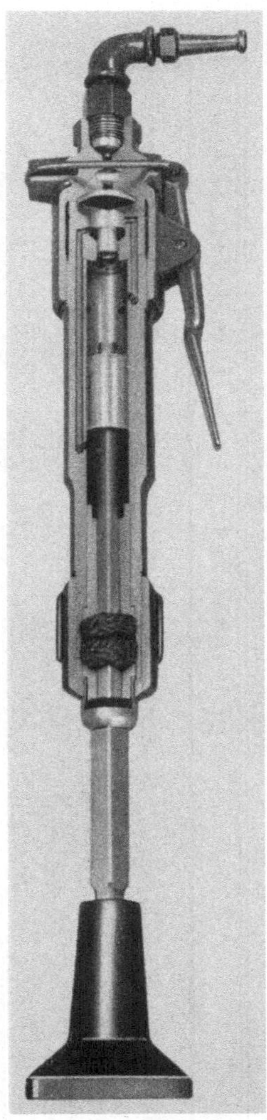

Abb. 190. Schnittmodell
eines Druckluft-Stampfers

Tabelle 41. *Druckluft-Stampfer*

Bauart	ST 7	ST 11	ST 15	ST 12K	ST 12e	ST 16a	ST 20	ST 33
Ausführung	leicht	leicht	leicht	mittel	mittel	mittel	schwer	schwer
Morsekonus	1	1	1	2	2	2	3	3
Gewicht ohne Anschluß [rd. kg]	2,8	3,5	4,5	4,9	7	7,5	9,4	15
Kolbendurchmesser ..... [mm]	22,5	22,5	22,5	30	30	36	36	40
Kolbenhub .... [rd. mm]	70	110	220	65	155	140	200	300
Luftverbrauch .... [m³/min]	0,35	0,38	0,40	0,56	0,45	0,72	0,84	0,78
Schlagzahl je Minute	800	700	600	800	650	600	500	380
Schlauch l. W. .... [mm]	10	10	10	13	13	13	13	13
Länge (ohne Stampfplatte) [mm]								
mit Haube ohne Anschluß	390	450	510	470	550	590	670	820
mit Hebelventilhaube u. Anschluß	465	525	585	530	680	—	—	—
mit kurzem Hebelventilanschluß	620	680	740	700	770	810	890	1040
mit kurzem Drehventilanschluß .	570	630	690	680	750	790	870	1020
mit langem Hebelventilanschluß	1085	1145	1250	930	1020	1060	1140	1290
mit langem Drehventilanschluß .	1060	1120	1180	940	1010	1050	1130	1280

Zubehör

Verlängerungen für Stampfer-Kolbenstangen

Morsekonus $a = b$	Stärke d	Lager-Nr. $l = 600$	Lager-Nr. $l = 1100$
1	15	Z 465	Z 466
2	18	Z 202	Z 203
3	35	Z 205	Z 172

Keil zum Lösen der Stampfplatten von den Kolbenstangen

Für Morsekonus	Lager-Nr.
1	Z 102
2 u. 3	Z 38

Eiserne Stampfplatten

Tabelle 42. Stampfplatten

rund		quadratisch		rechteckig		für Zementrohre	
Lager-Nr.	Größe mm	Lager-Nr.	Größe mm	Lager-Nr.	Größe mm	Lager-Nr.	Größe mm
Für Stampfertypen ST 7, ST 11 und ST 15 (Morsekonus 1)							
P 101	70 Dmr.	P 104	70 × 70	P 130[1]	60 × 15	P 103	70 × 17
				P 102	70 × 20		r = 50
Für Stampfertypen ST 12e, ST 12K und ST 16a (Morsekonus 2)							
P 224	70 Dmr.	P 205	80 × 80	P 201	80 × 25	P 211	100 × 25
P 221	85 Dmr.	P 206	100 × 100	P 202	100 × 25		r = 100
P 225	95 Dmr.	VP 110	150 × 150	P 216	100 × 35	P 212	120 × 35
				P 203	100 × 50		r = 150
				P 204	100 × 75	P 213	120 × 50
				P 207	125 × 75		r = 200
						P 214	120 × 65
							r = 300
Für Stampfertypen ST 20 und ST 33 (Morsekonus 3)							
P 307	95 Dmr.	P 310	100 × 100	P 324	100 × 50	P 327	120 × 50
P 322	120 Dmr.	VP 115	150 × 150	P 325	100 × 75		r = 200
		VP 113	180 × 180	P 326	125 × 75	P 311	120 × 65
							r = 300

Gummistampfplatten

rund	quadratisch	rechteckig	keilförmig

rund		quadratisch		rechteckig		keilförmig	
Für Stampfertypen ST 7, ST 11 und ST 15 (Morsekonus 1)							
P 366	40 Dmr.					P 365	50 × 50
						P 367	70 × 50
Für Stampfertypen ST 12e, ST 12K und ST 16a (Morsekonus 2)							
P 361	75 Dmr.	P 356	80 × 80	P 362	75 × 45		

[1] Die kleine Platte P 130 ist für das Einstampfen besonders kleiner Modelle bestimmt und zu deren Schonung mit einer Schlagfläche aus Gummi versehen.

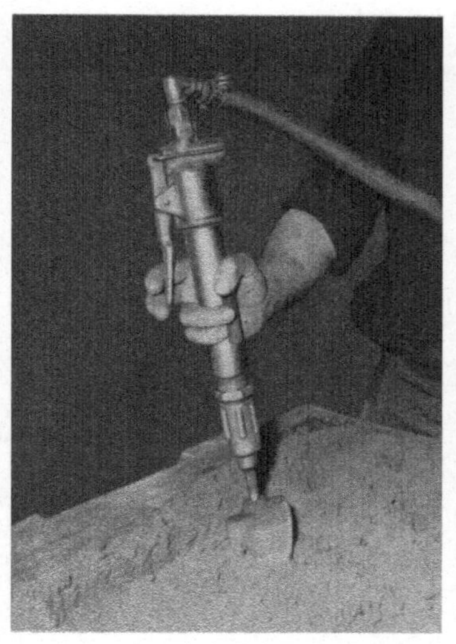

Abb. 191. Stampfen mit Bankstampfer

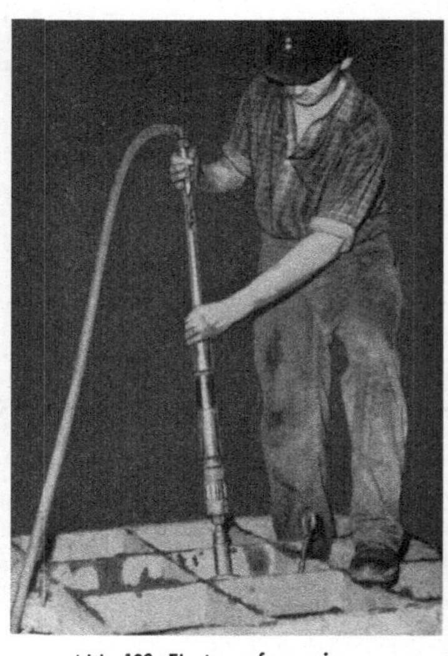

Abb. 192. Einstampfen eines größeren Modells

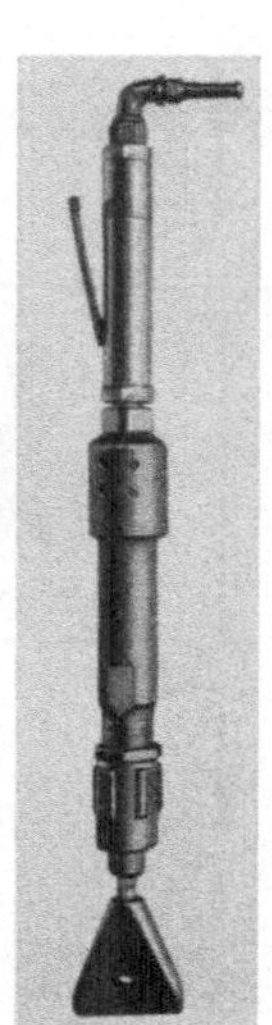

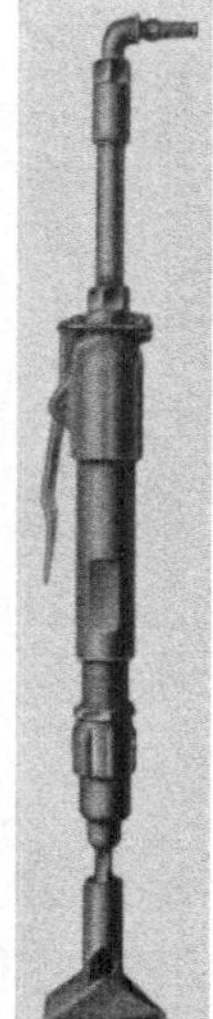

Abb. 193. Stampfer ST 7 mit Hebelventilhaube

Abb. 194. Stampfer ST 7 mit kurzem Drehventil-Anschluß

Abb. 195. Stampfer ST 7 mit kurzem Hebelventil-Anschluß

Abb. 196. Stampfer ST 12 e mit Hebelventilhaube

Abb. 193   Abb. 194   Abb. 195   Abb. 196

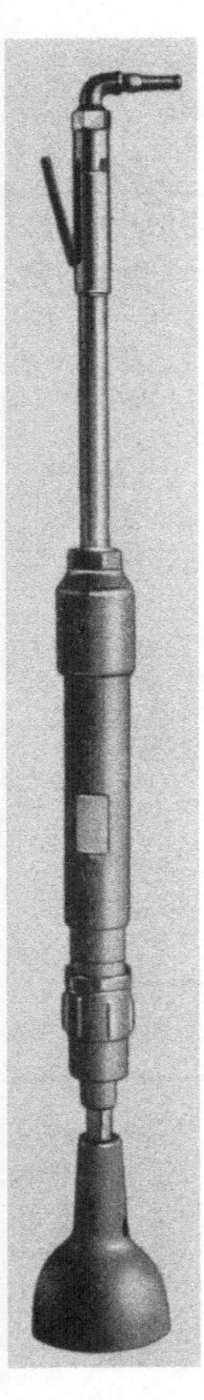

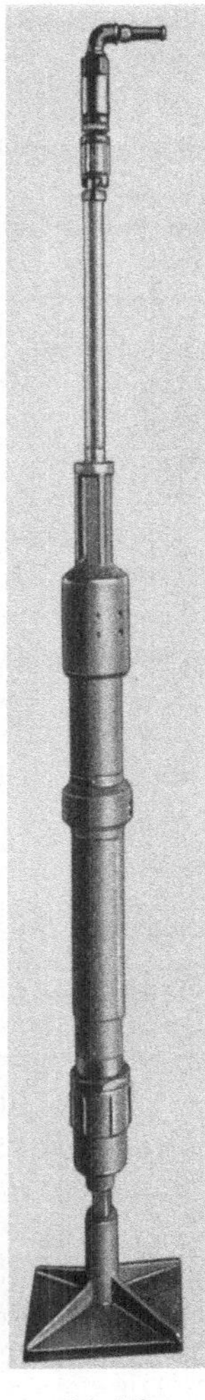

luft-Kernausstoßhämmern auszuführen ist. Sie sind besonders für diesen Zweck konstruiert, weil ihre Schlagarbeit den bei diesen Arbeiten vorliegenden Verhältnissen angepaßt sein muß. Ihre Ausführung ermöglicht beim Zurückziehen das Lösen festsitzender

Abb. 199. Kernausstoßen

Einsteckwerkzeuge. Als solche dienen Spitzeisen und Flachmeißel (siehe Tab. 43). Sie unterliegen insbesondere bei größeren Längen höheren Biege- und Schwingungsbeanspruchungen. Daher darf der Meißelschaft keinerlei Kerben aufweisen, da diese zum

223

Dauerbruch führen können. Sind bei der Arbeit Kerben entstanden, müssen sie sorgfältig ausgeschliffen werden.

Tabelle 43. *Druckluft-Kernausstoßhammer FMA 07 Ka*

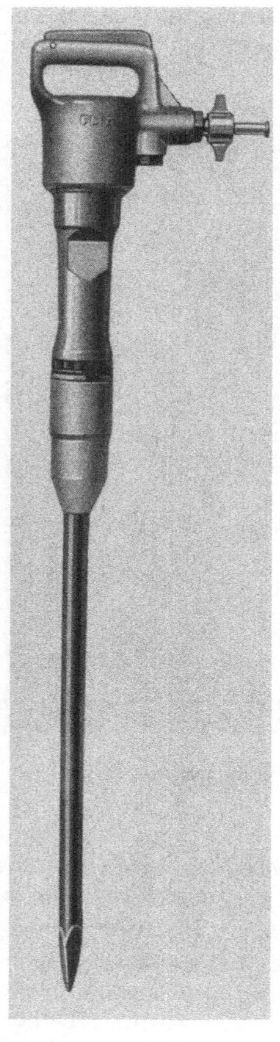

Bauart	FMA 07 Ka
Gewicht ohne Einsteckwerkzeug .... [kg]	8,6
Schlagzahl je Minute	1400
Länge ohne Einsteckwerkzeug .... [mm]	465
Luftverbrauch .... [m³/min]	0,7
für Einsteckende, rund..... [mm]	25 Dmr. ×75
oder	
für Einsteckende, sechskt. .. [mm]	25,6 Dmr. 22/6 kt. ×82
Schlauch I. W. .... [mm]	16
Betriebsdruck 6 atü.	

Einsteckwerkzeuge zu FMA 07 Ka

Benennung	Einsteckende	Länge mm	Lager-Nr.
Spitzeisen	25 Dmr. ×75	500	VZ 1848 K
Spitzeisen		750	VZ 1848 Kb
Spitzeisen		1000	VZ 1848 Kc
Flachmeißel ...		500	VZ 1848 Kf
Spitzeisen ..	25,6 Dmr. 22/6 kt. ×82	500	Z 862
Spitzeisen ..		750	Z 862 b
Spitzeisen ..		1000	Z 862 c
Flachmeißel		500	Z 863
Flachmeißel		750	Z 863 b
Flachmeißel		1000	Z 863 c

Abb. 200. Kernausstoßhammer FMA 07 Ka

7. Graben

Um auch bei Erdarbeiten eine Steigerung der Leistung zu erreichen,
führt man die leistungsfähigen *Druckluft-Spatenhämmer* besonders dort
ein, wo die räumlichen Verhältnisse beengt sind und deshalb die erforderliche Leistung auch nicht durch zusätzliche Arbeitskräfte erreich-

Abb. 201. Spatenhämmer beim Schleusenbau

bar ist. Zum Tongraben unter Tage werden die Hämmer mit Ballen-
drückergriff benutzt, während über Tage und für das Ausheben von
Rohrgräben und Baugruben der Doppelhandgriff mit Verlängerung
vorgezogen wird. Für das Graben im Erdreich verwendet man Spaten
mit geradem Blatt, zum Abstechen von Ton und Lehm solche mit gewölbtem Blatt.

Spatenhämmer sind durch Einsetzen von Spitzeisen oder Flachmeißeln auch für Abbrucharbeiten verwendbar. Die Werkzeuge werden durch eine aufschraubbare Überwurfkappe im Hammer gehalten und sind leicht auszuwechseln.

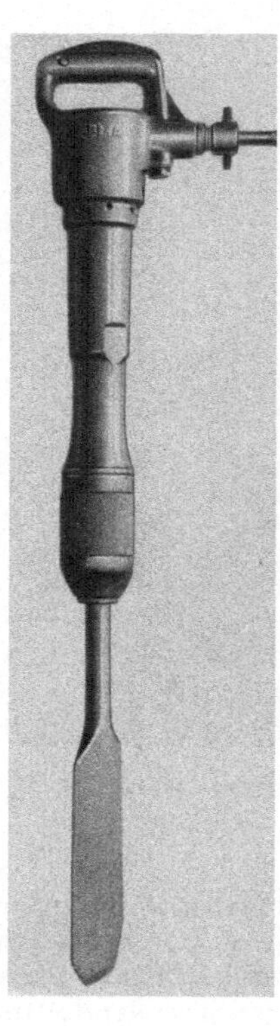

Abb. 202. Spatenhammer SpH 1 a mit
geradem Spaten

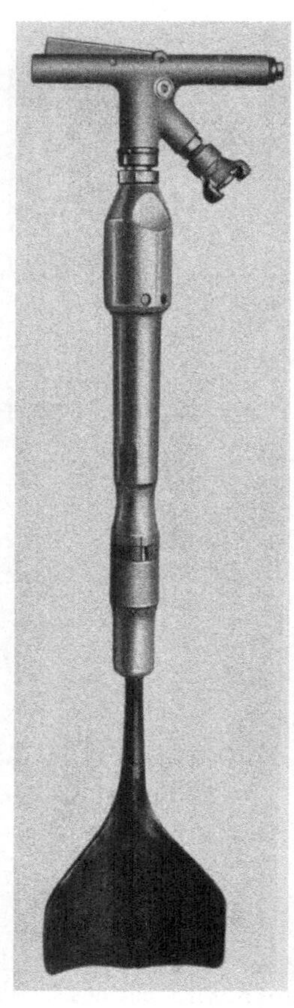

Abb. 203.
Spatenhammer SpH 2
mit gewölbtem Spaten

Tabelle 44. *Druckluft-Spatenhämmer*

Bauart	SpH 1a	SpH 1b	SpH 2
Gewicht (ohne Einsteckwerkzeug) ... [kg]	10,5	15	15
Gewicht des Spatens (gerade/gewölbt) [kg]		2,5/4	
Schlagzahl je Minute	900	900	700
Länge (ohne Einsteckwerkzeug) .... [mm]	550	745	790
Luftverbrauch .... [m³/min]	0,78	0,78	0,80
für Einsteckende................. [mm]		25,6 Dmr. 22/6 kt. × 82	
Schlauch I. W. .... [mm]	16	16	19

Leistungsangaben gültig für 6 atü.

Einsteckwerkzeuge zu Spatenhämmern

Benennung	Einsteckende	Länge mm	Lager Nr.
Gerader Spaten für Erdreich		400	Z 854
Gewölbter Spaten für Ton und Lehm		400	Z 860
Spitzeisen	25,6 Dmr. 22/6 kt. × 82	500	Z 862
Spitzeisen		750	Z 862b
Spitzeisen		1000	Z 862c
Flachmeißel		500	Z 863
Flachmeißel		750	Z 863b
Flachmeißel		1000	Z 863c

8. Abbauen, Abbrechen, Aufbrechen und Rammen

Abbauhämmer dienen im Bergbau zum Abbauen von Kohle und Erz. Im Kohlenbergbau ist ihr verbreiteter Einsatz insbesondere dort von großem Einfluß auf die Förderleistung, wo geringe Mächtigkeit der Flöze und ihre steile Lagerung die Mechanisierung des Abbaus erschweren. Das Gewicht der gebräuchlichen Abbauhämmer liegt zwischen 7 und 11 kg. Hohe Leistung bei möglichst geringem Rückstoß wird gefordert.

Die Spitzeisen (mit Einsteckende nach DIN 20376, ohne Einsteckende nach DIN 20375) werden durch eine Keilkappe im Hammer gehalten. Zum Abbrechen von Mauerwerk und leichten Fundamenten, zum Entfernen von Schlacke aus Schmelzöfen, zum Brechen von weichem bis mittelhartem Gestein werden *Abbruchhämmer* benutzt. Dabei werden Spitzeisen und Flachmeißel nach Tab. 45 gebraucht.

Aufbruchhämmer im Gewicht von 16 bis 35 kg werden zum Aufbrechen von Beton, zum Abbrechen von Brückenpfeilern und schweren Fundamenten, zum Zerkleinern von Bunker-

Abb. 204. Abbrechen von Mauerwerk mit Abbruchhammer

resten und Trümmerklötzen verwendet. Die Einsteckwerkzeuge lassen sich leicht auswechseln; man kann außer Spitzeisen auch Meißel oder Spaten verwenden. Mit Stampfplatten läßt sich Beton stampfen, mit Zugstampfplatten Erdreich verdichten. Durch Auswechseln des Hammerunterteils gegen einen Rammfuß können die Aufbruchhämmer in *Spundwandrammen* umgewandelt werden. Das Einrammen

Abb. 205. Schwerer Aufbruchhammer bei der Enttrümmerung

von hölzernen oder stählernen Spundwänden wird damit wesentlich erleichtert, und die Spundwanddielen werden geschont. Die Leistung richtet sich nach der Beschaffenheit des Bodens.

Besondere druckluftbetriebene *Pfahlrammen* mit hohen Rammbärgewichten und großen Fallhöhen sind zum Einrammen von Pfählen für tiefere Gründungen bestimmt.

Da es sich bei diesen Arbeiten mit Ausnahme des Bergbaues hauptsächlich um fliegende Baustellen handelt, muß die Drucklufterzeugungsanlage ortsbeweglich sein. Es ist zweckmäßig, wenn diese Anlage in ihren Abmessungen möglichst klein gehalten werden kann. Daraus ergibt sich, daß die hier einzusetzenden Druckluftwerkzeuge bei hoher Leistung einen geringen Luftverbrauch haben sollen.

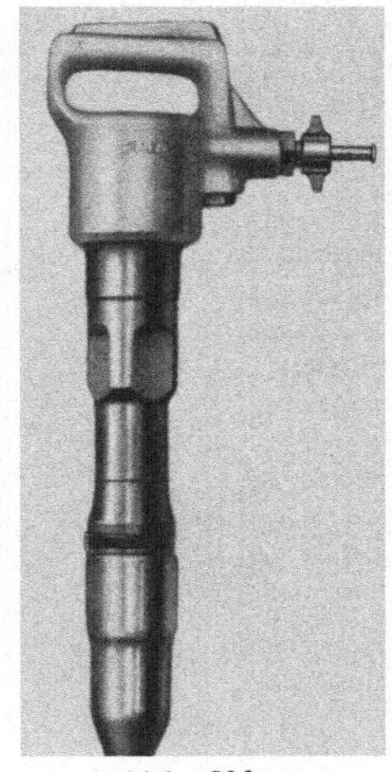

Abb. 206.
Abbruchhammer FMA 08a

Tabelle 45. *Druckluft-Abbruchhämmer*

Bauart	FMA 07a	FMA 08a	FMA 09a
Gewicht (ohne Einsteckwerkzeug) [kg]	8,8	10,0	11,0
Schlagzahl je Minute	1350	900	700
Länge (ohne Einsteckwerkzeug) [mm]	475	550	600
Luftverbrauch .... [m³/min]	0,75	0,78	0,80
für Einsteckende, rund .... [mm]	25 Dmr.	25 Dmr.	25 Dmr.
oder	×75	×75	×75
für Einsteckende, 6 kt. .... [mm]	25,6 Dmr.	—	—
	22/6 kt. × 82		
Schlauch l. W. .... [mm]	16	16	16

Leistungsangaben gültig für 6 atü.

Tabelle 45 (Fortsetzung). *Einsteckwerkzeuge zu Abbruchhämmern*

Benennung	Einsteckende	Länge mm	Lager-Nr.
Spitzeisen		500	VZ 1848 K
Spitzeisen	25 Dmr. ×75	750	VZ 1848 Kb
Spitzeisen		1000	VZ 1848 Kc
Flachmeißel		500	VZ 1848 Kf
Spitzeisen		500	Z 862
Spitzeisen		750	Z 862 b
Spitzeisen	25,6 Dmr.	1000	Z 862 c
Flachmeißel	22/6 kt. ×82	500	Z 863
Flachmeißel		750	Z 863 b
Flachmeißel		1000	Z 863 c

(Klammer Spitzeisen/Flachmeißel: nur für FMA 07 a 6kt.)

Tabelle 46. *Druckluft-Aufbruchhämmer und -Ramme*

Bauart	Aufbruchhämmer		Spundwandramme
	AR I A	AR III B	AR III RB
Gewicht............ [kg]	31	35	54
Schlagzahl je Minute.....	1100	1400	1400
Luftverbrauch .. [m³/min]	1,25	1,75	1,75
Länge (ohne Einsteck-werkzeug) .... [mm]	685	675	675
Kolben-Durchmesser [mm]	40	54	54
Kolbenhub .... [mm]	138	102	102
Kolbenlänge ...... [mm]	235	222	222
für Einsteckende ... [mm]	32/6 kt. ×152	32/6 kt. ×152	56 ×100[1])
Schlauch I. W...... [mm]	19	19	19

Leistungsangaben gültig für 6 atü.

---

[1]) Das Maß 56 mm bezieht sich auf die größtmögliche Einsteckbreite für Spundwanddielen. Das Maß 100 mm gibt die Einstecktiefe für Spundwanddielen an, gemessen von der Unterkante des Rammfußes bis zur Unterkante des Schlagstückes.

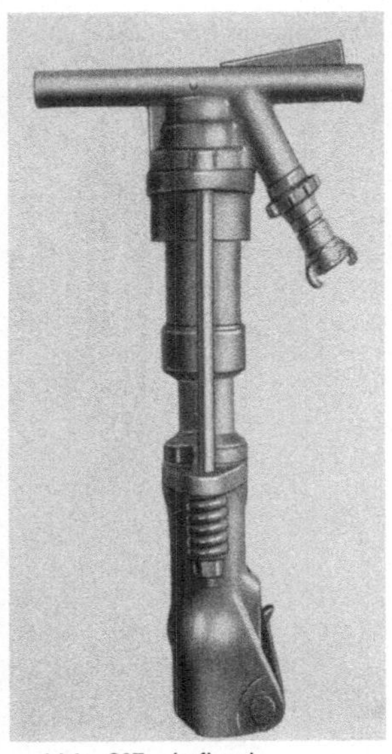

Abb. 207. Aufbruch-
hammer AR I A

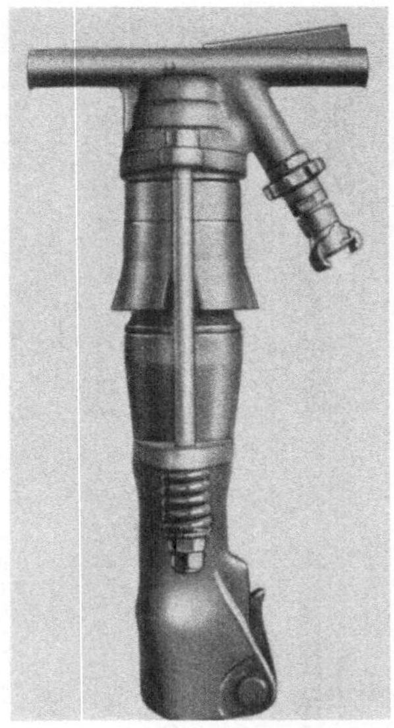

Abb. 208. Aufbruch-
hammer AR III B

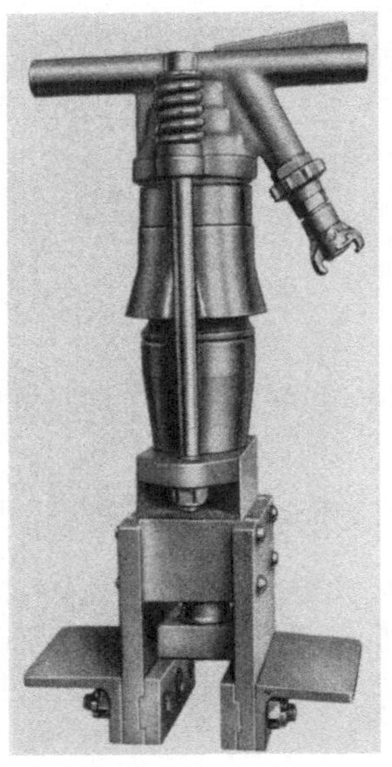

Abb. 209.   Ramme AR III RB

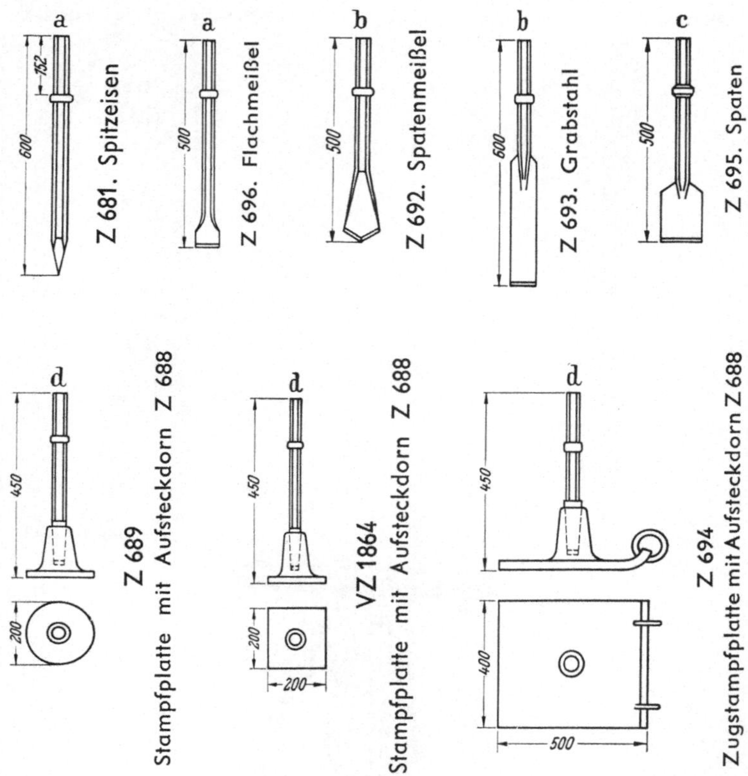

a) Für Aufbrucharbeiten bei **Beton-** und **Asphaltstraßen, zum Aufreißen** von **Holz-** und **Steinpflaster, zum Abtragen von Betonfundamenten, Mauerwerk** usw.

b) Für **Aufbrucharbeiten** in **geröll**durchsetztem **Erdreich oder** in **ge**frorenem **Erdboden.**

c) Für **Grabarbeiten** in reinem **Erdreich** und **Lehm.**

d) Für **Stampfarbeiten** beim **Straßenbau** und **Kleinpflaster-Ramm**arbeiten.

Wärmebehandlung der Spitzeisen und sonstigen Werkzeuge zum Abbrechen und Aufbrechen. Ist Nachschmieden nötig, so ist zu beachten, daß es sich um Werkzeuge handelt, die bis 500 mm Länge ganz gehärtet, bei größeren Längen im Schaft vergütet sind.

Zum Nachschmieden darf daher nur sehr langsam und vorsichtig erwärmt werden, und zwar gerade so weit, wie der Werkstoff verformt werden muß. Bei Erhitzung auf zu große Längen sinkt die Härte stellenweise und damit auch die Dauerfestigkeit. Es können dann Dauerbrüche entstehen; übermäßig langes Halten auf Temperatur führt zur Entkohlung des Stahls.

Schmieden: Gelbrot- bis Hellkirschrotglut, etwa 900° bis 800° C. Werkzeug innerhalb dieser Grenzen fertigschmieden, notfalls wiederholt erwärmen; beim Überschreiten von 900° C wird der Stahl überhitzt, unter 800° C können Spannungsrisse auftreten. Erkalten nach dem Ausschmieden in *trockener* Lösche oder Asche oder auf *trockenem* Boden. Nicht aus der Schmiedehitze härten.

Härten: Spitze und Schneide so kurz wie möglich (etwa 30 bis 50 mm) auf Kirschrotglut = etwa 780° bis 800° C rückwärts verlaufend erwärmen, dann in Wasser von 20° C abschrecken, hierbei das Werkzeug dauernd auf- und abbewegen.

Anlassen: Aus der im Schaft verbliebenen Wärme wird die Spitze oder Schneide nach der Anlaßfarbe angelassen. Diese richtet sich nach der Härte des Gesteins: violett für weiches, gelb für hartes Gestein.

9. Bohren in Gestein

Wie aus dem Abschnitt „Geschichtliche Entwicklung der Drucklufttechnik", S. 1ff, hervorgeht, dienten die ersten Druckluftwerkzeuge dazu, Bohrlöcher im Gestein herzustellen, die man bis dahin von Hand mit Schlägel und Eisen niedertrieb. Heute werden mit Ausnahme von Tieflochbohrungen (für Erdölgewinnung usw.) alle Gesteinsbohrungen mit Druckluftbohrgeräten vorgenommen. Dabei werden Druckluft-Bohrhämmer, Hammerbohrmaschinen, Drehbohrmaschinen und Bohrmaschinen, die drehend und schlagend arbeiten, verwendet. Leichte Bohrgeräte können noch von Hand geführt werden; im übrigen werden Bohrstützen, Bohrsäulen, Bohrgestelle und Bohrwagen gebraucht. Einzusetzen sind für Bohrlochtiefen über 6 m Hammerbohrmaschinen (30 bis 50 kg) und schwere Bohrhämmer (25 bis 30 kg), von 2 bis 6 m mittlere Bohrhämmer (15 bis 25 kg), bis 2 m und für Bohrarbeiten an schwer zugänglichen Stellen leichte Bohrhämmer (10 bis 15 kg).

Das einfachste Bohrgerät ist der handliche Bohrhammer, dessen Leistung auf abkeilender Schlagwirkung beruht. Damit im Gestein immer wieder neue Kerben geschlagen werden, wird der Bohrmeißel (Gesteinsbohrer) nach jedem Kolbenaufschlag während des Kolbenrückganges um einen gewissen Winkel verdreht (siehe S. 138).

Abb. 210. Sprenglöcherbohren im Steinbruch

Durch Verwendung von Sperrädern (oder auch Drallspindeln) und Kolben verschiedener Drallsteigung kann ein schneller oder langsamer Bohrerumsatz erreicht werden.

Bohrhämmer werden *nicht blasend* (wenn das anfallende Bohrmehl ohne weiteres aus dem Bohrloch austritt oder sich mit dem Schlangenbohrer heraustransportieren läßt) und *blasend* gebraucht. Bei dieser Ausführung strömt während des Bohrens eine gewisse Druckluftmenge aus dem Bohrhammerzylinder durch die Hohlbohrstange zur Bohrlochsohle und bläst laufend das Bohrmehl heraus. Bei tieferen Löchern und bei Bohrmehlanfall in größeren Mengen oder gröberen Stücken muß die *starkblasende* Bauart verwendet werden. Hierbei wird durch einen verstellbaren Hebel die Steuerung zeitweise so beeinflußt, daß der Kolben in der oberen Lage zum Stillstand kommt und die gesamte Druckluftmenge auf dem vorstehend beschriebenen Weg mit starkem Strahl das Bohrloch leer bläst. Diese Arbeitsweisen sind jedoch nur im Freien (bei Steinbrüchen und Bauarbeiten) zulässig. In allen geschlos-

Abb. 211. Bohrhammer auf Stütze

Abb. 212. Gesteinsbohren mit Trockenabsauggerät

senen Räumen, Bergbaustrecken, Tunnels usw. muß nach gesetzlicher Vorschrift der anfallende Staub unschädlich gemacht werden. Dazu haben sich am wirksamsten erwiesen:

a) Einführen von Druckwasser von 2 bis 5 atü durch den Hohlbohrer bis zur Bohrlochsohle während des Bohrens,

α) mit Spülröhrchen, die vom Handgriff aus durch den Kolben hindurch bis in die Einsteckenden der Hohlbohrstangen führen (das Bohrmehl fließt dann als Schlamm aus dem Bohrloch),

β) mit Spülkopf, der auf die Bohrstange aufgesetzt oder im vorderen Zylinderdeckel untergebracht ist.

b) Absaugen des beim Bohren entstehenden Staubes durch die Bohrung des Hohlbohrers hindurch mit einem *Trockenabsauggerät*, das an die Luftleitung angeschlossen wird. Eine eingebaute Luftstrahlpumpe saugt den Staub durch einen mit dem Gesteinsbohrer in Verbindung stehenden Schlauch ab und treibt ihn gegen den Filtereinsatz. Der aus dem Saugluftstrom ausscheidende Staub sammelt sich in einem Beutel, der von Zeit zu Zeit zu entleeren ist.

Der wirtschaftlichste Druck liegt bei 6 atü. Falls infolge zu geringen

Druckes an der Arbeitsstelle die Leistung zu niedrig ist, kann oft durch Einbau von *Zwischenverdichtern* eine bedeutende Arbeitssteigerung erzielt werden. Es gibt neben größeren auch kleine, tragbare Zwischenverdichter (Abb. 48 und Tab. 9), die eine Druckerhöhung von 4 auf 6 atü ermöglichen. Sie sind mit einem Schlauch von 28 mm Dmr. mit dem Druckluftnetz und mit einem zweiten von 19 mm Dmr. mit dem Bohrgerät zu verbinden, das dann mit erhöhtem Druck betrieben werden kann. Zwischenverdichter bewähren sich ganz besonders in Katastrophenfällen und bei Bergungsarbeiten, wo es auf volle Ausnutzung und maximale Leistung der hierbei benutzten Druckluftgeräte ankommt.

Stahlqualität und Zustand der Bohrstangen beeinflussen die Bohrleistung. Abgenutzte Einsteckenden und abgestumpfte Schneiden müs-

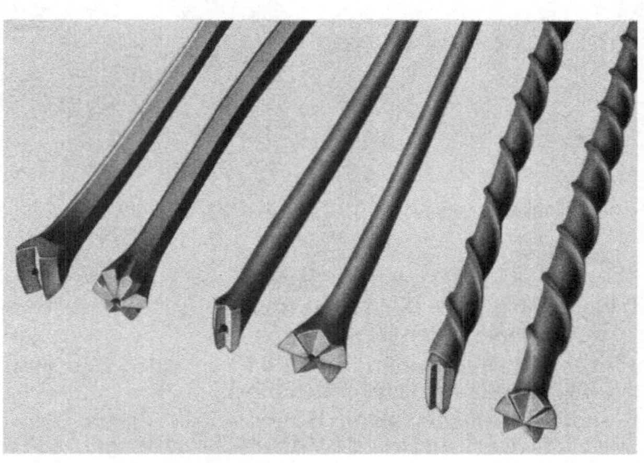

Abb. 213. Verschiedene Bohrstangen- und Schneidenformen

sen rechtzeitig aufgearbeitet und die Schneidenbreiten entsprechend den nacheinander einzusetzenden Bohrstahllängen richtig abgestuft werden.

Bezüglich der Bohrstangen, ihrer Einsteckenden und Schneidenformen wird auf die folgenden Tabellen verwiesen.

Die Schneiden können angeschmiedet oder als *Bohrkronen* (Kegel nach DIN 20378) aufgesteckt oder aufgeschraubt werden.

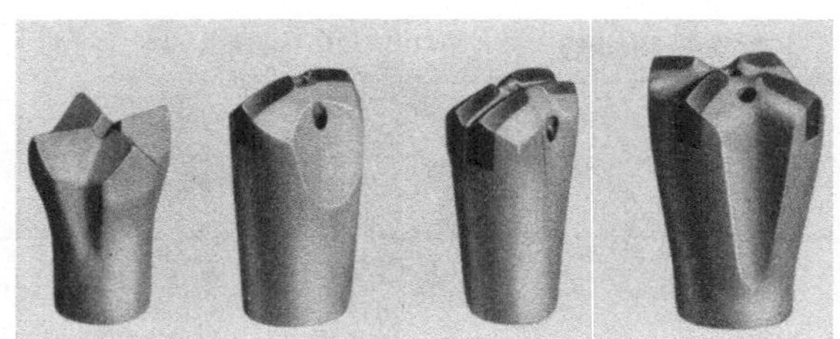

Abb. 214. Bohrkronen aus Sonderstahl (1. Bild)
und mit Hartmetallschneide (2. bis 4. Bild)

Zweckmäßig verwendet man Bohrkronen mit Hartmetallschneiden,
denn ihre Standzeit beträgt bis zum 20fachen derjenigen aus Sonderstahl.

Stumpf gewordene Bohrerschneiden werden mit Handgesenken oder
auf druckluftbetriebenen *Bohrerschärfmaschinen* nachgeschärft; auf
diesen können auch die Einsteckenden erneuert werden. Das Schärfen von Bohrkronen mit Hartmetallschneiden geschieht auf *Druckluft-
Kronenschleifvorrichtungen* oder mit Handführung an einem entsprechenden Schleifstein.

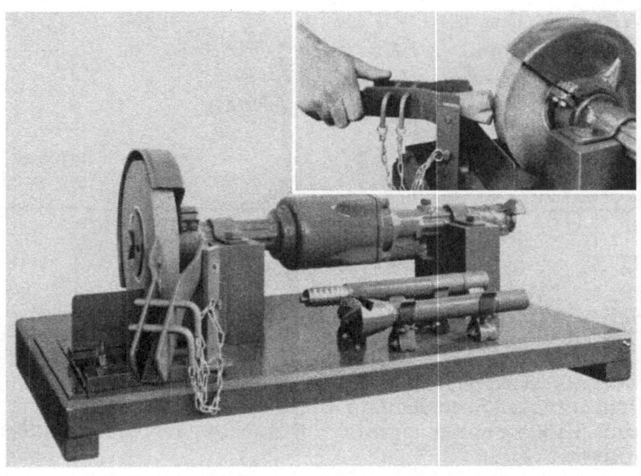

Abb. 215. Druckluft-Schleifvorrichtung für Bohrkronen

Tabelle 48. *Druckluft-Bohrhämmer*

Bauart	Spülung	für Einsteckende	verwendbarer Bohrstahl	Haltevorrichtung	Sonderausrüstung auf Wunsch
BH 11/FL	Luft	V 18 oder S 22	22/6 kt.	Feder	langer Quergriff
BH 16/L	Luft	V 18[2]) oder V 22 oder	22/6 kt.	Bügel oder	langer Quergriff, Vordergehäuse
BH 17/W	Wasser[1])	S 22 oder	und	Feder	z. Verwendung
BH 17/T	keine	S 26 oder S 122	26/6 kt.	oder keine	auf Vorschubschiene
BR 22/L	Luft	V 22 oder S 22 oder	22/6 kt. und	Bügel	—
BR 22/W	Wasser[1])	S 26 oder S 122	26/6 kt.	Bügel	—
SH 20/L	Luft			Bügel	Faustgriff
SH 20/W	Wasser[1])			Bügel	langer Quergriff
SH20/WA	Wasser; AntisilikoseEinrichtung[3])	V 18[2]) oder V 22 oder S 22 oder S 26 oder S 122	22/6 kt. und 26/6 kt.	Bügel	—
SH 20/T	keine			—	langer Quergriff, Haltebügel
BH 29/1	Luft	S 26		Bügel	—
BH 29/2	Luft	V 22	26/6 kt.	Bügel	—
BH 29/3	Wasser[1])	S 26		Bügel	—
BH 29/4	Wasser[1])	V 22		Bügel	—

(Abb. 216 bis 220 zu Tabellen 48 und 49 siehe Seite 244)

[1]) Zentrale Wasserspülung.
[2]) Für zentrale Wasserspülung nicht geeignet.
[3]) Vom Silikose-Forschungsinstitut Bochum für Untertagebetrieb zugelassen.
Mit Ausnahme von BH 29 können die Bohrhämmer für langsamen und für raschen Bohrerumsatz geliefert werden.

238

Tabelle 49. *Druckluft-Bohrhämmer*

Bauart	Gewicht kg	Länge mm	Schlagzahl je min	Luft-verbrauch m^3/min	Schlauch I. W. Luft/Wasser mm	Kolben Dmr. mm	Hub mm
BH 11/FL	13	450	2150	1,35	16	58	45
BH 16/L	16,5	495	2040	1,8	16	62	52
BH 17/W	18,5	495	2040	1,6	16/13	62	52
BH 17/T	16,5	495	2040	1,6	16	62	52
BR 22/L	21,3	540	2150	2	19	66	55
BR 22/W	23	540	2150	1,85	19/13	66	55
SH 20/L	23,5	540	2350	2,15	19	70	45
SH 20/W	21,5	610	2350	1,85	19/13	70	45
SH20/WA	23,5	610	2350	1,85	19/13	70	45
SH 20/T	20	590	2350	1,85	19	70	45
BH 29/1	29,5	615	1700	2,8	19	72	70
BH 29/2	29,5	615	1700	2,8	19	72	70
BH 29/3	30,5	615	1700	2,3	19/13	72	70
BH 29/4	30,5	615	1700	2,3	19/13	72	70

Normaler Betriebsdruck 4 bis 6 atü.
Eine Öse am Hammerzylinder in günstiger Schwerpunktlage ermöglicht die Befestigung der Bohrhämmer BH 11, 16, 17, BR 22,
SH 20 auf Bohrstützen. Wenn mit BH 29 in anderer Richtung als
nach abwärts gebohrt wird, pneumatische Vorschubeinrichtung
anwenden.

Tabelle 50. *Einsteckenden für Gesteinsbohrer*
(Maße in mm)

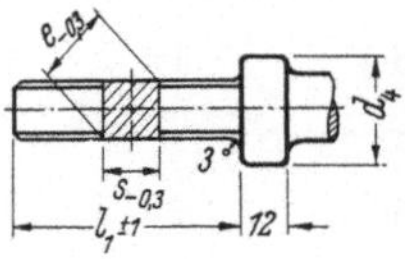

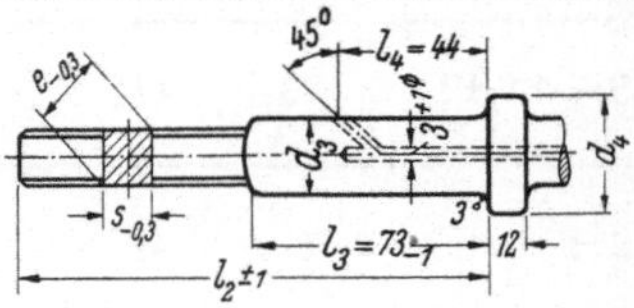

	V — Vierkant		VW — Vierkant mit Spülkopf	
Kurzzeichen	V 18	V 22	VW 18	VW 22
$s - 0,3$	18,8	22,5	18,8	22,5
$e - 0,3$	25	30	25	30
$l_1 \pm 1$	80	108	—	—
$l_2 \pm 1$	—	—	156	184
d_3 d 11	—	—	25	30
$d_4 \pm 1$	36	40	40	42

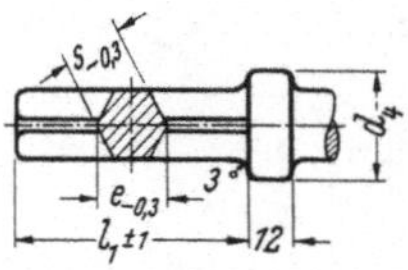

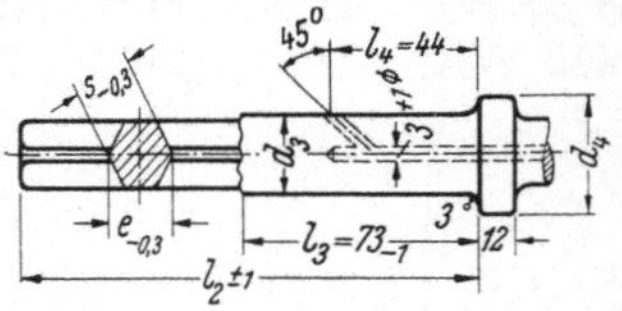

	S — Sechskant			SW — Sechskant mit Spülkopf	
Kurzzeichen	S 22	S 122	S 26	SW 22	SW 26
$s - 0,3$	22,5		25,7	22,5	25,7
$e - 0,3$	25		28,8	25	28,8
$l_1 \pm 1$	82	108	108	—	—
$l_2 \pm 1$	—			158	184
d_3 d 11	—			25	30
$d_4 \pm 1$	36		40	40	42

S 122 = Sonderausführung; alle übrigen nach DIN 20377, Blatt 1, 2. Ausgabe, Mai 1944.

Die Stirnfläche muß geschliffen sein und senkrecht zur Achse stehen, Kanten der Stirnfläche schwach gebrochen. Bei Hohlbohrern für Luftspülung muß die Spülbohrung auch im Einsteckende mindestens 5 mm betragen. Die Eintrittskanten der Bohrungen sind leicht zu brechen.

Tabelle 51. *Profile für Gesteinsbohrer*

(Maße in mm)

		Kurz-zeichen	d_1 bzw. s	d_2	d_3	
A Schlangenprofil		A 22	22	32	—	zweigängig Linksdrall
		A 24	24	34	—	
		A 26	26	36	—	
		Ah 26	26	36	7	
B Rundprofil		B 22	22	—	6	
		B 26	26	—	7	
		B 30	30	—	8	
		Bv 22	22	—	—	
		Bv 26	26	—	—	
C Sechskant-profil		C 22	22,2	—	6,5	
		C 26	25,4	—	7	
D Schwert-profil		D 37·22	37	22,5	—	zweigängig Linksdrall
		D 42·19	42	19	—	
		D 42·22	42	22	—	
E Schaufel-profil		E 36	36	23	—	
		E 42	42	24	—	

Nach DIN 20377, Blatt 1, 2. Ausg. Mai 1944.

Tabelle 52. *Schneiden* (Maße

M Meißelschneide	Z Z-Schneide	DM Doppelmeißel-schneide
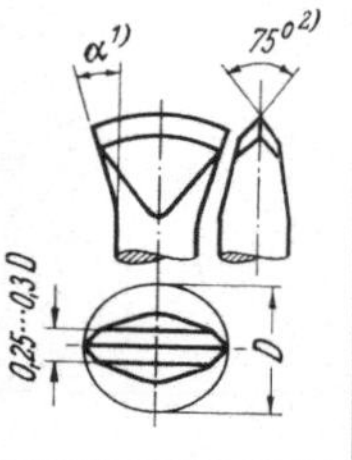	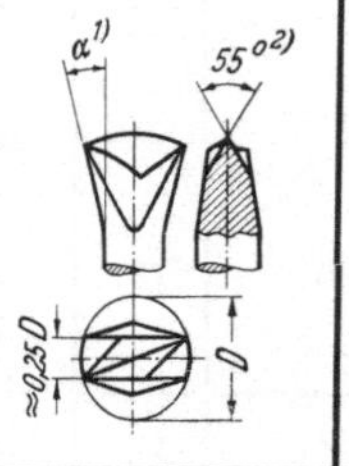	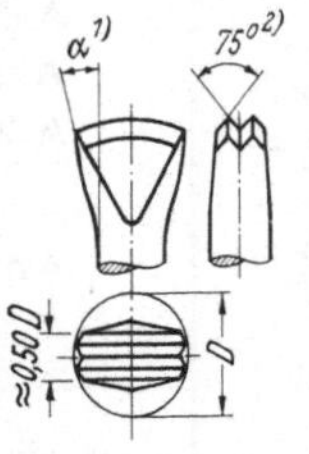
K Kreuzschneide	Kr Kronen-schneide	
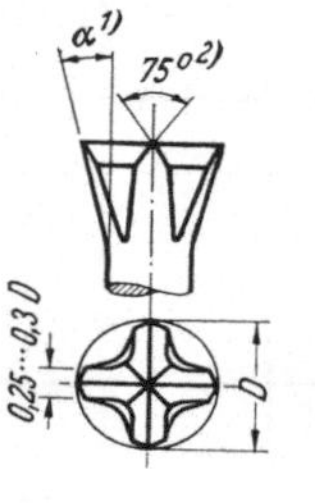	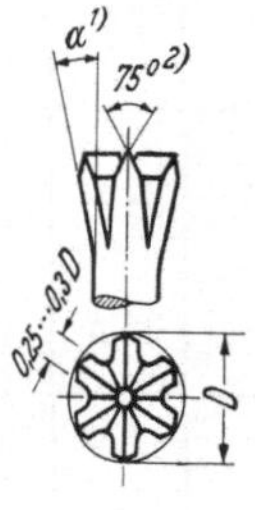	

Profil	Einsteck-ende
A 22 A 24	V 18 (S 22)
A 26	V 22 (S 26)
Ah 26	VW 18 (SW 22)
B 22	V 18 VW 18 (S 22 SW 22)
B 26	V 22 VW 18 (S 26 VW 22 SW 26)
B 30	VW 22 SW 26
Bv 22	V 18 (S 22)
Bv 26	V 22 (S 26)
C 22	S 22 (SW 22 VW 18)
C 26	S 26 (SW 26 VW 22)
D 37·22 D 42·19 D 42·22 E 36 E 42	V 18 (S 22)

1) $\alpha \approx 14°$ (an der Schneidenkante in $\approx 7°$ übergehend).

2) Für sehr hartes Gestein auch 90°.

3) Die Schneidenbreite am längsten Bohrer muß außerdem etwa 4 bis 6 mm größer sein als der Durchmesser der zu verwendenden Patrone.

Die Kreuz- und Kronenschneiden dürfen auch ballig ausgeführt werden.

Nach DIN 20377, Blatt 2, 2. Ausgabe, Mai 1944.

für Gesteinsbohrer in mm)

| Schneiden-breite [3]) D | | Schneide | Stufung | Bohrer | |
am längsten Bohrer mindestens mm	am kürzesten Bohrer höchstens mm			Nutzlänge	Längenstufung
36	55				
38	60				
40	65				
40	65				
30	55				
34	65	M, Z (für weiches Gestein) DM, K, Kr (für hartes Gestein)	je 2 mm für weiches u. mittelhartes Gestein, je 3 bis 4 mm für hartes Gestein	mindestens 500 mm	im allgemeinen je 500 mm; je nach Gesteinsart und Schneidenform können auch andere Stufen gewählt werden
38	70				
30	55				
34	65				
32	55				
35	65				
40	50				
46	56				
46	56				
40	50				
46	56				

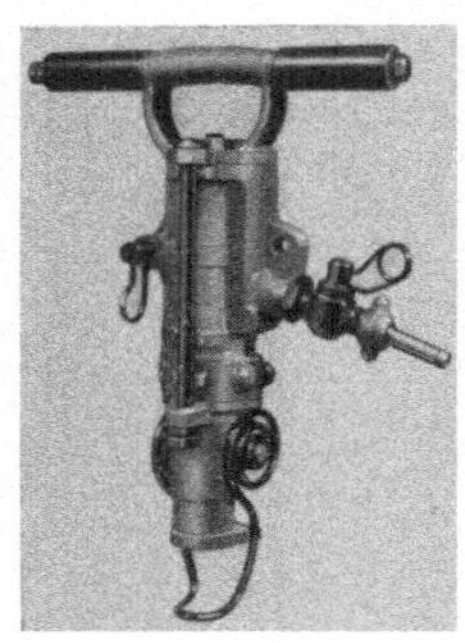

Abb. 216.
Bohrhammer BH 11/FL

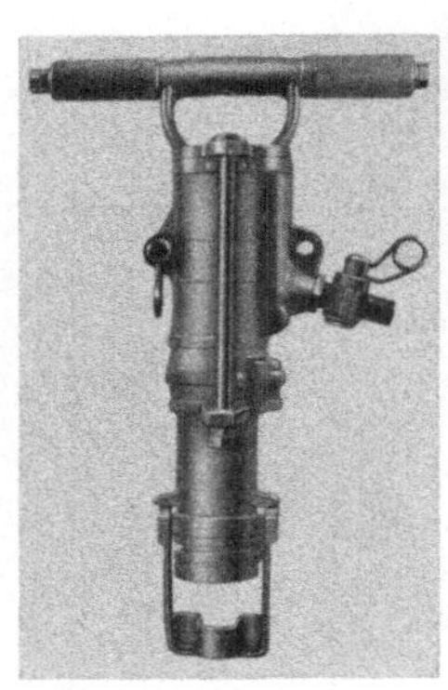

Abb. 217.
Bohrhammer BH 16/L

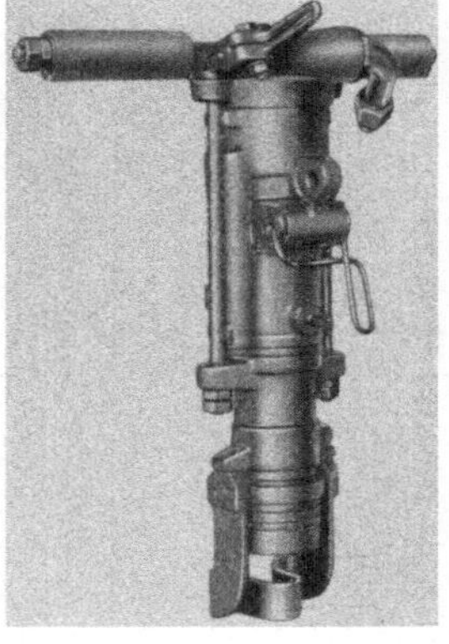

Abb. 218.
Bohrhammer BR 22

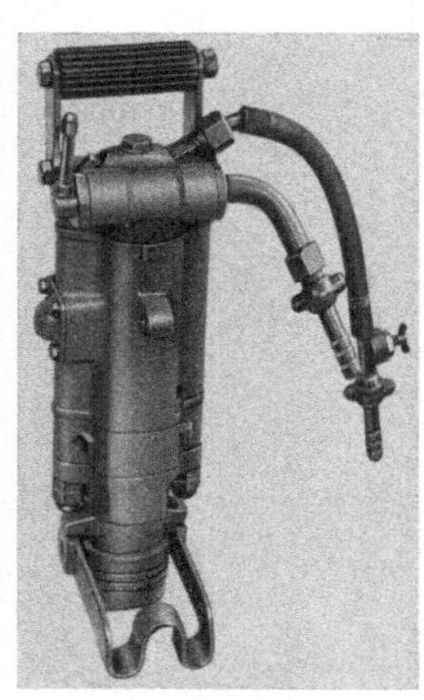

Abb. 219.
Bohrhammer SH 20 W

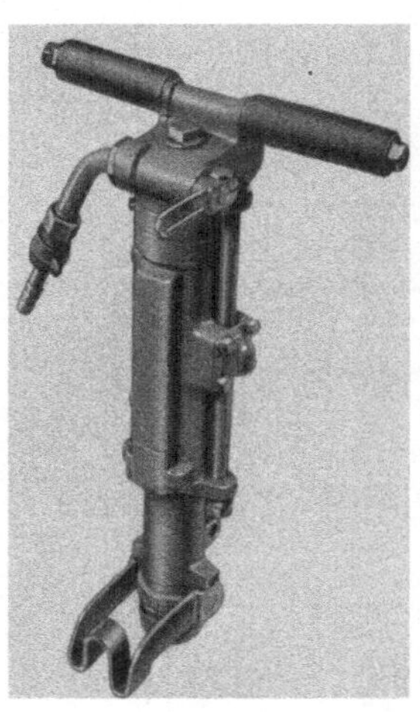

Abb. 220.
Bohrhammer BH 29

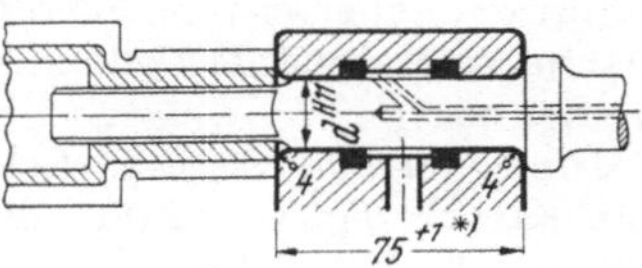

Bezeichnung	$d^{\text{H 11}}$
Spülkopf 25 × 75	25
Spülkopf 30 × 75	30

*) **Bis auf weiteres auch 60 + 1 zulässig.**

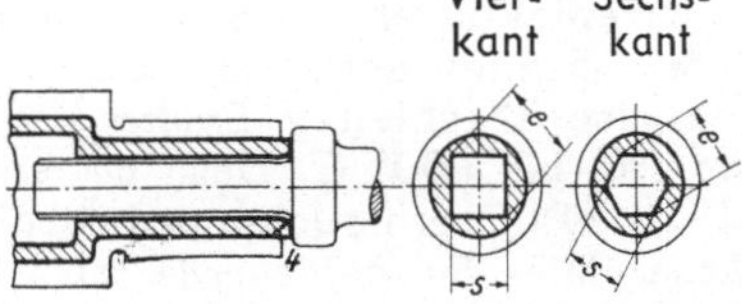

Bezeichnung	s Größtmaß	Kleinstmaß	e Vierkant Kleinstmaß	e Sechskant Kleinstmaß
Bohrerhülse V 18	19,1	18,9	25,6	—
Bohrerhülse V 22	22,8	22,6	30,6	—
Bohrerhülse S 22	22,8	22,6	—	25,1
Bohrerhülse S 26	26	25,8	—	28,9

Nach DIN 20361, September 1941.

Wärmebehandlung der Gesteinsbohrer. Abgenützte, zu schwach oder zu kurz gewordene Einsteckenden, insbesondere solche mit unebenen oder schiefen Aufschlagflächen, verursachen Überbeanspruchung und dadurch frühzeitigen Verschleiß oder Bruch bestimmter Bohrhammerteile. Solche Einsteckenden sind daher rechtzeitig nachzuschmieden.

Von der richtigen Form und Breite der Bohrerschneiden hängt der Bohrfortschritt ab. Bei falsch gewählten Schneidenformen oder -breiten und mit stumpfen Schneiden kann auch der beste und schlagkräftigste Bohrhammer nicht zur richtigen Leistung kommen. Die Schneiden müssen dem Gestein und den Bohrerlängen angepaßt, stumpfe Schneiden nachgeschmiedet werden. Die richtige Formgebung wird zweckmäßig nach einer Schneidenlehre (Schablone) vorgenommen.

Schmieden: Gelbrot- bis Hellrotglut = etwa 1050° bis 850° C, je nach Stahlhärte; fällt beim Schmieden die Temperatur unter Hellrotglut, dann erneut erwärmen. Erkalten lassen am besten in *trockener* Lösche, Asche oder Sand. Auf keinen Fall restliche Schmiedehitze zum Härten verwenden.

Härten der Einsteckenden: Erhitzen bis zum Bund auf Hellkirschrot- bis Kirschrotglut = etwa 780° bis 800° C, je nach Stahlhärte. Einsteckende 15 bis 20 mm lang (von der Aufschlagfläche) 3 bis 6 Sekunden in Wasser von 14° bis 20° C tauchen, dann mit der im hinteren Teil noch vorhandenen Hitze bis auf Grau anlassen und im Ölbad vollständig abkühlen (Festigkeit etwa 135 bis 150 kg/mm²).

Härten der Schneiden: Schneidenflächen abfeilen oder besser mit Druckluft-Schleifmaschine abschleifen. Erhitzen auf Hellkirschrot- bis Kirschrotglut, etwa 780° bis 800° C. Dann auf etwa 15 mm Länge in Wasser von 14° bis 20° C eintauchen und dabei ständig hin- und herschwenken. Abgekühltes Schneidenende rasch blank putzen und mit der noch im Schaft verbliebenen Hitze auf gelb bis violett anlassen. Darauf in Wasser vollständig abkühlen.

10. Bearbeiten von Natur- und Kunststein

Wirtschaftliche Steinbearbeitung mit ihren vielseitigen Arbeitsgängen führt man ebenfalls vorteilhaft mit Druckluftwerkzeugen aus.

Keillochhämmer dienen zum Einarbeiten konischer Keillöcher in spaltfähiges Gestein zwecks Abtrennung von Steinen und Platten in bestimmten Abmessungen oder zur Zerkleinerung von Gesteinsblöcken zu Bausteinen. Für die kleineren Keillöcher werden mittlere Drucklufthämmer mit Führungsbüchse für Keillochmeißel mit konischem Sechskant-Einsteckende benutzt (Bauarten M 91 e bis M 94e, Tab. 30). Für die großen Keillöcher verwendet man besondere schwere Keillochhämmer.

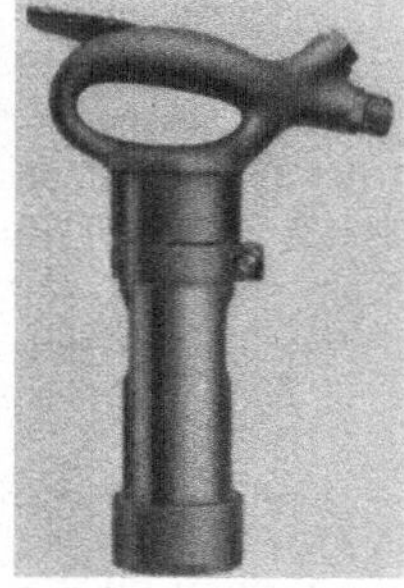

Abb. 221.
Keillochhammer KL 32

Tabelle 54. *Druckluft-Keillochhämmer*

Bauart	KL 32	KL 69
Gewicht .... [kg]	10	8
Schlagzahl je Minute	1850	1500
Länge .... [mm]	380	345
Luftverbrauch .. [m³/min]	0,70	0,67
für Einsteckende .. [mm]	25/4 kt. oder 35 × 20	25/4 kt. oder 6 kt. kon.
Schlauch I. W. ... [mm]	16	16

Abb. 222. Keillöcherschlagen

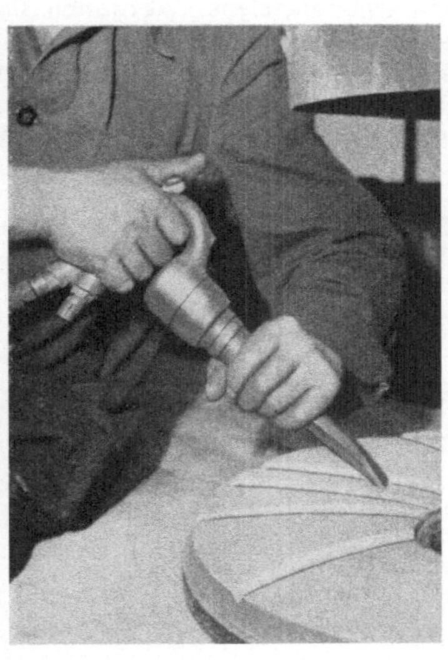

Abb. 223.
Nuteneinhauen
in Schleifstein

Abb. 224. Leichter
Meißelhammer mit
Haube für Bildhauer-
und ähnliche Arbeiten

Zum Behauen und Spitzen der Steine, Scharrieren von Beton und Naturstein, Schärfen der Mühlstein-Mahlflächen und Fugenstemmen in Mauerwerk sind mittlere Drucklufthämmer mit den zweckentsprechenden Werkzeugen anzuwenden. Dübellöcher in Gestein und Mauer-

werk können sowohl mit leichten Meißelhämmern geschlagen als
auch mit kleineren Bohrmaschinen gebohrt werden.
Für feinere Bildhauerarbeiten (Ornamente und Skulpturen) eignen sich
leichte, schnellschlagende *Bildhauerhämmer* (Gewicht 0,5 bis 1,5 kg,
5000 bis 10000 Schläge/min), die sehr handlich sind und feinfühlig
geführt werden können.
Auch kleine, leichte Schleifmaschinen kann man für Bildhauerarbeiten
günstig verwenden, während man mit besonderen *Steinschleifmaschinen*
das Flächenschleifen von Natur- und Kunststeinen ausführt (siehe
Abschnitt Schleifen, S. 211).
Für die Kunststeinfertigung verwendet man auch Druckluftstampfer
(siehe Abschnitt Stampfen, S. 219).

11. Behandeln von Oberflächen

Die Außenhaut von Schiffen wird mit leichten *Meißelhämmern* gereinigt
(Tab. 30), die für diesen Zweck mit einer Haltefeder versehen sind,
um das Herausfallen der Werkzeuge zu verhindern.
Zum Entfernen von Kesselstein, Rost, alter Farbe und für ähnliche
Zwecke sind *Kesselsteinklopfer* bestimmt. Der selbststeuernde, gezahnte
Kolben zertrümmert mit etwa 6000 Schlägen je Minute den Kessel-

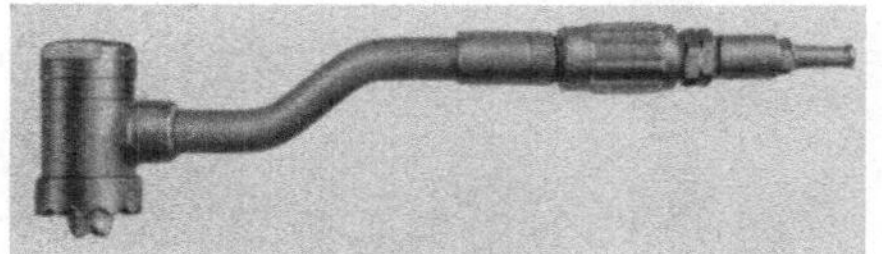

Abb. 225.
Kesselsteinklopfer KE

Tabelle 55. *Druckluft-Kesselsteinklopfer KE*

Gewicht .... [kg]	2
Schlagzahl je Minute	6000
Luftverbrauch ...... [m³/min]	0,2
Höhe .... [mm]	92
Länge mit Griff .... [mm]	450
Schlauch I. W. .... [mm]	10

stein u. dgl., wobei das verzahnte Gehäuse mitwirkt. Nach der Arbeit
des Kolbens strömt die Luft so aus, daß sie den entstandenen Staub
fortbläst. Kesselsteinklopfer eignen sich auch sehr gut zum Reinigen von
Schmutzecken, die bei Sandstrahlbehandlung nicht erfaßt worden sind.
Für Sonderfälle werden sie auch als Mehrkolbenklopfer ausgeführt.

Bei den neu eingeführten, vielseitig verwendbaren *Druckluft-Entrostungspistolen* sind gehärtete Stahlnadeln zu Nadelsätzen zusammengefaßt, die die Reinigungsarbeit leisten. Die Entrostungspistolen sind leicht und handlich und auch für Arbeiten an empfindlichem Material (Steinen usw.) gut geeignet. Die Nadelsätze passen sich unebenen Flächen, wie Wölbungen, Ecken und Winkeln leicht an und sind mit wenigen Griffen auszuwechseln.

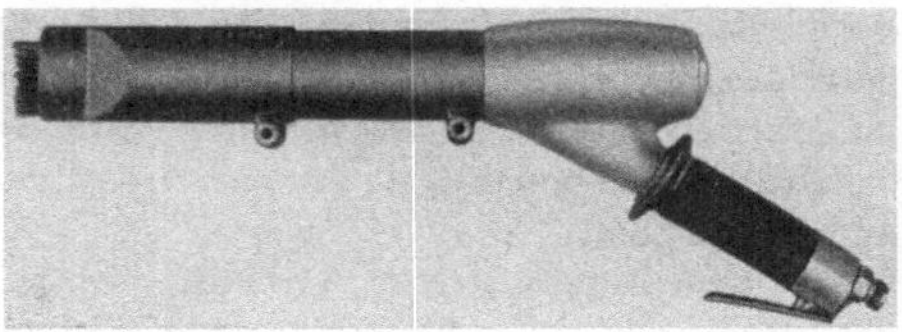

Abb. 226. Entrostungs- und Reinigungspistole

Tabelle 56.
Druckluft-Entrostungs- und Reinigungspistolen

Bauart	II B	III B
Länge (mit Nadeln)..[mm]	480	490
Gewicht (mit Nadeln).[kg]	2,3	3,3
Luftverbrauch....[m³/min]	0,25	0,33
Schlauch I. W. ......[mm]	10	10
Betriebsdruck.......[atü]	6—8	6—8

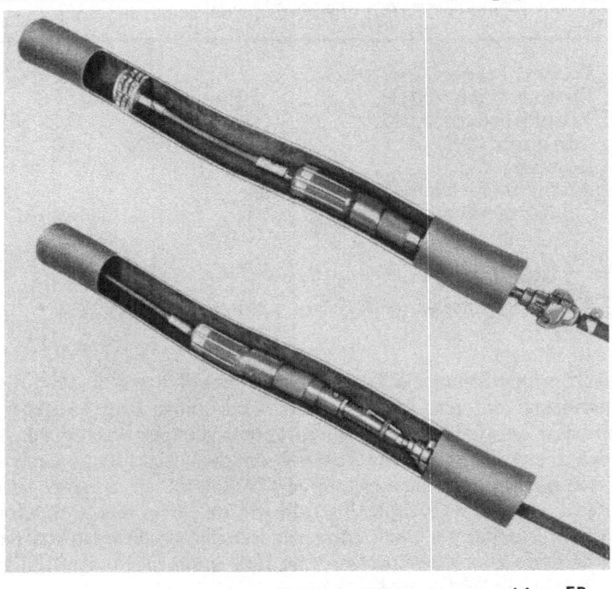

Abb. 227. Innenreinigung von Rohren mit Entrostungsmaschine ER

Verwendbarkeit: Entrosten und Entzundern, Entfernen von Walzhaut, Farbe, Kesselstein und Verputz, Reinigen von Gußstücken, Schweißnähten und allen Gesteinsarten, Aufrauhen von Beton und Steinen in Fußböden, Treppen u. a., Säubern von Baumaschinen von Rückständen und Rost usw.

Eine von einem kleinen Lamellenmotor angetriebene *Druckluft-Entrostungsmaschine* ist für das innere Entrosten und Reinigen von Rohren vorgesehen. Auf einen Gewindezapfen lassen sich die verschiedenen Klopferköpfe und Bürsten aufschrauben. Die Maschine ist so bemessen,

Abb. 228. Entrostungsmaschine ER mit Klopferkopf; links: Drahtbürste

Tabelle 57. *Druckluft-Entrostungsmaschine ER*

Gewicht (ohne Klopferkopf) . . . . . . [kg]	3
Drehzahl bei Vollast . . . . [U/min]	2800
Luftverbrauch . . . . [m³/min]	0,6
Schlauch I. W. . . . . [mm]	10
Leistung . . . . [PS]	0,7
Anschluß für die Befestigung des Klopferkopfs	Gewindezapfen M 16 × 1,5; 22 mm lg.

Leistungsangaben gültig für 6 atü.

daß sich mit passenden Schlagwerkzeugen Rohre von 40 bis 65 mm Durchmesser auf eine Länge von 1 m, Rohre über 65 mm Durchmesser auf eine Länge von 1,5 m innen reinigen lassen. Bei beiderseitigem freien Zugang zum Rohr verdoppeln sich diese Längen.

Zum Reinigen und Entrosten von Oberflächen eignen sich auch Schleifmaschinen mit Stahldrahtbürsten an Stelle der Schleifscheiben. Zum Glattschleifen für nachfolgendes Lackieren, Emaillieren usw. und zum Polieren von Oberflächen benutzt man *Flächenschleifmaschinen* (siehe Abschnitt Schleifen, S. 211).

Abb. 229. Puderhammer bei der Arbeit

Bei der Fertigung von Öfen, Badewannen u. a. wird mit *Druckluft-Puderhämmern* Emaillepulver auf die glühenden Werkstücke zerstäubt. Entsprechend den gestellten Anforderungen können die Hämmer mit verschiedenen Verlängerungen und Lufteinlaßorganen geliefert werden. Die runden, ovalen oder rechteckigen Siebe werden am Siebhalter angenietet. *Druckluft-Blasdüsen* eignen sich zum Abblasen von Modellplatten, Modellen,

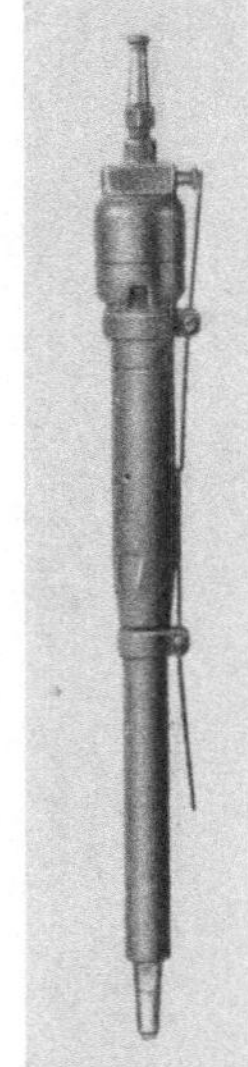

Abb. 230. Puderhammer PH 10

Kernen und Kokillen sowie zum Ausblasen von Formen und Kernbüchsen. Mit einem zusätzlichen Zerstäuberaufsatz schwärzt man Gußformen, Kerne und Kokillen, feuchtet ausgetrocknete Formen an und dergleichen.

Tabelle 58. *Druckluft-Puderhämmer*

Bauart	PH 10 / PH 10H	PH 20
Länge ohne Anschluß und Sieb [mm]	500	1100
Schlagzahl je Minute	6000	4800
Luftverbrauch [m³/min]	0,3	0,3
Gewicht [kg]	2,8	4,3
Schlauch I. W. [mm]	10	10

Leistungsangaben gültig für 6 atü.

251

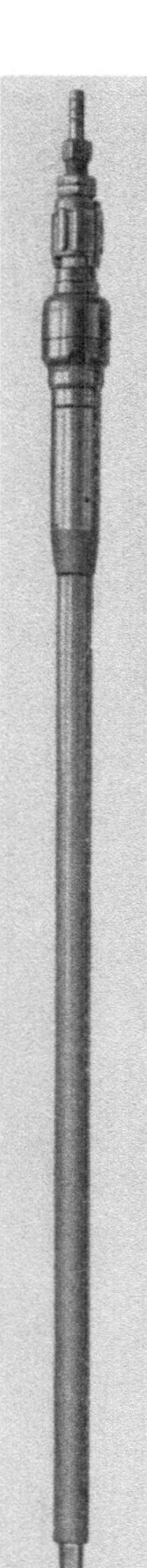

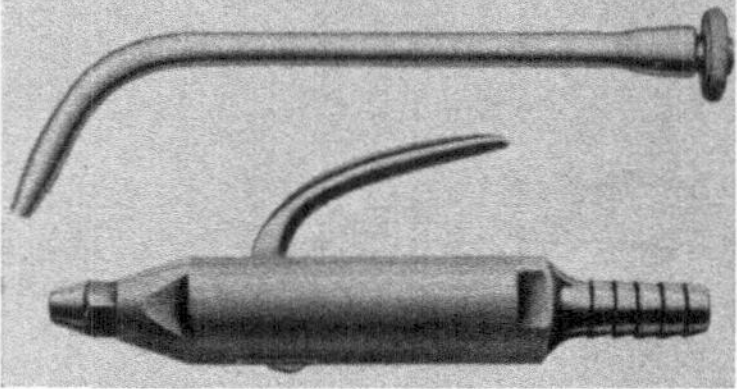

Abb. 231.
Puderhammer PH 20

Abb. 232. Blasdüse,
darüber Zerstäuber-
aufsatz

Tabelle 59. *Druckluft-Blasdüse „Hermetikus"*

Außendurchmesser des Gehäuses	[mm]	24
Länge mit Anschlußdüse	[mm]	150
Länge ohne Anschlußdüse	[mm]	100
Verlängerungsdüse zum Auswechseln, Länge	[mm]	150
Bohrung der Düse	[mm]	3
Gewicht	[kg]	0,3
Schlauch l. W.	[mm]	10

Druckluftbetriebene *Industriestaubsauger* werden zu Reinigungszwecken in Eisenbahn- und Autobusbetrieben, Werkstätten, Lagerräumen usw. verwendet. Sie sind so konstruiert, daß sie nicht nur saugen, sondern auch blasen können. Die jeweilige Arbeitsweise hängt davon ab, ob der Betätigungsknopf ganz oder nur teilweise durch-

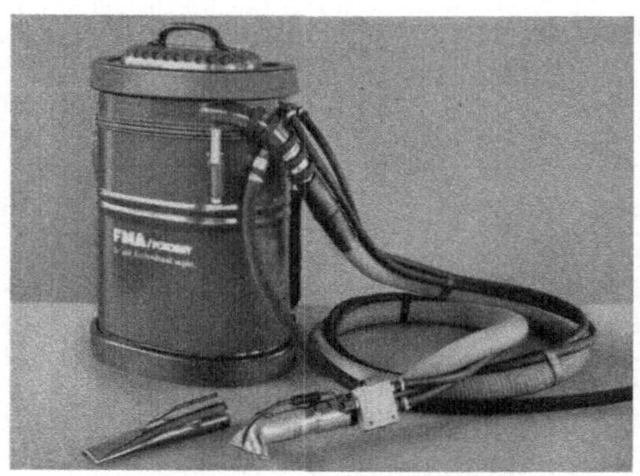

Abb. 233. Industriestaubsauger GS 200

gedrückt wird. Blasen wird man vor allem dort, wo der Schmutz sich
festgesetzt hat, um ihn zu lösen und anschließend aufzusaugen.

Tabelle 60. *Druckluft-Industriestaubsauger GS 200*

Max. Unterdruck .... [mm WS]	1200—1800
Luftverbrauch .... [m³/min]	0,4—0,5
Gewicht .... [kg]	13,7
Staubfassungsvermögen .... [l]	5—8
Luftzuführungsschlauch I. W. [mm]	10
Saugschlauch-Dmr. .... [mm]	35

12. Anwendung weiterer Druckluftwerkzeuge und -maschinen

Niet- und Meißelhämmer verschiedener Größen dienen, mit entsprechenden Zwischenstücken versehen, als *Nagelhämmer* zum Eintreiben von Nägeln in Kisten und Holzkonstruktionen, wie Dachbinder usw.

Betonmassen kann man in manchen Fällen außer durch Stampfen auch durch Rütteln verdichten und damit verfestigen. Hierzu werden leichte Drucklufthämmer mit Gummistampfplatten nach Beginn der Bindung über die Schalwände geführt. Dieses einfache Verfahren hat sich gut bewährt. Eine andere, dem gleichen Zweck dienende Arbeitsweise ist das Einsenken sog. *Betonrüttler* in die Betonmasse. Dies sind walzenförmige Gehäuse von möglichst kleinem Durchmesser, in denen durch eine von einem kleinen Druckluftmotor angetriebene Unwuchtmasse eine Rüttelwirkung erzeugt wird.

Abb. 234. Drucklufthammer
beim Rütteln von Beton

Abb. 235. Elektrodenfräsen mit E 16 an einer Einpunkt-Schweißmaschine

Ein neuer *Elektrodenfräser* behebt Schwierigkeiten, die bisher bei Punktschweißmaschinen bestanden. Durch Anstauchen bilden sich an den Elektroden-Enden nach einer gewissen Zeit wulstartige Ver-

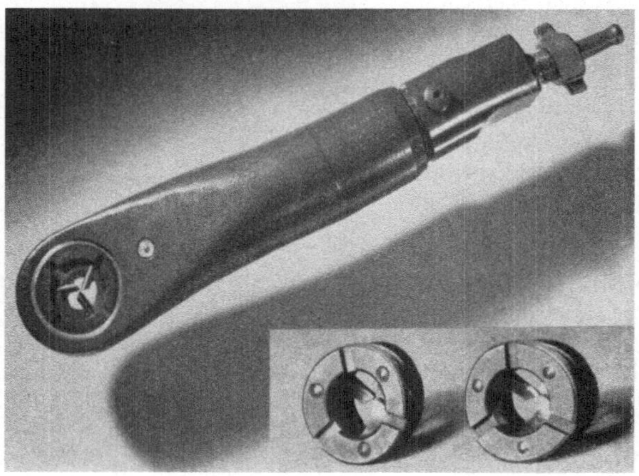

Abb. 236. Elektrodenfräser E 16 und zugehörige **Fräsköpfe**

dickungen. Die „Punktschweißung" wird dadurch zur „Flächenschweißung"; dies hat bei verminderter Güte und Sauberkeit erhöhten Stromverbrauch zur Folge. Zur Nacharbeit mußten bisher die Elektroden ausgebaut werden. Der Elektrodenfräser dagegen bringt sie *in der Schweißmaschine* auf genaue Urform und braucht dazu nur wenige Sekunden. Er ist für Elektroden mit einem Höhenabstand bis herunter auf 19 mm und einem seitlichen Abstand von mindestens 40 mm verwendbar. Für die verschiedenen Elektrodenformen stehen passende Fräsköpfe zur Verfügung.

Tabelle 61. *Druckluft-Elektrodenfräser E 16*

Für Elektroden-Dmr. . . . . [mm]	12,5[1] 16,0[1]
Elektrodenöffnung, min. . . . . . [mm]	19
Elektrodenabstand, min. . . . . [mm]	40
Gewicht . . . . [kg]	1,2
Länge . . . . [mm]	280
Durchmesser . . . . [mm]	46
Luftverbrauch . . . . [m³/min]	0,3
Schlauch l. W. . . . . [mm]	8
Betriebsdruck . . . . [atü]	6

[1]) Auch für andere Abmessungen lieferbar.

Kleine *Druckluft-Antriebsmotoren*, ähnlich den auf S. 201 ff beschriebenen Bohrmaschinen oder auch mit geänderten Getrieben, haben sich in vielfacher Anwendung bewährt. Man verwendet

Tabelle 62. *Druckluftmotoren (ohne Regler)*
für dauernde Belastung

Bauart	RB 32 NL/ Mo	RB 50 NM/ Mo
Leistung . . . . [PS]	1,85	2,2
Drehzahl bei Vollast [U/min]	120	100
Luftverbrauch bei Vollast [m³/min]	1,3	1,4
Gewicht . . . . [kg]	19	21
Höhe ohne Griff . . . . [mm]	410	450
Morsekegel	4	4

Leistungsangaben gültig für 4 atü.

Abb. 237. Druckluftmotor RB 32 NL/Mo

sie z. B. an Boots-Davits für das Herablassen der Rettungsboote, als Steuermotoren für Schiffsmaschinen, zum Betätigen von Lokomotiv-Drehscheiben, Betonspritzmaschinen und für andere Zwecke. Zum Antrieb der auf S. 259 aufgeführten Bergwerksmaschinen dienen hauptsächlich Zahnradmotoren.

Abb. 238. Kreissäge FSP 50

Druckluftsägen sind wirtschaftlich und betriebssicher; sie können ohne Gefahr auch in der Nachbarschaft feuergefährlicher Stoffe eingesetzt werden. Ihre rationelle Arbeit macht sie zu einem gern gebrauchten Arbeitsgerät bei Bauunternehmungen, im Hoch-, Tief- und Brückenbau, auf Werften und in Bergwerken. Gebaut werden *Stich-*, *Bügel-*, *Kreis-* und *Kettensägen*. Die ersten werden durch Motoren mit hin- und hergehenden Kolben, die beiden letzten durch Rotationsmotoren mit Lamellen angetrieben.

Eine besonders leichte und handliche *Präzisionssäge* ist vor allem für genaue Sägearbeiten bestimmt. Infolge des vollkommenen Massenausgleichs arbeitet diese Säge absolut ruhig; sie ist daher leicht und sicher zu führen und bietet den Vorteil, daß man mit ihr ohne weiteres auch unter Wasser arbeiten kann. Die freistehenden, gegenläufigen

Abb. 239. Kettensäge LP 60

256

Tabelle 63. *Druckluft-Kreis- und Kettensäge*

Bauart	Kreissäge FSP 50	Kettensäge LP 60
Schnittiefe .... [mm]	13...50	—
Sägeblatt-Dmr................... [mm]	250	—
Drehzahl im Leerlauf .... [U/min]	3800	—
Schnittbereich .... [mm]	—	600
Gewicht .... [kg]	11	15
Luftverbrauch .... [m³/min]	0,7	2,4
Leistung .... [PS]	—	4,5
Schlauch I. W. .... [mm]	16	19

Leistungsangaben gültig für 6 atü.

Zwillings-Sägeblätter aus Chromstahl sind so gezahnt, daß sie sich
für alle Schnitte in Weich- und Hartholz eignen und für die verschiedenen Holzarten nicht ausgewechselt werden müssen. Zum Nach-
schärfen, das genau wie bei Handsägeblättern vor sich geht, können
sie auf der Arbeitsstelle in 3 Minuten ausgetauscht werden. Beim
Loslassen des zum Einschalten dienenden Sicherheitsdrehgriffes bleibt
die Säge sofort stehen.

Abb. 240. Rundholzschneiden mit
der Präzisionssäge A 256

Abb. 241. Biegsamkeit der Sägeblätter

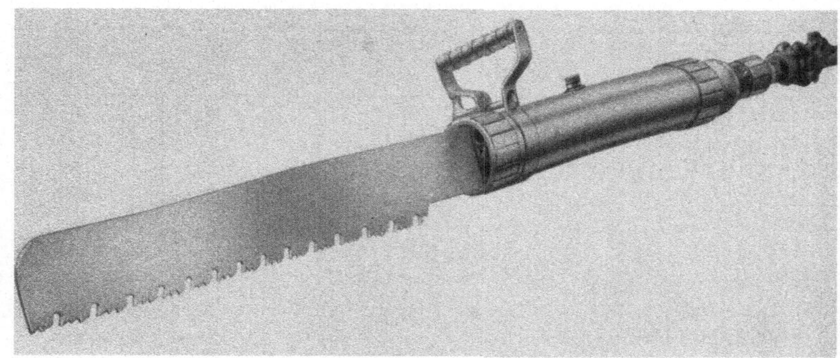

Abb. 242. Präzisionssäge A 256

Tabelle 64. *Druckluft*-Präzisionssäge A 256

Länge . . . . [mm]		1168
Gewicht (einschl. Sägeblätter) . . . . . . [kg]		7
Motor		eingebauter Druckluft-motor
Äußerer Dmr. des Motors . . . . [mm]		83
Luftverbrauch . . . . [m³/min]		2
Betriebsdruck . . . . [atü]		5 . . . 7
Sägeblätter		gegenläufige Zwillings-sägeblätter aus Chrom-stahl
Schnittbreite . . . . [mm]		4,8
Schnittbereich . . . . [mm]		Einzelschnitt: 530
Schnittiefe . . . . [mm]		unbegrenzt, da frei-stehende Sägeblätter
Schlauch I. W. . . . . [mm]		19

Druckluft-Gleisstopfer zum Stopfen des Schotters unter die Schwellen von Gleisanlagen bringen einen sehr viel rascheren Arbeitsfortgang als Handarbeit; dies ist im Bahnbetrieb von größter Bedeutung.

Mit *Druckluft-Entkupplungshämmern* (Einzelschlaghämmern) werden die festsitzenden Kuppelbolzen zwischen Lokomotive und Tender heraus-geschlagen.

Druckluft-Stichlochhämmer treiben die 2 bis 3 m lange Stichlochstange in die Stichlöcher der Hochöfen, um sie zu öffnen. Nach Umkehrung des an einer Laufkatze hängenden Hammers (Gewicht etwa 160 kg) hilft seine Schlagarbeit beim Herausziehen der Stichlochstange. Der

258

Erfolg dieser Arbeitsweise ist eine erhebliche Kostenersparnis, weil bedeutend weniger Arbeitskräfte und Arbeitszeit als bei Handarbeit gebraucht werden.

Druckluft-Kernblasmaschinen in Gießereien haben sich bewährt, da man auf ihnen mit Druckluft von 6 atü Kerne sehr schnell und mit gleichmäßiger Dichte blasen kann.

Druckluft-Hebezeuge haben den Vorzug stoßfreien Anhebens und Absetzens der Lasten. Die Bewegungsgeschwindigkeit ist stufenlos regelbar. Die Last kann in jeder beliebigen Höhe gehalten werden.

Druckluft-Blasdüsen liefern die erforderliche Verbrennungsluft für Feldschmieden, Nietfeuer, Gas- und Ölbrenner. Sie werden auch zur Kühlung von Schmiedegesenken mit Druckluft gebraucht.

Mit Druckluftwerkzeugen kann man auch *unter Wasser* arbeiten, wenn die Auspuffluft durch Schläuche bis über Wasser geleitet wird. (Bei der Präzisionssäge, die in Abb. 242 gezeigt wird, ist dies nicht nötig.)

Druckluftmaschinen, die nicht unter den Begriff *Druckluftwerkzeuge* fallen, wie z. B. die im *Bergbau* verwendeten und nachfolgend aufgeführten, sind nicht näher beschrieben, da dies über den Rahmen des Taschenbuchs hinausginge. (Siehe hierzu *Hoffmann*, Bergwerksmaschinen, 5. Auflage in Vorbereitung, Springer Verlag.) Besondere Druckluftgeräte des Bergbaues sind:

Förderhäspel,
Schrapperhäspel,
Schlepperhäspel,
Vorziehhäspel,
Druckluftstempel,

Aufschiebeeinrichtungen,
Vordrückeinrichtungen,
Blasversatzmaschinen,
Druckluftlokomotiven,
Bandantriebe,
Förderbänder,

Druckluftleuchten,
Strahldüsen,
Signalhupen,

Gewinnungsmaschinen, wie
  Kohlenhobel und Kerbmaschinen,
Raubwinden,
Rückzylinder,
Schrämmaschinen,

Kettenförderer,
Lademaschinen,
Schüttelrutschen,
Wagenkipper,
Wagenrüttler,
Druckluftpumpen,
Ventilatoren.

13. Unterblasen von Schwellen bei der Gleisunterhaltung

Aus finanziellen Gründen ist es zweckmäßig, den betriebssicheren Zustand des Oberbaues durch sorgfältige Gleispflege so lange wie möglich zu erhalten und damit die vollständige Erneuerung auf möglichst große Zeitabschnitte auszudehnen. Dazu wurde seither die Bettung regelmäßig durch Stopfen des Schotters von Hand oder auch maschinell durchgearbeitet. In letzter Zeit wurde ein neues Arbeitsverfahren entwickelt, bei dem die Schwellen nach zweckentsprechendem Heben mit Splitt unterblasen werden. Das Unterblasen mit FMA/POKORNY-*Blasgeräten* gestattet ebenso wie das Stopfen oder Schaufeln eine einwandfreie Berichtigung der Gleisanlage.

Abb. 243. Arbeitstrupp beim Blaseinsatz auf der Strecke; vorn: der Kompressor mit Aussetzvorrichtung

Für das *Unterblasen* sind folgende Geräte erforderlich:

a) Eine schienenfahrbare Kompressoranlage, die klein und leicht sein soll, aber auch den Anforderungen des rauhen Betriebs der Gleisbearbeitung entsprechen muß. Die von FMA/POKORNY für diesen Zweck entwickelte Anlage besteht aus einem immer betriebsbereiten Dreizylinder-Dieselmaschinensatz, dessen mittlerer Zylinder als Kompressor ausgebildet ist. Er ist in den Rahmen eines leicht beweglichen Schienenfahrzeugs eingebaut, das mit einer Aushebevorrichtung versehen ist. Diese und eine in ihren Einzelteilen durch schnell lösbare Keilverbindungen zusammengehaltene Aussetzvorrichtung machen es möglich, den Standort der Anlage mit Hilfe von 4 Arbeitskräften innerhalb von 8 bis 10 Minuten zu verändern.

b) **120 m** Druckluft-Rohrleitung mit 10 Zwischenanschlüssen für den Anschluß von zwei 12 m langen Gummischläuchen.

c) Je 2 Blasgeräte für Stahlschwellen und für Holz- bzw. Betonschwellen.

d) **2** Schaufeleimer zum Tragen und Einfüllen von Splitt.

e) **8 bis 10** Gleishebewinden.

f) Verschiedene Hartholzplatten und -keile 20 · 40 · 4 cm.

Als *Arbeitstrupp* werden für das Unterblasen benötigt:

1 Maschinen- und Gerätewart,

2 Bläser an den Blasgeräten,

2 Splitt-Träger,

2 Helfer an den Gleiswinden und für sonstige Arbeiten. Bei starker Zugbelastung zusätzlich noch 1 bis 2 Mann.

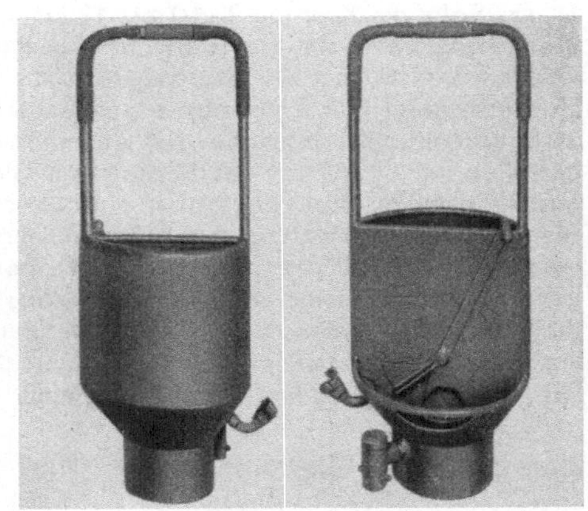

Abb. 244. Blasgerät GS 180 für Stahlschwellen

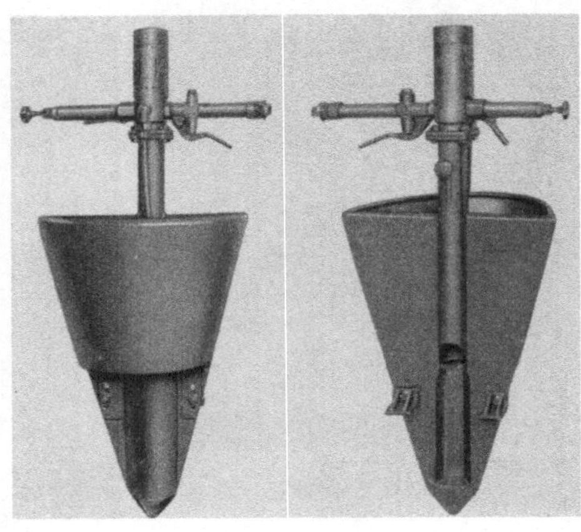

Abb. 245. Blasgerät GS 130 für Holz- und Betonschwellen

Das Beseitigen von Buckeln, Riffelbildungen, Schlaglöchern, eine ordnungsmäßige Kleineisenbehandlung sowie die Grobrichtung sind selbstverständliche Vorbereitungsarbeiten für eine gute, allen Anforderungen gerecht werdende Gleisanlage. Wird eine Strecke erstmalig unterblasen, muß der Abstand zwischen Schwelle und Auflage mindestens 30 mm betragen, während für jede nachfolgende Behandlung 20 bis 25 mm genügen. Auf jeweils 15 m Länge ist im Durchschnitt $^1/_2$ m³ Splitt der Körnung 3 (10 bis 18 mm) zu lagern.

Das *Unterblasen von Stahlschwellen* bedingt das Einschneiden eines Loches von 50 mm Durchmesser in die Schwellendecke mit einem Zirkelbrenner. Die Entfernung des Loches von Schienenmitte muß je 25 cm nach außen betragen. Im Abstand von etwa 40 cm von Schwellenmitte wird durch leichtes Schlagen mit der Stopfhacke eine Schottermauer gebildet, damit das dann auf das vorerwähnte Loch aufgesetzte Blasgerät (Düsenrichtung nach Schwellenmitte) nur bis dahin die notwendige Auflagefläche auffüllt. Nach dem Feinrichten wird das Blasgerät nochmals aufgesetzt (Düsenrichtung nach Schwellenende), und die Krampen werden vollgeblasen. Der durch die Hebung entstandene Hohlraum ist satt mit Splitt gefüllt, wenn dieser im Gerät hochwirbelt. Die Form der Düse und eine durch einen Vibrator erreichte dosierte

Abb. 246. Einschütten
des Splitts

Abb. 247. Ansetzen des
Blasgeräts GS 130 am Schwellenende

Splittzuführung zu ihr gewährleisten ein festgefügtes, dauerhaftes Splittbett für die Schwelle.

Beim *Unterblasen von Holz- und Betonschwellen* werden die Blasgeräte durch einen eingebauten Drucklufthammer mit Anlage an der Schwellenkante in den Schotter getrieben. Zur Begrenzung des zu unterblasenden Raumes wird zunächst 40 cm von Schienenmitte eine Splittsperrmauer geblasen. Danach wird der verbliebene Hohlraum vom Schwellenende aus unterblasen, bis der Splitt in der Fallrinne des Gerätes hochsteigt.

Das Unterblasen bietet gegenüber den seitherigen Verfahren folgende *Vorteile:*

Größte Wirtschaftlichkeit; der Tagewerkverbrauch (60 bis 80 Tagewerke/km beim Einsatz von zwei Blasgeräten) beträgt weniger als ein Drittel bis ein Viertel des Verbrauchs beim Stopfen von Hand.

Der Schotter braucht nicht ausgeräumt zu werden; daher wird Arbeitszeit eingespart.

Verschmutzte Bettung, die dem Einsatz der seither bekannten Geräte eine natürliche Grenze setzt, ist ohne Einfluß auf das Unterblasverfahren.

Durch Betriebslasten festgefahrene Schwellenlager werden bei der Durcharbeitung nicht erst aufgelockert und gestört.

Keine Gleisverwerfung, da das nicht ausgeräumte Schotterbett die auftretenden Temperaturspannungen aufnimmt. Das Unterblasen kann zu jeder Jahres- und Tageszeit durchgeführt werden.

Die Schwellen werden nicht beschädigt, die Lagerkanten derselben nicht gerundet, der Schotter nicht zerschlagen.

Die mit 6 atü arbeitenden Blasgeräte erzeugen eine innige Verdichtung des Blasgutes und damit eine größere, von vielen Splittkörnern gebildete Auflagefläche unter den Schwellen, womit bessere Lastverteilung und festere Stoßlage gegeben sind, während beim Stopfen die als Keile ineinandergetriebenen Steine unter den Erschütterungen der Betriebslasten mit der Zeit wieder nachgeben.

Das Unterblasen geht viel leichter vor sich als das Stopfen mit der Hacke. Daher können auch weniger kräftige Arbeiter angesetzt werden. Das Einarbeiten neu eingestellter Arbeiter ist beim Unterblasen einfacher und die benötigte Zahl an Arbeitern geringer als bei jedem anderen Verfahren.

Der Zugverkehr kann ungehindert weiterlaufen, da die Geräte schnell und leicht ausgesetzt werden können.

Weichen, insbesondere Herzstücke, können ohne Vorarbeiten direkt und satt unterblasen werden.

Bei guter Rampenbildung können bei einmaliger Durcharbeitung
Hebungen bis zu 80 mm einwandfrei unterblasen werden.
Die zum Unterblasen benötigte Druckluft steht auch für die bei der
Durcharbeitung erforderlichen Bohr-, Schraubenanzieh- und Schleif-
maschinen zur Verfügung.

Abb. 248. Vorführung der
Strahlwirkung des Blasgerätes

14. Unterblasen von Autobahndecken

Die Zunahme der Achsdrücke und Fahrtgeschwindigkeiten des Lastwagenverkehrs führt zu fortschreitenden Schäden an den Betonplatten der Autobahnen und sonstiger Betonstraßen. Die Platten setzen sich unregelmäßig, wodurch Abtreppungen in der Fahrtrichtung und Plattenbrüche auftreten.

Zur Plattenregelung (Hebung) werden im Abstand von 1,50 m mit Drucklufthämmern Löcher von 5 cm Durchmesser gebohrt, dann unter den Platten kleine Fundamente betoniert, die später als Auflager für Druckspindeln dienen, mit denen die Platten auf das gewünschte Niveau gehoben werden. Der Zwischenraum unter den Betonplatten wird mit FMA/POKORNY-Blasgeräten mit Sand oder Feinsplitt mühelos unterblasen (Abb. 248) und eine einwandfreie Plattenauflage geschaffen. Die rissigen und brüchigen Kanten werden mit dem Rillenbohrer (ein

Abb. 249. Rillenbohrer GS 250
bei der Arbeit

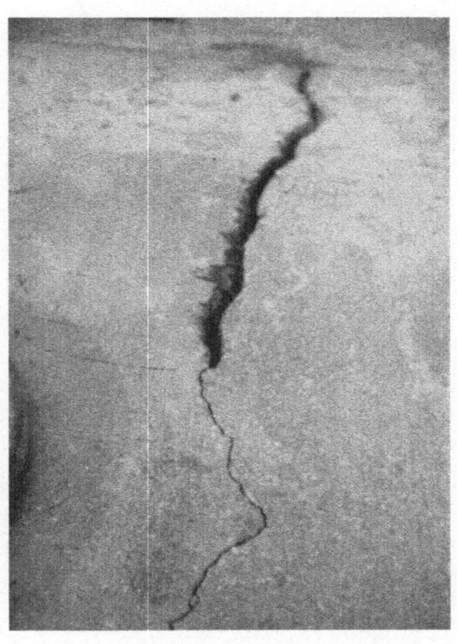

Abb. 250. Riß in der Fahrbahndecke,
zum Teil mit Rillenbohrer bearbeitet

mit Fahrgestell und Haltegriffen ausgerüsteter Bohrhammer) auf eine Rillenbreite und -tiefe von 25 mm ausgeschlagen (Abb. 249), die rauhe, krustige Wandung mit einem Bitumenanstrich versehen und wie üblich verschlossen, womit eine jeder Beanspruchung und Auswaschung widerstehende Abdichtung erreicht wird.

15. Sandstrahlen

Neben den durch Schleuderwirkung arbeitenden sog. Wirbelstrahlern oder Funkern, die nicht in allen Fällen benutzt werden können, haben die *Sandstrahlgebläse* für Druckluftbetrieb ein ausgedehntes Arbeitsgebiet.

Sandstrahlgebläse gibt es von Kleinausführungen für Laboratoriumszwecke, für das Handwerk usw. bis zu vollselbsttätigen Einrichtungen für Großbetriebe. Gebaut werden Drehtrommel- und Drehtischgebläse. Freistrahlgebläse verwendet man in Verbindung mit Blasgehäusen für kleine und mittlere Teile, mit Putzhäusern für größere Stücke oder zur Arbeit im Freien bei der Reinigung von sehr großen und sperrigen Gegenständen, Hausfronten, Stahlkonstruktionen usw. Gearbeitet wird dabei fast ausschließlich nach dem *Drucksystem*, wobei zur Erzielung besserer Leistungen die Sandkammer unter Luftdruck steht; nur in Sonderfällen, wo es sich um Feinbearbeitung kleiner Teile handelt, z. B. beim Mattieren, wird noch das *Saugsystem* angewendet. Man kann mit Quarzsand und mit Stahlkies blasen. Der zweckmäßigste und wirtschaftlichste Luftdruck liegt je nach der vorzunehmenden Arbeit zwischen 0,5 und 4 atü. Der Luftverbrauch ist abhängig vom Düsendurchmesser und steigt mit zunehmenden Abmessungen sehr stark an. Durch Verschleiß vergrößerte Düsenquerschnitte wirken sehr ungünstig auf Blasdruck und Blasleistung, weshalb aus Gründen der Wirtschaftlichkeit die Verwendung der hochverschleißfesten *Hartmetalldüsen* zu empfehlen ist.

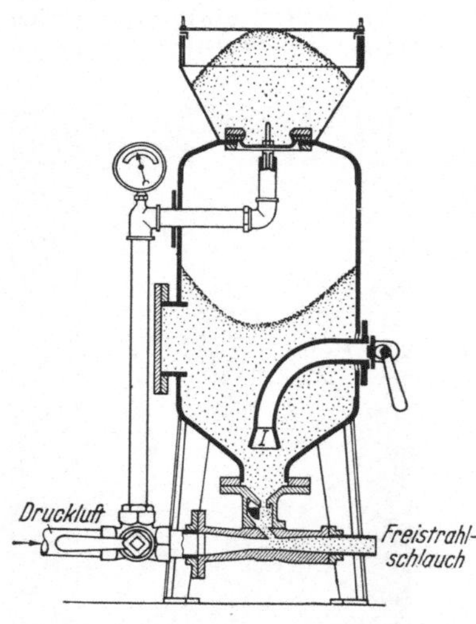

Abb. 251. Schnittbild eines Freistrahlgebläses

Bei Freistrahlgebläsen müssen die Bedienungsleute zur Verhinderung von Staublungen-Erkrankungen geeignete Staubschutzmasken tragen. Masken mit Frischluftzuführung können auch an die Druckluftleitung angeschlossen werden, doch muß dann ein Reduzierventil und ein Reinigungsfilter eingebaut sein. Um in der Umgebung von geschlossenen

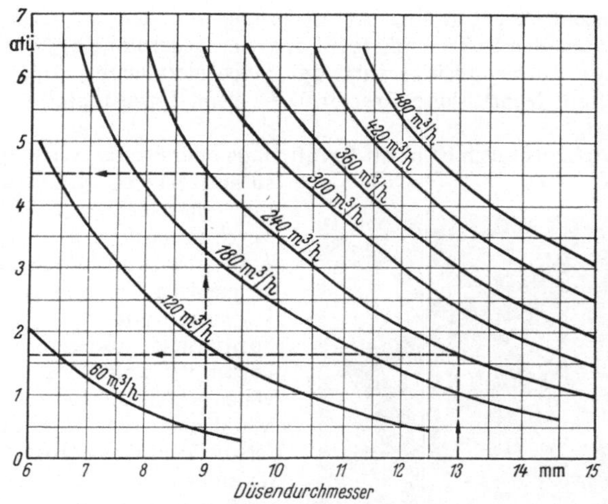

Abb. 252. Gebläsedruckabfall der Sandstrahldüsen bei konstanter Ansaugeleistung des Kompressors

Sandstrahlgebläsen Staubbelästigung zu vermeiden, wird die staubhaltige Luft aus den Gehäusen durch Filter hindurch abgesaugt. Infolge des Auftreffens der Luft auf Prallflächen beim Eintritt in das Filter und die plötzliche Geschwindigkeitsverminderung werden die größeren Staubteilchen bereits hier ausgeschieden. Der feine Staub bleibt dann beim Luftdurchgang durch den Filterstoff zurück.

Sandstrahlgebläse dienen zum Entfernen von Schmutz, Zunder, Rost, Farbe, Kesselstein, Emaille, Metallüberzügen; zum Putzen von Grau-, Temper-, Stahl-, Metallguß und Schmiedestücken; zum Reinigen von Behältern, Tanks, Hochöfen, Fördergerüsten, Brücken, Bahnhofshallen, Hausfronten usw.; zum Reinigen von Dampfkesselanlagen von Flugasche und Ruß; zum Reinigen vor dem Streichen, Emaillieren, Galvanisieren; zum Mattieren, Verzieren und Beschriften von Gegenständen aus Metall, Stein, Glas, Horn, Zelluloid, Holz und Leder.

16. Farbspritzen

Mit *Druckluft-Farbspritzpistolen* aufgetragene Farben und Lacke decken und haften viel gründlicher als beim Streichen. Dadurch wird eine längere Haltbarkeit des Farbauftrags erzielt. Der Vorteil des Farbspritzens liegt hauptsächlich in der sehr erheblichen Einsparung an

Arbeitszeit. Die Leistung ist abhängig von der Konsistenz des zu verspritzenden Stoffes und der Form der Gegenstände. Nach Angaben aus der Fachindustrie kann bei Flächenlackierung mit der 8- bis 10-fachen Mehrleistung gegenüber dem Pinselstreichen gerechnet werden.

Der Farbverbrauch ist nach Erfahrungen der Praxis beim Spritzen fast

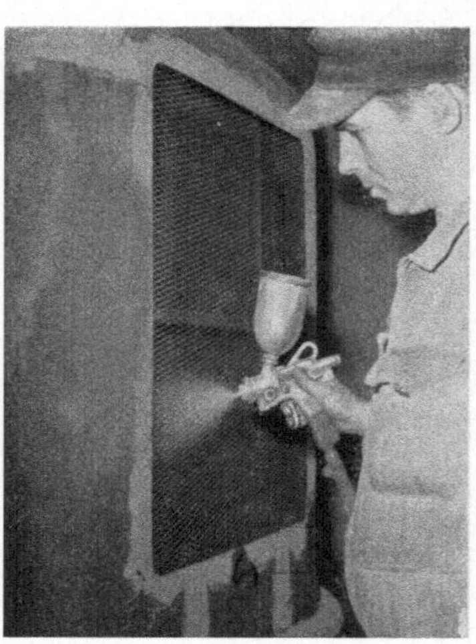
Abb. 253. Farbspritzen einer Kompressorverkleidung

so hoch wie beim Streichen, denn die eintretende Farbeinsparung durch zwangsläufig dünnschichtigen Auftrag wird infolge des nicht zu vermeidenden Verlustes durch Farbnebel auch bei der besten Spritzpistole nahezu aufgewogen. Farbspritzpistolen sind in sehr vielen Ausführungen auf dem Markt. Mit kleinen, sehr leichten Geräten. (etwa 65 g Gewicht) lassen sich feinste Dekore, Retuschen u. dgl. ausführen. Zum ununterbrochenen Verspritzen großer Farbmengen auf weiten Flächen gibt es schwere Geräte. Auch Glasuren, Emaillen, Graphit, Rostschuz- und Desinfektionsmittel lassen sich verspritzen sowie Flüssigkeiten zur Schädlingsbekämpfung versprühen. Der Betriebsdruck liegt zwischen 1 und 6 atü.

17. Metallspritzen

Die Arbeitsweise der Metallspritzpistolen besteht darin, Metalle in Draht- oder Pulverform zu schmelzen, das Schmelzprodukt durch Druckluft in winzige, wenige tausendstel Millimeter große Tröpfchen zerstäubt auf den zu behandelnden Gegenstand zu schleudern und an dessen Oberfläche zum Haften zu bringen. Es gibt Metallspritzpistolen, bei denen der Metalldraht durch ein Düsensystem geführt und dabei in einer Stichflamme (z. B. Azetylen und Sauerstoff) geschmolzen wird. Der Drahtvorschub wird dabei durch einen eingebauten kleinen Druckluftmotor, in anderen Fällen über eine flexible Welle von einem Elektromotor aus angetrieben. Bei manchen Metallspritzpistolen wird das zu verspritzende Metall in Pulverform durch einen Injektor in den

Druckluftstrom gebracht. Die zum Schmelzen nötige Wärme kann auch durch elektrischen Strom erzeugt werden.
Alle Metalle, die sich in Draht- oder Pulverform bringen lassen, z. B. Stahl, Nickel, Zinn, Zink, Kupfer, Blei, Aluminium und ihre Legierungen, können auf diese Weise als Überzug verarbeitet werden. Der

Abb. 254. Aufspritzen von verschleißbeständigem Werkstoff
auf die Lagerstellen von Kurbelwellen

Erfolg des Verfahrens hängt in allen Fällen von einer guten mechanischen Haftfähigkeit zwischen dem aufgespritzten Werkstoff und dem Grundwerkstoff ab. Dessen Oberfläche bedarf daher meistens einer Vorbehandlung, z. B. der Aufrauhung. Die aufgespritzte Metallschicht zeichnet sich durch große Haftfähigkeit, gute Gleiteigenschaft und hohen Verschleißwiderstand aus und ist auch höherer Druckbeanspruchung gewachsen. Metallspritzschichten lassen sich nicht nur auf Metalloberflächen, sondern auch auf nichtmetallische Stoffe aufbringen. Das Metallspritzen wird verwendet zur Erneuerung von Verschleißstellen (Aufarbeiten abgenutzter Wellen, Kurbelwellen, Kolbenstangen, Plungern, Walzen, Bremstrommeln usw.); zur Reparatur von Gußstücken (Dichten von Rissen und Bruchstellen an Motorblöcken, Zylinderköpfen, Heizkesselgliedern usw.); beim Korrosionsschutz an Stahlkonstruktionen, Stahlbauten aller Art, Gebäudeteilen, Fenstern usw. durch Oberflächenüberzüge aus Zink, Zinn, Kupfer, Blei, Cadmium, Aluminium, V2A-Stahl; zur Metalleinsparung durch Überziehen von gußeisernen Armaturen mit Kupfer, Bronze, Messing, Zinn, Zink, Aluminium; für Schmuck- und Schutzüberzüge auf Keramik, Porzellan, Glas, Kunststoffen, Textilien, Papier, Holz.

18. Betonspritzen und Zementmörtel-Einpressen

Beim Betonspritzverfahren (auch als Torkretverfahren bekannt) wird ein Gemisch, meist aus Zement und Sand, mit großer Wucht auf die Antragfläche gespritzt, um Verputze, Ausbesserungen, Verstärkungen oder auch selbständige dünne Wände auszuführen. Die Antragflächen können Mauerwerk aus Ziegelsteinen, Natursteinen oder Beton sein, aber auch Stahlkonstruktionen oder einseitige Schalung (bei der Erstellung von Wänden).

Der Zweck des Betonspritzens ist das Erzielen besonders hoher Haftung, Dichte und damit auch hoher Festigkeit. Nach Angaben aus diesem Arbeitsgebiet haben staatliche Materialprüfungsanstalten einen so guten Verbund zwischen altem Mauerwerk und Betonantrag festgestellt, daß man bei Bruchproben die Antragfugen nicht lösen konnte.

Abb. 255. Betonspritzen

Es bestehen Festigkeiten vom Zwei- und Dreifachen des normal guten Betons und vollkommene Wasserdichte. Da der gespritzte Beton porenlos ist, hat er eine Widerstandsfähigkeit gegen aggressive Flüssigkeiten, Rauchgase und andere chemische und mechanische Einwirkungen, die ein Vielfaches des normal guten Betons beträgt.

Zur Durchführung des Betonspritzens ist eine *Betonspritzmaschine* mit entsprechenden Schläuchen und Düsen erforderlich. Das darin eingebaute Zuleitungsaggregat wird durch einen Druckluftmotor angetrieben und hat die Aufgabe, das trockene bis erdfeuchte Gemisch gleichmäßig in den Druckluftstrom einzubringen, in dem es sozusagen schwimmt und dessen Fließbeschleunigung durch die Entspannung der Druckluft bis zum Austritt aus der Schlauchleitung übernimmt. Dadurch wird das Gemisch aus der Düse am Ende der Schlauchleitung, in der noch das Anmachewasser geregelt zugegeben wird, mit einer Geschwindigkeit von etwa 70 m/s gegen die Antragflächen geschleudert, woraus die erwähnten guten Eigenschaften resultieren. Das Gemisch kann zum Spritzen auf eine Entfernung bis zu 200 m gefördert werden. Der Betriebsdruck in der Spritzmaschine muß 2,5 bis 3,5 atü betragen.

Betonspritzen wird angewendet für absolut wasserdichte Putze in Wasserbehältern, Schwimmbädern, Kanälen, Kläranlagen, an Staumauern usw.; zu hochwiderstandsfähigen Putzen für Behälter und Bauwerke der chemischen Industrie, in Lokomotivschuppen und Tunnels; für die Auskleidung von Kupolöfen; für die Verstärkung schwacher Beton- und Mauerwerk-Konstruktionen; für die Herstellung selbständig tragender, infolge der höheren Festigkeit besonders dünnwandiger Betonkonstruktionen, wie Kuppeln, Tonnendächern u. dgl.

Mit dem *Zementmörtel-Einpreßverfahren* werden bei Talsperren, Wasserschlössern und Wehren die Fugen zwischen Bauwerk und Baugrund gedichtet. Bei alten Hochbauten wird der ausgelaugte Fugenmörtel bis in die Tiefe wieder ersetzt; die gleiche Arbeit ergibt sich noch häufiger an Brücken und Tunnels oder an gerissenen Fundamenten. Das Verfahren hat vornehmlich die Aufgabe, tiefliegende Risse und Fugen mit Hilfe von Luftdrücken von 6 bis 7 atü (notfalls aber auch bis 20 atü) mit Zementmörtel oder Zementmilch wieder auszufüllen.

19. Sonstige Verwendung von Druckluft

Ein wichtiges Anwendungsgebiet, in dem sich Druckluft als Betriebsmittel zunehmend einführt, ist der Betrieb von Schmiedehämmern, Schmiedepressen und Stauchmaschinen in Hammerwerken. Die langen Hochhaltezeiten des Hammerbärs, die bei großen Hämmern bis zu

80% der Schmiedezeit betragen, lassen bei Dampfantrieb hohe Kondensverluste entstehen; infolgedessen ist der Betrieb mit Druckluft von 7 bis 8 atü wirtschaftlicher. Ein Vorwärmen der Druckluft auf etwa 160° C durch die Abwärme der Glühöfen möglichst nahe an den Hämmern bringt weitere erhebliche Ersparnis. Um Ölnebelexplosionen zu vermeiden, muß die Druckluft durch Einbau von Tiefkühlern und Entölern vor dem Wiedererhitzen ölfrei gemacht werden.

Den gleichen Vorteil der höheren Wirtschaftlichkeit ohne die im letzten Satz erwähnte Notwendigkeit der Ölausscheidung erreicht man auch durch Ausnutzung der Kompressionswärme von etwa 150° C, indem man die Druckluftleitung vom Kompressor zum Windkessel, diesen selbst und die Zuleitung zu den Verbrauchsstellen durch Isolierung gegen Abkühlung schützt.

Untersuchungen, die 1943/44 und 1949 in einem Hammerwerk vorgenommen wurden, ergaben einen wirtschaftlichen Vorteil zugunsten der Druckluft von rund 13%. Als weitere Vorteile werden genannt:

a) Schnellste Ingangsetzung ohne Anheizkosten für Dampfkessel,

b) leichtes Anpassen an die Betriebsverhältnisse durch Zu- und Abschalten der Kompressoren,

c) weniger Platzbedarf und größere Sauberkeit durch Wegfall der Kohlenlagerung und des Kohlentransports,

d) größere Haltbarkeit der Packungen am Hammer und der Dichtungen in Rohrleitungen,

e) weniger Kolbenstangenbrüche,

f) geringerer Ölverbrauch,

g) keine Kondensationsverluste und geringerer Verschleiß der Steuerungen und Kolbenringe,

h) geringere Wartungs- und Instandhaltungskosten.

Es kann gesagt werden, daß überall der Druckluftbetrieb wirtschaftlicher sein wird, wo Dampf nicht als Abfallenergie zu niedrigen Preisen zur Verfügung steht und der Schmiedebetrieb nicht der Hauptabnehmer des erzeugten Dampfes ist. Zwei eingehende Aufsätze über dieses Thema findet man in Stahl und Eisen, 1950, Heft 7.

Druckluft wird weiterhin verwendet zur schlagartigen Betätigung der Leistungs- und Trennschalter in Hochspannungsanlagen (Luftdruck 12 bis 15 atü);

für Spannzwecke in Vorrichtungen und in Spannfuttern für Werkzeugmaschinen;

zum Anlassen von Verbrennungsmaschinen;

zum Aufpumpen von Reifen;

in zahnärztlichen Behandlungszimmern und Laboratorien;

für Gründungen unter Wasser bei Brücken- und Hafenbauten mit Hilfe der Caissons;

zum Heben untergegangener Schiffe, indem man diese unter Wasser abdichtet und das eingedrungene Wasser mit Druckluft so lange hinausdrückt, bis das Schiff beginnt, sich zu heben;

zur Dichtheitsprüfung von Rohrleitungen und zum Entleeren von Flüssigkeiten aus Behältern;

für sog. *Verdrängerpumpen;* hierbei läuft die Flüssigkeit unter ihrem Eigengewicht in Behälter ein, bis ein Schwimmer ein Ventil öffnet, worauf die nun eintretende Druckluft die Flüssigkeit aus dem Behälter verdrängt, bis das Ventil durch den Schwimmer wieder geschlossen wird (selbsttätige Arbeitsweise);

zur Förderung von Flüssigkeiten durch unmittelbare Vermischung mit Druckluft; die hierfür gebauten *Mammutpumpen* dienen hauptsächlich zur Förderung von Wasser und Öl aus tiefen Bohrlöchern und Schächten. Da diese Pumpen mit einfachen Mitteln herzustellen sind, sind sie ein wichtiges Hilfsmittel bei plötzlichen Notfällen, z. B. bei Wassereinbrüchen in Bergwerken;

zur Förderung trockener Güter mit einheitlich gleichmäßigem Korn in Rohrleitungen.

Es wurde versucht, die Ausführungen über die Anwendungsgebiete der Druckluft möglichst umfangreich zu halten; sie erheben jedoch keinen Anspruch auf Vollständigkeit.

G. Betriebsanweisungen

1. Allgemeine Betriebsanweisung für schlagende Druckluftwerkzeuge

Wichtig für gute Ergebnisse beim Arbeiten mit Druckluftwerkzeugen ist die Beachtung der Betriebsanweisungen. In den folgenden Abschnitten 1, 3 und 4, *Allgemeine Betriebsanweisung*, sind die wesentlichsten Punkte angeführt, die mit wenigen Ausnahmen für *alle* Druckluftwerkzeuge der betreffenden Gruppe gelten. Der Buchstabe *[E]* am Ende einiger Absätze weist auf die Abschnitte 2 und 5, *Ergänzung* der allgemeinen Betriebsanweisung, hin. Hier sind Zusätze und abweichende Vorschriften zu finden, die für einzelne FMA/POKORNY-Bauarten wichtig sind. — Im allgemeinen werden ausführliche Betriebsanweisungen bei Lieferung von Druckluftwerkzeugen mitgegeben.

a) Wirtschaftlichster und maximaler Betriebsdruck 6 atü.

b) Die Druckluft muß sauber und möglichst trocken sein. Es ist zu empfehlen, Öl- und Wasserabscheider vor der ersten Entnahmestelle in die Hauptleitung einzubauen.

c) Vor Anschluß der Werkzeuge *Schlauch gut ausblasen.* Schlauch und seine Armaturen müssen dicht sein; lichte Weite nach Angaben des Werkzeuglieferanten. Innere Gummischicht darf nicht verletzt sein. Schlauchreparaturen nur mit dünnwandigen Schnellverbindern.

d) Immer eine Hammergröße verwenden, die dem Arbeitszweck entspricht.

e) Vor Arbeitsbeginn Sieb *(101)**) am Lufteinlaß (bei Stampfern unter der Haube) auf Sauberkeit kontrollieren; *nicht durchstechen.*

f) Führungsbüchse *(117)* bzw. Zylinderteil für das Einsteckende auf innere Maßhaltigkeit kontrollieren, insbesondere den Radius an der Stirnfläche *[E]*.

g) Schneiden des Einsteckwerkzeugs müssen scharf sein. Abmessungen des Einsteckendes, insbesondere die Länge und den Übergangsradius zum Werkzeugschaft bzw. -bund, kontrollieren. Werkzeug- und Kolbenaufschlagfläche müssen plan und unbeschädigt sein. Einsteckende leicht einfetten *[E]*.

h) Nur mit festgezogenem Handgriff *(104)* bzw. Haube *(104)* arbeiten (siehe s).

i) Hämmer nur mit eingesetztem Einsteckwerkzeug (Döpper, Meißel, Spitzeisen usw.) in Betrieb setzen, auch nur mit Überwurfkappe *(122)* bzw. Haltefeder *(122)*, wenn sie zum Hammer gehört *[E]*.

j) Hammer immer (auch beim Probelauf) gut andrücken, sonst wird die Kolbenschlagleistung zum Teil oder ganz an die Brücke *(116)* bzw. den Zylinderring *(116)* statt an das Einsteckwerkzeug abgegeben und kann dort zur Stauchung und zu Zylinder- und Griffbrüchen führen *[E]*.

k) Alle drei Stunden je nach Hammergröße bis zu einen Fingerhut Öl bei geöffnetem Einlaßorgan in den Lufteinlaß — *nicht in den Schlauch* — schütten, nach längerer Nichtbenutzung etwas Petroleum — *niemals Benzin oder Rohöl.* Kurz laufen lassen, dann normal schmieren.

---

*) In den folgenden Abschnitten G 1 bis G 5 beziehen sich die in Klammern gesetzten Zahlen auf die entsprechenden Teile der Abb. 256 bis 276.

Zu verwenden ist *dünnflüssiges, säure- und harzfreies Öl* (normale Maschinenöl-Raffinate mit einer Viskosität von 2,4 bis 6° E/50° und einem Stockpunkt von + 5° entsprechend DIN 6543 A) [Stockpunkt im Winter — 20°] *[E]*.

Sehr gut bewährt haben sich auch gefettete Maschinenöle (Viskosität und Stockpunkt wie vorstehend), welche die Feuchtigkeit der Luft binden und dadurch Korrosion und Eisbildung verhindern. Vorteilhaft führen sich auch die in letzter Zeit von der Ölindustrie angebotenen fettähnlichen Schmiermittel ein. Sie sind so weich, daß sie sich ölartig verhalten, aber wie Fett haften. Vollkommen homogen, verursachen sie kein Kleben der Steuerungsteile und kein Verstopfen der Luftkanäle. Infolge ihrer guten Haftung verhindern sie Korrosion und sind sparsam im Gebrauch.

l) Bei Arbeitsunterbrechung Hämmer so weglegen, daß kein Schmutz in das Innere gelangen kann. Einsteckwerkzeug herausnehmen (Unfallgefahr!). Bei längerer Nichtbenutzung Hämmer *bis an den Griff* in Petroleum hängen oder mit Spülöl auswaschen und gut einfetten.

m) Bei Störungen Hammer in einer Werkstatt demontieren, *nicht an der Arbeitsstelle.* Demontage und Generalreinigung etwa alle vier Arbeitswochen, je nach Inanspruchnahme.

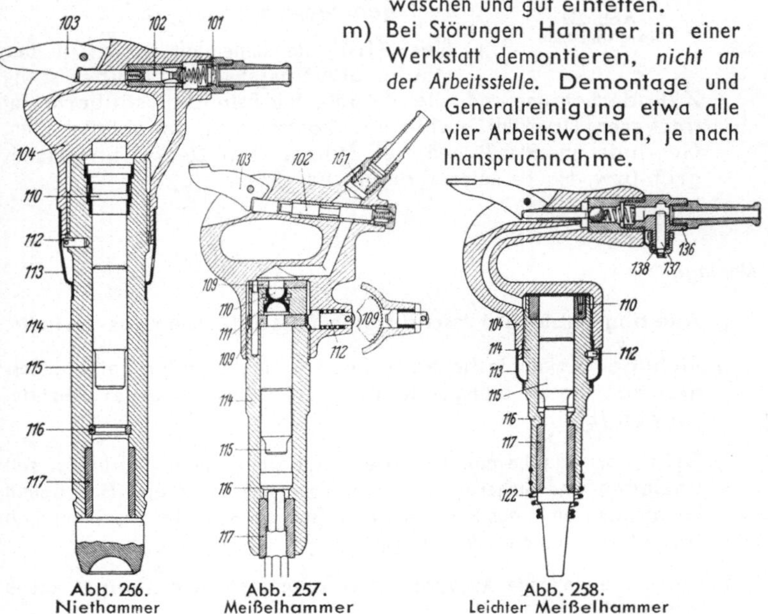

Abb. 256.	Abb. 257.	Abb. 258.
Niethammer	Meißelhammer	Leichter Meißelhammer

n) Wenn Auspuffschelle *(113)* vorhanden, diese mit besonderer Schellenzange (Abb. 259) aufspannen und abziehen, Sicherungsstift *(112)* entfernen. Bei Hämmern mit Sicherung des Griffes nach Abb. 257 Sperrstift *(112)* mit Hilfe eines Stiftes herausziehen, um 90° drehen und auf dem Nocken abstützen *[E]*.

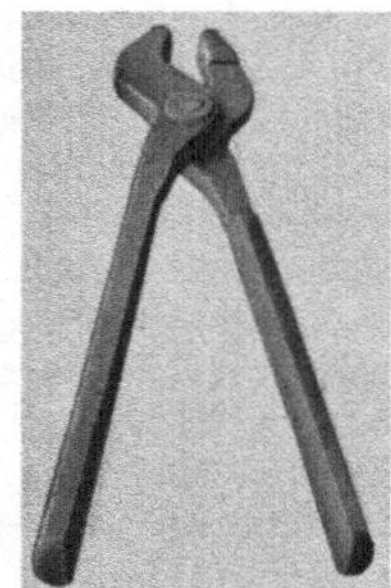

Abb. 259.
Schellenzange

o) Hammer an den Zylinderspannflächen in Parallelschraubstock mit Schutzbacken spannen, Handgriff *(104)* mit Hilfe einer runden Stahlstange (rd. 25 mm Dmr., 1 bis 1,3 m lang) lösen. Bei offenem Handgriff Hakenschlüssel, bei Hauben Schraubenschlüssel mit Rohrverlängerung verwenden. Griff nur dann in Einzelteile zerlegen, wenn beschädigt *[E]*.

p) Sieb *(101)* im Lufteinlaß bzw. in der Haube, Steuerungsteile und Kolben sowie Zylinderbohrung und alle Kanäle mit Petroleum säubern, mit *trockener* Druckluft ausblasen, kontrollieren, Innenteile ölen. Gewinde und Planflächen bei Zylinder bzw. Deckel und Handgriff bzw. Haube kontrollieren und einfetten *[E]*.

Montage

q) Alle abgenutzten und beschädigten Teile gegen neue auswechseln.

r) Richtigen Kolben in richtiger Lage in den Zylinder setzen, desgleichen die Steuerungsteile unter Beachtung etwaiger Markierungen *[E]*.

s) Griff bzw. Haube aufschrauben, mit Stange oder Schlüssel satt anziehen und Sicherungs- oder Sperrstift einsetzen. Bei neuen Hämmern und nach Reparaturen Griff bzw. Haube nach einigen Arbeitsstunden nachziehen. *[E]*

t) Mit Schellenzange Auspuffschelle anbringen, sofern eine solche vorgesehen ist.

Störung	Mögliche Ursache	Abhilfe
Werkzeug bleibt bald nach Beginn der Arbeit stehen	Schmutz im Schlauch	Schlauch ausblasen
	Schmutz im Hammer	In Petroleum auswaschen
	Öl verschmutzt oder zu dickflüssig	Schmiermittel nach k) verwenden
	Kolben (*115*) oder Steuerung (*110*) gefressen	Gefressene Stellen sauber polieren, bei größeren Schäden an Lieferwerk senden
Werkzeug arbeitet nach längerem Stillstand nicht	Öl verharzt	Petroleum in Lufteinlaß gießen, Hammer laufen lassen, bis normale Schlagzahl erreicht ist, dann normal schmieren
	Einlaßventil (*102*), Kolben (*115*) oder Steuerung (*110*) eingerostet, da Werkzeug ungereinigt und ungeölt auf Lager gelegt wurde	Siehe l)
	Zur Begrenzung der Leistung für feine Arbeiten ist bei einigen Hämmern vor dem Einlaßorgan eine Regulierung (*136*) angebracht. Sie ist versehentlich vollständig geschlossen worden.	Regulierstift (*137*) mit Stellmutter (*138*) auf erforderliche Leistung einstellen
Werkzeug hat keine volle Leistung, arbeitet ungleichmäßig	Schmierung mangelhaft	Schmieren (siehe k)
	Luftdruck nicht ausreichend	Luftdruck am Werkzeug muß 6 atü sein
	Sieb im Lufteinlaß verschmutzt	Sieb ausbauen und reinigen (siehe e)
	Einsteckende des Werkzeugs gefressen	Einsteckende und Führungsbüchse nachpolieren

Störung	Mögliche Ursache	Abhilfe
Prellschläge	Einsteckschaft abgenutzt, Schlagfläche am Kolben oder Einsteck-Werkzeug nicht plan und winklig	Kontrollieren, schadhafte Teile auswechseln
	Griff lose, Kolben schlägt gegen Griffboden	Griff (104) festziehen (siehe s)
	Führungsbüchse (117) ausgeschlagen	Hammer an Lieferwerk senden
Kolben sitzt unten fest	Stauchung des Sicherungsrings (116) oder der Brücke (116) durch häufige Leerschläge	Stauchung beseitigen; wenn erforderlich, Sicherungsring auswechseln; sauber mit Petroleum auswaschen. Beim Arbeiten Hammer andrükken, Leerschläge künftig vermeiden.

2. Ergänzung der allgemeinen Betriebsanweisung für schlagende Druckluftwerkzeuge

Für Stampfer

Inbetriebnahme und Behandlung

Zu f, g, j) Entfällt bei Stampfern.

Zu i) Bei neuen Stampfern Kolbenstange (115) durch Hin- und Herbewegen gängig machen; vorher einige Tropfen Öl aufgießen.

Demontage

Zu n) Stampfplatte mit Keil lösen; nicht durch Hammerschläge, da hierbei die Kolbenstange beschädigt wird.

Zu p) *Packung (128) darf nicht mit Petroleum in Berührung kommen.*

Montage

u) Überwurfmutter (127) muß Packung (128) andrücken; kommt sie am Zylinderende zum Aufsitzen, dann neue Packung einbauen. Lockere Packungen nachziehen.

Störung	Mögliche Ursache	Abhilfe
Kolben schlägt gegen Deckel (*109*)	Haube nicht fest genug angezogen	Haube (*104*) fest anziehen
Kolben schlägt gegen Führungsbüchse (*117*)	Packung nicht genügend angezogen oder ausgelaufen	Packung (*128*) mit Überwurfmutter (*127*) nachziehen oder erneuern
	Kolbenstange stark abgenutzt	Kolben (*115*) erneuern

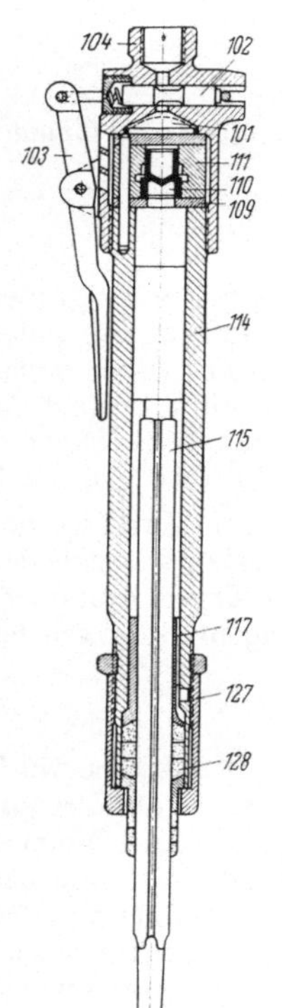

Abb. 260.
Stampfer

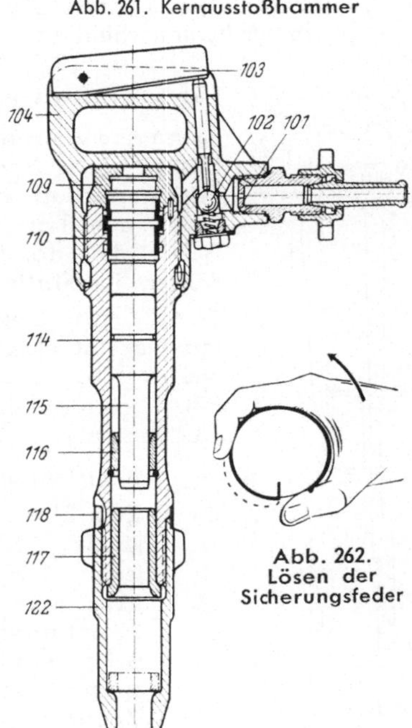

Abb. 261. Kernausstoßhammer

Abb. 262.
Lösen der
Sicherungsfeder

Für Kernausstoß- und Abbruchhämmer

Demontage

Zu o) Deckel (*109*) wird gelöst, indem man mit einem Rundstab von der Führungsbüchse (*117*) her den Kolben (*115*) leicht dagegen stößt.

Um die Überwurfkappe (*122*) zu lösen, ist die Sicherungsfeder (*118*) so zu umfassen, daß der Daumen über dem aufgebogenen Teil liegt und der Zeigefinger die Feder fest umschließt (Abb. 262). Bei einem kräftigen Ruck im Gegenzeigersinn springt die Feder aus der Arretiernut; die Kappe läßt sich dann abschrauben.

Zu p) Die Planflächen von Deckel (*109*) und Handgriff (*104*) müssen bei diesen Hämmern *unbedingt fettfrei* sein, da sonst der Griff sich lösen kann.

Montage

Zu r) Deckel (*109*) muß satt auf Zylinder (*114*) aufliegen; mit Gummihammer leicht nachhelfen.

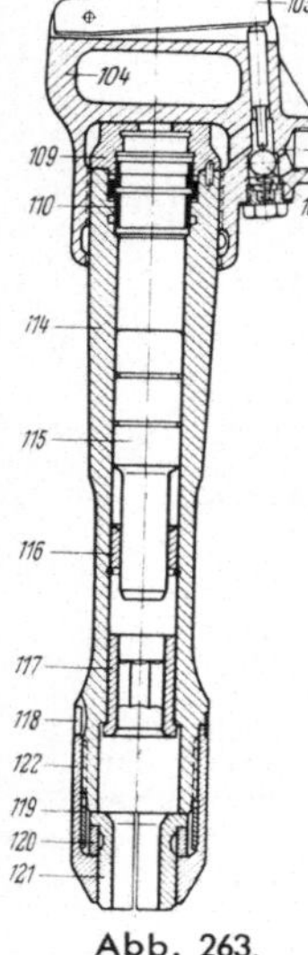

Abb. 263.
Spatenhammer
SpH 1 a

Für Spatenhämmer

Spaten sind wegen der von ihnen geforderten großen Leistung stark beanspruchte Werkzeuge. Sie sollen beim Abstechen von Ton tunlichst mit dem vollen Blatt in den Ton einlaufen; andernfalls besteht die Gefahr, daß das Spatenblatt an den freistehenden Rändern ins Flattern kommt, einreißt und ausbricht.

Wenn durch Gesteinseinschlüsse im Ton Kerben im Spatenblatt entstehen, sind sie sofort auszuschleifen, und zwar so vorsichtig, daß keine Erwärmung eintritt. (*Trocken schleifen*, ohne Kühlung, nicht im Wasser abschrecken.)

Inbetriebnahme

Zu g) Zum Einsetzen des Spatens ist die Überwurfkappe (*122*) abzuschrauben. Sicherungsfeder (*118*) so umfassen, daß der Daumen über dem aufgebogenen Teil liegt und der Zeigefinger die Feder fest umschließt (Abb. 262). Bei einem kräftigen Ruck im Gegenzeigersinn springt die Feder aus der Arretiernut, die Kappe läßt sich dann abschrauben.

Bei Baureihe SpH 1 (Abb. 263) zweiteilige Büchse *(121,)* Ringpuffer *(120)* und Zwischenring *(119)* aus Überwurfkappe *(122)*
herausnehmen; Teile auswaschen. Ringpuffer und Zwischenring
ersetzen, falls beschädigt. Dann Überwurfkappe *(122)* mit Zwischenring *(119)* über den Spatenbund bringen; ebenso den Ringpuffer *(120)*, und diesen über die auf den Spatenschaft aufgelegte
zweiteilige Büchse *(121)* (Bund nach Einsteckende hin) schieben.
Die auf diese Weise zusammengehaltene Büchse in die Überwurfkappe gleiten lassen.

Bei Baureihe SpH 2 (Abb. 264) Distanzrohr *(123)*, Gummiringe
(124) und zweiteiligen Prellring *(125)* aus Überwurfkappe *(122)*
herausnehmen; Teile auswaschen. Gummiringe ersetzen, falls
beschädigt. Dann Überwurfkappe *(122)* und beide Gummiringe
(124) über den Spatenbund bringen. Bei senkrecht gehaltenem

Spaten (Einsteckende unten) den
zweiteiligen Prellring *(125)* auf die
Gummiringe *(124)* setzen, Überwurfkappe darüberschieben, das
Ganze umkehren und Distanzrohr
(123) einstecken.

Danach Spaten in richtiger Stellung
in den Hammer einsetzen (Lufteinlaß links), Überwurfkappe *(122)*
aufschrauben und Sicherungsfeder *(118)*
in Schlitz arretieren.

Zu k) Spatenhämmer mit Seitengriff haben auto-
matische Öler, die vor jeder Schicht bis
auf etwa 3 cm vom Griffende mit dünn-
flüssigem, säure- und harzfreien Öl gefüllt
werden müssen. Läuft der Öler in weniger
als acht Stunden leer, so ist die Verschluß-
schraube *(108)* mit Dichtring *(107)* nicht
dichtfest angezogen. (Als Ersatz für den
Dichtring keinen Gummiring verwenden.)
Versagt der Öler infolge Verharzung des
Öls in dem regulierenden Filz *(105)*, ist ein
neuer fester Filzstopfen von 15 mm Länge
einzusetzen.

Demontage

Zu o) Abnehmen des Spatens in umgekehrter Folge, wie unter g) beschrieben. Deckel *(109)*

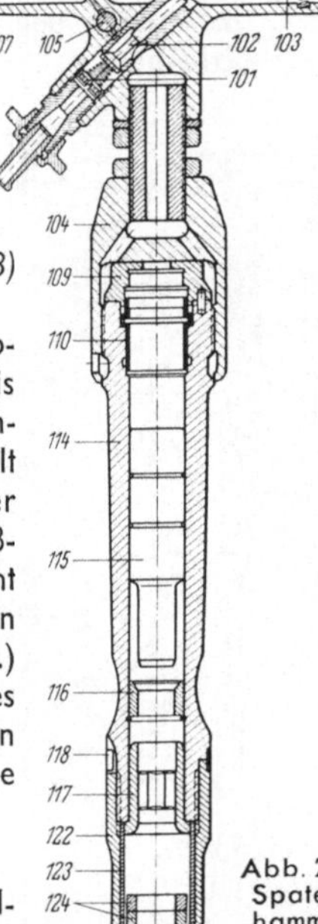

Abb. 264.
Spaten-
hammer
SpH 2

wird gelöst, indem man mit einem Rundstab von der Führungsbüchse (117) her den Kolben (115) leicht dagegen stößt.

Zu p) Bei Spatenhämmern müssen die Planflächen von Deckel (109)
und Handgriff (104) bzw. Haube (104) unbedingt *fettfrei* sein,
da sich sonst die Teile lösen können.

Für Aufbruchhämmer und Spundwandrammen

Demontage

Zu o) Beide Muttern (135) lösen und die Schraubenbolzen (133)
herausziehen. Der Hammer läßt sich jetzt leicht in seine vier
Hauptteile zerlegen: Griff (104), Zylinder (114), Brücke (129)
und Flanschgehäuse bzw. Rammfuß (130)

Montage

Zu s) Beide Muttern (135) abwechselnd gleichmäßig anziehen;
zwischen den Federgängen (134) soll etwa $^1/_2$ mm Spiel ver-
bleiben.

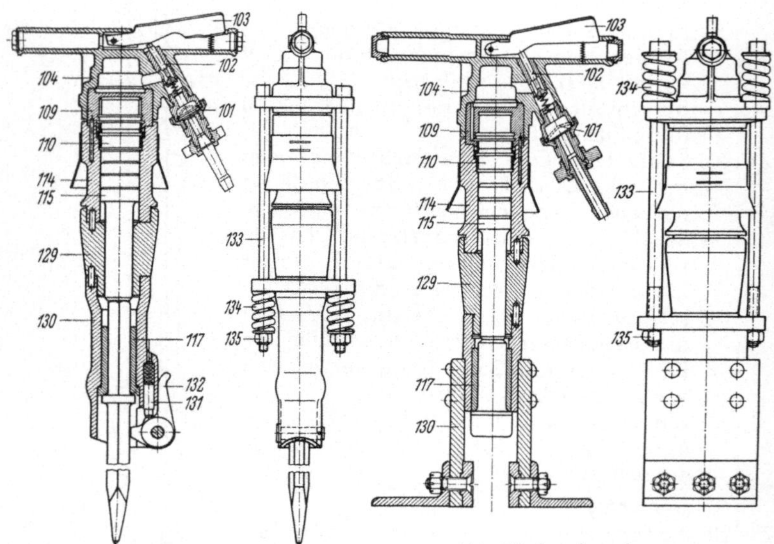

Abb. 265. Aufbruchhammer

Abb. 266. Spundwandramme

Störungsbehebung

Störung	Mögliche Ursache	Abhilfe
Unruhiger Gang, Kolben schlägt gegen Deckel	Federn auf den langen Schraubenbolzen nicht fest genug angespannt	Federn (*134*) gleichmäßig nachspannen (siehe s)
Sicherungshebel (*132*) läßt sich nicht ausklinken	Sicherungsstift sitzt fest, da verschmutzt oder gefressen	Sicherungsstift (*131*) durch Ölloch herausschlagen, reinigen; etwaige Freßspuren beseitigen, öfter schmieren.

3. Allgemeine Betriebsanweisung für Druckluft-Bohrhämmer

Inbetriebnahme und Behandlung

a) Betriebsdruck 4 bis 6 atü; diese Grenze sollte nicht überschritten werden.

b) Die Druckluft muß sauber und möglichst trocken sein. Es ist zu empfehlen, Öl- und Wasserabscheider vor der ersten Entnahmestelle in die Hauptleitung einzubauen.

c) Schlauch gut ausblasen. Schlauch und seine Armaturen müssen dicht sein. Lichte Weite nach Angaben des Bohrhammerlieferanten. Innere Gummischicht darf nicht verletzt sein. Schlauchreparaturen nur mit dünnwandigen Schnellverbindern.

d) Immer eine Bohrhammergröße verwenden, die dem Arbeitszweck entspricht.

e) Vor Anschluß des Bohrhammers Überwurfmutter und Schlauchtülle von etwa anhaftendem Schmutz reinigen.

f) Schlagfläche des Kolbens (*102*) häufig untersuchen. Ist die Schlagfläche abgesplittert oder stark abgenutzt, dann sind die Bohrer-Einsteckenden zu hart, d. h. zu wenig angelassen, oder die Bohrer-Aufschlagflächen sind nicht eben, nicht winkelrecht, oder die Einsteckenden haben zu viel Spiel in

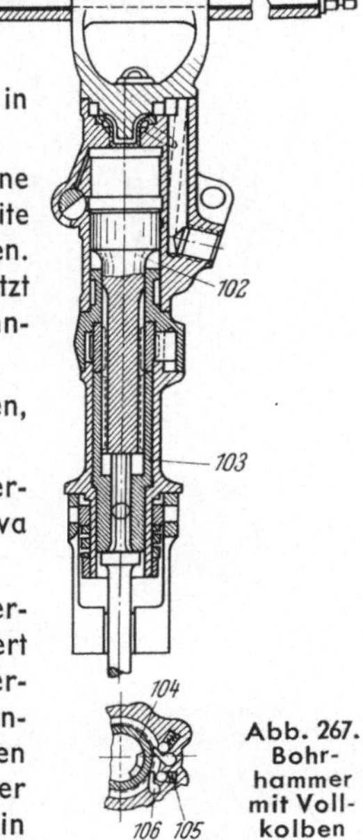

Abb. 267. Bohrhammer mit Vollkolben

der Bohrerhülse *(103)*. Bohrerhülse sofort erneuern, wenn ein maßrichtiges Einsteckende darin schlottert.

g) Zu lange Einsteckenden vermindern die Leistung des Hammers, bei zu kurzen schlägt der **Kolben** gegen das **Sperrgehäuse.** Nicht passende Einsteckenden vermindern die **Blaswirkung** des **Hammers.**
Niemals mit stumpfen Bohrerschneiden arbeiten, da dies zu vorzeitigen (Ermüdungs-) Brüchen der Bohrer führt.

h) **Nur mit Bohrhämmern arbeiten, deren Spannschrauben fest angezogen sind.**

i) **Bohrhämmer nur mit eingesetztem Gesteinsbohrer in Betrieb setzen.**

j) **Leerschläge** tunlichst vermeiden; deshalb den Hammer stets genügend fest gegen den Bohrer drücken. Beim **Durchbohren von Laschen** oder beim **Zurückziehen des Bohrhammers Luftzufuhr zum Werkzeug drosseln.**

k) **Soweit keine selbsttätigen Öler eingebaut sind, ist zu empfehlen, den Bohrhämmern** selbsttätige Leitungsöler **vorzuschalten, da nur eine regelmäßige Schmiermittelzufuhr eine lange Lebensdauer gewährleistet.** Werden keine selbsttätigen Öler verwendet, müssen die Bohrhämmer *unbedingt vor jeder Schicht und während des Betriebes nach ungefähr jeder halben bis vollen Stunde reiner Betriebszeit* mit einigen Kubikzentimetern guten Maschinenöls durch den **Luftanschluß** geschmiert werden. Wegen der zu verwendenden Schmiermittel wird auf die Anweisungen des Bohrhammerlieferanten verwiesen.
Nach längeren Betriebspausen und vor der ersten Inbetriebnahme etwas sehr dünnflüssiges Öl oder Petroleum — *niemals Benzin oder Rohöl* — durch den **Lufteinlaß** gießen, bei gedrosselter Luft kurz anlaufen lassen, dann normal schmieren.

l) **Wasserspülung** erst einschalten, wenn der **Bohrhammer** läuft; umgekehrt erst Wasserspülung und dann die **Druckluft** abstellen.

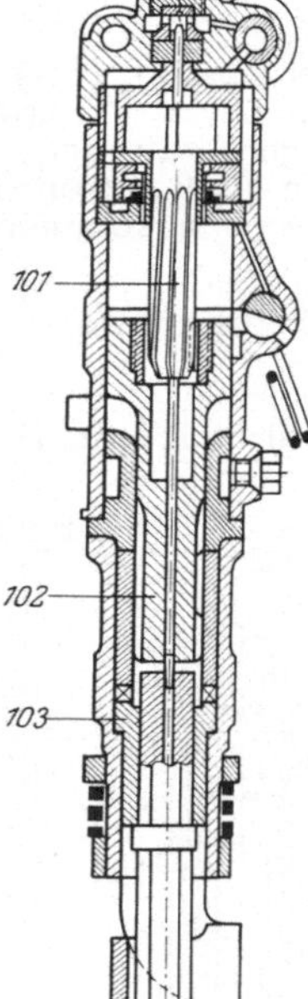

Abb. 268.
Bohrhammer für
Wasserspülung

m) Bei Arbeitsunterbrechung Bohrhammer so weglegen, daß kein Schmutz in das Innere gelangen kann. Vor längerer Arbeitsunterbrechung Hämmer mit Spülöl auswaschen, gründlich schmieren und kurz laufen lassen.

n) Bei Störungen Bohrhammer in einer Werkstatt auseinandernehmen, *nicht an der Arbeitsstelle.*

Die Beachtung folgender Hinweise bestimmt wesentlich die Wirtschaftlichkeit des Arbeitens mit Hartmetallschneiden.

o) Nur gerade Gesteinsbohrer und Bohrstangen verwenden. Vor dem Aufschrauben der Bohrkronen Stangengewinde mit dickem Fett (Staufferfett, Wagenschmiere o. ä.) einfetten. Bohrkronen nur mit Schlüssel auf- und abschrauben; niemals auf die Kronen schlagen.

Nur mit gedrosseltem Lufteinlaß des Bohrhammers anbohren. In einem Bohrloch, in dem eine Schneide gebrochen ist, nicht weiterbohren; neues Bohrloch beginnen.

Bohrlöcher recht oft ausblasen, bei Wasserspülung für reichlichen Wasserzufluß sorgen.

Die Schneiden werden beim Bohren warm; *nach dem Bohren nur langsam abkühlen.* Bohrer deshalb niemals mit der Bohrkrone auf feuchten Boden stellen oder ablegen.

Hartmetallschneiden nicht über etwa 4 mm Abstumpfungsbreite ausnutzen, sondern rechtzeitig nachschleifen. Grüne Silizium-Carbid-Schleifscheiben verwenden.

Nur trocken oder nur naß schleifen, nicht in Kühlwasser abschrecken. Die Schneiden sollen nicht ganz scharf sein, sondern einen Radius von ungefähr 0,3 mm haben.

Demontage und Montage

p) Nach Lösen der Spannschraubenmuttern sind die Bohrhämmer leicht in ihre Einzelteile zerlegbar; notfalls kann durch leichte Holzhammerschläge etwas nachgeholfen werden.

q) Sämtliche Teile mit Petroleum säubern, mit trockener Druckluft ausblasen, kontrollieren und Innenteile einölen.

r) Alle abgenutzten und beschädigten Teile gegen neue auswechseln.

s) Bohrhammer wieder zusammenbauen und Spannschraubenmuttern fest anziehen.

Störung	Mögliche Ursache	Abhilfe
Bohrhammer bleibt bald nach Beginn der Arbeit stehen	Schmutz im Schlauch	Schlauch ausblasen
	Schmutz im Hammer	In Petroleum auswaschen
	Kolben (102) gefressen	Gefressene Stellen sauber polieren, bei größeren Schäden an Lieferwerk senden
Bohrhammer arbeitet nach längerem Stillstand nicht	Öl verharzt	Petroleum in Lufteinlaß gießen, Borhammer laufen lassen, bis normale Schlagzahl erreicht ist, dann schmieren
	Innenteile eingerostet, da Hammer ungereinigt und ungeölt auf Lager gelegt wurde	Siehe m)
Bohrhammer hat keine volle Leistung	Schmierung mangelhaft	Schmieren (siehe k)
	Luftdruck nicht ausreichend	Luftdruck *am Bohrhammer* muß 4 bis 6 atü sein, je nach Gesteinshärte
	Hammer verschmutzt	Reinigen
	Schraubenbolzen ungleichmäßig angezogen	Richtig anziehen
Prellschläge	Einsteckschaft abgenutzt	Gesteinsbohrer mit maßhaltigem Einsteckende verwenden
	Schlagfläche am Kolben oder Einsteckwerkzeug nicht plan und winklig	Schadhafte Teile auswechseln
	Bohrerhülse (103) ausgeschlagen	Auswechseln
Bohrhammer setzt schlecht um	Geringer Betriebsdruck	Luftdruck *am Bohrhammer* muß erhöht werden
	Drallnuten an Kolben (102) bzw. Drallspindel (101) oder im Sperrad (104) abgenutzt	Teile auswechseln
Bohrhammer setzt nicht um	Klinken (106) abgenutzt bzw. Klinkenfedern (105) gebrochen	Teile auswechseln

4. Allgemeine Betriebsanweisung für drehende Druckluftwerkzeuge

Inbetriebnahme und Behandlung

a) Wirtschaftlichster und maximaler Betriebsdruck 6 atü.

b) Die Druckluft muß sauber und möglichst trocken sein. Es ist empfehlenswert, Öl- und Wasserabscheider vor der ersten Entnahmestelle in die Hauptleitung einzubauen, andernfalls kann in der Druckluft enthaltene Feuchtigkeit schon bei dreitägigem Stillstand der Maschine zum Anrosten führen.

c) Vor Anschluß der Maschine Schlauch gut ausblasen. Schlauch und seine Armaturen müssen dicht sein. Lichte Weite nach Angaben des Maschinenlieferanten. Innere Gummischicht darf nicht verletzt sein. Schlauchreparaturen nur mit dünnwandigen Schnellverbindern.

d) Richtige Maschinengröße verwenden. Werden zu große, reglerlose Maschinen für kleine Leistungen benutzt, tritt starke Erwärmung ein *[E]*.

e) Sieb *(101)* am Lufteinlaß auf Sauberkeit kontrollieren; *nicht durchstechen.*

f) Leerlauf vermeiden; sonst unnötiger Luftverbrauch und größerer Verschleiß (insbesondere der Lamellen) infolge der eintretenden Erwärmung.

g) Maschine schonend behandeln, nicht hinwerfen *[E]*.

h) Alle drei Stunden bei geöffnetem Einlaßorgan bis zu drei cm³ Öl in den Lufteinlaß — *nicht in den Schlauch* — schütten, nach längerer Nichtbenutzung etwas Petroleum — *niemals Benzin oder Rohöl* — verwenden. Maschine kurz laufen lassen, dann normal schmieren. Wenn selbsttätige Öler eingebaut sind, diese nach Anweisung des Lieferanten füllen.

Zu verwenden ist dünnflüssiges, säure- und harzfreies Öl (normale Maschinenöl-Raffinate mit einer Viskosität von 2,4 bis 6° E/50° und einem Stockpunkt von +5°, entsprechend DIN 6543A) [Stockpunkt im Winter −20°]. Bei Ölen anderer Viskosität ist eine einwandfreie Arbeitsweise der selbsttätigen Öler nicht gewährleistet. Sehr gut bewährt haben sich auch gefettete Maschinenöle (Viskosität und Stockpunkt wie vorstehend), welche die Feuchtigkeit der Luft binden und dadurch Korrosion und Eisbildung verhindern.

Für die Gleit- und Wälzlager ist ein weiches *Wälzlagerfett* zu verwenden, das auch bei tiefen Temperaturen noch geschmeidig bleibt. Gleitlager täglich schmieren; in der Regel mit Fettpresse möglich. Wälzlager nach den Generalreinigungen der Maschine bis zur Hälfte des freien Raumes füllen; zu starke Schmiermittelfüllung führt zur Lagererwärmung.

Getriebe mit weichem, langziehenden und gut haftenden *Getriebefett* schmieren, das notfalls auch für die Lager verwendet werden kann *[E]*.

i) Bei Arbeitsunterbrechung Maschine so weglegen, daß kein Schmutz in die Maschine gelangen und das Einlaßventil sich nicht unbeabsichtigt öffnen kann. Vor längerer Nichtbenutzung Maschine nochmals gründlich schmieren und kurz laufen lassen.

j) Bei Störungen Maschine in einer Werkstatt auseinandernehmen, *nicht an der Arbeitsstelle.* Demontage und Reinigung alle 4 Arbeitswochen, bei ununterbrochener Vollbelastung öfter.

k) Von besonderer Wichtigkeit für Maschinenleistung und Luftverbrauch sind die Lamellen *(108)*, die deshalb auf Maßhaltigkeit überwacht werden müssen.

Lamellenhöhe: Durch Abnutzung zu niedrig gewordene Lamellen kippen aus den Kolbenschlitzen und können den Zylinder *(120)* sprengen *[E]*.

Lamellendicke: Lamellen dürfen in den Kolbenschlitzen nicht klemmen, sie müssen — ohne jedoch zu pendeln — beweglich gelagert sein. (Notfalls Seitenflächen auf Schmirgelleinen schonend abziehen.)

Lamellenlänge: Keinesfalls kürzer als Kolbenlänge. Lamellenlauffläche muß in der Längsrichtung gerade sein.
Lamellen nicht in Schraubstock spannen, sonst splittern sie.

Demontage siehe unter 5.

Montage

l) Sämtliche Teile mit Petroleum oder Spülöl auswaschen, mit trockener Druckluft abblasen, kontrollieren und ölen. Beschädigte und abgenutzte Teile auswechseln. Wälzlager und Räder schmieren (siehe h).

m) Montage in umgekehrter Reihenfolge wie Demontage *[E]*.

Störung	Mögliche Ursache	Abhilfe
Maschine läuft nach längerem Stillstand nicht an	Öl verharzt, Lamellen verklebt	Etwas Petroleum in Lufteinlaß gießen, Maschine *kurz* laufen lassen, dann normal schmieren (siehe h)
	Drehkolben *(107)* oder Spindel *(117)* sitzen wegen mangelhafter Schmierung oder starker Verschmutzung fest	Maschine auseinandernehmen, in Petroleum waschen; falls Kolben oder Spindel gefressen, sauber polieren. Bei größeren Schäden an Lieferwerk senden
	Zur Begrenzung der Leistung für feine Arbeiten ist bei einigen Maschinen vor dem Einlaßorgan eine Regulierung *(136)* angebracht (Abb. 271). Sie ist versehentlich vollständig geschlossen worden.	Regulierstift *(137)* mit Stellschraube *(138)* auf erforderliche Leistung einstellen
Maschine hat keine volle Leistung, arbeitet unregelmäßig	Sieb *(101)* oder Maschine verschmutzt	Sieb bzw. Maschine reinigen
	Schmierung mangelhaft	Schmieren (siehe h)
	Luftdruck nicht ausreichend	Luftdruck *an der Maschine* muß 6 atü sein
	Lamellen *(108)* abgenutzt	Lamellen kontrollieren, abgenutzte ersetzen
Maschine vereist	Wasser in der Luftleitung	Öfter schmieren unter Zusatz von Petroleum oder Glyzerin; Wasserabscheider einbauen

5. Ergänzung der allgemeinen Betriebsanweisung für drehende Druckluftwerkzeuge

Für Bohrmaschinen

Inbetriebnahme und Behandlung

Zu g) Durch Herabschrauben der Nachstellspindel (*122*) drückt Ausdrückbolzen (*118*) den Kegel des Werkzeugs aus Bohrspindel (*117*). Nicht mit Dorn herausschlagen.

Zu k) Lamellenhöhe:
UR 0A nicht unter 8 mm,
UR 3, UR 3 G nicht unter 9 mm,
RB 11, RB 15 nicht unter 10 mm,
RB 22 nicht unter 12,4 mm,
RB 32, RB 50, RB 80 nicht unter 15,7 mm.

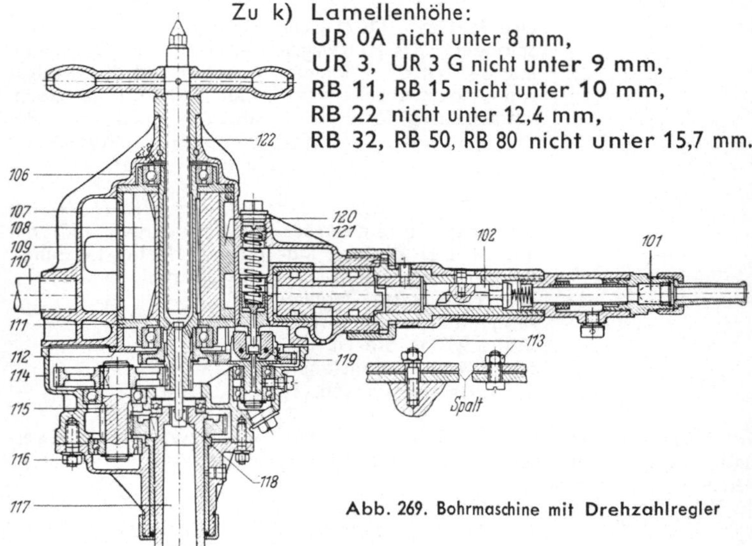

Abb. 269. Bohrmaschine mit Drehzahlregler

Demontage

Bei Maschinen mit Drehzahlregler *Reglerschraube* (*121*) *nicht verstellen*, da hierdurch Maschinendrehzahl beeinflußt wird.
UR 0A, UR 3, UR 3 G: Mit zwei entgegengesetzt zwischen Gehäuse und Bohrfutter gelegten Gabelkeilen Bohrfutter (*126*) von der Bohrspindel abdrücken. Rotorgehäuse (*106*) an Spannflächen leicht in Schraubstock spannen, Handgriff bzw. Ventilgehäuse (*127*) herausschrauben. Motor und Getriebe aus dem Gehäuse herausschieben und Lagerschild und Drehkolben ent-

nehmen. (Bei UR 3 und UR 3 G muß vorher Kegelstift (125) herausgeschlagen werden.)
Bei allen anderen Bauarten Maschinen am **Rohrgriff** (110) in Schraubstock spannen, Muttern und Schrauben (113) lösen, Räderkasten (114) abheben.
(Bei der Maschine RB 11 ist der Räderkasten (114) vom Zylindergehäuse (106) abzuschrauben.) Danach **Andrückring** (112), **Lagerschild** (111), **Drehkolben** (107) mit **Rotorwelle** (115)

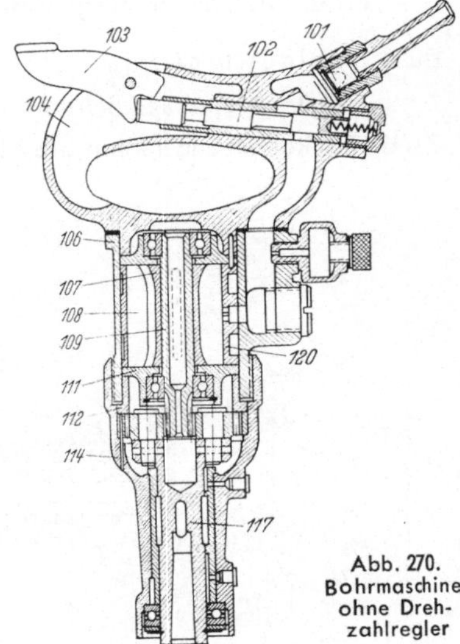

Abb. 270.
Bohrmaschine
ohne Dreh-
zahlregler

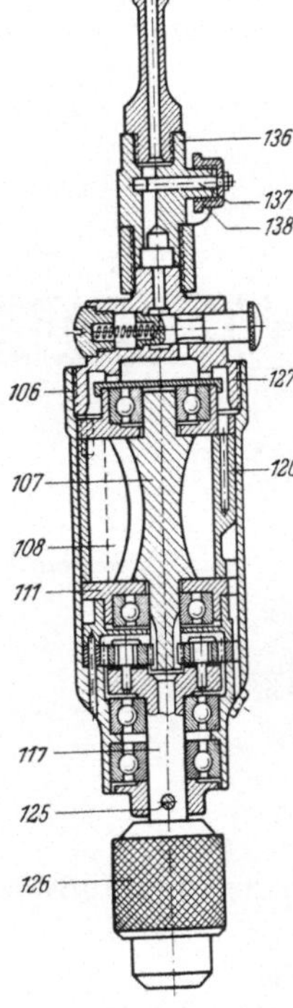

Abb. 271.
Kleinbohrmaschine

aus dem Zylindergehäuse (106) herausziehen. Sind bei den Maschinen **RB 11** bis **RB 22** Teile des Räderkastens nachzuprüfen, Flachstahl senkrecht in Schraubstock spannen und Räderkasten (114) mit dem **Schlitz** der Bohrspindel (117) darüber stecken. Nach Abschrauben von Gegenmutter und Mutter lassen sich Bohrspindel mit Antriebsrad und Vorgelegewelle (115) mit Rad durch leichte Gummihammerschläge auf die Bohrspindel lösen und herausnehmen.
Bei den Maschinen RB 32 bis RB 80 ist der zweiteilige Räderkasten durch Lösen der

Muttern (*116*) zu öffnen; Bohrspindel und Räder sind dann leicht herauszunehmen.

Montage

n) Der bei RB 22 bis RB 80 zwischen Zylindergehäuse und Räder-kasten bestehende feine Spalt darf nicht durch Zwischenlegen einer Dichtung beseitigt werden.

Für Schlagschrauber

Inbetriebnahme und Behandlung

Zu d) Bei Raummangel kann die Maschine durch Abschrauben des Faust-griffes (*140*) um **100 mm** verkürzt werden. Dann muß der mitgelieferte Verschlußstopfen (*141*) eingeschraubt

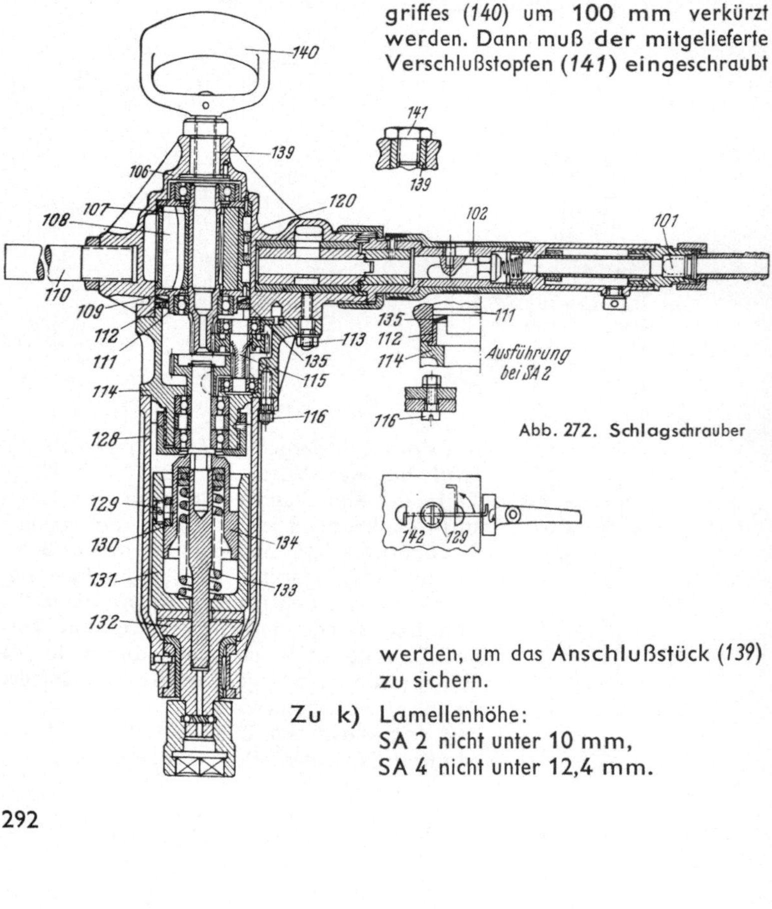

Abb. 272. Schlagschrauber

werden, um das Anschlußstück (*139*) zu sichern.

Zu k) Lamellenhöhe:
SA 2 nicht unter 10 mm,
SA 4 nicht unter 12,4 mm.

Demontage

Alle vierzehn Tage auseinandernehmen, bei ununterbrochener Vollbelastung öfter. Rohrgriff (*110*) in Schraubstock spannen, Muttern und Schrauben (*116*) lösen, Hammergehäuse (*128*) abnehmen. Muttern (*113*) lösen und Räderkasten (*114*) entfernen. Danach Andrückring (*112*), Tellerfeder (*135*), Lagerschild (*111*) und Drehkolben (*107*) mit Rotorwelle (*109*) aus dem Zylindergehäuse (*106*) herausziehen.
Aus dem Hammergehäuse (*128*) vollständiges Hammerwerk (*131*) und Amboß (*132*) herausnehmen und kontrollieren. Hammerwerk nur bei Beschädigungen weiter zerlegen. Dazu Sicherungsdrähte (*142*) entfernen, Hammer mit Schraubstock in seiner Länge zusammendrücken, bis die Rollen (*130*) entlastet sind. Dann Rollenschrauben (*129*) herausdrehen, Schraubstock langsam öffnen und Rollen (*130*), Kurvenstück (*134*) und Feder (*133*) entnehmen.

Montage

Zu m) Feder (*133*) muß im ungespannten Zustand eine Länge zwischen 73 und 71 mm für SA 2, zwischen 98 und 96 mm für SA 4 haben; andernfalls auswechseln.
Um die richtige Anpressung des Lagerschildes (*111*) durch die Tellerfeder (*135*) zu gewährleisten, muß *im ungespannten Zustand* der Spalt zwischen Zylindergehäuse (*106*) und Räderkasten (*114*) 1 bis 1,2 mm betragen. Muttern (*113*) gleichmäßig anziehen, bis Räderkasten auf Zylindergehäuse fest aufsitzt.
Rollenschrauben (*129*) entsprechend Markierung *1, 2, 3* einschrauben. Stahldraht 1,5 mm Dmr. (SA 2) bzw. 2 mm Dmr. (SA 4), 150 mm lang, an einem Ende 10 mm lang mit $r = 2$ abwinkeln und in Bohrung einführen. Anderes Ende abwinkeln, fassen, in Pfeilrichtung verdrehen (Abb. 272) und entgegengesetzt abbiegen. Drahtenden müssen mit Spannung aufliegen. Kürzen, damit sie nicht überstehen.

Für Drehschrauber

Inbetriebnahme und Behandlung

Zu g) Schrauben bzw. Muttern werden maschinell bis zu einem gewissen Anzugsmoment angezogen und durch Ziehen oder Drücken am Handgriff (*143*) festgezogen. Lösen geschieht in

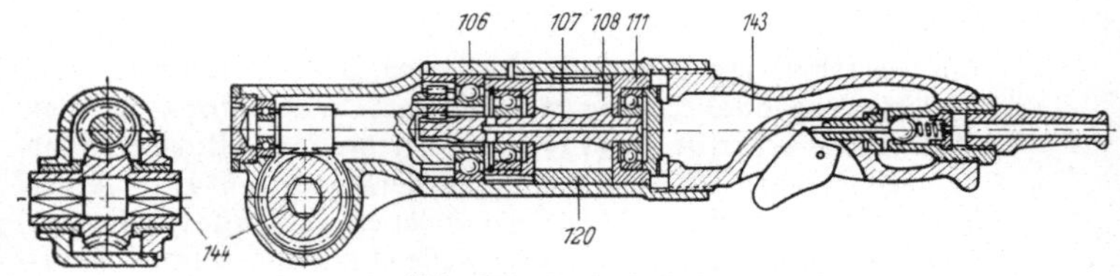

Abb. 273. Drehschrauber

umgekehrter Arbeitsfolge. Die unterschiedliche Drehrichtung (rechts zum Anziehen, links zum Lösen) wird durch Umsetzen des Steckschlüssels oder Schraubenziehers auf die entgegengesetzte Seite der Sechskantbüchse (144) erreicht.

Zu h) Etwa alle 50 Betriebsstunden etwas Wälzlagerfett durch den rot bezeichneten Schmiernippel einpressen.

Zu k) Lamellenhöhe nicht unter 7,2 mm.

Demontage

Sechskantbüchse (144) zwischen Schraubstockbacken spannen, Griff (143) mit Schraubenschlüssel SW 36 herausschrauben. Gehäuse (106) leicht auf Holz klopfen. Rotor und Getriebe lassen sich dann leicht entnehmen.

Für Schleifmaschinen

Zu k) *Lamellenhöhe:*

RS 40 KH nicht unter 8 mm,
RS 80 HR, RS 80 HW nicht unter 9,5 mm,
RS 100 eR, RS 100 HR nicht unter 10,2 mm,
RS 200, RS 200 H nicht unter 13,5 mm,
S 150, S 150 H nicht unter 14 mm,
SH 175 nicht unter 11 mm.

Demontage

Bei Maschinen mit Drehzahlregler *Reglerschraube (121) nicht verstellen*, da hierdurch Maschinendrehzahl beeinflußt wird.
Schleifscheibe abnehmen (Spezialschlüssel sind lieferbar). Bei RS 40 KH Überwurfmutter (152) abschrauben und Schleifstift (149) herausziehen; bei RS 80 HR Mutterscheibe (147) abschrauben, Schleifscheibe (149), Scheibe (146) und Paßfeder (150) ent-

fernen; bei RS 80 HW Winkelkopf nach Lösen der Überwurfmutter abnehmen. Danach Ventilgehäuse *(127)* mit Öler *(151)*
(entfällt bei RS 40 KH) aus dem Rotorgehäuse herausschrauben.

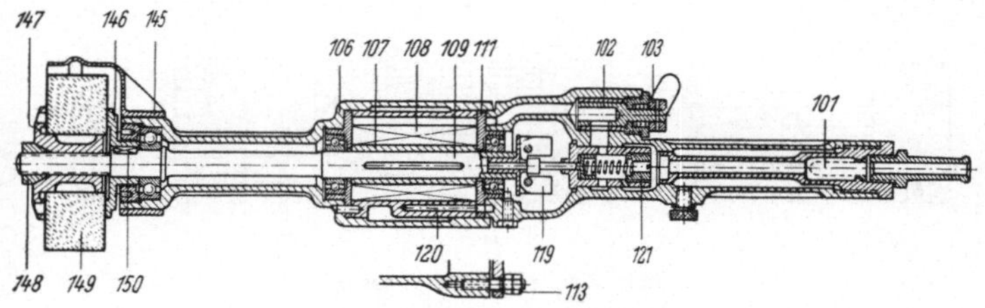

Abb. 274. Schleifmaschine mit Drehzahlregler

Drehkolben *(107)* mit Spindel *(109)* und Lagerschild *(111)*
lassen sich dann leicht herausschieben.
Bei allen anderen Bauarten Kegelmutter *(148)* (soweit vorhanden) und Mutterscheibe *(147)* abschrauben, Schleifscheibe
(149), Scheibe *(146)* und Paßfeder *(150)* entnehmen. Dann
Griff des Rotorgehäuses *(106)* leicht in Schraubstock spannen,

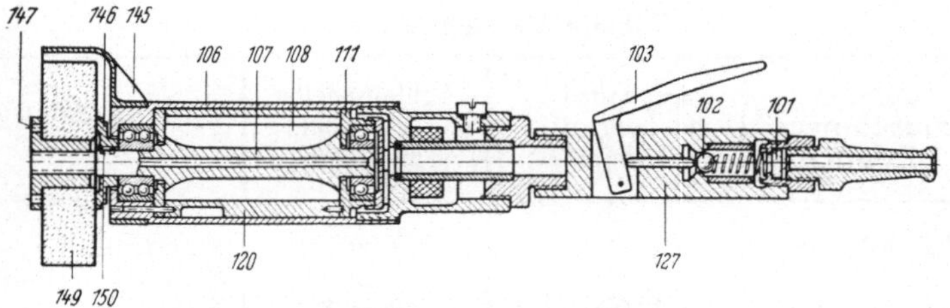

Abb. 275. Schleifmaschine ohne Drehzahlregler

Muttern *(113)* lösen, Stielgriff (bei SH 175 Deckel) abnehmen und Schleifspindel *(109)* mit Drehkolben *(107)* und Lagerschild *(111)* aus dem Rotorgehäuse *(106)* herausschieben. Mit
leichten Gummihammerschlägen nachhelfen.

Montage

Zu m) Mit Ausnahme von RS 40 KH, RS 80 HR und RS 80 HW besteht
bei den Schleifmaschinen zwischen Rotorgehäuse und Stielgriff
(bzw. Deckel bei SH 175) ein feiner Spalt, der nicht durch
Zwischenlegen einer Dichtung beseitigt werden darf. Sämtliche

295

Schleifmaschinen mit Ausnahme von RS 40 KH werden mit Schutzhauben geliefert. Für den Fall, daß mit den Maschinen RS 100 eR, RS 200 und S 150 ohne Schutzhauben gearbeitet

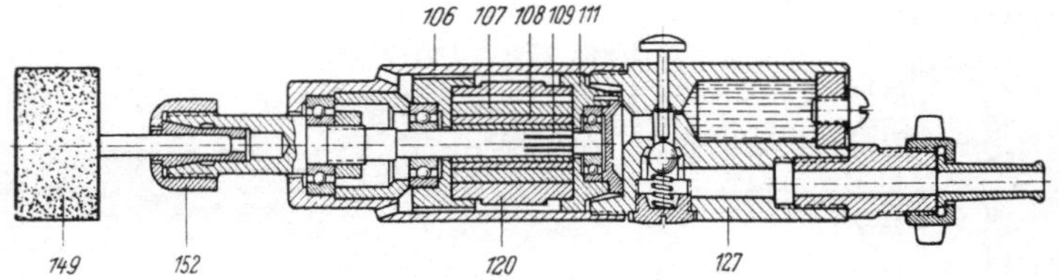

Abb. 276. Kleinschleifmaschine

werden muß, sind mit Gummizwischenlage versehene Scheiben (146) und Mutterscheiben (147), die $^2/_3$ des Schleifscheibendurchmessers fassen, anzuwenden.

Die Maschinen RS 80 HR, RS 80 HW, RS 100 HR, RS 200 H, S 150 H und SH 175 dürfen *nicht ohne Schutzhauben* benutzt werden.

Auf die Unfallverhütungsvorschriften wird nochmals ausdrücklich hingewiesen.

Tabelle 65. *Schleifscheiben*

Schleif- maschinen- Bauart	Drehzahl bei Leerlauf U/min	Schleifscheibe bzw. -stift mm Dmr.	Schleifscheiben- bindung
RS 40 KH	22 000	8 bis 25	Keramisch
		25 bis 40	Bakelit
RS 80 HR	10 000	60 bis 80	Bakelit
RS 80 HW	10 000	60 bis 80	Bakelit
RS 100 eR	5 500	100	Keramisch
RS 100 HR	8 500	100	Bakelit
S 150	3 800	150	Keramisch
S 150 H	5 750	150	Bakelit
SH 175	8 600	175	Spezialbindung
RS 200	2 800	200	Keramisch
RS 200 H	4 800	200	Bakelit

Für Werkstoffe hoher Zugfestigkeit, wie Eisen und Stahl, sowie für Werkstoffe niedriger Zugfestigkeit, wie Grauguß, Bronze, Leichtmetalle usw. jeweils die dafür bestimmten Schleifscheiben verwenden.

6. Betriebsanweisung für hydraulische Nietpressen mit Druckluftantrieb

Wir verweisen auf die Druckschriften, die den Nietpressen beigefügt werden.

Weitere Anleitungen und Vorschriften enthalten die folgenden Druckschriften: Betriebsblatt AWF 41, *Wartung und Betrieb von Preßlufthämmern*, 4. ungeänderte Auflage, August 1940; Betriebsblatt AWF 42, *Wartung und Betrieb von Preßlufthämmern (Abbau- und Bohrhämmern) im Grubenbetrieb*, 2. Auflage, September 1927; Betriebsblatt AWF 46, *Preßluftwerkzeugmaschinen mit drehender Bewegung (Bohrmaschinen, Schleifmaschinen usw.)*, 3. Auflage, November 1940.

H. Wirtschaftszweige, die Druckluftgeräte verwenden

Da viele Wirtschaftszweige gleichartige Druckluftgeräte verwenden, sind hier zwei Gruppen aufgestellt und mit I und II bezeichnet worden. In der daran anschließenden Übersicht ist dann nur die jeweilige Gruppennummer angegeben, die dort für alle unter Gruppe I bzw. Gruppe II zusammengefaßten Geräte steht.

Gruppe I. *Druckluftgeräte für die eisenschaffende und eisenverarbeitende Industrie*

Kompressoren, fahrbar und stationär,	Bohrmaschinen,
Niethämmer,	Dreh- und Schlagschrauber,
Gegenhalter,	Schleifmaschinen,
Schlagnietmaschinen,	Stampfer,
Nietpressen, lufthydraulisch,	Kernausstoßhämmer,
Nietfeuer,	Sandstrahlgebläse,
Entnietungshämmer,	Farbspritzpistolen,
Meißelhämmer,	Hebezeuge,
	Blasdüsen.

Gruppe II. *Druckluftgeräte für die Industrie der Steine und Erden, Bau- und verwandte Industrien*

Kompressoren, fahrbar und stationär,	Keillochhämmer,
Abbauhämmer,	Bohrhämmer,
Abbruchhämmer,	Stampfer,
Aufbruchhämmer,	Sumpfpumpen,
Spatenhämmer,	Sägen.

Abbruchunternehmen	Gr. II, Meißelhämmer, Entnietungshämmer, Schlagschrauber.
Abwrackbetriebe	Kompressoren, Entnietungshämmer, Schlagschrauber.
Anstrichunternehmen	Kompressoren, Schleifmaschinen mit Stahldrahtbürste, Entrostungsmaschinen, Entrostungspistolen, Abklopfer, Sandstrahlgebläse, Farbspritzpistolen, Blasdüsen.
Apparatebau	Gr. I, lufthydraulische Nietpressen.
Armaturenfabriken	Kompressoren, Meißelhämmer, Stampfer, Kernausstoßhämmer, Schleifmaschinen, Metallspritzpistolen, Farbspritzpistolen, Blasdüsen.
Automobilfabriken	Kompressoren, lufthydraulische Nietpressen, Meißelhämmer, Bohrmaschinen, Schleifmaschinen, Elektrodenfräser, Dreh- und Schlagschrauber, Hubapparate, Hebezeuge, Farbspritzpistolen, Blasdüsen.
Autoreparaturwerkstätten	Kleinkompressoren, Schleifmaschinen, Elektrodenfräser, leichte Meißelhämmer, Kleinbohrmaschinen, Farbspritzpistolen, Blasdüsen, Industriestaubsauger.
Basaltwerke	siehe Steinbrüche.
Bauunternehmen	Gr. II, Freistrahlgebläse.
Behälterbau	Gr. I, lufthydraulische Nietpressen.
Beleuchtungskörperfabriken	Kleinkompressoren, Metallspritzpistolen, Farbspritzpistolen.
Bergbau	Gr. I und II.
Betonbau	Gr. II, Betonrüttelhämmer, Betonspritzmaschinen, Rammen.
Bildhauerhandwerk	Kleinkompressoren, Bildhauerhämmer, Kleinschleifmaschinen, Blasdüsen, Sandstrahlgebläse.
Blechwarenindustrie	Kompressoren, Niethämmer, Schlagnietmaschinen, lufthydraulische Nietpressen, Drehschrauber, Farbspritzpistolen, Elektrodenfräser.
Brückenbau, Beton-	Gr. II, Betonrüttelhämmer, Betonspritzmaschinen, Rammen.
Brückenbau, Stahl-	Gr. I, lufthydraulische Nietpressen.
Chemische Industrie	Gr. I und II, Vakuumpumpen.
Druckereien	Kompressoren.
Eisenbahnausbesserungswerke, -Betriebs- und -Maschinenämter, Bahnmeistereien.	Gr. I, Stehbolzen-Aufdornhämmer, Entkupplungshämmer, Gleisstopfer, Industriestaubsauger, Unterblasgeräte.

Eisenkonstruktions- werkstätten	Gr. I, lufthydraulische Nietpressen.
Emaillierwerke	Kompressoren, Flächenschleifmaschinen, Puderhämmer, Sandstrahlgebläse, Farbspritzpistolen.
Erdölgewinnung	Gr. II.
Fahrradfabriken	Kompressoren, Farbspritzpistolen.
Fahrzeugbau	Gr. I.
Feldbahnbau	Gr. I.
Fensterfertigung, Stahl-	Kompressoren, Meißelhämmer, Schleifmaschinen, Bohrmaschinen, Farbspritzpistolen, Metallspritzpistolen.
Ferngaswerke	Kompressoren.
Fischereibetriebe	Gr. I, Abklopfer, Entroster.
Flugzeugbau	Kompressoren, Flugzeugniethämmer, Eckniethämmer, Flugzeugbohrmaschinen, -Eck- und -Winkelbohrmaschinen, Einzelschlaghämmer, lufthydraulische Nietpressen, halb- und vollselbsttätige Nietmaschinen.
Gaswerke	Gr. II, Meißelhämmer, Bohrmaschinen.
Gebäudereinigung	siehe Sandstrahlbetriebe.
Gesenkschmieden	Kompressoren, Schleifmaschinen, Sandstrahlgebläse, Blasdüsen.
Gießereien für Grau-, Temper-, Stahl- und Metallguß	Kompressoren, Meißelhämmer, Stampfer, Kernausstoßhämmer, Schleifmaschinen, Kernblasmaschinen, Sandsiebmaschinen, Hebezeuge, Sandstrahlgebläse, Blasdüsen.
Glashütten, Glasbläsereien	Kleinkompressoren, Blasdüsen.
Grabsteingewerbe	Kompressoren, Keillochhämmer, Hämmer für Steinbearbeitung, Bildhauerhämmer, Kleinschleifmaschinen.
Gummiwerke	Kompressoren, Blasdüsen, Sandstrahlgebläse.
Hafenbau	Gr. II, Rammen, Betonspritzmaschinen.
Hammerwerke	Kompressoren, Schmiedehämmer und -maschinen mit Druckluftantrieb, Meißelhämmer, Schleifmaschinen, Sandstrahlgebläse, Blasdüsen.
Herdfabriken	Kompressoren, Schleifmaschinen, Puderhämmer, Farbspritzpistolen.
Hochbau, Beton-	Gr. II, Betonrüttelhämmer, Betonspritzmaschinen, Rammen.
Hochbau, Stahl-	Gr. I, lufthydraulische Nietpressen.
Hochspannungsanlagen	Kompressoren.

Hüttenwerke	Gr. I und II, Stichlochhämmer.
Karosseriewerke	Kompressoren, Niethämmer, lufthydraulische Nietpressen, Meißelhämmer, Bohrmaschinen, Flächenschleifmaschinen, Spachtelschleifmaschinen, Elektrodenfräser, Hebezeuge, Farbspritzpistolen.
Keramische Industrie	Kompressoren, Blasdüsen, Farbspritzpistolen, Metallspritzpistolen.
Kesselbau	Gr. I, Kniehebelnietmaschinen.
Kesselreinigung	Kompressoren, Entrostungsmaschinen, Entrostungspistolen, Abklopfer, Sandstrahlgebläse.
Kraftwagenbau	siehe Automobilfabriken.
Kraftwerke	Gr. I und II.
Kunststeinindustrie	Kompressoren, Stampfer, Steinschleifmaschinen.
Kunststoffwerke	Kompressoren.
Landmaschinenfabriken	Kompressoren, lufthydraulische Nietpressen, Bohrmaschinen, Schleifmaschinen, Schlagschrauber, Farbspritzpistolen.
Lastwagenbau	siehe Automobilfabriken.
Lederfabriken	Kompressoren.
Malergewerbe	Kompressoren, Farbspritzpistolen.
Maschinenfabriken	Gr. I.
Metallwarenindustrie	Kompressoren, Niethämmer, Schlagnietmaschinen, Farbspritzpistolen.
Motorenbau, Elektro- und Verbrennungs-	Kompressoren, Meißelhämmer, Bohrmaschinen, Schleifmaschinen, Dreh- und Schlagschrauber, Farbspritzpistolen.
Mühlen	Kompressoren, Meißelhämmer, Blasdüsen
Ofenfabriken	siehe Herdfabriken.
Papierfabriken	Kompressoren.
Rohrpostanlagen	Kompressoren.
Sandstrahlbetriebe	Kompressoren, Sandstrahlgebläse, Blasdüsen, Entrostungspistolen.
Schiefergruben	Gr. II, Bohrerschärfmaschinen.
Schiffskonservierung	Kompressoren, Meißelhämmer, Entrostungsmaschinen, Abklopfer.
Schuhfabriken	Kompressoren.
Sprengunternehmen	Gr. II.
Stahlbau	Gr. I, lufthydraulische Nietpressen.
Stahlwerke	siehe Hüttenwerke.
Steinbrüche	Gr. II, Bohrerschärfmaschinen, Kronenschärfmaschinen.
Straßenbau	Gr. II, Unterblasgeräte.
Tankstellen	Kompressoren, Industriestaubsauger.

Textilfabriken	Kompressoren, Industriestaubsauger.
Tiefbau	Gr. II.
Tongruben	Kompressoren, Spatenhämmer.
Trümmerbeseitigung	Gr. II.
Tunnelbau	Gr. II, Gesteinsbohrmaschinen, Bohrerschärfmaschinen, Kronenschärfmaschinen
Überlandwerke	Kompressoren.
Waggonbau	Gr. I.
Walzwerke	siehe Hüttenwerke.
Wasserwerke	Gr. II.
Werften	Gr. I, Sumpfpumpen, Sägen.
Werkzeugmaschinenbau	Gr. I.
Zellstoffabriken	Kompressoren.
Zementfabriken	Gr. I und II.
Zementbeförderung	Kompressoren.
Zuckerfabriken	Kompressoren.

V. Literaturnachweis

[1] *P. Ostertag*, Die Entropietafel für Luft. Berlin 1917, Springer.

[2] *P. Ostertag*, Theorie und Konstruktion der Kolben- und Turbokompressoren. Berlin 1919, Springer.

[3] *W. Schüle*, Technische Wärmemechanik. Berlin 1909, Springer.

[4] Die Grundzüge der technischen Wärmelehre. Leipzig 1952, Fachbuchverlag.

[5] *A. Hinz*, Thermodynamische Grundlagen der Kolben- und Turbokompressoren. Berlin 1927, Springer.

[6] *G. Hoffmann*, Bergwerksmaschinen. 5. Auflage in Vorbereitung. Berlin, Springer.

[7] *Ch. Bouché*, Kolbenverdichter. Berlin 1950, Springer.

[8] *Löhner*, Kolbenpumpen und Kolbenverdichter. Wolfenbüttel 1948, Wolfenbütteler Verlagsanstalt.

[9] *A. Hinz*, Schaubildliche Ermittlung des Druckverlustes in Rohrleitungen. Essen 1916, Berg- und Hüttenmännische Zeitschrift Glückauf.

[10] *G. Iltis*, Die Preßluftwerkzeuge. Leipzig 1910, Göschen.

[11] *Krämer*, Druckluft im Stahlbaubetrieb. Bremen 1951, Industrie und Handelsverlag W. Dom GmbH.

[12] Stahl und Eisen, H. 7, Düsseldorf 1950, Verlag Stahleisen GmbH. — *E. Pompus*, Preßluftbetrieb in Hammerwerken. — *O. Günther*, Die Druckluftvorwärmung im Hammerbetrieb.

[13] Gießerei-Kalender (Abschnitt „Preßluftwirtschaft"), S. 125 bis 139. Düsseldorf 1952, Gießerei-Verlag GmbH.

VI. Nachschlagetafeln

Technische Einheiten

Länge

m   Meter
km   Kilometer
dm   Dezimeter
cm   Zentimeter
mm   Millimeter
μ Mikron

Fläche

m^2 Quadratmeter
km^2 Quadratkilometer
dm^2 Quadratdezimeter
cm^2 Quadratzentimeter
mm^2 Quadratmillimeter
a   Ar
ha   Hektar

Raum

m^3 Kubikmeter
dm^3 Kubikdezimeter
cm^3 Kubikzentimeter
mm^3 Kubikmillimeter
l   Liter
hl   Hektoliter
dl   Deziliter
cl   Zentiliter
ml   Milliliter

Gewicht

g   Gramm
kg   Kilogramm
dz   Doppelzentner
t   Tonne

noch: **Gewicht**

dg   Dezigramm
cg   Zentigramm
mg   Milligramm

Druck

at   technische Atmosphäre
ata   Atmosphäre absolut
atü   Atmosphäre-Überdruck
atu   Atmosphäre-Unterdruck

Zeit

h   Stunde
min   Minute
s   Sekunde

Leistung

PS   Pferdestärke
W   Watt
kW   Kilowatt
mkg/s Meterkilogramm in der Sekunde

Arbeit

PSh   Pferdestärkestunde
Wh   Wattstunde
kWh   Kilowattstunde

Elektrizität

A   Ampere
V   Volt
W   Watt (Volt-Ampere)
kW   Kilowatt
kWh   Kilowattstunde

Beziehungen zwischen PS, HP, kW, mkg/s

PS	HP	kW	mkg/s
1	0,9863	0,7350	75
1,0139	1	0,7447	76,05
1,360	1,341	1	101,98

1 Pferdestärkestunde PSh = 270 000 mkg
1 Kilowattstunde kWh = 367 000 mkg

Anmerkung: 1 mkg = 7,2331 Fußpfund engl.
1 Fußpfund engl. = 0,13825 mkg
1 HP = 550 Fußpfund engl.
1 PS = 542,48 Fußpfund engl.

Potenzen, Wurzeln, Natürliche Logarithmen, Reziproke Werte, Kreisumfänge und -inhalte

n	n^2	n^3	$\sqrt{n}$	$\sqrt[3]{n}$	$\ln n$	$\dfrac{1000}{n}$	$\pi\, n$	$\dfrac{\pi\, n^2}{4}$	n
1	1	1	1,0000	1,0000	0,00000	1000,000	3,142	0,7854	1
2	4	8	1,4142	1,2599	0,69315	500,000	6,283	3,1416	2
3	9	27	1,7321	1,4422	1,09861	333,333	9,425	7,0686	3
4	16	64	2,0000	1,5874	1,38629	250,000	12,566	12,5664	4
5	25	125	2,2361	1,7100	1,60944	200,000	15,708	19,6350	5
6	36	216	2,4495	1,8171	1,79176	166,667	18,850	28,2743	6
7	49	343	2,6458	1,9129	1,94591	142,857	21,991	38,4845	7
8	64	512	2,8284	2,0000	2,07944	125,000	25,133	50,2655	8
9	81	729	3,0000	2,0801	2,19722	111,111	28,274	63,6173	9
10	100	1000	3,1623	2,1544	2,30259	100,000	31,416	78,5398	10
11	121	1331	3,3166	2,2240	2,39790	90,9091	34,558	95,0332	11
12	144	1728	3,4641	2,2894	2,48491	83,3333	37,699	113,097	12
13	169	2197	3,6056	2,3513	2,56495	76,9231	40,841	132,732	13
14	196	2744	3,7417	2,4101	2,63906	71,4286	43,982	153,938	14
15	225	3375	3,8730	2,4662	2,70805	66,6667	47,124	176,715	15
16	256	4096	4,0000	2,5198	2,77259	62,5000	50,265	201,062	16
17	289	4913	4,1231	2,5713	2,83321	58,8235	53,407	226,980	17
18	324	5832	4,2426	2,6207	2,89037	55,5556	56,549	254,469	18
19	361	6859	4,3589	2,6684	2,94444	52,6316	59,690	283,529	19
20	400	8000	4,4721	2,7144	2,99573	50,0000	62,832	314,159	20
21	441	9261	4,5826	2,7589	3,04452	47,6190	65,973	346,361	21
22	484	10648	4,6904	2,8020	3,09104	45,4545	69,115	380,133	22
23	529	12167	4,7958	2,8439	3,13549	43,4783	72,257	415,476	23
24	576	13824	4,8990	2,8845	3,17805	41,6667	75,398	452,389	24
25	625	15625	5,0000	2,9240	3,21888	40,0000	78,540	490,874	25
26	676	17576	5,0990	2,9625	3,25810	38,4615	81,681	530,929	26
27	729	19683	5,1962	3,0000	3,29584	37,0370	84,823	572,555	27
28	784	21952	5,2915	3,0366	3,33220	35,7143	87,965	615,752	28
29	841	24389	5,3852	3,0723	3,36730	34,4828	91,106	660,520	29
30	900	27000	5,4772	3,1072	3,40120	33,3333	94,248	706,858	30
31	961	29791	5,5678	3,1414	3,43399	32,2581	97,389	754,768	31
32	1024	32768	5,6569	3,1748	3,46574	31,2500	100,531	804,248	32
33	1089	35937	5,7446	3,2075	3,49651	30,3030	103,673	855,299	33
34	1156	39304	5,8310	3,2396	3,52636	29,4118	106,814	907,920	34
35	1225	42875	5,9161	3,2711	3,55535	28,5714	109,956	962,113	35
36	1296	46656	6,0000	3,3019	3,58352	27,7778	113,097	1017,88	36
37	1369	50653	6,0828	3,3322	3,61092	27,0270	116,239	1075,21	37
38	1444	54872	6,1644	3,3620	3,63759	26,3158	119,381	1134,11	38
39	1521	59319	6,2450	3,3912	3,66356	25,6410	122,522	1194,59	39
40	1600	64000	6,3246	3,4200	3,68888	25,0000	125,66	1256,64	40
41	1681	68921	6,4031	3,4482	3,71357	24,3902	128,81	1320,25	41
42	1764	74088	6,4807	3,4760	3,73767	23,8095	131,95	1385,44	42
43	1849	79507	6,5574	3,5034	3,76120	23,2558	135,09	1452,20	43
44	1936	85184	6,6332	3,5303	3,78419	22,7273	138,23	1520,53	44
45	2025	91125	6,7082	3,5569	3,80666	22,2222	141,37	1590,43	45
46	2116	97336	6,7823	3,5830	3,82864	21,7391	144,51	1661,90	46
47	2209	103823	6,8557	3,6088	3,85015	21,2766	147,65	1734,94	47
48	2304	110592	6,9282	3,6342	3,87120	20,8333	150,80	1809,56	48
49	2401	117649	7,0000	3,6593	3,89182	20,4082	153,94	1885,74	49

n	n^2	n^3	$\sqrt{n}$	$\sqrt[3]{n}$	$\ln n$	$\dfrac{1000}{n}$	$\pi\,n$	$\dfrac{\pi\,n^2}{4}$	n
50	2500	125000	7,0711	3,6840	3,91202	20,0000	157,08	1963,50	50
51	2601	132651	7,1414	3,7084	3,93183	19,6078	160,22	2042,82	51
52	2704	140608	7,2111	3,7325	3,95124	19,2308	163,36	2123,72	52
53	2809	148877	7,2801	3,7563	3,97029	18,8679	166,50	2206,18	53
54	2916	157464	7,3485	3,7798	3,98898	18,5185	169,65	2290,22	54
55	3025	166375	7,4162	3,8030	4,00733	18,1818	172,79	2375,83	55
56	3136	175616	7,4833	3,8259	4,02535	17,8571	175,93	2463,01	56
57	3249	185193	7,5498	3,8485	4,04305	17,5439	179,07	2551,76	57
58	3364	195112	7,6158	3,8709	4,06044	17,2414	182,21	2642,08	58
59	3481	205379	7,6811	3,8930	4,07754	16,9492	185,35	2733,97	59
60	3600	216000	7,7460	3,9149	4,09434	16,6667	188,50	2827,43	60
61	3721	226981	7,8102	3,9365	4,11087	16,3934	191,64	2922,47	61
62	3844	238328	7,8740	3,9579	4,12713	16,1290	194,78	3019,07	62
63	3969	250047	7,9373	3,9791	4,14313	15,8730	197,92	3117,25	63
64	4096	262144	8,0000	4,0000	4,15888	15,6250	201,06	3216,99	64
65	4225	274625	8,0623	4,0207	4,17439	15,3846	204,20	3318,31	65
66	4356	287496	8,1240	4,0412	4,18965	15,1515	207,35	3421,19	66
67	4489	300763	8,1854	4,0615	4,20469	14,9254	210,49	3525,65	67
68	4624	314432	8,2462	4,0817	4,21951	14,7059	213,63	3631,68	68
69	4761	328509	8,3066	4,1016	4,23411	14,4928	216,77	3739,28	69
70	4900	343000	8,3666	4,1213	4,24850	14,2857	219,91	3848,45	70
71	5041	357911	8,4261	4,1408	4,26268	14,0845	223,05	3959,19	71
72	5184	373248	8,4853	4,1602	4,27667	13,8889	226,19	4071,50	72
73	5329	389017	8,5440	4,1793	4,29046	13,6986	229,34	4185,39	73
74	5476	405224	8,6023	4,1983	4,30407	13,5135	232,48	4300,84	74
75	5625	421875	8,6603	4,2172	4,31749	13,3333	235,62	4417,86	75
76	5776	438976	8,7178	4,2358	4,33073	13,1579	238,76	4536,46	76
77	5929	456533	8,7750	4,2543	4,34381	12,9870	241,90	4656,63	77
78	6084	474552	8,8318	4,2727	4,35671	12,8205	245,04	4778,36	78
79	6241	493039	8,8882	4,2908	4,36945	12,6582	248,19	4901,67	79
80	6400	512000	8,9443	4,3089	4,38203	12,5000	251,33	5026,55	80
81	6561	531441	9,0000	4,3267	4,39445	12,3457	254,47	5153,00	81
82	6724	551368	9,0554	4,3445	4,40672	12,1951	257,61	5281,02	82
83	6889	571787	9,1104	4,3621	4,41884	12,0482	260,75	5410,61	83
84	7056	592704	9,1652	4,3795	4,43082	11,9048	263,89	5541,77	84
85	7225	614125	9,2195	4,3968	4,44265	11,7647	267,04	5674,50	85
86	7396	636056	9,2736	4,4140	4,45435	11,6279	270,18	5808,80	86
87	7569	658503	9,3274	4,4310	4,46591	11,4943	273,32	5944,68	87
88	7744	681472	9,3808	4,4480	4,47734	11,3636	276,46	6082,12	88
89	7921	704969	9,4340	4,4647	4,48864	11,2360	279,60	6221,14	89
90	8100	729000	9,4868	4,4814	4,49981	11,1111	282,74	6361,73	90
91	8281	753571	9,5394	4,4979	4,51086	10,9890	285,88	6503,88	91
92	8464	778688	9,5917	4,5144	4,52179	10,8696	289,03	6647,61	92
93	8649	804357	9,6437	4,5307	4,53260	10,7527	292,17	6792,91	93
94	8836	830584	9,6954	4,5468	4,54329	10,6383	295,31	6939,78	94
95	9025	857375	9,7468	4,5629	4,55388	10,5263	298,45	7088,22	95
96	9216	884736	9,7980	4,5789	4,56435	10,4167	301,59	7238,23	96
97	9409	912673	9,8489	4,5947	4,57471	10,3093	304,73	7389,81	97
98	9604	941192	9,8995	4,6104	4,58497	10,2041	307,88	7542,96	98
99	9801	970299	9,9499	4,6261	4,59512	10,1010	311,02	7697,69	99

n	n^2	n^3	$\sqrt{n}$	$\sqrt[3]{n}$	$\ln n$	$\dfrac{1000}{n}$	πn	$\dfrac{\pi n^2}{4}$	n
100	10000	1000000	10,0000	4,6416	4,60517	10,00000	314,16	7853,98	100
101	10201	1030301	10,0499	4,6570	4,61512	9,90099	317,30	8011,85	101
102	10404	1061208	10,0995	4,6723	4,62497	9,80392	320,44	8171,28	102
103	10609	1092727	10,1489	4,6875	4,63473	9,70874	323,58	8332,29	103
104	10816	1124864	10,1980	4,7027	4,64439	9,61538	326,73	8494,87	104
105	11025	1157625	10,2470	4,7177	4,65396	9,52381	329,87	8659,01	105
106	11236	1191016	10,2956	4,7326	4,66344	9,43396	333,01	8824,73	106
107	11449	1225043	10,3441	4,7475	4,67283	9,34579	336,15	8992,02	107
108	11664	1259712	10,3923	4,7622	4,68213	9,25926	339,29	9160,88	108
109	11881	1295029	10,4403	4,7769	4,69135	9,17431	342,43	9331,32	109
110	12100	1331000	10,4881	4,7914	4,70048	9,09091	345,58	9503,32	110
111	12321	1367631	10,5357	4,8059	4,70953	9,00901	348,72	9676,89	111
112	12544	1404928	10,5830	4,8203	4,71850	8,92857	351,86	9852,03	112
113	12769	1442897	10,6301	4,8346	4,72739	8,84956	355,00	10028,7	113
114	12996	1481544	10,6771	4,8488	4,73620	8,77193	358,14	10207,0	114
115	13225	1520875	10,7238	4,8629	4,74493	8,69565	361,28	10386,9	115
116	13456	1560896	10,7703	4,8770	4,75359	8,62069	364,42	10568,3	116
117	13689	1601613	10,8167	4,8910	4,76217	8,54701	367,57	10751,3	117
118	13924	1643032	10,8628	4,9049	4,77068	8,47458	370,71	10935,9	118
119	14161	1685159	10,9087	4,9187	4,77912	8,40336	373,85	11122,0	119
120	14400	1728000	10,9545	4,9324	4,78749	8,33333	376,99	11309,7	120
121	14641	1771561	11,0000	4,9461	4,79579	8,26446	380,13	11499,0	121
122	14884	1815848	11,0454	4,9597	4,80402	8,19672	383,27	11689,9	122
123	15129	1860867	11,0905	4,9732	4,81218	8,13008	386,42	11882,3	123
124	15376	1906624	11,1355	4,9866	4,82028	8,06452	389,56	12076,3	124
125	15625	1953125	11,1803	5,0000	4,82831	8,00000	392,70	12271,8	125
126	15876	2000376	11,2250	5,0133	4,83628	7,93651	395,84	12469,0	126
127	16129	2048383	11,2694	5,0265	4,84419	7,87402	398,98	12667,7	127
128	16384	2097152	11,3137	5,0397	4,85203	7,81250	402,12	12868,0	128
129	16641	2146689	11,3578	5,0528	4,85981	7,75194	405,27	13069,8	129
130	16900	2197000	11,4018	5,0658	4,86753	7,69231	408,41	13273,2	130
131	17161	2248091	11,4455	5,0788	4,87520	7,63359	411,55	13478,2	131
132	17424	2299968	11,4891	5,0916	4,88280	7,57576	414,69	13684,8	132
133	17689	2352637	11,5326	5,1045	4,89035	7,51880	417,83	13892,9	133
134	17956	2406104	11,5758	5,1172	4,89784	7,46269	420,97	14102,6	134
135	18225	2460375	11,6190	5,1299	4,90527	7,40741	424,12	14313,9	135
136	18496	2515456	11,6619	5,1426	4,91265	7,35294	427,26	14526,7	136
137	18769	2571353	11,7047	5,1551	4,91998	7,29927	430,40	14741,1	137
138	19044	2628072	11,7473	5,1676	4,92725	7,24638	433,54	14957,1	138
139	19321	2685619	11,7898	5,1801	4,93447	7,19424	436,68	15174,7	139
140	19600	2744000	11,8322	5,1925	4,94164	7,14286	439,82	15393,8	140
141	19881	2803221	11,8743	5,2048	4,94876	7,09220	442,96	15614,5	141
142	20164	2863288	11,9164	5,2171	4,95583	7,04225	446,11	15836,8	142
143	20449	2924207	11,9583	5,2293	4,96284	6,99301	449,25	16060,6	143
144	20736	2985984	12,0000	5,2415	4,96981	6,94444	452,39	16286,0	144
145	21025	3048625	12,0416	5,2536	4,97673	6,89655	455,53	16513,0	145
146	21316	3112136	12,0830	5,2656	4,98361	6,84932	458,67	16741,5	146
147	21609	3176523	12,1244	5,2776	4,99043	6,80272	461,81	16971,7	147
148	21904	3241792	12,1655	5,2896	4,99721	6,75676	464,96	17203,4	148
149	22201	3307949	12,2066	5,3015	5,00395	6,71141	468,10	17436,6	149

n	n^2	n^3	$\sqrt{n}$	$\sqrt[3]{n}$	$\ln n$	$\dfrac{1000}{n}$	πn	$\dfrac{\pi n^2}{4}$	n
150	22500	3375000	12,2474	5,3133	5,01064	6,66667	471,24	17671,5	150
151	22801	3442951	12,2882	5,3251	5,01728	6,62252	474,38	17907,9	151
152	23104	3511808	12,3288	5,3368	5,02388	6,57895	477,52	18145,8	152
153	23409	3581577	12,3693	5,3485	5,03044	6,53595	480,66	18385,4	153
154	23716	3652264	12,4097	5,3601	5,03695	6,49351	483,81	18626,5	154
155	24025	3723875	12,4499	5,3717	5,04343	6,45161	486,95	18869,2	155
156	24336	3796416	12,4900	5,3832	5,04986	6,41026	490,09	19113,4	156
157	24649	3869893	12,5300	5,3947	5,05625	6,36943	493,23	19359,3	157
158	24964	3944312	12,5698	5,4061	5,06260	6,32911	496,37	19606,7	158
159	25281	4019679	12,6095	5,4175	5,06890	6,28931	499,51	19855,7	159
160	25600	4096000	12,6491	5,4288	5,07517	6,25000	502,65	20106,2	160
161	25921	4173281	12,6886	5,4401	5,08140	6,21118	505,80	20358,3	161
162	26244	4251528	12,7279	5,4514	5,08760	6,17284	508,94	20612,0	162
163	26569	4330747	12,7671	5,4626	5,09375	6,13497	512,08	20867,2	163
164	26896	4410944	12,8062	5,4737	5,09987	6,09756	515,22	21124,1	164
165	27225	4492125	12,8452	5,4848	5,10595	6,06061	518,36	21382,5	165
166	27556	4574296	12,8841	5,4959	5,11199	6,02410	521,50	21642,4	166
167	27889	4657463	12,9228	5,5069	5,11799	5,98802	524,65	21904,0	167
168	28224	4741632	12,9615	5,5178	5,12396	5,95238	527,79	22167,1	168
169	28561	4826809	13,0000	5,5288	5,12990	5,91716	530,93	22431,8	169
170	28900	4913000	13,0384	5,5397	5,13580	5,88235	534,07	22698,0	170
171	29241	5000211	13,0767	5,5505	5,14166	5,84795	537,21	22965,8	171
172	29584	5088448	13,1149	5,5613	5,14749	5,81395	540,35	23235,2	172
173	29929	5177717	13,1529	5,5721	5,15329	5,78035	543,50	23506,2	173
174	30276	5268024	13,1909	5,5828	5,15906	5,74713	546,64	23778,7	174
175	30625	5359375	13,2288	5,5934	5,16479	5,71429	549,78	24052,8	175
176	30976	5451776	13,2665	5,6041	5,17048	5,68182	552,92	24328,5	176
177	31329	5545233	13,3041	5,6147	5,17615	5,64972	556,06	24605,7	177
178	31684	5639752	13,3417	5,6252	5,18178	5,61798	559,20	24884,6	178
179	32041	5735339	13,3791	5,6357	5,18759	5,58659	562,35	25164,9	179
180	32400	5832000	13,4164	5,6462	5,19296	5,55556	565,49	25446,9	180
181	32761	5929741	13,4536	5,6567	5,19850	5,52486	568,63	25730,4	181
182	33124	6028568	13,4907	5,6671	5,20401	5,49451	571,77	26015,5	182
183	33489	6128487	13,5277	5,6774	5,20949	5,46448	574,91	26302,2	183
184	33856	6229504	13,5647	5,6877	5,21494	5,43478	578,05	26590,4	184
185	34225	6331625	13,6015	5,6980	5,22036	5,40541	581,49	26880,3	185
186	34596	6434856	13,6382	5,7083	5,22575	5,37634	584,34	27171,6	186
187	34969	6539203	13,6748	5,7185	5,23111	5,34759	587,48	27464,6	187
188	35344	6644672	13,7113	5,7287	5,23644	5,31915	590,62	27759,1	188
189	35721	6751269	13,7477	5,7388	5,24175	5,29101	593,76	28055,2	189
190	36100	6859000	13,7840	5,7489	5,24702	5,26316	596,90	28352,9	190
191	36481	6967871	13,8203	5,7590	5,25227	5,23560	600,04	28652,1	191
192	36864	7077888	13,8564	5,7690	5,25750	5,20833	603,19	28952,9	192
193	37249	7189057	13,8924	5,7790	5,26269	5,18135	606,33	29255,3	193
194	37636	7301384	13,9284	5,7890	5,26786	5,15464	609,47	29559,2	194
195	38025	7414875	13,9642	5,7989	5,27300	5,12821	612,61	29864,8	195
196	38416	7529536	14,0000	5,8088	5,27811	5,10204	615,75	30171,9	196
197	38809	7645373	14,0357	5,8186	5,28320	5,07614	618,89	30480,5	197
198	39204	7762392	14,0712	5,8285	5,28827	5,05051	622,04	30790,7	198
199	39601	7880599	14,1067	5,8383	5,29330	5,02513	625,18	31102,6	199

20*

n	n^2	n^3	$\sqrt{n}$	$\sqrt[3]{n}$	$\ln n$	$\dfrac{1000}{n}$	$\pi\, n$	$\dfrac{\pi\, n^2}{4}$	n
200	40000	8000000	14,1421	5,8480	5,29832	5,00000	628,32	31415,9	200
201	40401	8120601	14,1774	5,8578	5,30330	4,97512	631,46	31730,9	201
202	40804	8242408	14,2127	5,8675	5,30827	4,95050	634,60	32047,4	202
203	41209	8365427	14,2478	5,8771	5,31321	4,92611	637,74	32365,5	203
204	41616	8489664	14,2829	5,8868	5,31812	4,90196	640,88	32685,1	204
205	42025	8615125	14,3178	5,8964	5,32301	4,87805	644,03	33006,4	205
206	42436	8741816	14,3527	5,9059	5,32788	4,85437	647,17	33329,2	206
207	42849	8869743	14,3875	5,9155	5,33272	4,83092	650,31	33653,5	207
208	43264	8998912	14,4222	5,9250	5,33754	4,80769	653,45	33979,5	208
209	43681	9129329	14,4568	5,9345	5,34233	4,78469	656,59	34307,0	209
210	44100	9261000	14,4914	5,9439	5,34711	4,76190	659,73	34636,1	210
211	44521	9393931	14,5258	5,9533	5,35186	4,73934	662,88	34966,7	211
212	44944	9528128	14,5602	5,9627	5,35659	4,71698	666,02	35298,9	212
213	45369	9663597	14,5945	5,9721	5,36129	4,69484	669,16	35632,7	213
214	45796	9800344	14,6287	5,9814	5,36598	4,67290	672,30	35968,1	214
215	46225	9938375	14,6629	5,9907	5,37064	4,65116	675,44	36305,0	215
216	46656	10077696	14,6969	6,0000	5,37528	4,62963	678,58	36643,5	216
217	47089	10218313	14,7309	6,0092	5,37990	4,60829	681,73	36983,6	217
218	47524	10360232	14,7648	6,0185	5,38450	4,58716	684,87	37325,3	218
219	47961	10503459	14,7986	6,0277	5,38907	4,56621	688,01	37668,5	219
220	48400	10648000	14,8324	6,0368	5,39363	4,54545	691,15	38013,3	220
221	48841	10793861	14,8661	6,0459	5,39816	4,52489	694,29	38359,6	221
222	49284	10941048	14,8997	6,0550	5,40268	4,50450	697,43	38707,6	222
223	49729	11089567	14,9332	6,0641	5,40717	4,48430	700,58	39057,1	223
224	50176	11239424	14,9666	6,0732	5,41165	4,46429	703,72	39408,1	224
225	50625	11390625	15,0000	6,0822	5,41610	4,44444	706,86	39760,8	225
226	51076	11543176	15,0333	6,0912	5,42053	4,42478	710,00	40115,0	226
227	51529	11697083	15,0665	6,1002	5,42495	4,40529	713,14	40470,8	227
228	51984	11852352	15,0997	6,1091	5,42935	4,38596	716,28	40828,1	228
229	52441	12008989	15,1327	6,1180	5,43372	4,36681	719,42	41187,1	229
230	52900	12167000	15,1658	6,1269	5,43808	4,34783	722,57	41547,6	230
231	53361	12326391	15,1987	6,1358	5,44242	4,32900	725,71	41909,6	231
232	53824	12487168	15,2315	6,1446	5,44674	4,31034	728,85	42273,3	232
233	54289	12649337	15,2643	6,1534	5,45104	4,29185	731,99	42638,5	233
234	54756	12812904	15,2971	6,1622	5,45532	4,27350	735,13	43005,3	234
235	55225	12977875	15,3297	6,1710	5,45959	4,25532	738,27	43373,6	235
236	55696	13144256	15,3623	6,1797	5,46383	4,23729	741,42	43743,5	236
237	56169	13312053	15,3948	6,1885	5,46806	4,21941	744,56	44115,0	237
238	56644	13481272	15,4272	6,1972	5,47227	4,20168	747,70	44488,1	238
239	57121	13651919	15,4596	6,2058	5,47646	4,18410	750,84	44862,7	239
240	57600	13824000	15,4919	6,2145	5,48064	4,16667	753,98	45238,9	240
241	58081	13997521	15,5242	6,2231	5,48480	4,14938	757,12	45616,7	241
242	58564	14172488	15,5563	6,2317	5,48894	4,13223	760,27	45996,1	242
243	59049	14348907	15,5885	6,2403	5,49306	4,11523	763,41	46377,0	243
244	59536	14526784	15,6205	6,2488	5,49717	4,09836	766,55	46759,5	244
245	60025	14706125	15,6525	6,2573	5,50126	4,08163	769,69	47143,5	245
246	60516	14886936	15,6844	6,2658	5,50533	4,06504	772,83	47529,2	246
247	61009	15069223	15,7162	6,2743	5,50939	4,04858	775,97	47916,4	247
248	61504	15252992	15,7480	6,2828	5,51343	4,03226	779,11	48305,1	248
249	62001	15438249	15,7797	6,2912	5,51745	4,01606	782,26	48695,5	249

n	n^2	n^3	$\sqrt{n}$	$\sqrt[3]{n}$	$\ln n$	$\dfrac{1000}{n}$	πn	$\dfrac{\pi n^2}{4}$	n
250	62500	15625000	15,8114	6,2996	5,52146	4,00000	785,40	49087,4	250
251	63001	15813251	15,8430	6,3080	5,52545	3,98406	788,54	49480,9	251
252	63504	16003008	15,8745	6,3164	5,52943	3,96825	791,68	49875,9	252
253	64009	16194277	15,9060	6,3247	5,53339	3,95257	794,82	50272,6	253
254	64516	16387064	15,9374	6,3330	5,53733	3,93701	797,96	50670,7	254
255	65025	16581375	15,9687	6,3413	5,54126	3,92157	801,11	51070,5	255
256	65536	16777216	16,0000	6,3496	5,54518	3,90625	804,25	51471,9	256
257	66049	16974593	16,0312	6,3579	5,54908	3,89105	807,39	51874,8	257
258	66564	17173512	16,0624	6,3661	5,55296	3,87597	810,53	52279,2	258
259	67081	17373979	16,0935	6,3743	5,55683	3,86100	813,67	52685,3	259
260	67600	17576000	16,1245	6,3825	5,56068	3,84615	816,81	53092,9	260
261	68121	17779581	16,1555	6,3907	5,56452	3,83142	819,96	53502,1	261
262	68644	17984728	16,1864	6,3988	5,56834	3,81679	823,10	53912,9	262
263	69169	18191447	16,2173	6,4070	5,57215	3,80228	826,24	54325,2	263
264	69696	18399744	16,2481	6,4151	5,57595	3,78788	829,38	54739,1	264
265	70225	18609625	16,2788	6,4232	5,57973	3,77358	832,52	55154,6	265
266	70756	18821096	16,3095	6,4312	5,58350	3,75940	835,66	55571,6	266
267	71289	19034163	16,3401	6,4393	5,58725	3,74532	838,81	55990,2	267
268	71824	19248832	16,3707	6,4473	5,59099	3,73134	841,95	56410,4	268
269	72361	19465109	16,4012	6,4553	5,59471	3,71747	845,09	56832,2	269
270	72900	19683000	16,4317	6,4633	5,59842	3,70370	848,23	57255,5	270
271	73441	19902511	16,4621	6,4713	5,60212	3,69004	851,37	57680,4	271
272	73984	20123648	16,4924	6,4792	5,60580	3,67647	854,51	58106,9	272
273	74529	20346417	16,5227	6,4872	5,60947	3,66300	857,65	58534,9	273
274	75076	20570824	16,5529	6,4951	5,61313	3,64964	860,80	58964,6	274
275	75625	20796875	16,5831	6,5030	5,61677	3,63636	863,94	59395,7	275
276	76176	21024576	16,6132	6,5108	5,62040	3,62319	867,08	59828,5	276
277	76729	21253933	16,6433	6,5187	5,62402	3,61011	870,22	60262,8	277
278	77284	21484952	16,6733	6,5265	5,62762	3,59712	873,36	60698,7	278
279	77841	21717639	16,7033	6,5343	5,63121	3,58423	876,50	61136,2	279
280	78400	21952000	16,7332	6,5421	5,63479	3,57143	879,65	61575,2	280
281	78961	22188041	16,7631	6,5499	5,63835	3,55872	882,79	62015,8	281
282	79524	22425768	16,7929	6,5577	5,64191	3,54610	885,93	62458,0	282
283	80089	22665187	16,8226	6,5654	5,64545	3,53357	889,07	62901,8	283
284	80656	22906304	16,8523	6,5731	5,64897	3,52113	892,21	63347,1	284
285	81225	23149125	16,8819	6,5808	5,65249	3,50877	895,35	63794,0	285
286	81796	23393656	16,9115	6,5885	5,65599	3,49650	898,50	64242,4	286
287	82369	23639903	16,9411	6,5962	5,65948	3,48432	901,64	64692,5	287
288	82944	23887872	16,9706	6,6039	5,66296	3,47222	904,78	65144,1	288
289	83521	24137569	17,0000	6,6115	5,66643	3,46021	907,92	65597,2	289
290	84100	24389000	17,0294	6,6191	5,66988	3,44828	911,06	66052,0	290
291	84681	24642171	17,0587	6,6267	5,67332	3,43643	914,20	66508,3	291
292	85264	24897088	17,0880	6,6343	5,67675	3,42466	917,35	66966,2	292
293	85849	25153757	17,1172	6,6419	5,68017	3,41297	920,49	67425,6	293
294	86436	25412184	17,1464	6,6494	5,68358	3,40136	923,63	67886,7	294
295	87025	25672375	17,1756	6,6569	5,68698	3,38983	926,77	68349,3	295
296	87616	25934336	17,2047	6,6644	5,69036	3,37838	929,91	68813,4	296
297	88209	26198073	17,2337	6,6719	5,69373	2,36700	933,05	69279,2	297
298	88804	26463592	17,2627	6,6794	5,69709	3,35570	936,19	69746,5	298
299	89401	26730899	17,2916	6,6869	5,70044	3,34448	939,34	70215,4	299

n	n^2	n^3	$\sqrt{n}$	$\sqrt[3]{n}$	$\ln n$	$\dfrac{1000}{n}$	πn	$\dfrac{\pi n^2}{4}$	n
300	90000	27000000	17,3205	6,6943	5,70378	3,33333	942,48	70685,8	300
301	90601	27270901	17,3494	6,7018	5,70711	3,32226	945,62	71157,9	301
302	91204	27543608	17,3781	6,7092	5,71043	3,31126	948,76	71631,5	302
303	91809	27818127	17,4069	6,7166	5,71373	3,30033	951,90	72106,6	303
304	92416	28094464	17,4356	6,7240	5,71703	3,28947	955,04	72583,4	304
305	93025	28372625	17,4642	6,7313	5,72031	3,27869	958,19	73061,7	305
306	93636	28652616	17,4929	6,7387	5,72359	3,26797	961,33	73541,5	306
307	94249	28934443	17,5214	6,7460	5,72685	3,25733	964,47	74023,0	307
308	94864	29218112	17,5499	6,7583	5,73010	3,24675	967,61	74506,0	308
309	95481	29503629	17,5784	6,7606	5,73334	3,23625	970,75	74990,6	309
310	96100	29791000	17,6068	6,7679	5,73657	3,22581	973,89	75476,8	310
311	96721	30080231	17,6352	6,7752	5,73979	3,21543	977,04	75964,5	311
312	97344	30371328	17,6635	6,7824	5,74300	3,20513	980,18	76453,8	312
313	97969	30664297	17,6918	6,7897	5,74620	3,19489	983,32	76944,7	313
314	98596	30959144	17,7200	6,7969	5,74939	3,18471	986,46	77437,1	314
315	99225	31255875	17,7482	6,8041	5,75257	3,17460	989,60	77931,1	315
316	99856	31554496	17,7764	6,8113	5,75574	3,16456	992,74	78426,7	316
317	100489	31855013	17,8045	6,8185	5,75890	3,15457	995,88	78923,9	317
318	101124	32157432	17,8326	6,8256	5,76205	3,14465	999,03	79422,6	318
319	101761	32461759	17,8606	6,8328	5,76519	3,13480	1002,2	79922,9	319
320	102400	32768000	17,8885	6,8399	5,76832	3,12500	1005,3	80424,8	320
321	103041	33076161	17,9165	6,8470	5,77144	3,11526	1008,5	80928,2	321
322	103684	33386248	17,9444	6,8541	5,77455	3,10559	1011,6	81433,2	322
323	104329	33698267	17,9722	6,8612	5,77765	3,09598	1014,7	81939,8	323
324	104976	34012224	18,0000	6,8683	5,78074	3,08642	1017,9	82448,0	324
325	105625	34328125	18,0278	6,8753	5,78383	3,07692	1021,0	82957,7	325
326	106276	34645976	18,0555	6,8824	5,78690	3,06748	1024,2	83469,0	326
327	106929	34965783	18,0831	6,8894	5,78996	3,05810	1027,3	83981,8	327
328	107584	35287552	18,1108	6,8964	5,79301	3,04878	1030,4	84496,3	328
329	108241	35611289	18,1384	6,9034	5,79606	3,03951	1033,6	85012,3	329
330	108900	35937000	18,1659	6,9104	5,79909	3,03030	1036,7	85529,9	330
331	109561	36264691	18,1934	6,9174	5,80212	3,02115	1039,9	86049,0	331
332	110224	36594368	18,2209	6,9244	5,80513	3,01205	1043,0	86569,7	332
333	110889	36926037	18,2483	6,9313	5,80814	3,00300	1046,2	87092,0	333
334	111556	37259704	18,2757	6,9382	5,81114	2,99401	1049,3	87615,9	334
335	112225	37595375	18,3030	6,9451	5,81413	2,98507	1052,4	88141,3	335
336	112896	37933056	18,3303	6,9521	5,81711	2,97619	1055,6	88668,3	336
337	113569	38272753	18,3576	6,9589	5,82008	2,96736	1058,7	89196,9	337
338	114244	38614472	18,3848	6,9658	5,82305	2,95858	1061,9	89727,0	338
339	114921	38958219	18,4120	6,9727	5,82600	2,94985	1065,0	90258,7	339
340	115600	39304000	18,4391	6,9795	5,82895	2,94118	1068,1	90792,0	340
341	116281	39651821	18,4662	6,9864	5,83188	2,93255	1071,3	91326,9	341
342	116964	40001688	18,4932	6,9932	5,83481	2,92398	1074,4	91863,3	342
343	117649	40353607	18,5203	7,0000	5,83773	2,91545	1077,6	92401,3	343
344	118336	40707584	18,5472	7,0068	5,84064	2,90698	1080,7	92940,9	344
345	119025	41063625	18,5742	7,0136	5,84354	2,89855	1083,8	93482,0	345
346	119716	41421736	18,6011	7,0203	5,84644	2,89017	1087,0	94024,7	346
347	120409	41781923	18,6279	7,0271	5,84932	2,88184	1090,1	94569,0	347
348	121104	42144192	18,6548	7,0338	5,85220	2,87356	1093,3	95114,9	348
349	121801	42508549	18,6815	7,0406	5,85507	2,86533	1096,4	95662,3	349

n	n^2	n^3	$\sqrt{n}$	$\sqrt[3]{n}$	$\ln n$	$\dfrac{1000}{n}$	πn	$\dfrac{\pi n^2}{4}$	n
350	122500	42875000	18,7083	7,0473	5,85793	2,85714	1099,6	96211,3	350
351	123201	43243551	18,7350	7,0540	5,86079	2,84900	1102,7	96761,8	351
352	123904	43614208	18,7617	7,0607	5,86363	2,84091	1105,8	97314,0	352
353	124609	43986977	18,7883	7,0674	5,86647	2,83286	1109,0	97867,7	353
354	125316	44361864	18,8149	7,0740	5,86930	2,82486	1112,1	98423,0	354
355	126025	44738875	18,8414	7,0807	5,87212	2,81690	1115,3	98979,8	355
356	126736	45118016	18,8680	7,0873	5,87493	2,80899	1118,4	99538,2	356
357	127449	45499293	18,8944	7,0940	5,87774	2,80112	1121,5	100098	357
358	128164	45882712	18,9209	7,1006	5,88053	2,79330	1124,7	100660	358
359	128881	46268279	18,9473	7,1072	5,88332	2,78552	1127,8	101223	359
360	129600	46656000	18,9737	7,1138	5,88610	2,77778	1131,0	101788	360
361	130321	47045881	19,0000	7,1204	5,88888	2,77008	1134,1	102354	361
362	131044	47437928	19,0263	7,1269	5,89164	2,76243	1137,3	102922	362
363	131769	47832147	19,0526	7,1335	5,89440	3,75482	1140,4	103491	363
364	132496	48228544	19,0788	7,1400	5,89715	2,74725	1143,5	104062	364
365	133225	48627125	19,1050	7,1466	5,89990	2,73973	1146,7	104635	365
366	133956	49027896	19,1311	7,1531	5,90263	2,73224	1149,8	105209	366
367	134689	49430863	19,1572	7,1596	5,90536	2,72480	1153,0	105784	367
368	135424	49836032	19,1833	7,1661	5,90808	2,71739	1156,1	106362	368
369	136161	50243409	19,2094	7,1726	5,91080	2,71003	1159,2	106941	369
370	136900	50653000	19,2354	7,1791	5,91350	2,70270	1162,4	107521	370
371	137641	51064811	19,2614	7,1855	5,91620	2,69542	1165,5	108103	371
372	138384	51478848	19,2873	7,1920	5,91889	2,68817	1168,7	108687	372
373	139129	51895117	19,3132	7,1984	5,92158	2,68097	1171,8	109272	373
374	139876	52313624	19,3391	7,2048	5,92426	2,67380	1175,0	109858	374
375	140625	52734375	19,3649	7,2112	5,92693	2,66667	1178,1	110447	375
376	141376	53157376	19,3907	7,2177	5,92959	2,65957	1181,2	111036	376
377	142129	53582633	19,4165	7,2240	5,93225	2,65252	1184,4	111628	377
378	142884	54010152	19,4422	7,2304	5,93489	2,64550	1187,5	112221	378
379	143641	54439939	19,4679	7,2368	5,93754	2,63852	1190,7	112815	379
380	144400	54872000	19,4936	7,2432	5,94017	2,63158	1193,8	113411	380
381	145161	55306341	19,5192	7,2495	5,94280	2,62467	1196,9	114009	381
382	145924	55742968	19,5448	7,2558	5,94542	2,61780	1200,1	114608	382
383	146689	56181887	19,5704	7,2622	5,94803	2,61097	1203,2	115209	383
384	147456	56623104	19,5959	7,2685	5,95064	2,60417	1206,4	115812	384
385	148225	57066625	19,6214	7,2748	5,95324	2,59740	1209,5	116416	385
386	148996	57512456	19,6469	7,2811	5,95584	2,59067	1212,7	117021	386
387	149769	57960603	19,6723	7,2874	5,95842	2,58398	1215,8	117628	387
388	150544	58411072	19,6977	7,2936	5,96101	2,57732	1218,9	118237	388
389	151321	58863869	19,7231	7,2999	5,96358	2,57069	1222,1	118847	389
390	152100	59319000	19,7484	7,3061	5,96615	2,56410	1225,2	119459	390
391	152881	59776471	19,7737	7,3124	5,96871	2,55754	1228,4	120072	391
392	153664	60236288	19,7990	7,3186	5,97126	2,55102	1231,5	120687	392
393	154449	60698457	19,8242	7,3248	5,97381	2,54453	1234,6	121304	393
394	155236	61162984	19,8494	7,3310	5,97635	2,53807	1237,8	121922	394
395	156025	61629875	19,8746	7,3372	5,97889	2,53165	1240,9	122542	395
396	156816	62099136	19,8997	7,3434	5,98141	2,52525	1244,1	123163	396
397	157609	62570773	19,9249	7,3496	5,98394	2,51889	1247,2	123786	397
398	158404	63044792	19,9499	7,3558	5,98645	2,51256	1250,4	124410	398
399	159201	63521199	19,9750	7,3619	-5,98896	2,50627	1253,5	125036	399

n	n^2	n^3	$\sqrt{n}$	$\sqrt[3]{n}$	$\ln n$	$\dfrac{1000}{n}$	πn	$\dfrac{\pi n^2}{4}$	n
400	160000	64000000	20,0000	7,3681	5,99146	2,50000	1256,6	125664	400
401	160801	64481201	20,0250	7,3742	5,99396	2,49377	1259,8	126293	401
402	161604	64964808	20,0499	7,3803	5,99645	2,48756	1262,9	126923	402
403	162409	65450827	20,0749	7,3864	5,99894	2,48139	1266,1	127556	403
404	163216	65939264	20,0998	7,3925	6,00141	2,47525	1269,2	128190	404
405	164025	66430125	20,1246	7,3986	6,00389	2,46914	1272,3	128825	405
406	164836	66923416	20,1494	7,4047	6,00635	2,46305	1275,5	129462	406
407	165649	67419143	20,1742	7,4108	6,00881	2,45700	1278,6	130100	407
408	166464	67917312	20,1990	7,4169	6,01127	2,45098	1281,8	130741	408
409	167281	68417929	20,2237	7,4229	6,01372	2,44499	1284,9	131382	409
410	168100	68921000	20,2485	7,4290	6,01616	2,43902	1288,1	132025	410
411	168921	69426531	20,2731	7,4350	6,01859	2,43309	1291,2	132670	411
412	169744	69934528	20,2978	7,4410	6,02102	2,42718	1294,3	133317	412
413	170569	70444997	20,3224	7,4470	6,02345	2,42131	1297,5	133965	413
414	171396	70957944	20,3470	7,4530	6,02587	2,41546	1300,6	134614	414
415	172225	71473375	20,3715	7,4590	6,02828	2,40964	1303,8	135265	415
416	173056	71991296	20,3961	7,4650	6,03069	2,40385	1306,9	135918	416
417	173889	72511713	20,4206	7,4710	6,03309	2,39808	1310,0	136572	417
418	174724	73034632	20,4450	7,4770	6,03548	2,39234	1313,2	137228	418
419	175561	73560059	20,4695	7,4829	6,03787	2,38663	1316,3	137885	419
420	176400	74088000	20,4939	7,4889	6,04025	2,38095	1319,5	138544	420
421	177241	74618461	20,5183	7,4948	6,04263	2,37530	1322,6	139205	421
422	178084	75151448	20,5426	7,5007	6,04501	2,36967	1325,8	139867	422
423	178929	75686967	20,5670	7,5067	6,04737	2,36407	1328,9	140531	423
424	179776	76225024	20,5913	7,5126	6,04973	2,35849	1332,0	141196	424
425	180625	76765625	20,6155	7,5185	6,05209	2,35294	1335,2	141863	425
426	181476	77308776	20,6398	7,5244	6,05444	2,34742	1338,3	142531	426
427	182329	77854483	20,6640	7,5302	6,05678	2,34192	1341,5	143201	427
428	183184	78402752	20,6882	7,5361	6,05912	2,33645	1344,6	143872	428
429	184041	78953589	20,7123	7,5420	6,06146	2,33100	1347,7	144545	429
430	184900	79507000	20,7364	7,5478	6,06379	2,32558	1350,9	145220	430
431	185761	80062991	20,7605	7,5537	6,06611	2,32019	1354,0	145896	431
432	186624	80621568	20,7846	7,5595	6,06843	2,31481	1357,2	146574	432
433	187489	81182737	20,8087	7,5654	6,07074	2,30947	1360,3	147254	433
434	188356	81746504	20,8327	7,5712	6,07304	2,30415	1363,5	147934	434
435	189225	82312875	20,8567	7,5770	6,07535	2,29885	1366,6	148617	435
436	190096	82881856	20,8806	7,5828	6,07764	2,29358	1369,7	149301	436
437	190969	83453453	20,9045	7,5886	6,07993	2,28833	1372,9	149987	437
438	191844	84027672	20,9284	7,5944	6,08222	2,28311	1376,0	150674	438
439	192721	84604519	20,9523	7,6001	6,08450	2,27790	1379,2	151363	439
440	193600	85184000	20,9762	7,6059	6,08677	2,27273	1382,3	152053	440
441	194481	85766121	21,0000	7,6117	6,08904	2,26757	1385,4	152745	441
442	195364	86350888	21,0238	7,6174	6,09131	2,26244	1388,6	153439	442
443	196249	86938307	21,0476	7,6232	6,09357	2,25734	1391,7	154134	443
444	197136	87528384	21,0713	7,6289	6,09582	2,25225	1394,9	154830	444
445	198025	88121125	21,0950	7,6346	6,09807	2,24719	1398,0	155528	445
446	198916	88716536	21,1187	7,6403	6,10032	2,24215	1401,2	156228	446
447	199809	89314623	21,1424	7,6460	6,10256	2,23714	1404,3	156930	447
448	200704	89915392	21,1660	7,6517	6,10479	2,23214	1407,4	157633	448
449	201601	90518849	21,1896	7,6574	6,10702	2,22717	1410,6	158337	449

n	n^2	n^3	$\sqrt{n}$	$\sqrt[3]{n}$	$\ln n$	$\dfrac{1000}{n}$	πn	$\dfrac{\pi n^2}{4}$	n
450	202500	91125000	21,2132	7,6631	6,10925	2,22222	1413,7	159043	450
451	203401	91733851	21,2368	7,6688	6,11147	2,21729	1416,9	159751	451
452	204304	92345408	21,2603	7,6744	6,11368	2,21239	1420,0	160460	452
453	205209	92959677	21,2838	7,6801	6,11589	2,20751	1423,1	161171	453
454	206116	93576664	21,3073	7,6857	6,11810	2,20264	1426,3	161883	454
455	207025	94196375	21,3307	7,6914	6,12030	2,19780	1429,4	162597	455
456	207936	94818816	21,3542	7,6970	6,12249	2,19298	1432,6	163313	456
457	208849	95443993	21,3776	7,7026	6,12468	2,18818	1435,7	164030	457
458	209764	96071912	21,4009	7,7082	6,12687	2,18341	1438,8	164748	458
459	210681	96702579	21,4243	7,7138	6,12905	2,17865	1442,0	165468	459
460	211600	97336000	21,4476	7,7194	6,13123	2,17391	1445,1	166190	460
461	212521	97972181	21,4709	7,7250	6,13340	2,16920	1448,3	166914	461
462	213444	98611128	21,4942	7,7306	6,13556	2,16450	1451,4	167639	462
463	214369	99252847	21,5174	7,7362	6,13773	2,15983	1454,6	168365	463
464	215296	99897344	21,5407	7,7418	6,13988	2,15517	1457,7	169093	464
465	216225	100544625	21,5639	7,7473	6,14204	2,15054	1460,8	169823	465
466	217156	101194696	21,5870	7,7529	6,14419	2,14592	1464,0	170554	466
467	218089	101847563	21,6102	7,7584	6,14633	2,14133	1467,1	171287	467
468	219024	102503232	21,6333	7,7639	6,14847	2,13675	1470,3	172021	468
469	219961	103161709	21,6564	7,7695	6,15060	2,13220	1473,4	172757	469
470	220900	103823000	21,6795	7,7750	6,15273	2,12766	1476,5	173494	470
471	221841	104487111	21,7025	7,7805	6,15486	2,12314	1479,7	174234	471
472	222784	105154048	21,7256	7,7860	6,15698	2,11864	1482,8	174974	472
473	223729	105823817	21,7486	7,7915	6,15910	2,11416	1486,0	175716	473
474	224676	106496424	21,7715	7,7970	6,16121	2,10970	1489,1	176460	474
475	225625	107171875	21,7945	7,8025	6,16331	2,10526	1492,3	177205	475
476	226576	107850176	21,8174	7,8079	6,16542	2,10084	1495,4	177952	476
477	227529	108531333	21,8403	7,8134	6,16752	2,09644	1498,5	178701	477
478	228484	109215352	21,8632	7,8188	6,16961	2,09205	1501,7	179451	478
479	229441	109902239	21,8861	7,8243	6,17170	2,08768	1504,8	180203	479
480	230400	110592000	21,9089	7,8297	6,17379	2,08333	1508,0	180956	480
481	231361	111284641	21,9317	7,8352	6,17587	2,07900	1511,1	181711	481
482	232324	111980168	21,9545	7,8406	6,17794	2,07469	1514,2	182467	482
483	233289	112678587	21,9773	7,8460	6,18002	2,07039	1517,4	183225	483
484	234256	113379904	22,0000	7,8514	6,18208	2,06612	1520,5	183984	484
485	235225	114084125	22,0227	7,8568	6,18415	2,06186	1523,7	184745	485
486	236196	114791256	22,0454	7,8622	6,18621	2,05761	1526,8	185508	486
487	237169	115501303	22,0681	7,8676	6,18826	2,05339	1530,0	186272	487
488	238144	116214272	22,0907	7,8730	6,19032	2,04918	1533,1	187038	488
489	239121	116930169	22,1133	7,8784	6,19236	2,04499	1536,2	187805	489
490	240100	117649000	22,1359	7,8837	6,19441	2,04082	1539,4	188574	490
491	241081	118370771	22,1585	7,8891	6,19644	2,03666	1542,5	189345	491
492	242064	119095488	22,1811	7,8944	6,19848	2,03252	1545,7	190117	492
493	243049	119823157	22,2036	7,8998	6,20051	2,02840	1548,8	190890	493
494	244036	120553784	22,2261	7,9051	6,20254	2,02429	1551,9	191665	494
495	245025	121287375	22,2486	7,9105	6,20456	2,02020	1555,1	192442	495
496	246016	122023936	22,2711	7,9158	6,20658	2,01613	1558,2	193221	496
497	247009	122763473	22,2935	7,9211	6,20859	2,01207	1561,4	194000	497
498	248004	123505992	22,3159	7,9264	6,21060	2,00803	1564,5	194782	498
499	249001	124251499	22,3383	7,9317	6,21261	2,00401	1567,7	195565	499

n	n^2	n^3	$\sqrt{n}$	$\sqrt[3]{n}$	$\ln n$	$\dfrac{1000}{n}$	$\pi\, n$	$\dfrac{\pi\, n^2}{4}$	n
500	250000	125000000	22,3607	7,9370	6,21461	2,00000	1570,8	196350	500
501	251001	125751501	22,3830	7,9423	6,21661	1,99601	1573,9	197136	501
502	252004	126506008	22,4054	7,9476	6,21860	1,99203	1577,1	197923	502
503	253009	127263527	22,4277	7,9528	6,22059	1,98807	1580,2	198713	503
504	254016	128024064	22,4499	7,9581	6,22258	1,98413	1583,4	199504	504
505	255025	128787625	22,4722	7,9634	6,22456	1,98020	1586,5	200296	505
506	256036	129554216	22,4944	7,9686	6,22654	1,97628	1589,6	201090	506
507	257049	130323843	22,5167	7,9739	6,22851	1,97239	1592,8	201886	507
508	258064	131096512	22,5389	7,9791	6,23048	1,96850	1595,9	202683	508
509	259081	131872229	22,5610	7,9843	6,23245	1,96464	1599,1	203482	509
510	260100	132651000	22,5832	7,9896	6,23441	1,96078	1602,2	204282	510
511	261121	133432831	22,6053	7,9948	6,23637	1,95695	1605,4	205084	511
512	262144	134217728	22,6274	8,0000	6,23832	1,95312	1608,5	205887	512
513	263169	135005697	22,6495	8,0052	6,24028	1,94932	1611,6	206692	513
514	264196	135796744	22,6716	8,0104	6,24222	1,94553	1614,8	207499	514
515	265225	136590875	22,6936	8,0156	6,24417	1,94175	1617,9	208307	515
516	266256	137388096	22,7156	8,0208	6,24611	1,93798	1621,1	209117	516
517	267289	138188413	22,7376	8,0260	6,24804	1,93424	1624,2	209928	517
518	268324	138991832	22,7596	8,0311	6,24998	1,93050	1627,3	210741	518
519	269361	139798359	22,7816	8,0363	6,25190	1,92678	1630,5	211556	519
520	270400	140608000	22,8035	8,0415	6,25383	1,92308	1633,6	212372	520
521	271441	141420761	22,8254	8,0466	6,25575	1,91939	1636,8	213189	521
522	272484	142236648	22,8473	8,0517	6,25767	1,91571	1639,9	214008	522
523	273529	143055667	22,8692	8,0569	6,25958	1,91205	1643,1	214829	523
524	274576	143877824	22,8910	8,0620	6,26149	1,90840	1646,2	215651	524
525	275625	144703125	22,9129	8,0671	6,26340	1,90476	1649,3	216475	525
526	276676	145531576	22,9347	8,0723	6,26530	1,90114	1652,5	217301	526
527	277729	146363183	22,9565	8,0774	6,26720	1,89753	1655,6	218128	527
528	278784	147197952	22,9783	8,0825	6,26910	1,89394	1658,8	218956	528
529	279841	148035889	23,0000	8,0876	6,27099	1,89036	1661,9	219787	529
530	280900	148877000	23,0217	8,0927	6,27288	1,88679	1665,0	220618	530
531	281961	149721291	23,0434	8,0978	6,27476	1,88324	1668,2	221452	531
532	283024	150568768	23,0651	8,1028	6,27664	1,87970	1671,3	222287	532
533	284089	151419437	23,0868	8,1079	6,27852	1,87617	1674,5	223123	533
534	285156	152273304	23,1084	8,1130	6,28040	1,87266	1677,6	223961	534
535	286225	153130375	23,1301	8,1180	6,28227	1,86916	1680,8	224801	535
536	287296	153990656	23,1517	8,1231	6,28413	1,86567	1683,9	225642	536
537	288369	154854153	23,1733	8,1281	6,28600	1,86220	1687,0	226484	537
538	289444	155720872	23,1948	8,1332	6,28786	1,85874	1690,2	227329	538
539	290521	156590819	23,2164	8,1382	6,28972	1,85529	1693,3	228175	539
540	291600	157464000	23,2379	8,1433	6,29157	1,85185	1696,5	229022	540
541	292681	158340421	23,2594	8,1483	6,29342	1,84843	1699,6	229871	541
542	293764	159220088	23,2809	8,1533	6,29527	1,84502	1702,7	230722	542
543	294849	160103007	23,3024	8,1583	6,29711	1,84162	1705,9	231574	543
544	295936	160989184	23,3238	8,1633	6,29895	1,83824	1709,0	232428	544
545	297025	161878625	23,3452	8,1683	6,30079	1,83486	1712,2	233283	545
546	298116	162771336	23,3666	8,1733	6,30262	1,83150	1715,3	234140	546
547	299209	163667323	23,3880	8,1783	6,30445	1,82815	1718,5	234998	547
548	300304	164566592	23,4094	8,1833	6,30628	1,82482	1721,6	235858	548
549	301401	165469149	23,4307	8,1882	6,30810	1,82149	1724,7	236720	549

n	n^2	n^3	$\sqrt{n}$	$\sqrt[3]{n}$	$\ln n$	$\dfrac{1000}{n}$	πn	$\dfrac{\pi n^2}{4}$	n
550	302500	166375000	23,4521	8,1932	6,30992	1,81818	1727,9	237583	550
551	303601	167284151	23,4734	8,1982	6,31173	1,81488	1731,0	238448	551
552	304704	168196608	23,4947	8,2031	6,31355	1,81159	1734,2	239314	552
553	305809	169112377	23,5160	8,2081	6,31536	1,80832	1737,3	240182	553
554	306916	170031464	23,5372	8,2130	6,31716	1,80505	1740,4	241051	554
555	308025	170953875	23,5584	8,2180	6,31897	1,80180	1743,6	241922	555
556	309136	171879616	23,5797	8,2229	6,32077	1,79856	1746,7	242795	556
557	310249	172808693	23,6008	8,2278	6,32257	1,79533	1749,9	243669	557
558	311364	173741112	23,6220	8,2327	6,32436	1,79211	1753,0	244545	558
559	312481	174676879	23,6432	8,2377	6,32615	1,78891	1756,2	245422	559
560	313600	175616000	23,6643	8,2426	6,32794	1,78571	1759,3	246301	560
561	314721	176558481	23,6854	8,2475	6,32972	1,78253	1762,4	247181	561
562	315844	177504328	23,7065	8,2524	6,33150	1,77936	1765,6	248063	562
563	316969	178453547	23,7276	8,2573	6,33328	1,77620	1768,7	248947	563
564	318096	179406144	23,7487	8,2621	6,33505	1,77305	1771,9	249832	564
565	319225	180362125	23,7697	8,2670	6,33683	1,76991	1775,0	250719	565
566	320356	181321496	23,7908	8,2719	6,33859	1,76678	1778,1	251607	566
567	321489	182284263	23,8118	8,2768	6,34036	1,76367	1781,3	252497	567
568	322624	183250432	23,8328	8,2816	6,34212	1,76056	1784,4	253388	568
569	323761	184220009	23,8537	8,2865	6,34388	1,75747	1787,6	254281	569
570	324900	185193000	23,8747	8,2913	6,34564	1,75439	1790,7	255176	570
571	326041	186169411	23,8956	8,2962	6,34739	1,75131	1793,8	256072	571
572	327184	187149248	23,9165	8,3010	6,34914	1,74825	1797,0	256970	572
573	328329	188132517	23,9374	8,3059	6,35089	1,74520	1800,1	257869	573
574	329476	189119224	23,9583	8,3107	6,35263	1,74216	1803,3	258770	574
575	330625	190109375	23,9792	8,3155	6,35437	1,73913	1806,4	259672	575
576	331776	191102976	24,0000	8,3203	6,35611	1,73611	1809,6	260576	576
577	332929	192100033	24,0208	8,3251	6,35784	1,73310	1812,7	261482	577
578	334084	193100552	24,0416	8,3300	6,35957	1,73010	1815,8	262389	578
579	335241	194104539	24,0624	8,3348	6,36130	1,72712	1819,0	263298	579
580	336400	195112000	24,0832	8,3396	6,36303	1,72414	1822,1	264208	580
581	337561	196122941	24,1039	8,3443	6,36475	1,72117	1825,3	265120	581
582	338724	197137368	24,1247	8,3491	6,36647	1,71821	1828,4	266033	582
583	339889	198155287	24,1454	8,3539	6,36819	1,71527	1831,6	266948	583
584	341056	199176704	24,1661	8,3587	6,36990	1,71233	1834,7	267865	584
585	342225	200201625	24,1868	8,3634	6,37161	1,70940	1837,8	268783	585
586	343396	201230056	24,2074	8,3682	6,37332	1,70648	1841,0	269703	586
587	344569	202262003	24,2281	8,3730	6,37502	1,70358	1844,1	270624	587
588	345744	203297472	24,2487	8,3777	6,37673	1,70068	1847,3	271547	588
589	346921	204336469	24,2693	8,3825	6,37843	1,69779	1850,4	272471	589
590	348100	205379000	24,2899	8,3872	6,38012	1,69492	1853,5	273397	590
591	349281	206425071	24,3105	8,3919	6,38182	1,69205	1856,7	274325	591
592	350464	207474688	24,3311	8,3967	6,38351	1,68919	1859,8	275254	592
593	351649	208527857	24,3516	8,4014	6,38519	1,68634	1863,0	276184	593
594	352836	209584584	24,3721	8,4061	6,38688	1,68350	1866,1	277117	594
595	354025	210644875	24,3926	8,4108	6,38856	1,68067	1869,2	278051	595
596	355216	211708736	24,4131	8,4155	6,39024	1,67785	1872,4	278986	596
597	356409	212776173	24,4336	8,4202	6,39192	1,67504	1875,5	279923	597
598	357604	213847192	24,4540	8,4249	6,39359	1,67224	1878,7	280862	598
599	358801	214921799	24,4745	8,4296	6,39526	1,66945	1881,8	281802	599

n	n^2	n^3	$\sqrt{n}$	$\sqrt[3]{n}$	$\ln n$	$\dfrac{1000}{n}$	$\pi\,n$	$\dfrac{\pi\,n^2}{4}$	n
600	360000	216000000	24,4949	8,4343	6,39693	1,66667	1885,0	282743	600
601	361201	217081801	24,5153	8,4390	6,39859	1,66389	1888,1	283687	601
602	362404	218167208	24,5357	8,4437	6,40026	1,66113	1891,2	284631	602
603	363609	219256227	24,5561	8,4484	6,40192	1,65837	1894,4	285578	603
604	364816	220348864	24,5764	8,4530	6,40357	1,65563	1897,5	286526	604
605	366025	221445125	24,5967	8,4577	6,40523	1,65289	1900,7	287475	605
606	367236	222545016	24,6171	8,4623	6,40688	1,65017	1903,8	288426	606
607	368449	223648543	24,6374	8,4670	6,40853	1,64745	1906,9	289379	607
608	369664	224755712	24,6577	8,4716	6,41017	1,64474	1910,1	290333	608
609	370881	225866529	24,6779	8,4763	6,41182	1,64204	1913,2	291289	609
610	372100	226981000	24,6982	8,4809	6,41346	1,63934	1916,4	292247	610
611	373321	228099131	24,7184	8,4856	6,41510	1,63666	1919,5	293206	611
612	374544	229220928	24,7386	8,4902	6,41673	1,63399	1922,7	294166	612
613	375769	230346397	24,7588	8,4948	6,41836	1,63132	1925,8	295128	613
614	376996	231475544	24,7790	8,4994	6,41999	1,62866	1928,9	296092	614
615	378225	232608375	24,7992	8,5040	6,42162	1,62602	1932,1	297057	615
616	379456	233744896	24,8193	8,5086	6,42325	1,62338	1935,2	298024	616
617	380689	234885113	24,8395	8,5132	6,42487	1,62075	1938,4	298992	617
618	381924	236029032	24,8596	8,5178	6,42649	1,61812	1941,5	299962	618
619	383161	237176659	24,8797	8,5224	6,42811	1,61551	1944,6	300934	619
620	384400	238328000	24,8998	8,5270	6,42972	1,61290	1947,8	301907	620
621	385641	239483061	24,9199	8,5316	6,43133	1,61031	1950,9	302882	621
622	386884	240641848	24,9399	8,5362	6,43294	1,60772	1954,1	303858	622
623	388129	241804367	24,9600	8,5408	6,43455	1,60514	1957,2	304836	623
624	389376	242970624	24,9800	8,5453	6,43615	1,60256	1960,4	305815	624
625	390625	244140625	25,0000	8,5499	6,43775	1,60000	1963,5	306796	625
626	391876	245314376	25,0200	8,5544	6,43935	1,59744	1966,6	307779	626
627	393129	246491883	25,0400	8,5590	6,44095	1,59490	1969,8	308763	627
628	394384	247673152	25,0599	8,5635	6,44254	1,59236	1972,9	309748	628
629	395641	248858189	25,0799	8,5681	6,44413	1,58983	1976,1	310736	629
630	396900	250047000	25,0998	8,5726	6,44572	1,58730	1979,2	311725	630
631	398161	251239591	25,1197	8,5772	6,44731	1,58479	1982,3	312715	631
632	399424	252435968	25,1396	8,5817	6,44889	1,58228	1985,5	313707	632
633	400689	253636137	25,1595	8,5862	6,45047	1,57978	1988,6	314700	633
634	401956	254840104	25,1794	8,5907	6,45205	1,57729	1991,8	315696	634
635	403225	256047875	25,1992	8,5952	6,45362	1,57480	1994,9	316692	635
636	404496	257259456	25,2190	8,5997	6,45520	1,57233	1998,1	317690	636
637	405769	258474853	25,2389	8,6043	6,45677	1,56986	2001,2	318690	637
638	407044	259694072	25,2587	8,6088	6,45834	1,56740	2004,3	319692	638
639	408321	260917119	25,2784	8,6132	6,45990	1,56495	2007,5	320695	639
640	409600	262144000	25,2982	8,6177	6,46147	1,56250	2010,6	321699	640
641	410881	263374721	25,3180	8,6222	6,46303	1,56006	2013,8	322705	641
642	412164	264609288	25,3377	8,6267	6,46459	1,55763	2016,9	323713	642
643	413449	265847707	25,3574	8,6312	6,46614	1,55521	2020,0	324722	643
644	414736	267089984	25,3772	8,6357	6,46770	1,55280	2023,2	325733	644
645	416025	268336125	25,3969	8,6401	6,46925	1,55039	2026,3	326745	645
646	417316	269586136	25,4165	8,6446	6,47080	1,54799	2029,5	327759	646
647	418609	270840023	25,4362	8,6490	6,47235	1,54560	2032,6	328775	647
648	419904	272097792	25,4558	8,6535	6,47389	1,54321	2035,8	329792	648
649	421201	273359449	25,4755	8,6579	6,47543	1,54083	2038,9	330810	649

n	n^2	n^3	$\sqrt{n}$	$\sqrt[3]{n}$	$\ln n$	$\dfrac{1000}{n}$	πn	$\dfrac{\pi n^2}{4}$	n
650	422500	274625000	25,4951	8,6624	6,47697	1,53846	2042,0	331831	650
651	423801	275894451	25,5147	8,6668	6,47851	1,53610	2045,2	332853	651
652	425104	277167808	25,5343	8,6713	6,48004	1,53374	2048,3	333876	652
653	426409	278445077	25,5539	8,6757	6,48158	1,53139	2051,5	334901	653
654	427716	279726264	25,5734	8,6801	6,48311	1,52905	2054,6	335927	654
655	429025	281011375	25,5930	8,6845	6,48464	1,52672	2057,7	336955	655
656	430336	282300416	25,6125	8,6890	6,48616	1,52439	2060,9	337985	656
657	431649	283593393	25,6320	8,6934	6,48768	1,52207	2064,0	339016	657
658	432964	284890312	25,6515	8,6978	6,48920	1,51976	2067,2	340049	658
659	434281	286191179	25,6710	8,7022	6,49072	1,51745	2070,3	341083	659
660	435600	287496000	25,6905	8,7066	6,49224	1,51515	2073,5	342119	660
661	436921	288804781	25,7099	8,7110	6,49375	1,51286	2076,6	343157	661
662	438244	290117528	25,7294	8,7154	6,49527	1,51057	2079,7	344196	662
663	439569	291434247	25,7488	8,7198	6,49677	1,50830	2082,9	345237	663
664	440896	292754944	25,7682	8,7241	6,49828	1,50602	2086,0	346279	664
665	442225	294079625	25,7876	8,7285	6,49979	1,50376	2089,2	347323	665
666	443556	295408296	25,8070	8,7329	6,50129	1,50150	2092,3	348368	666
667	444889	296740963	25,8263	8,7373	6,50279	1,49925	2095,4	349415	667
668	446224	298077632	25,8457	8,7416	6,50429	1,49701	2098,6	350464	668
669	447561	299418309	25,8650	8,7460	6,50578	1,49477	2101,7	351514	669
670	448900	300763000	25,8844	8,7503	6,50728	1,49254	2104,9	352565	670
671	450241	302111711	25,9037	8,7547	6,50877	1,49031	2108,0	353618	671
672	451584	303464448	25,9230	8,7590	6,51026	1,48810	2111,2	354673	672
673	452929	304821217	25,9422	8,7634	6,51175	1,48588	2114,3	355730	673
674	454276	306182024	25,9615	8,7677	6,51323	1,48368	2117,4	356788	674
675	455625	307546875	25,9808	8,7721	6,51471	1,48148	2120,6	357847	675
676	456976	308915776	26,0000	8,7764	6,51619	1,47929	2123,7	358908	676
677	458329	310288733	26,0192	8,7807	6,51767	1,47710	2126,9	359971	677
678	459684	311665752	26,0384	8,7850	6,51915	1,47493	2130,0	361035	678
679	461041	313046839	26,0576	8,7893	6,52062	1,47275	2133,1	362101	679
680	462400	314432000	26,0768	8,7937	6,52209	1,47059	2136,3	363168	680
681	463761	315821241	26,0960	8,7980	6,52356	1,46843	2139,4	364237	681
682	465124	317214568	26,1151	8,8023	6,52503	1,46628	2142,6	365308	682
683	466489	318611987	26,1343	8,8066	6,52649	1,46413	2145,7	366380	683
684	467856	320013504	26,1534	8,8109	6,52796	1,46199	2148,8	367453	684
685	469225	321419125	26,1725	8,8152	6,52942	1,45985	2152,0	368528	685
686	470596	322828856	26,1916	8,8194	6,53088	1,45773	2155,1	369605	686
687	471969	324242703	26,2107	8,8237	6,53233	1,45560	2158,3	370684	687
688	473344	325660672	26,2298	8,8280	6,53379	1,45349	2161,4	371764	688
689	474721	327082769	26,2488	8,8323	6,53524	1,45138	2164,6	372845	689
690	476100	328509000	26,2679	8,8366	6,53669	1,44928	2167,7	373928	690
691	477481	329939371	26,2869	8,8408	6,53814	1,44718	2170,8	375013	691
692	478864	331373888	26,3059	8,8451	6,53959	1,44509	2174,0	376099	692
693	480249	332812557	26,3249	8,8493	6,54103	1,44300	2177,1	377187	693
694	481636	334255384	26,3439	8,8536	6,54247	1,44092	2180,3	378276	694
695	483025	335702375	26,3629	8,8578	6,54391	1,43885	2183,4	379367	695
696	484416	337153536	26,3818	8,8621	6,54535	1,43678	2186,5	380459	696
697	485809	338608873	26,4008	8,8663	6,54679	1,43472	2189,7	381553	697
698	487204	340068392	26,4197	8,8706	6,54822	1,43266	2192,8	382649	698
699	488601	341532099	26,4386	8,8748	6,54965	1,43062	2196,0	383746	699

n	n^2	n^3	$\sqrt{n}$	$\sqrt[3]{n}$	$\ln n$	$\dfrac{1000}{n}$	πn	$\dfrac{\pi n^2}{4}$	n
700	490000	343000000	26,4575	8,8790	6,55108	1,42857	2199,1	384845	700
701	491401	344472101	26,4764	8,8833	6,55251	1,42653	2202,3	385945	701
702	492804	345948408	26,4953	8,8875	6,55393	1,42450	2205,4	387047	702
703	494209	347428927	26,5141	8,8917	6,55536	1,42248	2208,5	388151	703
704	495616	348913664	26,5330	8,8959	6,55678	1,42045	2211,7	389256	704
705	497025	350402625	26,5518	8,9001	6,55820	1,41844	2214,8	390363	705
706	498436	351895816	26,5707	8,9043	6,55962	1,41643	2218,0	391471	706
707	499849	353393243	26,5895	8,9085	6,56103	1,41443	2221,1	392580	707
708	501264	354894912	26,6083	8,9127	6,56244	1,41243	2224,2	393692	708
709	502681	356400829	26,6271	8,9169	6,56386	1,41044	2227,4	394805	709
710	504100	357911000	26,6458	8,9211	6,56526	1,40845	2230,5	395919	710
711	505521	359425431	26,6646	8,9253	6,56667	1,40647	2233,7	397035	711
712	506944	360944128	26,6833	8,9295	6,56808	1,40449	2236,8	398153	712
713	508369	362467097	26,7021	8,9337	6,56948	1,40252	2240,0	399272	713
714	509796	363994344	26,7208	8,9378	6,57088	1,40056	2243,1	400393	714
715	511225	365525875	26,7395	8,9420	6,57228	1,39860	2246,2	401515	715
716	512656	367061696	26,7582	8,9462	6,57368	1,39665	2249,4	402639	716
717	514089	368601813	26,7769	8,9503	6,57508	1,39470	2252,5	403765	717
718	515524	370146232	26,7955	8,9545	6,57647	1,39276	2255,7	404892	718
719	516961	371694959	26,8142	8,9587	6,57786	1,39082	2258,8	406020	719
720	518400	373248000	26,8328	8,9628	6,57925	1,38889	2261,9	407150	720
721	519841	374805361	26,8514	8,9670	6,58064	1,38696	2265,1	408282	721
722	521284	376367048	26,8701	8,9711	6,58203	1,38504	2268,2	409445	722
723	522729	377933067	26,8887	8,9752	6,58341	1,38313	2271,4	410550	723
724	524176	379503424	26,9072	8,9794	6,58479	1,38122	2274,5	411687	724
725	525625	381078125	26,9258	8,9835	6,58617	1,37931	2277,7	412825	725
726	527076	382657176	26,9444	8,9876	6,58755	1,37741	2280,8	413965	726
727	528529	384240583	26,9629	8,9918	6,58893	1,37552	2283,9	415106	727
728	529984	385828352	26,9815	8,9959	6,59030	1,37363	2287,1	416248	728
729	531441	387420489	27,0000	9,0000	6,59167	1,37174	2290,2	417393	729
730	532900	389017000	27,0185	9,0041	6,59304	1,36986	2293,4	418539	730
731	534361	390617891	27,0370	9,0082	6,59441	1,36799	2296,5	419686	731
732	535824	392223168	27,0555	9,0123	6,59578	1,36612	2299,6	420835	732
733	537289	393832837	27,0740	9,0164	6,59715	1,36426	2302,8	421986	733
734	538756	395446904	27,0924	9,0205	6,59851	1,36240	2305,9	423138	734
735	540225	397065375	27,1109	9,0246	6,59987	1,36054	2309,1	424293	735
736	541696	398688256	27,1293	9,0287	6,60123	1,35870	2312,2	425447	736
737	543169	400315553	27,1477	9,0328	6,60259	1,35685	2315,4	426604	737
738	544644	401947272	27,1662	9,0369	6,60394	1,35501	2318,5	427762	738
739	546121	403583419	27,1846	9,0410	6,60560	1,35318	2321,6	428922	739
740	547600	405224000	27,2029	9,0450	6,60665	1,35135	2324,8	430084	740
741	549081	406869021	27,2213	9,0491	6,60800	1,34953	2327,9	431247	741
742	550564	408518488	27,2397	9,0532	6,60935	1,34771	2331,1	432412	742
743	552049	410172407	27,2580	9,0572	6,61070	1,34590	2334,2	433578	743
744	553536	411830784	27,2764	9,0613	6,61204	1,34409	2337,3	434746	744
745	555025	413493625	27,2947	9,0654	6,61338	1,34228	2340,5	435916	745
746	556516	415160936	27,3130	9,0694	6,61473	1,34048	2343,6	437087	746
747	558009	416832723	27,3313	9,0735	6,61607	1,33869	2346,8	438259	747
748	559504	418508992	27,3496	9,0775	6,61740	1,33690	2349,9	439433	748
749	561001	420189749	27,3679	9,0816	6,61874	1,33511	2353,1	440609	749

n	n^2	n^3	$\sqrt{n}$	$\sqrt[3]{n}$	$\ln n$	$\dfrac{1000}{n}$	$\pi\,n$	$\dfrac{\pi\,n^2}{4}$	n
750	562500	421875000	27,3861	9,0856	6,62007	1,33333	2356,2	441786	750
751	564001	423564751	27,4044	9,0896	6,62141	1,33156	2359,3	442965	751
752	565504	425259008	27,4226	9,0937	6,62274	1,32979	2362,5	444146	752
753	567009	426957777	27,4408	9,0977	6,62407	1,32802	2365,6	445328	753
754	568516	428661064	27,4591	9,1017	6,62539	1,32626	2368,8	446511	754
755	570025	430368875	27,4773	9,1057	6,62672	1,32450	2371,9	447697	755
756	571536	432081216	27,4955	9,1098	6,62804	1,32275	2375,0	448883	756
757	573049	433798093	27,5136	9,1138	6,62936	1,32100	2378,2	450072	757
758	574564	435519512	27,5318	9,1178	6,63068	1,31926	2381,3	451262	758
759	576081	437245479	27,5500	9,1218	6,63200	1,31752	2384,5	452453	759
760	577600	438976000	27,5681	9,1258	6,63332	1,31579	2387,6	453646	760
761	579121	440711081	27,5862	9,1298	6,63463	1,31406	2390,8	454841	761
762	580644	442450728	27,6043	9,1338	6,63595	1,31234	2393,9	456037	762
763	582169	444194947	27,6225	9,1378	6,63726	1,31062	2397,0	457234	763
764	583696	445943744	27,6405	9,1418	6,63857	1,30890	2400,2	458434	764
765	585225	447697125	27,6586	9,1458	6,63988	1,30719	2403,3	459635	765
766	586756	449455096	27,6767	9,1498	6,64118	1,30548	2406,5	460837	766
767	588289	451217663	27,6948	9,1537	6,64249	1,30378	2409,6	462041	767
768	589824	452984832	27,7128	9,1577	6,64379	1,30208	2412,7	463247	768
769	591361	454756609	27,7308	9,1617	6,64509	1,30039	2415,9	464454	769
770	592900	456533000	27,7489	9,1657	6,64639	1,29870	2419,0	465663	770
771	594441	458314011	27,7669	9,1696	6,64769	1,29702	2422,2	466873	771
772	595984	460099648	27,7849	9,1736	6,64898	1,29534	2425,3	468085	772
773	597529	461889917	27,8029	9,1775	6,65028	1,29366	2428,5	469298	773
774	599076	463684824	27,8209	9,1815	6,65157	1,29199	2431,6	470513	774
775	600625	465484375	27,8388	9,1855	6,65286	1,29032	2434,7	471730	775
776	602176	467288576	27,8568	9,1894	6,65415	1,28866	2437,9	472948	776
777	603729	469097433	27,8747	9,1933	6,65544	1,28700	2441,0	474168	777
778	605284	470910952	27,8927	9,1973	6,65673	1,28535	2444,2	475389	778
779	606841	472729139	27,9106	9,2012	6,65801	1,28370	2447,3	476612	779
780	608400	474552000	27,9285	9,2052	6,65929	1,28205	2450,4	477836	780
781	609961	476379541	27,9464	9,2091	6,66058	1,28041	2453,6	479062	781
782	611524	478211768	27,9643	9,2130	6,66185	1,27877	2456,7	480290	782
783	613089	480048687	27,9821	9,2170	6,66313	1,27714	2459,9	481519	783
784	614656	481890304	28,0000	9,2209	6,66441	1,27551	2463,0	482750	784
785	616225	483736625	28,0179	9,2248	6,66568	1,27389	2466,2	483982	785
786	617796	485587656	28,0357	9,2287	6,66696	1,27226	2469,3	485216	786
787	619369	487443403	28,0535	9,2326	6,66823	1,27065	2472,4	486451	787
788	620944	489303872	28,0713	9,2365	6,66950	1,26904	2475,6	487688	788
789	622521	491169069	28,0891	9,2404	6,67077	1,26743	2478,7	488927	789
790	624100	493039000	28,1069	9,2443	6,67203	1,26582	2481,9	490167	790
791	625681	494913671	28,1247	9,2482	6,67330	1,26422	2485,0	491409	791
792	627264	496793088	28,1425	9,2521	6,67456	1,26263	2488,1	492652	792
793	628849	498677257	28,1603	9,2560	6,67582	1,26103	2491,3	493897	793
794	630436	500566184	28,1780	9,2599	6,67708	1,25945	2494,4	495143	794
795	632025	502459875	28,1957	9,2638	6,67834	1,25786	2497,6	496391	795
796	633616	504358336	28,2135	9,2677	6,67960	1,25628	2500,7	497641	796
797	635209	506261573	28,2312	9,2716	6,68085	1,25471	2503,8	498892	797
798	636804	508169592	28,2489	9,2754	6,68211	1,25313	2507,0	500145	798
799	638401	510082399	28,2666	9,2793	6,68336	1,25156	2510,1	501399	799

n	n^2	n^3	$\sqrt{n}$	$\sqrt[3]{n}$	$\ln n$	$\dfrac{1000}{n}$	$\pi\,n$	$\dfrac{\pi\,n^2}{4}$	n
800	640000	512000000	28,2843	9,2832	6,68461	1,25000	2513,3	502655	800
801	641601	513922401	28,3019	9,2870	6,68586	1,24844	2516,4	503912	801
802	643204	515849608	28,3196	9,2909	6,68711	1,24688	2519,6	505171	802
803	644809	517781627	28,3373	9,2948	6,68835	1,24533	2522,7	506432	803
804	646416	519718464	28,3549	9,2986	6,68960	1,24378	2525,8	507694	804
805	648025	521660125	28,3725	9,3025	6,69084	1,24224	2529,0	508958	805
806	649636	523606616	28,3901	9,3063	6,69208	1,24069	2532,1	510223	806
807	651249	525557943	28,4077	9,3102	6,69332	1,23916	2535,3	511490	807
808	652864	527514112	28,4253	9,3140	6,69456	1,23762	2538,4	512758	808
809	654481	529475129	28,4429	9,3179	6,69580	1,23609	2541,5	514028	809
810	656100	531441000	28,4605	9,3217	6,69703	1,23457	2544,7	515300	810
811	657721	533411731	28,4781	9,3255	6,69827	1,23305	2547,8	516573	811
812	659344	535387328	28,4956	9,3294	6,69950	1,23153	2551,0	517848	812
813	660969	537367797	28,5132	9,3332	6,70073	1,23001	2554,1	519124	813
814	662596	539353144	28,5307	9,3370	6,70196	1,22850	2557,3	520402	814
815	664225	541343375	28,5482	9,3408	6,70319	1,22699	2560,4	521681	815
816	665856	543338496	28,5657	9,3447	6,70441	1,22549	2563,5	522962	816
817	667489	545338513	28,5832	9,3485	6,70564	1,22399	2566,7	524245	817
818	669124	547343432	28,6007	9,3523	6,70686	1,22249	2569,8	525529	818
819	670761	549353259	28,6182	9,3561	6,70808	1,22100	2573,0	526814	819
820	672400	551368000	28,6356	9,3599	6,70930	1,21951	2576,1	528102	820
821	674041	553387661	28,6531	9,3637	6,71052	1,21803	2579,2	529391	821
822	675684	555412248	28,6705	9,3675	6,71174	1,21655	2582,4	530681	822
823	677329	557441767	28,6880	9,3713	6,71296	1,21507	2585,5	531973	823
824	678976	559476224	28,7054	9,3751	6,71417	1,21359	2588,7	533267	824
825	680625	561515625	28,7228	9,3789	6,71538	1,21212	2591,8	534562	825
826	682276	563559976	28,7402	9,3827	6,71659	1,21065	2595,0	535858	826
827	683929	565609283	28,7576	9,3865	6,71780	1,20919	2598,1	537157	827
828	685584	567663552	28,7750	9,3902	6,71901	1,20773	2601,2	538456	828
829	687241	569722789	28,7924	9,3940	6,72022	1,20627	2604,4	539758	829
830	688900	571787000	28,8097	9,3978	6,72143	1,20482	2607,5	541061	830
831	690561	573856191	28,8271	9,4016	6,72263	1,20337	2610,7	542365	831
832	692224	575930368	28,8444	9,4053	9,72383	1,20192	2613,8	543671	832
833	693889	578009537	28,8617	9,4091	6,72503	1,20048	2616,9	544979	833
834	695556	580093704	28,8791	9,4129	6,72623	1,19904	2620,1	546288	834
835	697225	582182875	28,8964	9,4166	6,72743	1,19760	2623,2	547599	835
836	698896	584277056	28,9137	9,4204	6,72863	1,19617	2626,4	548912	836
837	700569	586376253	28,9310	9,4241	6,72982	1,19474	2629,5	550226	837
838	702244	588480472	28,9482	9,4279	6,73102	1,19332	2632,7	551541	838
839	703921	590589719	28,9655	9,4316	6,73221	1,19190	2635,8	552858	839
840	705600	592704000	28,9828	9,4354	6,73340	1,19048	2638,9	554177	840
841	707281	594823321	29,0000	9,4391	6,73459	1,18906	2642,1	555497	841
842	708964	596947688	29,0172	9,4429	6,73578	1,18765	2645,2	556819	842
843	710649	599077107	29,0345	9,4466	6,73697	1,18624	2648,4	558142	843
844	712336	601211584	29,0517	9,4503	6,73815	1,18483	2651,5	559467	844
845	714025	603351125	29,0689	9,4541	6,73934	1,18343	2654,6	560794	845
846	715716	605495736	29,0861	9,4578	6,74052	1,18203	2657,8	562122	846
847	717409	607645423	29,1033	9,4615	6,74170	1,18064	2660,9	563452	847
848	719104	609800192	29,1204	9,4652	6,74288	1,17925	2664,1	564783	848
849	720801	611960049	29,1376	9,4690	6,74406	1,17786	2667,2	566116	849

n	n^2	n^3	$\sqrt{n}$	$\sqrt[3]{n}$	$\ln n$	$\dfrac{1000}{n}$	πn	$\dfrac{\pi n^2}{4}$	n
850	722500	614125000	29,1548	9,4727	6,74524	1,17647	2670,4	567450	850
851	724201	616295051	29,1719	9,4764	6,74641	1,17509	2673,5	568786	851
852	725904	618470208	29,1890	9,4801	6,74759	1,17371	2676,6	570124	852
853	727609	620650477	29,2062	9,4838	6,74876	1,17233	2679,8	571463	853
854	729316	622835864	29,2233	9,4875	6,74993	1,17096	2682,9	572803	854
855	731025	625026375	29,2404	9,4912	6,75110	1,16959	2686,1	574146	855
856	732736	627222016	29,2575	9,4949	6,75227	1,16822	2689,2	575490	856
857	734449	629422793	29,2746	9,4986	6,75344	1,16686	2692,3	576835	857
858	736164	631628712	29,2916	9,5023	6,75460	1,16550	2695,5	578182	858
859	737881	633839779	29,3087	9,5060	6,75577	1,16414	2698,6	579530	859
860	739600	636056000	29,3258	9,5097	6,75693	1,16279	2701,8	580880	860
861	741321	638277381	29,3428	9,5134	6,75809	1,16144	2704,9	582232	861
862	743044	640503928	29,3598	9,5171	6,75926	1,16009	2708,1	583585	862
863	744769	642735647	29,3769	9,5207	6,76041	1,15875	2711,2	584940	863
864	746496	644972544	29,3939	9,5244	6,76157	1,15741	2714,3	586297	864
865	748225	647214625	29,4109	9,5281	6,76273	1,15607	2717,5	587655	865
866	749956	649461896	29,4279	9,5317	6,76388	1,15473	2720,6	589014	866
867	751689	651714363	29,4449	9,5354	6,76504	1,15340	2723,8	590375	867
868	753424	653972032	29,4618	9,5391	6,76619	1,15207	2726,9	591738	868
869	755161	656234909	29,4788	9,5427	6,76734	1,15075	2730,0c	593102	869
870	756900	658503000	29,4958	9,5464	6,76849	1,14943	2733,2	594468	870
871	758641	660776311	29,5127	9,5501	6,76964	1,14811	2736,3	595835	871
872	760384	663054848	29,5296	9,5537	6,77079	1,14679	2739,5	597204	872
873	762129	665338617	29,5466	9,5574	6,77194	1,14548	2742,6	598575	873
874	763876	667627624	29,5635	9,5610	6,77308	1,14416	2745,8	599947	874
875	765625	669921875	29,5804	9,5647	6,77422	1,14286	2748,9	601320	875
876	767376	672221376	29,5973	9,5683	6,77537	1,14155	2752,0	602696	876
877	769129	674526133	29,6142	9,5719	6,77651	1,14025	2755,2	604073	877
878	770884	676836152	29,6311	9,5756	6,77765	1,13895	2758,3	605451	878
879	772641	679151439	29,6479	9,5792	6,77878	1,13766	2761,5	606831	879
880	774400	681472000	29,6648	9,5828	6,77992	1,13636	2764,6	608212	880
881	776161	683797841	29,6816	9,5865	6,78106	1,13507	2767,7	609595	881
882	777924	686128968	29,6985	9,5901	6,78219	1,13379	2770,9	610980	882
883	779689	688465387	29,7153	9,5937	6,78333	1,13250	2774,0	612366	883
884	781456	690807104	29,7321	9,5973	6,78446	1,13122	2777,2	613754	884
885	783225	693154125	29,7489	9,6010	6,78559	1,12994	2780,3	615143	885
886	784996	695506456	29,7658	9,6046	6,78672	1,12867	2783,5	616534	886
887	786769	697864103	29,7825	9,6082	6,78784	1,12740	2786,6	617927	887
888	788544	700227072	29,7993	9,6118	6,78897	1,12613	2789,7	619321	888
889	790321	702595369	29,8161	9,6154	6,79010	1,12486	2792,9	620717	889
890	792100	704969000	29,8329	9,6190	6,79122	1,12360	2796,0	622114	890
891	793881	707347971	29,8496	9,6226	6,79234	1,12233	2799,2	623513	891
892	795664	709732288	29,8664	9,6262	6,79347	1,12108	2802,3	624913	892
893	797449	712121957	29,8831	9,6298	6,79459	1,11982	2805,4	626315	893
894	799236	714516984	29,8998	9,6334	6,79571	1,11857	2808,6	627718	894
895	801025	716917375	29,9166	9,6370	6,79682	1,11732	2811,7	629124	895
896	802816	719323136	29,9333	9,6406	6,79794	1,11607	2814,9	630530	896
897	804609	721734273	29,9500	9,6442	6,79906	1,11483	2818,0	631938	897
898	806404	724150792	29,9666	9,6477	6,80017	1,11359	2821,2	633348	898
899	808201	726572699	29,9833	9,6513	6,80128	1,11235	2824,3	634760	899

Potenzen, Wurzeln, Natürliche Logarithmen, Reziproke Werte,
Kreisumfänge und -inhalte (Forts.)

n	n^2	n^3	$\sqrt{n}$	$\sqrt[3]{n}$	$\ln n$	$\dfrac{1000}{n}$	πn	$\dfrac{\pi n^2}{4}$	n
900	810000	729000000	30,0000	9,6549	6,80239	1,11111	2827,4	636173	900
901	811801	731432701	30,0167	9,6585	6,80351	1,10988	2830,6	637587	901
902	813604	733870808	30,0333	9,6620	6,80461	1,10865	2833,7	639003	902
903	815409	736314327	30,0500	9,6656	6,80572	1,10742	2836,9	640421	903
904	817216	738763264	30,0666	9,6692	6,80683	1,10619	2840,0	641840	904
905	819025	741217625	30,0832	9,6727	6,80793	1,10497	2843,1	643261	905
906	820836	743677416	30,0998	9,6763	6,80904	1,10375	2846,3	644683	906
907	822649	746142643	30,1164	9,6799	6,81014	1,10254	2849,4	646107	907
908	824464	748613312	30,1330	9,6834	6,81124	1,10132	2852,6	647533	908
909	826281	751089429	30,1496	9,6870	6,81235	1,10011	2855,7	648960	909
910	828100	753571000	30,1662	9,6905	6,81344	1,09890	2858,8	650388	910
911	829921	756058031	30,1828	9,6941	6,81454	1,09769	2862,0	651818	911
912	831744	758550528	30,1993	9,6976	6,81564	1,09649	2865,1	653250	912
913	833569	761048497	30,2159	9,7012	6,81674	1,09529	2868,3	654684	913
914	835396	763551944	30,2324	9,7047	6,81783	1,09409	2871,4	656118	914
915	837225	766060875	30,2490	9,7082	6,81892	1,09290	2874,6	657555	915
916	839056	768575296	30,2655	9,7118	6,82002	1,09170	2877,7	658993	916
917	840889	771095213	30,2820	9,7153	6,82111	1,09051	2880,8	660433	917
918	842724	773620632	20,2985	9,7188	6,82220	1,08932	2884,0	661874	918
919	844561	776151559	30,3150	9,7224	6,82329	1,08814	2887,1	663317	919
920	846400	778688000	30,3315	9,7259	6,82437	1,08696	2890,3	664761	920
921	848241	781229961	30,3480	9,7294	6,82546	1,08578	2893,4	666207	921
922	850084	783777448	30,3645	9,7329	6,82655	1,08460	2896,5	667654	922
923	851929	786330467	30,3809	9,7364	6,82763	1,08342	2899,7	669103	923
924	853776	788889024	30,3974	9,7400	6,82871	1,08225	2902,8	670554	924
925	855625	791453125	30,4138	9,7435	6,82979	1,08108	2906,0	672006	925
926	857476	794022776	30,4302	9,7470	6,83087	1,07991	2909,1	673460	926
927	859329	796597983	20,4467	9,7505	6,83195	1,07875	2912,3	674915	927
928	861184	799178752	30,4631	9,7540	6,83303	1,07759	2915,4	676372	928
929	863041	801765089	30,4795	9,7575	6,83411	1,07643	2918,5	677831	929
930	864900	804357000	30,4959	9,7610	6,83518	1,07527	2921,7	679291	930
931	866761	806954491	30,5123	9,7645	6,83626	1,07411	2924,8	680752	931
932	868624	809557568	30,5287	9,7680	6,83733	1,07296	2928,0	682216	932
933	870489	812166237	30,5450	9,7715	6,83841	1,07181	2931,1	683680	933
934	872356	814780504	30,5614	9,7750	6,83948	1,07066	2934,2	685147	934
935	874225	817400375	30,5778	9,7785	6,84055	1,06952	2937,4	686615	935
936	876096	820025856	30,5941	9,7819	6,84162	1,06838	2940,5	688084	936
937	877969	822656953	30,6105	9,7854	6,84268	1,06724	2943,7	689555	937
938	879844	825293672	30,6268	9,7889	6,84375	1,06610	2946,8	691028	938
939	881721	827936019	30,6431	9,7924	6,84482	1,06496	2950,0	692502	939
940	883600	830584000	30,6594	9,7959	6,84588	1,06383	2953,1	693978	940
941	885481	833237621	30,6757	9,7993	6,84694	1,06270	2956,2	695455	941
942	887364	835896888	30,6920	9,8028	6,84801	1,06157	2959,4	696934	942
943	889249	838561807	30,7083	9,8063	6,84907	1,06045	2962,5	698415	943
944	891136	841232384	30,7246	9,8097	6,85013	1,05932	2965,7	699897	944
945	893025	843908625	30,7409	9,8132	6,85118	1,05820	2968,8	701380	945
946	894916	846590536	30,7571	9,8167	6,85224	1,05708	2971,9	702865	946
947	986809	849278123	30,7734	9,8201	6,85330	1,05597	2975,1	704352	947
948	898704	851971392	30,7896	9,8236	6,85435	1,05485	2978,2	705840	948
949	900601	854670349	30,8058	9,8270	6,85541	1,05374	2981,4	707330	949

n	n^2	n^3	$\sqrt{n}$	$\sqrt[3]{n}$	$\ln n$	$\dfrac{1000}{n}$	$\pi\,n$	$\dfrac{\pi\,n^2}{4}$	n
950	902500	857375000	30,8221	9,8305	6,85646	1,05263	2984,5	708822	950
951	904401	860085351	30,8383	9,8339	6,85751	1,05152	2987,7	710315	951
952	906304	862801408	30,8545	9,8374	6,85857	1,05042	2990,8	711809	952
953	908209	865523177	30,8707	9,8408	6,85961	1,04932	2993,9	713306	953
954	910116	868250664	30,8869	9,8443	6,86066	1,04822	2997,1	714803	954
955	912025	870983875	30,9031	9,8477	6,86171	1,04712	3000,2	716303	955
956	913936	873722816	30,9192	9,8511	6,86276	1,04603	3003,4	717804	956
957	915849	876467493	30,9354	9,8546	6,86380	1,04493	3006,5	719306	957
958	917764	879217912	30,9516	9,8580	6,86485	1,04384	3009,6	720810	958
959	919681	881974079	30,9677	9,8614	6,86589	1,04275	3012,8	722316	959
960	921600	884736000	30,9839	9,8648	6,86693	1,04167	3015,9	723823	960
961	923521	887503681	31,0000	9,8683	6,86797	1,04058	3019,1	725332	961
962	925444	890277128	31,0161	9,8717	6,86901	1,03950	3022,2	726842	962
963	927369	893056347	31,0322	9,8751	6,87005	1,03842	3025,4	728354	963
964	929296	895841344	31,0483	9,8785	6,87109	1,03734	3028,5	729867	964
965	931225	898632125	31,0644	9,8819	6,87213	1,03627	3031,6	731382	965
966	933156	901428696	31,0805	9,8854	6,87316	1,03520	3034,8	732899	966
967	935089	904231063	31,0966	9,8888	6,87420	1,03413	3037,9	734417	967
968	937024	907039232	31,1127	9,8922	6,87523	1,03306	3041,1	735937	968
969	938961	909853209	31,1288	9,8956	6,87626	1,03199	3044,2	737458	969
970	940900	912673000	31,1448	9,8990	6,87730	1,03093	3047,3	738981	970
971	942841	915498611	31,1609	9,9024	6,87833	1,02987	3050,5	740506	971
972	944784	918330048	31,1769	9,9058	6,87936	1,02881	3053,6	742032	972
973	946729	921167317	31,1929	9,9092	6,88038	1,02775	3056,8	743559	973
974	948676	924010424	31,2090	9,9126	6,88141	1,02669	3059,9	745088	974
975	950625	926859375	31,2250	9,9160	6,88244	1,02564	3063,1	746619	975
976	952576	929714176	31,2410	9,9194	6,88346	1,02459	3066,2	748151	976
977	954529	932574833	31,2570	9,9227	6,88449	1,02354	3069,3	749685	977
978	956484	935441352	31,2730	9,9261	6,88551	1,02249	3072,5	751221	978
979	958441	938313739	31,2890	9,9295	6,88653	1,02145	3075,6	752758	979
980	960400	941192000	31,3050	9,9329	6,88755	1,02041	3078,8	754296	980
981	962361	944076141	31,3209	9,9363	6,88857	1,01957	3081,9	755837	981
982	964324	946966168	31,3369	9,9396	6,88959	1,01833	3085,0	757378	982
983	966289	949862087	31,3528	9,9430	6,89061	1,01729	3088,2	758922	983
984	968256	952763904	31,3688	9,9464	6,89163	1,01626	3091,3	760466	984
985	970225	955671625	31,3847	9,9497	6,89264	1,01523	3094,5	762013	985
986	972196	958585256	31,4006	9,9531	6,89366	1,01420	3097,6	763561	986
987	974169	961504803	31,4166	9,9565	6,89467	1,01317	3100,8	765111	987
988	976144	964430272	31,4325	9,9598	6,89568	1,01215	3103,9	766662	988
989	978121	967361669	31,4484	9,9632	6,89669	1,01112	3107,0	768214	989
990	980100	970299000	31,4643	9,9666	6,89770	1,01010	3110,2	769769	990
991	982081	973242271	31,4802	9,9699	6,89871	1,00908	3113,3	771325	991
992	984064	976191488	31,4960	9,9733	6,89972	1,00806	3116,5	772882	992
993	986049	979146657	31,5119	9,9766	6,90073	1,00705	3119,6	774441	993
994	988036	982107784	31,5278	9,9800	6,90174	1,00604	3122,7	776002	994
995	990025	985074875	31,5436	9,9833	6,90274	1,00503	3125,9	777564	995
996	992016	988047936	31,5595	9,9866	6,90375	1,00402	3129,0	779128	996
997	994009	991026973	31,5753	9,9900	6,90475	1,00301	3132,2	780693	997
998	996004	994011992	31,5911	9,9933	6,90575	1,00200	3135,3	782260	998
999	998001	997002999	31,6070	9,9967	6,90675	1,00100	3138,5	783828	999

21*

Primzahlen und Faktoren der Zahlen von 1 bis 1000

1		51	3×17	101		151	
2		52	$2^2 \times 13$	102	$2 \times 3 \times 17$	152	$2^3 \times 19$
3		53		103		153	$3^2 \times 17$
4	2^2	54	2×3^3	104	$2^3 \times 13$	154	$2 \times 7 \times 11$
5		55	5×11	105	$3 \times 5 \times 7$	155	5×31
6	2×3	56	$2^3 \times 7$	106	2×53	156	$2^2 \times 3 \times 13$
7		57	3×19	107		157	
8	2^3	58	2×29	108	$2^2 \times 3^3$	158	2×79
9	3^2	59		109		159	3×53
10	2×5	60	$2^2 \times 3 \times 5$	110	$2 \times 5 \times 11$	160	$2^5 \times 5$
11		61		111	3×37	161	7×23
12	$2^2 \times 3$	62	2×31	112	$2^4 \times 7$	162	2×3^4
13		63	$3^2 \times 7$	113		163	
14	2×7	64	2^6	114	$2 \times 3 \times 19$	164	$2^2 \times 41$
15	3×5	65	5×13	115	5×23	165	$3 \times 5 \times 11$
16	2^4	66	$2 \times 3 \times 11$	116	$2^2 \times 29$	166	2×83
17		67		117	$3^2 \times 13$	167	
18	2×3^2	68	$2^2 \times 17$	118	2×59	168	$2^3 \times 3 \times 7$
19		69	2×23	119	7×17	169	13^2
20	$2^2 \times 5$	70	$2 \times 5 \times 7$	120	$2^3 \times 3 \times 5$	170	$2 \times 5 \times 17$
21	3×7	71		121	11^2	171	$3^2 \times 19$
22	2×11	72	$2^3 \times 3^2$	122	2×61	172	$2^2 \times 43$
23		73		123	3×41	173	
24	$2^3 \times 3$	74	2×37	124	$2^2 \times 31$	174	$2 \times 3 \times 29$
25	5^2	75	3×5^2	125	5^3	175	$5^2 \times 7$
26	2×13	76	$2^2 \times 19$	126	$2 \times 3^2 \times 7$	176	$2^4 \times 11$
27	3^3	77	7×11	127		177	3×59
28	$2^2 \times 7$	78	$2 \times 3 \times 13$	128	2^7	178	2×89
29		79		129	3×43	179	
30	$2 \times 3 \times 5$	80	$2^4 \times 5$	130	$2 \times 5 \times 13$	180	$2^2 \times 3^2 \times 5$
31		81	3^4	131		181	
32	2^5	82	2×41	132	$2^2 \times 3 \times 11$	182	$2 \times 7 \times 13$
33	3×11	83		133	7×19	183	3×61
34	2×17	84	$2^2 \times 3 \times 7$	134	2×67	184	$2^3 \times 23$
35	5×7	85	5×17	135	$3^3 \times 5$	185	5×37
36	$2^2 \times 3^2$	86	2×43	136	$2^3 \times 17$	186	$2 \times 3 \times 31$
37		87	3×29	137		187	11×17
38	2×19	88	$2^3 \times 11$	138	$2 \times 3 \times 23$	188	$2^2 \times 47$
39	3×13	89		139		189	$3^3 \times 7$
40	$2^2 \times 5$	90	$2 \times 3^2 \times 5$	140	$2^2 \times 5 \times 7$	190	$2 \times 5 \times 19$
41		91	7×13	141	3×47	191	
42	$2 \times 3 \times 7$	92	$2^2 \times 23$	142	2×71	192	$2^6 \times 3$
43		93	3×31	143	11×13	193	
44	$2^2 \times 11$	94	2×47	144	$2^4 \times 3^2$	194	2×97
45	$3^2 \times 5$	95	5×19	145	5×29	195	$3 \times 5 \times 13$
46	2×23	96	$2^5 \times 3$	146	2×73	196	$2^2 \times 7^2$
47		97		147	3×7^2	197	
48	$2^4 \times 3$	98	2×7^2	148	$2^2 \times 37$	198	$2 \times 3^2 \times 11$
49	7^2	99	$3^2 \times 11$	149		199	
50	2×5^2	100	$2^2 \times 5^2$	150	$2 \times 3 \times 5^2$	200	$2^3 \times 5^2$

201	3×67	251		301	7×43	351	$3^3 \times 13$
202	2×101	252	$2^2 \times 3^2 \times 7$	302	2×151	352	$2^5 \times 11$
203	7×29	253	11×23	303	3×101	353	
204	$2^2 \times 3 \times 17$	254	2×127	304	$2^4 \times 19$	354	$2 \times 3 \times 59$
205	5×41	255	$3 \times 5 \times 17$	305	5×61	355	5×71
206	2×103	256	2^8	306	$2 \times 3^2 \times 17$	356	$2^2 \times 89$
207	$3^2 \times 23$	257		307		357	$3 \times 7 \times 17$
208	$2^4 \times 13$	258	$2 \times 3 \times 43$	308	$2^2 \times 7 \times 11$	358	2×179
209	11×19	259	7×37	309	3×103	359	
210	$2 \times 3 \times 5 \times 7$	260	$2^2 \times 5 \times 13$	310	$2 \times 5 \times 31$	360	$2^3 \times 3^2 \times 5$
211		261	$3^2 \times 29$	311		361	19^2
212	$2^2 \times 53$	262	2×131	312	$2^3 \times 3 \times 13$	362	2×181
213	3×71	263		313		363	3×11^2
214	2×107	264	$2^3 \times 3 \times 11$	314	2×157	364	$2^2 \times 7 \times 13$
215	5×43	265	5×53	315	$3^2 \times 5 \times 7$	365	5×73
216	$2^3 \times 3^3$	266	$2 \times 7 \times 19$	316	$2^2 \times 79$	366	$2 \times 3 \times 61$
217	7×31	267	3×89	317		367	
218	2×109	268	$2^2 \times 67$	318	$2 \times 3 \times 53$	368	$2^4 \times 23$
219	3×73	269		319	11×29	369	$3^2 \times 41$
220	$2^2 \times 5 \times 11$	270	$2 \times 3^3 \times 5$	320	$2^6 \times 5$	370	$2 \times 5 \times 37$
221	13×17	271		321	3×107	371	7×53
222	$2 \times 3 \times 37$	272	$2^4 \times 17$	322	$2 \times 7 \times 23$	372	$2^2 \times 3 \times 31$
223		273	$3 \times 7 \times 13$	323	17×19	373	
224	$2^5 \times 7$	274	2×137	324	$2^2 \times 3^4$	374	$2 \times 11 \times 17$
225	$3^2 \times 5^2$	275	$5^2 \times 11$	325	$5^2 \times 13$	375	3×5^3
226	2×113	276	$2^2 \times 3 \times 23$	326	2×163	376	$2^3 \times 47$
227		277		327	3×109	377	13×29
228	$2^2 \times 3 \times 19$	278	2×139	328	$2^3 \times 41$	378	$2 \times 3^3 \times 7$
229		279	$3^2 \times 31$	329	7×47	379	
230	$2 \times 5 \times 23$	280	$2^3 \times 5 \times 7$	330	$2 \times 3 \times 5 \times 11$	380	$2^2 \times 5 \times 19$
231	$3 \times 7 \times 11$	281		331		381	3×127
232	$2^3 \times 29$	282	$2 \times 3 \times 47$	332	$2^2 \times 83$	382	2×191
233		283		333	$3^2 \times 37$	383	
234	$2 \times 3^2 \times 13$	284	$2^2 \times 71$	334	2×167	384	$2^7 \times 3$
235	5×47	285	$3 \times 5 \times 19$	335	5×67	385	$5 \times 7 \times 11$
236	$2^2 \times 59$	286	$2 \times 11 \times 13$	336	$2^4 \times 3 \times 7$	386	2×193
237	3×79	287	7×41	337		387	$3^2 \times 43$
238	$2 \times 7 \times 17$	288	$2^5 \times 3^2$	338	2×13^2	388	$2^2 \times 97$
239		289	17^2	339	3×113	389	
240	$2^4 \times 3 \times 5$	290	$2 \times 5 \times 29$	340	$2^2 \times 5 \times 17$	390	$2 \times 3 \times 5 \times 13$
241		291	3×97	341	11×31	391	17×23
242	2×11^2	292	$2^2 \times 73$	342	$2 \times 3^2 \times 19$	392	$2^3 \times 7^2$
243	3^5	293		343	7^3	393	3×131
244	$2^2 \times 61$	294	$2 \times 3 \times 7^2$	344	$2^3 \times 43$	394	2×197
245	5×7^2	295	5×59	345	$3 \times 5 \times 23$	395	5×79
246	$2 \times 3 \times 41$	296	$2^3 \times 37$	346	2×173	396	$2^2 \times 3^2 \times 11$
247	13×19	297	$3^3 \times 11$	347		397	
248	$2^3 \times 31$	298	2×149	348	$2^2 \times 3 \times 29$	398	2×199
249	3×83	299	13×23	349		399	$3 \times 7 \times 19$
250	2×5^3	300	$2^2 \times 3 \times 5^2$	350	$2 \times 5^2 \times 7$	400	$2^4 \times 5^2$

401		451	11×41	501	3×167	551	19×29
402	$2 \times 3 \times 67$	452	$2^2 \times 113$	502	2×251	552	$2^3 \times 3 \times 23$
403	13×31	453	3×151	503		553	7×79
404	$2^2 \times 101$	454	2×227	504	$2^3 \times 3^2 \times 7$	554	2×277
405	$3^4 \times 5$	455	$5 \times 7 \times 13$	505	5×101	555	$3 \times 5 \times 37$
406	$2 \times 7 \times 29$	456	$2^3 \times 3 \times 19$	506	$2 \times 11 \times 23$	556	$2^2 \times 139$
407	11×37	457		507	3×13^2	557	
408	$2^3 \times 3 \times 17$	458	2×229	508	$2^2 \times 127$	558	$2 \times 3^2 \times 31$
409		459	$3^3 \times 17$	509		559	13×43
410	$2 \times 5 \times 44$	460	$2^3 \times 5 \times 23$	510	$2 \times 3 \times 5 \times 17$	560	$2^4 \times 5 \times 7$
411	3×137	461		511	7×73	561	$3 \times 11 \times 17$
412	$2^2 \times 103$	462	$2 \times 3 \times 7 \times 11$	512	2^9	562	2×281
413	7×59	463		513	$3^3 \times 19$	563	
414	$2 \times 3^2 \times 23$	464	$2^4 \times 29$	514	2×257	564	$2^2 \times 3 \times 47$
415	5×83	465	$3 \times 5 \times 31$	515	5×103	565	5×113
416	$2^5 \times 13$	466	2×233	516	$2^2 \times 3 \times 43$	566	2×283
417	3×139	467		517	11×47	567	$3^4 \times 7$
418	$2 \times 11 \times 19$	468	$2^2 \times 3^2 \times 13$	518	$2 \times 7 \times 37$	568	$2^3 \times 71$
419		469	7×67	519	3×173	569	
420	$2^2 \times 3 \times 5 \times 7$	470	$2 \times 5 \times 47$	520	$2^3 \times 5 \times 13$	570	$2 \times 3 \times 5 \times 19$
421		471	3×157	521		571	
422	2×211	472	$2^3 \times 59$	522	$2 \times 3^2 \times 29$	572	$2^2 \times 11 \times 13$
423	$3^2 \times 47$	473	11×43	523		573	3×191
424	$2^3 \times 53$	474	$2 \times 3 \times 79$	524	$2^2 \times 131$	574	$2 \times 7 \times 41$
425	$5^2 \times 17$	475	$5^2 \times 19$	525	$3 \times 5^2 \times 7$	575	$5^2 \times 23$
426	$2 \times 3 \times 71$	476	$2^2 \times 7 \times 17$	526	2×263	576	$2^6 \times 3^2$
427	7×61	477	$3^2 \times 53$	527	17×31	577	
428	$2^3 \times 107$	478	2×239	528	$2^4 \times 3 \times 11$	578	2×17^2
429	$3 \times 11 \times 13$	479		529	23^2	579	3×193
430	$2 \times 5 \times 43$	480	$2^5 \times 3 \times 5$	530	$2 \times 5 \times 53$	580	$2^2 \times 5 \times 29$
431		481	13×37	531	$3^2 \times 59$	581	7×83
432	$2^2 \times 3^3$	482	2×241	532	$2^2 \times 7 \times 19$	582	$2 \times 3 \times 97$
433		483	$3 \times 7 \times 23$	533	13×41	583	11×53
434	$2 \times 7 \times 31$	484	$2^2 \times 11^2$	534	$2 \times 3 \times 89$	584	$2^3 \times 73$
435	$3 \times 5 \times 29$	485	5×97	535	5×107	585	$3^2 \times 5 \times 13$
436	$2^2 \times 109$	486	2×3^5	536	$2^3 \times 67$	586	2×293
437	19×23	487		537	3×179	587	
438	$2 \times 3 \times 73$	488	$2^3 \times 61$	538	2×269	588	$2^2 \times 3 \times 7^2$
439		489	3×163	539	$7^2 \times 11$	589	19×31
440	$2^3 \times 5 \times 11$	490	$2 \times 5 \times 7^2$	540	$2^2 \times 3^3 \times 5$	590	$2 \times 5 \times 59$
441	$3^2 \times 7^2$	491		541		591	3×197
442	$2 \times 13 \times 17$	492	$2^2 \times 3 \times 41$	542	2×271	592	$2^4 \times 37$
443		493	17×29	543	3×181	593	
444	$2^2 \times 3 \times 37$	494	$2 \times 13 \times 19$	544	$2^5 \times 17$	594	$2 \times 3^3 \times 11$
445	5×89	495	$3^2 \times 5 \times 11$	545	5×109	595	$5 \times 7 \times 17$
446	2×223	496	$2^4 \times 31$	546	$2 \times 3 \times 7 \times 13$	596	$2^2 \times 149$
447	3×149	497	7×71	547		597	3×199
448	$2^6 \times 7$	498	$2 \times 3 \times 83$	548	$2^2 \times 137$	598	$2 \times 13 \times 23$
449		499		549	$3^2 \times 61$	599	
450	$2 \times 3^2 \times 5^2$	500	$2^2 \times 5^3$	550	$2 \times 5^2 \times 11$	600	$2^3 \times 3 \times 5^2$

601		651	$3 \times 7 \times 31$	701		751	
602	$2 \times 7 \times 43$	652	$2^2 \times 163$	702	$2 \times 3^3 \times 13$	752	$2^4 \times 47$
603	$3^2 \times 67$	653		703	19×37	753	3×251
604	$2^2 \times 151$	654	$2 \times 3 \times 109$	704	$2^6 \times 11$	754	$2 \times 13 \times 29$
605	5×11^2	655	5×131	705	$3 \times 5 \times 47$	755	5×151
606	$2 \times 3 \times 101$	656	$2^4 \times 41$	706	2×353	756	$2^2 \times 3^3 \times 7$
607		657	$3^2 \times 73$	707	7×101	757	
608	$2^5 \times 19$	658	$2 \times 7 \times 47$	708	$2^2 \times 3 \times 59$	758	2×379
609	$3 \times 7 \times 29$	659		709		759	$3 \times 11 \times 23$
610	$2 \times 5 \times 61$	660	$2^2 \times 3 \times 5 \times 11$	710	$2 \times 5 \times 71$	760	$2^3 \times 5 \times 19$
611	13×47	661		711	$3^2 \times 79$	761	
612	$2^2 \times 3^2 \times 17$	662	2×331	712	$2^3 \times 89$	762	$2 \times 3 \times 127$
613		663	$3 \times 13 \times 17$	713	23×31	763	7×109
614	2×307	664	$2^3 \times 83$	714	$2 \times 3 \times 7 \times 17$	764	$2^2 \times 191$
615	$3 \times 5 \times 41$	665	$5 \times 7 \times 19$	715	$5 \times 11 \times 13$	765	$3^2 \times 5 \times 17$
616	$2^3 \times 7 \times 11$	666	$2 \times 3^2 \times 37$	716	$2^2 \times 179$	766	2×383
617		667	23×29	717	3×239	767	13×59
618	$2 \times 3 \times 103$	668	$2^2 \times 167$	718	2×359	768	$2^8 \times 3$
619		669	3×223	719		769	
620	$2^2 \times 5 \times 31$	670	$2 \times 5 \times 67$	720	$2^4 \times 3^2 \times 5$	770	$2 \times 5 \times 7 \times 11$
621	$3^3 \times 23$	671	11×61	721	7×103	771	3×257
622	2×311	672	$2^5 \times 3 \times 7$	722	2×19^2	772	$2^2 \times 193$
623	7×89	673		723	3×241	773	
624	$2^4 \times 3 \times 13$	674	2×337	724	$2^2 \times 181$	774	$2 \times 3^2 \times 43$
625	5^4	675	$3^3 \times 5^2$	725	$5^2 \times 29$	775	$5^2 \times 31$
626	2×313	676	$2^2 \times 13^2$	726	$2 \times 3 \times 11^2$	776	$2^3 \times 97$
627	$3 \times 11 \times 19$	677		727		777	$3 \times 7 \times 37$
628	$2^2 \times 157$	678	$2 \times 3 \times 113$	728	$2^3 \times 7 \times 13$	778	2×389
629	17×37	679	7×97	729	3^6	779	19×41
630	$2 \times 3^2 \times 5 \times 7$	680	$2^3 \times 5 \times 17$	730	$2 \times 5 \times 73$	780	$2^2 \times 3 \times 5 \times 13$
631		681	3×227	731	17×43	781	11×71
632	$2^3 \times 79$	682	$2 \times 11 \times 31$	732	$2^2 \times 3 \times 61$	782	$2 \times 17 \times 23$
633	3×211	683		733		783	$3^3 \times 29$
634	2×317	684	$2^2 \times 3^2 \times 19$	734	2×367	784	$2^4 \times 7^2$
635	5×127	685	5×137	735	$3 \times 5 \times 7^2$	785	5×157
636	$2^2 \times 3 \times 53$	686	2×7^3	736	$2^5 \times 23$	786	$2 \times 3 \times 131$
637	$7^2 \times 13$	687	3×229	737	11×67	787	
638	$2 \times 11 \times 29$	688	$2^4 \times 43$	738	$2 \times 3^2 \times 41$	788	$2^2 \times 197$
639	$3^2 \times 71$	689	13×53	739		789	3×263
640	$2^7 \times 5$	690	$2 \times 3 \times 5 \times 23$	740	$2^2 \times 5 \times 37$	790	$2 \times 5 \times 79$
641		691		741	$3 \times 13 \times 19$	791	7×113
642	$2 \times 3 \times 107$	692	$2^2 \times 173$	742	$2 \times 7 \times 53$	792	$2^3 \times 3^2 \times 11$
643		693	$3^2 \times 7 \times 11$	743		793	13×61
644	$2^2 \times 7 \times 23$	694	2×347	744	$2^3 \times 3 \times 31$	794	2×397
645	$3 \times 5 \times 43$	695	5×139	745	5×149	795	$3 \times 5 \times 53$
646	$2 \times 17 \times 19$	696	$2^3 \times 3 \times 29$	746	2×373	796	$2^2 \times 199$
647		697	17×41	747	$3^2 \times 83$	797	
648	$2^3 \times 3^4$	698	2×349	748	$2^2 \times 11 \times 17$	798	$2 \times 3 \times 7 \times 19$
649	11×59	699	3×233	749	7×107	799	17×47
650	$2 \times 5^2 \times 13$	700	$2^2 \times 5^2 \times 7$	750	$2 \times 3 \times 5^3$	800	$2^5 \times 5^2$

801	$3^2 \times 89$	851	23×37	901	17×53	951	3×317
802	2×401	852	$2^2 \times 3 \times 71$	902	$2 \times 11 \times 41$	952	$2^3 \times 7 \times 17$
803	11×73	853		903	$3 \times 7 \times 43$	953	
804	$2^2 \times 3 \times 67$	854	$2 \times 7 \times 61$	904	$2^3 \times 113$	954	$2 \times 3^2 \times 53$
805	$5 \times 7 \times 23$	855	$3^2 \times 5 \times 19$	905	5×181	955	5×191
806	$2 \times 13 \times 31$	856	$2^3 \times 107$	906	$2 \times 3 \times 151$	956	$2^2 \times 239$
807	3×269	857		907		957	$3 \times 11 \times 29$
808	$2^3 \times 101$	858	$2 \times 3 \times 11 \times 13$	908	$2^2 \times 227$	958	2×479
809		859		909	$3^2 \times 101$	959	7×137
810	$2 \times 3^4 \times 5$	860	$2^2 \times 5 \times 43$	910	$2 \times 5 \times 7 \times 13$	960	$2^6 \times 3 \times 5$
811		861	$3 \times 7 \times 41$	911		961	31^2
812	$2^2 \times 7 \times 29$	862	2×431	912	$2^4 \times 3 \times 19$	962	$2 \times 13 \times 37$
813	3×271	863		913	11×83	963	$3^2 \times 107$
814	$2 \times 11 \times 37$	864	$2^5 \times 3^3$	914	2×457	964	$2^2 \times 241$
815	5×163	865	5×173	915	$3 \times 5 \times 61$	965	5×193
816	$2^4 \times 3 \times 17$	866	2×433	916	$2^2 \times 229$	966	$2 \times 3 \times 7 \times 23$
817	19×43	867	3×17^2	917	7×131	967	
818	2×409	868	$2^2 \times 7 \times 31$	918	$2 \times 3^3 \times 17$	968	$2^3 \times 11^2$
819	$3^2 \times 7 \times 13$	869	11×79	919		969	$3 \times 17 \times 19$
820	$2^2 \times 5 \times 41$	870	$2 \times 3 \times 5 \times 29$	920	$2^3 \times 5 \times 23$	970	$2 \times 5 \times 97$
821		871	13×67	921	3×307	971	
822	$2 \times 3 \times 137$	872	$2^3 \times 109$	922	2×461	972	$2^2 \times 3^5$
823		873	$3^2 \times 97$	923	13×71	973	7×139
824	$2^3 \times 103$	874	$2 \times 19 \times 23$	924	$2^2 \times 3 \times 7 \times 11$	974	2×487
825	$3 \times 5^2 \times 11$	875	$5^3 \times 7$	925	$5^2 \times 37$	975	$3 \times 5^2 \times 13$
826	$2 \times 7 \times 59$	876	$2^2 \times 3 \times 73$	926	2×463	976	$2^4 \times 61$
827		877		927	$3^2 \times 103$	977	
828	$2^2 \times 3^2 \times 23$	878	2×439	928	$2^5 \times 29$	978	$2 \times 3 \times 163$
829		879	3×293	929		979	11×89
830	$2 \times 5 \times 83$	880	$2^4 \times 5 \times 11$	930	$2 \times 3 \times 5 \times 31$	980	$2^2 \times 5 \times 7^2$
831	3×277	881		931	$7^2 \times 19$	981	$3^2 \times 109$
832	$2^6 \times 13$	882	$2 \times 3^2 \times 7^2$	932	$2^2 \times 233$	982	2×491
833	$7^2 \times 17$	883		933	3×311	983	
834	$2 \times 3 \times 139$	884	$2^2 \times 13 \times 17$	934	2×467	984	$2^3 \times 3 \times 41$
835	5×167	885	$3 \times 5 \times 59$	935	$5 \times 11 \times 17$	985	5×197
836	$2^2 \times 11 \times 19$	886	2×443	936	$2^3 \times 3^2 \times 13$	986	$2 \times 17 \times 29$
837	$3^3 \times 31$	887		937		987	$3 \times 7 \times 47$
838	2×419	888	$2^3 \times 3 \times 37$	938	$2 \times 7 \times 67$	988	$2^2 \times 13 \times 19$
839		889	7×127	939	3×313	989	23×43
840	$2^3 \times 3 \times 5 \times 7$	890	$2 \times 5 \times 89$	940	$2^2 \times 5 \times 47$	990	$2 \times 3^2 \times 5 \times 11$
841	29^2	891	$3^4 \times 11$	941		991	
842	2×421	892	$2^2 \times 223$	942	$2 \times 3 \times 157$	992	$2^5 \times 31$
843	3×281	893	19×47	943	23×41	993	3×331
844	$2^2 \times 211$	894	$2 \times 3 \times 149$	944	$2^4 \times 59$	994	$2 \times 7 \times 71$
845	5×13^2	895	5×179	945	$3^3 \times 5 \times 7$	995	5×199
846	$2 \times 3^2 \times 47$	896	$2^7 \times 7$	946	$2 \times 11 \times 43$	996	$2^2 \times 3 \times 83$
847	7×11^2	897	$3 \times 13 \times 23$	947		997	
848	$2^4 \times 53$	898	2×449	948	$2^3 \times 3 \times 79$	998	2×499
849	3×283	899	29×31	949	13×73	999	$3^3 \times 37$
850	$2 \times 5^2 \times 17$	900	$2^2 \times 3^2 \times 5^2$	950	$2 \times 5^2 \times 19$	1000	$2^3 \times 5^3$

Logarithmen

(Zu der Logarithmentafel S. 330, 331 und zur Spalte ln n S. 304 bis 323.)

Für die *Briggsschen* Logarithmen (Grundzahl 10, Abkürzung lg) *und* für die *natürlichen* Logarithmen (Grundzahl e = 2,71828 . . ., Abkürzung ln) gelten die folgenden, hier gleich mit bestimmten Zahlen angegebenen Regeln:

$$\begin{aligned}
\textit{Multiplizieren} &\quad \log(378{,}2 \cdot 0{,}736) = \log 378{,}2 + \log 0{,}736 \\
\textit{Dividieren} &\quad \log(378{,}2 : 0{,}736) = \log 378{,}2 - \log 0{,}736 \\
\textit{Potenzieren} &\quad \log 52{,}13^3 = 3 \cdot \log 52{,}13
\end{aligned}$$

$$\textit{Wurzelziehen} \quad
\begin{cases}
\log \sqrt[4]{52{,}13} = \tfrac{1}{4} \cdot \log 52{,}13 \\[2mm]
\log \sqrt[4]{52{,}13^3} = \tfrac{3}{4} \cdot \log 52{,}13
\end{cases}$$

Der Übergang von dem einen Logarithmensystem zum anderen regelt sich nach den Formeln:

$$\ln N \approx 2{,}3026 \lg N \qquad \text{bzw.} \qquad \lg N \approx 0{,}4343 \ln N$$

Für das eigentliche logarithmische Rechnen werden die *Briggsschen* Logarithmen benutzt. Sie bestehen aus einer positiven oder negativen ganzen Zahl als *Kennziffer* und den S. 330 und 331 zu entnehmenden (vier) Dezimalen, der *Mantisse*. So gehört z. B. zu *jeder* Zahl N der Ziffernfolge 2, 1, 6 die gleiche *Mantisse* 0,3345 (S. 330, Zeile 21, Spalte 6). Die *Kennziffer* richtet sich nach dem *Stellenwert* der ersten geltenden Ziffer, hier der 2, und wird wie folgt bestimmt:

Heißt die Zahl N

21600	2160	216	21,6	2,16	0,216	0,0216	0,00216

so gibt die erste geltende Ziffer 2 die

10000er	1000er	100er	10er	1er	10tel	100stel	1000stel

an. Dann heißt die Kennziffer

4	3	2	1	0	—1	—2	—3

und es ist lg N =

4,3345	3,3345	2,3345	1,3345	0,3345	0,3345—1	0,3345—2	0,3345—3

So ist unter geradliniger Einschaltung lg 378,2 = 2,5777 und lg 0,03782 = 0,5777—2. Umgekehrt gehört zu lg N = 1,3351 die **zwei**stellige Zahl N = 21,63.

Beispiel. Gesucht $\sqrt[4]{52{,}13^3}$. Es ist (s. oben) $\log \sqrt[4]{52{,}13^3} = \tfrac{3}{4} \cdot \log 52{,}13$

$= \tfrac{3}{4} \cdot 1{,}7171 = 1{,}2878$, so daß $\sqrt[4]{52{,}13^3} = 19{,}40$.

Mantissen der Briggsschen Logarithmen

N	0	1	2	3	4	5	6	7	8	9
100	0000	0004	0009	0013	0017	0022	0026	0030	0035	0039
101	0043	0048	0052	0056	0060	0065	0069	0073	0077	0082
102	0086	0090	0095	0099	0103	0107	0111	0116	0120	0124
103	0128	0133	0137	0141	0145	0149	0154	0158	0162	0166
104	0170	0175	0179	0183	0187	0191	0195	0199	0204	0208
105	0212	0216	0220	0224	0228	0233	0237	0241	0245	0249
106	0253	0257	0261	0265	0269	0273	0278	0282	0286	0290
107	0294	0298	0302	0306	0310	0314	0318	0322	0326	0330
108	0334	0338	0342	0346	0350	0354	0358	0362	0366	0370
109	0374	0378	0382	0386	0390	0394	0398	0402	0406	0410
110	0414	0418	0422	0426	0430	0434	0438	0441	0445	0449
11	0414	0453	0492	0531	0569	0607	0645	0682	0719	0755
12	0792	0828	0864	0899	0934	0969	1004	1038	1072	1106
13	1139	1173	1206	1239	1271	1303	1335	1367	1399	1430
14	1461	1492	1523	1553	1584	1614	1644	1673	1703	1732
15	1761	1790	1818	1847	1875	1903	1931	1959	1987	2014
16	2041	2068	2095	2122	2148	2175	2201	2227	2253	2279
17	2304	2330	2355	2380	2405	2430	2455	2480	2504	2529
18	2553	2577	2601	2625	2648	2672	2695	2718	2742	2765
19	2788	2810	2833	2856	2878	2900	2923	2945	2967	2989
20	3010	3032	3054	3075	3096	3118	3139	3160	3181	3201
21	3222	3243	3263	3284	3304	3324	3345	3365	3385	3404
22	3424	3444	3464	3483	3502	3522	3541	3560	3579	3598
23	3617	3636	3655	3674	3692	3711	3729	3747	3766	3784
24	3802	3820	3838	3856	3874	3892	3909	3927	3945	3962
25	3979	3997	4014	4031	4048	4065	4082	4099	4116	4133
26	4150	4166	4183	4200	4216	4232	4249	4265	4281	4298
27	4314	4330	4346	4362	4378	4393	4409	4425	4440	4456
28	4472	4487	4502	4518	4533	4548	4564	4579	4594	4609
29	4624	4639	4654	4669	4683	4698	4713	4728	4742	4757
30	4771	4786	4800	4814	4829	4843	4857	4871	4886	4900
31	4914	4928	4942	4955	4969	4983	4997	5011	5024	5038
32	5051	5065	5079	5092	5105	5119	5132	5145	5159	5172
33	5185	5198	5211	5224	5237	5250	5263	5276	5289	5302
34	5315	5328	5340	5353	5366	5378	5391	5403	5416	5428
35	5441	5453	5465	5478	5490	5502	5514	5527	5539	5551
36	5563	5575	5587	5599	5611	5623	5635	5647	5658	5670
37	5682	5694	5705	5717	5729	5740	5752	5763	5775	5786
38	5798	5809	5821	5832	5843	5855	5866	5877	5888	5899
39	5911	5922	5933	5944	5955	5966	5977	5988	5999	6010
40	6021	6031	6042	6053	6064	6075	6085	6096	6107	6117
41	6128	6138	6149	6160	6170	6180	6191	6201	6212	6222
42	6232	6243	6253	6263	6274	6284	6294	6304	6314	6325
43	6335	6345	6355	6365	6375	6385	6395	6405	6415	6425
44	6435	6444	6454	6464	6474	6484	6493	6503	6513	6522
45	6532	6542	6551	6561	6571	6580	6590	6599	6609	6618
46	6628	6637	6646	6656	6665	6675	6684	6693	6702	6712
47	6721	6730	6739	6749	6758	6767	6776	6785	6794	6803
48	6812	6821	6830	6839	6848	6857	6866	6875	6884	6893
49	6902	6911	6920	6928	6937	6946	6955	6964	6972	6981

N	0	1	2	3	4	5	6	7	8	9
50	6990	6998	7007	7016	7024	7033	7042	7050	7059	7067
51	7076	7084	7093	7101	7110	7118	7126	7135	7143	7152
52	7160	7168	7177	7185	7193	7202	7210	7218	7226	7235
53	7243	7251	7259	7267	7275	7284	7292	7300	7308	7316
54	7324	7332	7340	7348	7356	7364	7372	7380	7388	7396
55	7404	7412	7419	7427	7435	7443	7451	7459	7466	7474
56	7482	7490	7497	7505	7513	7520	7528	7536	7543	7551
57	7559	7566	7574	7582	7589	7597	7604	7612	7619	7627
58	7634	7642	7649	7657	7664	7672	7679	7686	7694	7701
59	7709	7716	7723	7731	7738	7745	7752	7760	7767	7774
60	7782	7789	7796	7803	7810	7818	7825	7832	7839	7846
61	7853	7860	7868	7875	7882	7889	7896	7903	7910	7917
62	7924	7931	7938	7945	7952	7959	7966	7973	7980	7987
63	7993	8000	8007	8014	8021	8028	8035	8041	8048	8055
64	8062	8069	8075	8082	8089	8096	8102	8109	8116	8122
65	8129	8136	8142	8149	8156	8162	8169	8176	8182	8189
66	8195	8202	8209	8215	8222	8228	8235	8241	8248	8254
67	8261	8267	8274	8280	8287	8293	8299	8306	8312	8319
68	8325	8331	8338	8344	8351	8357	8363	8370	8376	8382
69	8388	8395	8401	8407	8414	8420	8426	8432	8439	8445
70	8451	8457	8463	8470	8476	8482	8488	8494	8500	8506
71	8513	8519	8525	8531	8537	8543	8549	8555	8561	8567
72	8573	8579	8585	8591	8597	8603	8609	8615	8621	8627
73	8633	8639	8645	8651	8657	8663	8669	8675	8681	8686
74	8692	8698	8704	8710	8716	8722	8727	8733	8739	8745
75	8751	8756	8762	8768	8774	8779	8785	8791	8797	8820
76	8808	8814	8820	8825	8831	8837	8842	8848	8854	8859
77	8865	8871	8876	8882	8887	8893	8899	8904	8910	8915
78	8921	8927	8932	8938	8943	8949	8954	8960	8965	8971
79	8976	8982	8987	8993	8998	9004	9009	9015	9020	9025
80	9031	9036	9042	9047	9053	9058	9063	9069	9074	9079
81	9085	9090	9096	9101	9106	9112	9117	9122	9128	9133
82	9138	9143	9149	9154	9159	9165	9170	9175	9180	9186
83	9191	9196	9201	9206	9212	9217	9222	9227	9232	9238
84	9243	9248	9253	9258	9263	9269	9274	9279	9284	9289
85	9294	9299	9304	9309	9315	9320	9325	9330	9335	9340
86	9345	9350	9355	9360	9365	9370	9375	9380	9385	9390
87	9395	9400	9405	9410	9415	9420	9425	9430	9435	9440
88	9445	9450	9455	9460	9465	9469	9474	9479	9484	9489
89	9494	9499	9504	9509	9513	9518	9523	9528	9533	9538
90	9542	9547	9552	9557	9562	9566	9571	9576	9581	9586
91	9590	9595	9600	9605	9609	9614	9619	9624	9628	9633
92	9638	9643	9647	9652	9657	9661	9666	9671	9675	9680
93	9685	9689	9694	9699	9703	9708	9713	9717	9722	9727
94	9731	9736	9741	9745	9750	9754	9759	9763	9768	9773
95	9777	9782	9786	9791	9795	9800	9805	9809	9814	9818
96	9823	9827	9832	9836	9841	9845	9850	9854	9859	9863
97	9868	9872	9877	9881	9886	9890	9894	9899	9903	9908
98	9912	9917	9921	9926	9930	9934	9939	9943	9948	9952
99	9956	9961	9965	9969	9974	9978	9983	9987	9991	9996

Kreisfunktionen

Grad				SINUS				Grad
	0′	10′	20′	30′	40′	50′	60′	
0	0,00000	0,00291	0,00582	0,00873	0,01164	0,01454	0,01745	89
1	0,01745	0,02036	0,02327	0,02618	0,02908	0,03199	0,03490	88
2	0,03490	0,03781	0,04071	0,04362	0,04653	0,04943	0,05234	87
3	0,05234	0,05524	0,05814	0,06105	0,06395	0,06685	0,06976	86
4	0,06976	0,07266	0,07556	0,07846	0,08136	0,08426	0,08716	85
5	0,08716	0,09005	0,09295	0,09585	0,09874	0,10164	0,10453	84
6	0,10453	0,10742	0,11031	0,11320	0,11609	0,11898	0,12187	83
7	0,12187	0,12476	0,12764	0,13053	0,13341	0,13629	0,13917	82
8	0,13917	0,14205	0,14493	0,14781	0,15069	0,15356	0,15643	81
9	0,15643	0,15931	0,16218	0,16505	0,16792	0,17078	0,17365	80
10	0,17365	0,17651	0,17937	0,18224	0,18509	0,18795	0,19081	79
11	0,19081	0,19366	0,19652	0,19937	0,20222	0,20507	0,20791	78
12	0,20791	0,21076	0,21360	0,21644	0,21928	0,22212	0,22495	77
13	0,22495	0,22778	0,23062	0,23345	0,23627	0,23910	0,24192	76
14	0,24192	0,24474	0,24756	0,25038	0,25320	0,25601	0,25882	75
15	0,25882	0,26163	0,26443	0,26724	0,27004	0,27284	0,27564	74
16	0,27564	0,27843	0,28123	0,28402	0,28680	0,28959	0,29237	73
17	0,29237	0,29515	0,29793	0,30071	0,30348	0,30625	0,30902	72
18	0,30902	0,31178	0,31454	0,31730	0,32006	0,32282	0,32557	71
19	0,32557	0,32832	0,33106	0,33381	0,33655	0,33929	0,34202	70
20	0,34202	0,34475	0,34748	0,35021	0,35293	0,35565	0,35837	69
21	0,35837	0,36108	0,36379	0,36650	0,36921	0,37191	0,37461	68
22	0,37461	0,37730	0,37990	0,38268	0,38537	0,38805	0,39073	67
23	0,39073	0,39341	0,39608	0,39875	0,40142	0,40408	0,40674	66
24	0,40674	0,40939	0,41204	0,41469	0,41734	0,41998	0,42262	65
25	0,42262	0,42525	0,42788	0,43051	0,43313	0,43575	0,43837	64
26	0,43837	0,44098	0,44359	0,44620	0,44880	0,45140	0,45399	63
27	0,45399	0,45658	0,45917	0,46175	0,46433	0,46690	0,46947	62
28	0,46947	0,47204	0,47460	0,47716	0,47971	0,48226	0,48481	61
29	0,48481	0,48735	0,48989	0,49242	0,49495	0,49748	0,50000	60
30	0,50000	0,50252	0,50503	0,50754	0,51004	0,51254	0,51504	59
31	0,51504	0,51753	0,52002	0,52250	0,52498	0,52745	0,52992	58
32	0,52992	0,53238	0,53484	0,53730	0,53975	0,54220	0,54464	57
33	0,54464	0,54708	0,54951	0,55194	0,55436	0,55678	0,55919	56
34	0,55919	0,56160	0,56401	0,56641	0,56880	0,57119	0,57358	55
35	0 57358	0,57896	0,57833	0,58070	0,58307	0,58543	0,58779	54
36	0,58779	0,59014	0,59248	0,59482	0,59716	0,59949	0,60182	53
37	0,60182	0,60414	0,60645	0,60876	0,61107	0,61337	0,61566	52
38	0,61566	0,61795	0,62024	0,62251	0,62479	0,62706	0,62932	51
39	0,62932	0,63158	0,63383	0,63608	0,63832	0,64056	0,64279	50
40	0,64279	0,64501	0,64723	0,64945	0,65166	0,65386	0,65606	49
41	0,65606	0,65825	0,66044	0,66262	0,66480	0,66697	0,66913	48
42	0,66913	0,67129	0,67344	0,67559	0,67773	0,67987	0,68200	47
43	0,68200	0,68412	0,68624	0,68835	0,69046	0,69256	0,69466	46
44	0,69466	0,69675	0,69883	0,70091	0,70298	0,70505	0,70711	45
	60′	50′	40′	30′	20′	10′	0′	Grad
				COSINUS				

Grad	COSINUS							Grad
	0′	10′	20′	30′	40′	50′	60′	
0	1,00000	1,00000	0,99998	0,99996	0,99993	0,99989	0,99985	89
1	0,99985	0,99979	0,99973	0,99966	0,99958	0,99949	0,99939	88
2	0,99939	0,99929	0,99917	0,99905	0,99892	0,99878	0,99863	87
3	0,99863	0,99847	0,99831	0,99813	0,99795	0,99776	0,99756	86
4	0,99756	0,99736	0,99714	0,99692	0,99668	0,99644	0,99619	85
5	0,99619	0,99594	0,99567	0,99540	0,99511	0,99482	0,99452	84
6	0,99452	0,99421	0,99390	0,99357	0,99324	0,99290	0,99255	83
7	0,99255	0,99219	0,99182	0,99144	0,99106	0,99067	0,99027	82
8	0,99027	0,98986	0,98944	0,98902	0,98858	0,98814	0,98769	81
9	0,98769	0,98723	0,98676	0,98629	0,98580	0,98531	0,98481	80
10	0,98481	0,98430	0,98378	0,98325	0,98272	0,98218	0,98163	79
11	0,98163	0,98107	0,98050	0,97992	0,97934	0,97875	0,97815	78
12	0,97815	0,97754	0,97692	0,97630	0,97566	0,97502	0,97437	77
13	0,97437	0,97371	0,97304	0,97237	0,97169	0,97100	0,97030	76
14	0,97030	0,96959	0,96887	0,96815	0,96742	0,96667	0,96593	75
15	0,96593	0,96517	0,96440	0,96363	0,96285	0,96206	0,96126	74
16	0,96126	0,96046	0,95964	0,95882	0,95799	0,95715	0,95630	73
17	0,95630	0,95545	0,95459	0,95372	0,95284	0,95195	0,95106	72
18	0,95106	0,95015	0,94924	0,94832	0,94740	0,94646	0,94552	71
19	0,94552	0,94457	0,94361	0,94264	0,94167	0,94068	0,93969	70
20	0,93969	0,93869	0,93769	0,93667	0,93565	0,93462	0,93358	69
21	0,93358	0,93253	0,93148	0,93042	0,92935	0,92827	0,92718	68
22	0,92718	0,92609	0,92499	0,92388	0,92276	0,92164	0,92050	67
23	0,92050	0,91936	0,91822	0,91706	0,91590	0,91472	0,91355	66
24	0,91355	0,91236	0,91116	0,90996	0,90875	0,90753	0,90631	65
25	0,90631	0,90507	0,90383	0,90259	0,90133	0,90007	0,89879	64
26	0,89879	0,89752	0,89623	0,89493	0,89363	0,89232	0,89101	63
27	0,89101	0,88968	0,88835	0,88701	0,88566	0,88431	0,88295	62
28	0,88295	0,88158	0,88020	0,87882	0,87743	0,87603	0,87462	61
29	0,87462	0,87321	0,87178	0,87036	0,86892	0,86748	0,86603	60
30	0,86603	0,86457	0,86310	0,86163	0,86015	0,85866	0,85717	59
31	0,85717	0,85567	0,85416	0,85264	0,85112	0,84959	0,84805	58
32	0,84805	0,84650	0,84495	0,84339	0,84182	0,84025	0,83867	57
33	0,83867	0,83708	0,83549	0,83389	0,83228	0,83066	0,82904	56
34	0,82904	0,82741	0,82577	0,82413	0,82248	0,82082	0,81915	55
35	0,81915	0,81748	0,81580	0,81412	0,81242	0,81072	0,80902	54
36	0,80902	0,80730	0,80558	0,80386	0,80212	0,80038	0,79864	53
37	0,79864	0,79688	0,79512	0,79335	0,79158	0,78980	0,78801	52
38	0,78801	0,78622	0,78442	0,78261	0,78079	0,77897	0,77715	51
39	0,77715	0,77531	0,77347	0,77162	0,76977	0,76791	0,76604	50
40	0,76604	0,76417	0,76229	0,76041	0,75851	0,75661	0,75471	49
41	0,75471	0,75280	0,75088	0,74896	0,74703	0,74509	0,74314	48
42	0,74314	0,74120	0,73924	0,73728	0,73531	0,73333	0,73135	47
43	0,73135	0,72937	0,72737	0,72537	0,72337	0,72136	0,71934	46
44	0,71934	0,71732	0,71529	0,71325	0,71121	0,70916	0,70711	45
	60′	50′	40′	30′	20′	10′	0′	Grad
	SINUS							

Grad	TANGENS							Grad
	0'	10'	20'	30'	40'	50'	60'	
0	0,00000	0,00291	0,00582	0,00873	0,01164	0,01455	0,01746	89
1	0,01746	0,02036	0,02328	0,02619	0,02910	0,03201	0,03492	88
2	0,03492	0,03783	0,04075	0,04366	0,04658	0,04949	0,05241	87
3	0,05241	0,05533	0,05824	0,06116	0,06408	0,06700	0,06993	86
4	0,06993	0,07285	0,07578	0,07870	0,08163	0,08456	0,08749	85
5	0,08749	0,09042	0,09335	0,09629	0,09923	0,10216	0,10510	84
6	0,10510	0,10805	0,11090	0,11394	0,11688	0,11983	0,12278	83
7	0,12278	0,12574	0,12869	0,13165	0,13461	0,13758	0,14054	82
8	0,14054	0,14351	0,14648	0,14945	0,15243	0,15540	0,15838	81
9	0,15838	0,16137	0,16435	0,16734	0,17033	0,17333	0,17633	80
10	0,17633	0,17933	0,18233	0,18534	0,18835	0,19136	0,19438	79
11	0,19438	0,19740	0,20042	0,20345	0,20648	0,20952	0,21256	78
12	0,21256	0,21560	0,21864	0,22169	0,22475	0,22781	0,23087	77
13	0,23087	0,23393	0,23700	0,24008	0,24316	0,24624	0,24933	76
14	0,24933	0,25242	0,25552	0,25862	0,26172	0,26483	0,26795	75
15	0,26795	0,27107	0,27419	0,27732	0,28046	0,28360	0,28675	74
16	0,28675	0,28990	0,29305	0,29621	0,29938	0,30255	0,30573	73
17	0,30573	0,30891	0,31210	0,31530	0,31850	0,32171	0,32492	72
18	0,32492	0,32814	0,33136	0,33460	0,33783	0,34108	0,34433	71
19	0,34433	0,34758	0,35085	0,35412	0,35740	0,36068	0,36397	70
20	0,36397	0,36727	0,37057	0,37388	0,37720	0,38053	0,38386	69
21	0,38386	0,38721	0,39055	0,39391	0,39727	0,40065	0,40403	68
22	0,40403	0,40741	0,41081	0,41421	0,41763	0,42105	0,42447	67
23	0,42447	0,42791	0,43136	0,43481	0,43828	0,44175	0,44523	66
24	0,44523	0,44872	0,45222	0,45573	0,45924	0,46277	0,46631	65
25	0,46631	0,46985	0,47341	0,47698	0,48055	0,48414	0,48773	64
26	0,48773	0,49134	0,49495	0,49858	0,50222	0,50587	0,50953	63
27	0,50953	0,51319	0,51688	0,52057	0,52427	0,52798	0,53171	62
28	0,53171	0,53545	0,53920	0,54296	0,54673	0,55051	0,55431	61
29	0,55431	0,55812	0,56194	0,56577	0,56962	0,57348	0,57735	60
30	0,57735	0,58124	0,58513	0,58905	0,59297	0,59691	0,60086	59
31	0,60086	0,60483	0,60881	0,61280	0,61681	0,62083	0,62487	58
32	0,62487	0,62892	0,63299	0,63707	0,64117	0,64528	0,64941	57
33	0,64941	0,65355	0,65771	0,66189	0,66608	0,67028	0,67451	56
34	0,67451	0,67875	0,68301	0,68728	0,69157	0,69588	0,70021	55
35	0,70021	0,70455	0,70891	0,71329	0,71769	0,72211	0,72654	54
36	0,72654	0,73100	0,73547	0,73996	0,74447	0,74900	0,75355	53
37	0,75355	0,75812	0,76272	0,76733	0,77196	0,77661	0,78129	52
38	0,78129	0,78598	0,79070	0,79544	0,80020	0,80498	0,80978	51
39	0,80978	0,81461	0,81946	0,82434	0,82923	0,83415	0,83910	50
40	0,83910	0,84407	0,84906	0,85408	0,85912	0,86419	0,86929	49
41	0,86929	0,87441	0,87955	0,88473	0,88992	0,89515	0,90040	48
42	0,90040	0,90569	0,91099	0,91633	0,92170	0,92709	0,93252	47
43	0,93252	0,93797	0,94345	0,94896	0,95451	0,96008	0,96569	46
44	0,96569	0,97133	0,97700	0,98270	0,98843	0,99420	1,00000	45
	60'	50'	40'	30'	20'	10'	0'	Grad
	COTANGENS							

Grad	COTANGENS								Grad
	0′	10′	20′	30′	40′	50′	60′	
0	∞	343,77371	171,88540	114,58865	85,93979	68,75009	57,28996	89
1	57,28996	49,10388	42,96408	38,18846	34,36777	31,24158	28,63625	88
2	28,63625	26,43160	24,54176	22,90377	21,47040	20,20555	19,08114	87
3	19,08114	18,07498	17,16934	16,34986	15,60478	14,92442	14,30067	86
4	14,30067	13,72674	13,19688	12,70621	12,25051	11,82617	11,43005	85
5	11,43005	11,05943	10,71191	10,38540	10,07803	9,78817	9,51436	84
6	9,51436	9,25530	9,00983	8,77689	8,55555	8,34496	8,14435	83
7	8,14435	7,95302	7,77035	7,59575	7,42871	7,26873	7,11537	82
8	7,11537	6,96823	6,82694	6,69116	6,56055	6,43484	6,31375	81
9	6,31375	6,19703	6,08444	5,97576	5,87080	5,76937	5,67128	80
10	5,67128	5,57638	5,48451	5,39552	5,30928	5,22566	5,14455	79
11	5,14455	5,06584	4,98940	4,91516	4,84300	4,77286	4,70463	78
12	4,70463	4,63825	4,57363	4,51071	4,44942	4,38969	4,33148	77
13	4,33148	4,27471	4,21933	4,16530	4,11256	4,06107	4,01078	76
14	4,01078	3,96165	3,91364	3,86671	3,82083	3,77595	3,73205	75
15	3,73205	3,68909	3,64705	3,60588	3,56557	3,52609	3,48741	74
16	3,48741	3,44951	3,41236	3,37594	3,34023	3,30521	3,27085	73
17	3,27085	3,23714	3,20406	3,17159	3,13972	3,10842	3,07768	72
18	3,07768	3,04749	3,01783	2,98869	2,96004	2,93189	2,90421	71
19	2,90421	2,87700	2,85023	2,82391	2,79802	2,77254	2,74748	70
20	2,74748	2,72281	2,69853	2,67462	2,65109	2,62791	2,60509	69
21	2,60509	2,58261	2,56046	2,53865	2,51715	2,49597	2,47509	68
22	2,47509	2,45451	2,43422	2,41421	2,39449	2,37504	2,35585	67
23	2,35585	2,33693	2,31826	2,29984	2,28167	2,26374	2,24604	66
24	2,24604	2,22857	2,21132	2,19430	2,17749	2,16090	2,14451	65
25	2,14451	2,12832	2,11233	2,09654	2,08094	2,06553	2,05030	64
26	2,05030	2,03526	2,02039	2,00569	1,99116	1,97680	1,96261	63
27	1,96261	1,94858	1,93470	1,92098	1,90741	1,89400	1,88073	62
28	1,88073	1,86760	1,85462	1,84177	1,82906	1,81649	1,80405	61
29	1,80405	1,79174	1,77955	1,76749	1,75556	1,74375	1,73205	60
30	1,73205	1,72047	1,70901	1,69766	1,68643	1,67530	1,66428	59
31	1,66428	1,65337	1,64256	1,63185	1,62125	1,61074	1,60033	58
32	1,60033	1,59002	1,57981	1,56969	1,55966	1,54972	1,53987	57
33	1,53987	1,53010	1,52043	1,51084	1,50133	1,49190	1,48256	56
34	1,48256	1,47330	1,46411	1,45501	1,44598	1,43703	1,42815	55
35	1,42815	1,41934	1,41061	1,40195	1,39336	1,38484	1,37638	54
36	1,37638	1,36800	1,35968	1,35142	1,34323	1,33511	1,32704	53
37	1,32704	1,31904	1,31110	1,30323	1,29541	1,28764	1,27994	52
38	1,27994	1,27230	1,26471	1,25717	1,24969	1,24227	1,23490	51
39	1,23490	1,22758	1,22031	1,21310	1,20593	1,19882	1,19175	50
40	1,19175	1,18474	1,17777	1,17085	1,16398	1,15715	1,15037	49
41	1,15037	1,14363	1,13694	1,13029	1,12369	1,11713	1,11061	48
42	1,11061	1,10414	1,09770	1,09131	1,08496	1,07864	1,07237	47
43	1,07237	1,06613	1,05994	1,05378	1,04766	1,04158	1,03553	46
44	1,03553	1,02952	1,02355	1,01761	1,01170	1,00583	1,00000	45
	60′	50′	40′	30′	20′	10′	0′	Grad

TANGENS

335

Bogenlängen, Bogenhöhen, Sehnenlängen, Kreisabschnitte für den Halbmesser 1

Zentriwinkel $\alpha°$	Bogenlänge b	Bogenhöhe h	$\dfrac{b}{h}$	Sehnenlänge s	Inhalt F des Kreisabschn.	Zentriwinkel $\alpha°$	Bogenlänge b	Bogenhöhe h	$\dfrac{b}{h}$	Sehnenlänge s	Inhalt F des Kreisabschn.
1	0,0175	0,0000	458,37	0,0175	0,00000	46	0,8029	0,0795	10,10	0,7815	0,04176
2	0,0349	0,0002	229,19	0,0349	0,00000	47	0,8203	0,0829	9,89	0,7975	0,04448
3	0,0524	0,0003	152,80	0,0524	0,00001	48	0,8378	0,0865	9,69	0,8135	0,04731
4	0,0698	0,0006	114,60	0,0698	0,00003	49	0,8552	0,0900	9,50	0,8294	0,05025
5	0,0873	0,0010	91,69	0,0872	0,00006	50	0,8727	0,0937	9,31	0,8452	0,05331
6	0,1047	0,0014	76,41	0,1047	0,00010	51	0,8901	0,0974	9,14	0,8610	0,05649
7	0,1222	0,0019	65,50	0,1221	0,00015	52	0,9076	0,1012	8,97	0,8767	0,05978
8	0,1396	0,0024	57,32	0,1395	0,00023	53	0,9250	0,1051	8,80	0,8924	0,06319
9	0,1571	0,0031	50,96	0,1569	0,00032	54	0,9425	0,1090	8,65	0,9080	0,06673
10	0,1745	0,0038	45,87	0,1743	0,00044	55	0,9599	0,1130	8,49	0,9235	0,07039
11	0,1920	0,0046	41,70	0,1917	0,00059	56	0,9774	0,1171	8,35	0,9389	0,07417
12	0,2094	0,0055	38,23	0,2091	0,00076	57	0,9948	0,1212	8,21	0,9543	0,07808
13	0,2269	0,0064	35,30	0,2264	0,00097	58	1,0123	0,1254	8,07	0,9696	0,08212
14	0,2443	0,0075	32,78	0,2437	0,00121	59	1,0297	0,1296	7,94	0,9848	0,08629
15	0,2618	0,0086	30,60	0,2611	0,00149	60	1,0472	0,1340	7,81	1,0000	0,09059
16	0,2793	0,0097	28,69	0,2783	0,00181	61	1,0647	0,1384	7,69	1,0151	0,09502
17	0,2967	0,0110	27,01	0,2956	0,00217	62	1,0821	0,1428	7,56	1,0301	0,09958
18	0,3142	0,0123	25,52	0,3129	0,00257	63	1,0996	0,1474	7,46	1,0450	0,10428
19	0,3316	0,0137	24,18	0,3301	0,00302	64	1,1170	0,1520	7,35	1,0598	0,10911
20	0,3491	0,0152	22,98	0,3473	0,00352	65	1,1345	0,1566	7,24	1,0746	0,11408
21	0,3665	0,0167	21,89	0,3645	0,00408	66	1,1519	0,1613	7,14	1,0893	0,11919
22	0,3840	0,0184	20,90	0,3816	0,00468	67	1,1694	0,1661	7,04	1,1039	0,12443
23	0,4014	0,0201	20,00	0,3987	0,00535	68	1,1868	0,1710	6,94	1,1184	0,12982
24	0,4189	0,0219	19,17	0,4158	0,00607	69	1,2043	0,1759	6,85	1,1328	0,13535
25	0,4363	0,0237	18,41	0,4329	0,00686	70	1,2217	0,1808	6,76	1,1472	0,14102
26	0,4538	0,0256	17,71	0,4499	0,00771	71	1,2392	0,1859	6,67	1,1614	0,14683
27	0,4712	0,0276	17,06	0,4669	0,00862	72	1,2566	0,1910	6,58	1,1756	0,15279
28	0,4887	0,0297	16,45	0,4838	0,00961	73	1,2741	0,1961	6,50	1,1896	0,15889
29	0,5061	0,0319	15,89	0,5008	0,01067	74	1,2915	0,2014	6,41	1,2036	0,16514
30	0,5236	0,0341	15,37	0,5176	0,01180	75	1,3090	0,2066	6,34	1,2175	0,17154
31	0,5411	0,0364	14,88	0,5345	0,01301	76	1,3265	0,2120	6,26	1,2312	0,17808
32	0,5585	0,0387	14,42	0,5512	0,01429	77	1,3439	0,2174	6,18	1,2450	0,18477
33	0,5760	0,0412	13,99	0,5680	0,01566	78	1,3614	0,2229	6,11	1,2586	0,19160
34	0,5934	0,0437	13,58	0,5847	0,01711	79	1,3788	0,2284	6,04	1,2722	0,19859
35	0,6109	0,0463	13,20	0,6014	0,01864	80	1,3963	0,2340	5,97	1,2856	0,20573
36	0,6283	0,0489	12,84	0,6180	0,02027	81	1,4137	0,2396	5,90	1,2989	0,21301
37	0,6458	0,0517	12,50	0,6346	0,02198	82	1,4312	0,2453	5,83	1,3121	0,22045
38	0,6632	0,0545	12,17	0,6511	0,02378	83	1,4486	0,2510	5,77	1,3252	0,22804
39	0,6807	0,0574	11,87	0,6676	0,02568	84	1,4661	0,2569	5,71	1,3383	0,23578
40	0,6981	0,0603	11,58	0,6840	0,02767	85	1,4835	0,2627	5,65	1,3512	0,24367
41	0,7156	0,0633	11,30	0,7004	0,02976	86	1,5010	0,2686	5,59	1,3640	0,25171
42	0,7330	0,0664	11,04	0,7167	0,03195	87	1,5184	0,2746	5,53	1,3767	0,25990
43	0,7505	0,0696	10,78	0,7330	0,03425	88	1,5359	0,2807	5,47	1,3893	0,26825
44	0,7679	0,0728	10,55	0,7492	0,03664	89	1,5533	0,2867	5,42	1,4018	0,27675
45	0,7854	0,0761	10,32	0,7654	0,03915	90	1,5708	0,2929	5,36	1,4142	0,28540

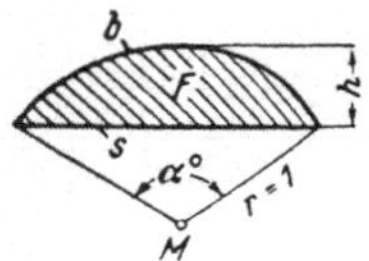

Die Spalte Bogenlänge b gibt zugleich das Bogenmaß (arcus) des daneben im Gradmaß stehenden Winkels; so ist arc 124° = 2,1642.

Der Winkel 57,296° hat das Bogenmaß 1, d. h. für $\alpha = 57,296°$ ist die Bogenlänge gleich dem Halbmesser.

Für genauere Rechnungen:

$$\text{arc } 1° = \pi : 180 = 0,017453293;$$
$$\text{arc } 1' = 0,000290888;$$
$$\text{arc } 1'' = 0,000004848.$$

Zentriwinkel α°	Bogenlänge b	Bogenhöhe h	b/h	Sehnenlänge s	Inhalt F des Kreisabschn.	Zentriwinkel α°	Bogenlänge b	Bogenhöhe h	b/h	Sehnenlänge s	Inhalt F des Kreisabschn.
91	1,5882	0,2991	5,31	1,4265	0,29420	136	2,3736	0,6254	3,80	1,8544	0,83949
92	1,6057	0,3053	5,26	1,4387	0,30316	137	2,3911	0,6335	3,77	1,8608	0,85455
93	1,6232	0,3116	5,21	1,4507	0,31226	138	2,4086	0,6416	3,75	1,8672	0,86971
94	1,6406	0,3180	5,16	1,4627	0,32152	139	2,4260	0,6498	3,73	1,8733	0,88497
95	1,6580	0,3244	5,11	1,4746	0,33093	140	2,4435	0,6580	3,71	1,8794	0,90034
96	1,6755	0,3309	5,06	1,4863	0,34050	141	2,4609	0,6662	3,69	1,8853	0,91580
97	1,6930	0,3374	5,02	1,4979	0,35021	142	2,4784	0,6744	3,67	1,8910	0,93135
98	1,7104	0,3439	4,97	1,5094	0,36008	143	2,4958	0,6827	3,66	1,8966	0,94700
99	1,7279	0,3506	4,93	1,5208	0,37009	144	2,5133	0,6910	3,64	1,9021	0,96274
100	1,7453	0,3572	4,89	1,5321	0,38026	145	2,5307	0,6993	3,62	1,9074	0,97858
101	1,7628	0,3639	4,84	1,5432	0,39058	146	2,5482	0,7076	3,60	1,9126	0,99449
102	1,7802	0,3707	4,80	1,5543	0,40104	147	2,5656	0,7160	3,58	1,9176	1,01050
103	1,7977	0,3775	4,76	1,5652	0,41166	148	2,5831	0,7244	3,57	1,9225	1,02658
104	1,8151	0,3843	4,72	1,5760	0,42242	149	2,6005	0,7328	3,55	1,9273	1,04275
105	1,8326	0,3912	4,68	1,5867	0,43333	150	2,6180	0,7412	3,53	1,9319	1,05900
106	1,8500	0,3982	4,65	1,5973	0,44439	151	2,6354	0,7496	3,52	1,9363	1,07532
107	1,8675	0,4052	4,61	1,6077	0,45560	152	2,6529	0,7581	3,50	1,9406	1,09171
108	1,8850	0,4122	4,57	1,6180	0,46695	153	2,6704	0,7666	3,48	1,9447	1,10818
109	1,9024	0,4193	4,54	1,6282	0,47845	154	2,6878	0,7750	3,47	1,9487	1,12472
110	1,9199	0,4264	4,50	1,6383	0,49008	155	2,7053	0,7836	3,45	1,9526	1,14132
111	1,9373	0,4336	4,47	1,6483	0,50187	156	2,7227	0,7921	3,44	1,9563	1,15799
112	1,9548	0,4408	4,43	1,6581	0,51379	157	2,7402	0,8006	3,42	1,9598	1,17472
113	1,9722	0,4481	4,40	1,6678	0,52586	158	2,7576	0,8092	3,41	1,9633	1,19151
114	1,9897	0,4554	4,37	1,6773	0,53807	159	2,7751	0,8178	3,39	1,9665	1,20835
115	2,0071	0,4627	4,34	1,6868	0,55041	160	2,7925	0,8264	3,38	1,9696	1,22525
116	2,0246	0,4701	4,31	1,6961	0,56289	161	2,8100	0,8350	3,37	1,9726	1,24221
117	2,0420	0,4775	4,28	1,7053	0,57551	162	2,8274	0,8436	3,35	1,9754	1,25921
118	2,0595	0,4850	4,25	1,7143	0,58827	163	2,8449	0,8522	3,34	1,9780	1,27626
119	2,0769	0,4925	4,22	1,7233	0,60116	164	2,8623	0,8608	3,33	1,9805	1,29335
120	2,0944	0,5000	4,19	1,7321	0,61418	165	2,8798	0,8695	3,31	1,9829	1,31049
121	2,1118	0,5076	4,16	1,7407	0,62734	166	2,8972	0,8781	3,30	1,9851	1,32766
122	2,1293	0,5152	4,13	1,7492	0,64063	167	2,9147	0,8868	3,28	1,9871	1,34487
123	2,1468	0,5228	4,11	1,7576	0,65404	168	2,9322	0,8995	3,27	1,9890	1,36212
124	2,1642	0,5305	4,08	1,7659	0,66759	169	2,9496	0,9042	3,26	1,9908	1,37940
125	2,1817	0,5383	4,05	1,7740	0,68125	170	2,9671	0,9128	3,25	1,9924	1,39671
126	2,1991	0,5460	4,03	1,7820	0,69505	171	2,9845	0,9215	3,24	1,9938	1,41404
127	2,2166	0,5538	4,00	1,7899	0,70897	172	3,0020	0,9302	3,23	1,9951	1,43140
128	2,2340	0,5616	3,98	1,7976	0,72301	173	3,0194	0,9390	3,22	1,9963	1,44878
129	2,2515	0,5695	3,95	1,8052	0,73716	174	3,0369	0,9477	3,20	1,9973	1,46617
130	2,2689	0,5774	3,93	1,8126	0,75144	175	3,0543	0,9564	3,19	1,9981	1,48359
131	2,2864	0,5853	3,91	1,8199	0,76584	176	3,0718	0,9651	3,18	1,9988	1,50101
132	2,3038	0,5933	3,88	1,8271	0,78034	177	3,0892	0,9738	3,17	1,9993	1,51845
133	2,3213	0,6013	3,86	1,8341	0,79497	178	3,1067	0,9825	3,16	1,9997	1,53589
134	2,3387	0,6093	3,84	1,8410	0,80970	179	3,1241	0,9913	3,15	1,9999	1,55334
135	2,3562	0,6173	3,82	1,8478	0,82454	180	3,1416	1,0000	3,14	2,0000	1,57080

Beispiel 1. Für $r = 53,6$ cm und $\alpha = 98°$ sind $b = 1,7104 \cdot 53,6$ cm; $h = 0,3439 \cdot 53,6$ cm; $s = 1,5094 \cdot 53,6$ cm; $F = 0,36008 \cdot 53,6^2$ cm² und $b : h = 4,97$.

Beispiel 2. Gegeben $r = 2,32$ m und $s = 1,96$ m; dann ist am Kreise von $r = 1$ die Sehne $1,96 : 2,32 = 0,8448$. Hierzu findet man durch geradlinige Einschaltung $\alpha = 49,975°$; $b = 0,8723 \cdot 2,32 = 2,024$ m; $h = 0,0936 \cdot 2,32 = 0,217$ m; $F = 0,05323 \cdot 2,32^2 = 0,2865$ m².

Beispiel 3. Gegeben $b = 162$ mm und $h = 35$ mm, also $b : h = 4,63$, so daß $\alpha = 106,5°$; $r = 162 : 1,8587 = 87,2$ mm usw.

Beispiel 4. Sind s und h gegeben, so wird die Benutzung der Tafel umständlich. — Der „flache" Kreisabschnitt von $s = 32$ cm und $h = 2,8$ cm hat einen Inhalt

$$F \sim \frac{2}{8} s \cdot h = \frac{2}{8} \cdot 32 \cdot 2,7 = 57,6 \text{ cm}^2.$$

Umrechnungstabelle: **Englische Zoll in mm**

Zoll	0	$1/16$	$1/8$	$3/16$	$1/4$	$5/16$	$3/8$	$7/16$	$1/2$	$9/16$	$5/8$	$11/16$	$3/4$	$13/16$	$7/8$	$15/16$
0	0,000	1,588	3,175	4,763	6,350	7,938	9,525	11,113	12,700	14,288	15,875	17,463	19,050	20,638	22,225	23,813
1	25,400	26,987	28,575	30,163	31,750	33,338	34,925	36,513	38,100	39,688	41,275	42,863	44,450	46,038	47,625	49,213
2	50,800	52,388	53,975	55,563	57,150	58,738	60,325	61,913	63,500	65,088	66,675	68,263	69,850	71,438	73,025	74,613
3	76,200	77,788	79,375	80,963	82,550	84,138	85,725	87,313	88,900	90,488	92,075	93,663	95,250	96,838	98,425	100,01
4	101,60	103,19	104,78	106,36	107,95	109,54	111,13	112,71	114,30	115,89	117,48	119,06	120,65	122,24	123,83	125,41
5	127,00	128,59	130,18	131,76	133,35	134,94	156,53	138,11	139,70	141,29	142,88	144,46	146,05	147,64	149,23	150,81
6	152,40	153,99	155,58	157,16	158,75	160,34	161,93	163,51	165,10	166,69	168,28	169,86	171,45	173,04	174,63	176,21
7	177,80	179,39	180,98	182,56	184,15	185,74	187,33	188,91	190,50	192,09	193,68	195,26	196,85	198,44	200,03	201,61
8	203,20	204,79	206,38	207,96	209,55	211,14	212,73	214,31	215,90	217,49	219,08	220,66	222,25	223,84	225,43	227,01
9	228,60	230,19	231,78	233,36	234,95	236,54	238,13	239,71	241,30	242,89	244,48	246,06	247,65	249,24	250,83	252,41
10	254,00	255,59	257,18	258,76	260,35	261,94	263,53	265,11	266,70	268,29	269,88	271,46	273,05	274,64	276,23	277,81
11	279,40	280,99	282,58	284,16	285,75	287,34	288,93	290,51	292,10	293,69	295,28	296,86	298,45	300,04	301,63	303,21
12	304,80	306,39	307,98	309,56	311,15	312,74	314,33	315,91	317,50	319,09	320,68	322,26	323,85	325,44	327,03	328,61
13	330,20	331,79	333,38	334,96	336,55	338,14	339,73	341,31	342,90	344,49	346,08	347,66	349,25	350,84	352,43	354,01
14	355,60	357,19	358,78	360,36	361,95	363,54	365,13	366,71	368,30	369,89	371,48	373,06	374,65	376,24	377,83	379,41
15	381,00	382,59	384,18	385,76	387,35	388,94	390,53	392,11	393,70	395,29	396,88	398,46	400,05	401,64	403,23	404,81
16	406,40	407,99	409,58	411,16	412,75	414,34	415,93	417,51	419,10	420,69	422,28	423,86	425,45	427,04	428,63	430,21
17	431,80	433,39	434,98	436,56	438,15	439,74	441,33	442,91	444,50	446,09	447,68	449,26	450,85	452,44	454,03	455,61
18	457,20	458,79	460,38	461,96	463,55	465,14	466,73	468,31	469,90	471,49	473,08	474,66	476,25	477,84	479,43	481,01
19	482,60	484,19	485,78	487,36	488,95	490,54	492,13	493,71	495,30	496,89	498,48	500,06	501,65	503,24	504,83	506,41
20	508,00	509,59	511,18	512,76	514,35	515,94	517,53	519,11	520,70	522,29	523,88	525,46	527,05	528,64	530,23	531,81
21	533,40	534,99	536,58	538,16	539,75	541,34	542,93	544,51	546,10	547,69	549,28	550,86	552,45	554,04	555,63	557,21
22	558,80	560,39	561,98	563,56	565,15	566,74	568,33	569,91	571,50	573,09	574,68	576,26	577,85	579,44	581,03	582,61
23	584,20	585,79	587,38	588,96	590,55	592,14	593,73	595,31	596,90	598,49	600,08	601,66	603,25	604,84	606,43	608,01
24	609,60	611,19	612,78	614,36	615,95	617,54	619,13	620,71	622,30	623,89	625,48	627,06	628,65	630,24	631,83	633,41

Z°ll	0	$1/16$	$1/8$	$3/16$	$1/4$	$5/16$	$3/8$	$7/16$	$1/2$	$9/16$	$5/8$	$11/16$	$3/4$	$13/16$	$7/8$	$15/16$
25	635,00	636,59	638,18	639,76	641,35	642,94	644,53	646,11	647,70	649,29	650,88	652,46	654,05	655,64	657,23	658,81
26	660,40	661,99	663,58	665,16	666,75	668,34	669,93	671,51	673,10	674,69	676,28	677,86	679,45	681,04	682,63	684,21
27	685,80	687,39	688,98	690,56	692,15	693,74	695,33	696,91	698,50	700,09	701,68	703,26	704,85	706,44	708,03	709,61
28	711,20	712,79	714,38	715,96	717,55	719,14	720,73	722,31	723,90	725,49	727,08	728,66	730,25	731,84	733,43	735,01
29	736,60	738,19	739,78	741,36	742,95	744,54	746,13	747,71	749,30	750,89	752,48	754,06	755,65	757,24	758,83	760,41
30	762,00	763,59	765,18	766,76	768,35	769,94	771,53	773,11	774,70	776,29	777,88	779,46	781,05	782,64	784,23	785,81
31	787,40	788,99	790,58	792,16	793,75	795,34	796,93	798,51	800,10	801,69	803,28	804,86	806,45	808,04	809,63	811,21
32	812,80	814,39	815,98	817,56	819,15	820,74	822,33	823,91	825,50	827,09	828,68	830,26	831,85	833,44	835,03	836,61
33	838,20	839,79	841,38	842,96	844,55	846,14	847,73	849,31	850,90	852,49	854,08	855,66	857,25	858,84	860,43	862,01
34	863,60	865,19	866,78	868,36	869,95	871,54	873,13	874,71	876,30	877,89	879,48	881,06	882,65	884,24	885,83	887,41
35	889,00	890,59	892,18	893,76	895,35	896,94	898,53	900,11	901,70	903,29	904,88	906,46	908,05	909,64	911,23	912,81
36	914,40	915,99	917,58	919,16	920,75	922,34	923,93	925,51	927,10	928,69	930,28	931,86	933,45	935,04	936,63	938,21
37	939,80	941,39	942,98	944,56	946,15	947,74	949,33	950,91	952,50	954,09	955,68	957,26	958,85	960,44	962,03	963,61
38	965,20	966,79	968,38	969,96	971,55	973,14	974,73	976,31	977,90	979,49	981,08	982,66	984,25	985,84	987,43	988,01
39	990,60	992,19	993,78	995,36	995,95	998,54	1000,1	1001,7	1003,3	1004,9	1006,5	1008,1	1009,7	1011,2	1012,8	1014,4
40	1016,0	1017,6	1019,2	1020,8	1022,4	1023,9	1025,5	1027,1	1028,7	1030,3	1031,9	1033,5	1035,1	1036,6	1038,2	1039,8
41	1041,4	1043,0	1044,6	1046,2	1047,8	1049,3	1050,9	1052,5	1054,1	1055,7	1057,3	1058,9	1060,5	1062,0	1063,6	1065,2
42	1066,8	1068,4	1070,0	1071,6	1073,2	1074,7	1076,3	1077,9	1079,5	1081,1	1082,7	1084,3	1085,9	1087,4	1089,0	1090,6
43	1092,2	1093,8	1095,4	1097,0	1098,6	1100,1	1101,7	1103,3	1104,9	1106,5	1108,1	1109,7	1111,3	1112,8	1114,4	1116,0
44	1117,6	1119,2	1120,8	1122,4	1124,0	1125,5	1127,1	1128,7	1130,3	1131,9	1133,5	1135,1	1136,7	1138,2	1139,8	1141,4
45	1143,0	1144,6	1146,2	1147,8	1149,4	1150,9	1152,5	1154,1	1155,7	1157,3	1158,9	1160,5	1162,1	1163,6	1165,2	1166,8
46	1168,4	1170,0	1171,6	1173,2	1174,8	1176,3	1177,9	1179,5	1181,1	1182,7	1184,3	1185,9	1187,5	1189,0	1190,6	1192,2
47	1193,8	1195,4	1197,0	1198,6	1200,2	1201,7	1203,3	1204,9	1206,5	1208,1	1209,7	1211,3	1212,9	1214,4	1216,0	1217,6
48	1219,2	1220,8	1222,4	1224,0	1225,6	1227,1	1228,7	1230,3	1231,9	1233,5	1235,1	1236,7	1238,3	1239,8	1241,4	1243,0
49	1244,6	1246,2	1247,8	1249,4	1251,0	1252,5	1254,1	1255,7	1257,3	1258,9	1260,5	1262,1	1263,7	1265,2	1266,8	1268,4
50	1270,0	1271,6	1273,2	1274,8	1276,4	1277,9	1279,5	1281,1	1282,7	1284,3	1285,9	1287,5	1289,1	1290,6	1292,2	1293,8
51	1295,4	1297,0	1298,6	1300,2	1301,8	1303,3	1304,9	1306,5	1308,1	1309,7	1311,3	1312,9	1314,5	1316,0	1317,6	1319,2
52	1320,8	1322,4	1324,0	1325,6	1327,2	1328,7	1330,3	1331,9	1333,5	1335,1	1336,7	1338,3	1339,9	1341,4	1343,0	1344,6
53	1346,2	1347,8	1349,4	1351,0	1352,6	1354,1	1355,7	1357,3	1358,9	1360,5	1362,1	1363,7	1365,3	1366,8	1368,4	1370,0
54	1371,6	1373,2	1374,8	1376,4	1378,0	1379,5	1381,1	1382,7	1384,3	1385,9	1387,4	1389,1	1390,7	1392,2	1393,8	1395,4

Fuß	Zoll					
	0	1	2	3	4	5
0	0	25,4	50,8	76,2	101,6	127,0
1	304,8	330,2	355,6	381,0	406,4	431,8
2	609,6	635,0	660,4	685,8	711,2	736,6
3	914,4	939,8	965,2	990,6	1 016,0	1 041,4
4	1 219,2	1 244,6	1 270,0	1 295,4	1 320,8	1 346,2
5	1 524,0	1 549,4	1 574,8	1 600,2	1 625,6	1 651,0
6	1 828,8	1 854,2	1 879,6	1 905,0	1 930,4	1 955,8
7	2 133,6	2 159,0	2 184,4	2 209,8	2 235,2	2 260,6
8	2 438,4	2 463,8	2 489,2	2 514,6	2 540,0	2 565,4
9	2 743,2	2 768,6	2 794,0	2 819,4	2 844,8	2 870,2
10	3 048,0	3 073,4	3 098,8	3 124,2	3 149,6	3 175,0
11	3 352,8	3 378,2	3 403,6	3 429,0	3 454,4	3 479,8
12	3 657,6	3 683,0	3 708,4	3 733,8	3 759,2	3 784,6
13	3 962,4	3 987,8	4 013,2	4 038,6	4 064,0	4 089,4
14	4 267,2	4 292,6	4 318,0	4 343,4	4 368,8	4 394,2
15	4 572,0	4 597,4	4 622,8	4 648,2	4 673,6	4 699,0
16	4 876,8	4 902,2	4 927,6	4 953,0	4 978,4	5 003,8
17	5 181,6	5 207,0	5 232,4	5 257,8	5 283,2	5 308,6
18	5 486,4	5 511,8	5 537,2	5 562,6	5 588,0	5 613,4
19	5 791,2	5 816,6	5 842,0	5 867,4	5 892,8	5 918,2
20	6 096,0	6 121,4	6 146,8	6 172,2	6 197,6	6 223,0
21	6 401,8	6 426,2	6 451,6	6 477,0	6 502,4	6 527,8
22	6 705,6	6 731,0	6 756,4	6 781,8	6 807,2	6 832,6
23	7 010,4	7 035,8	7 061,2	7 086,6	7 112,0	7 137,4
24	7 315,2	7 340,6	7 366,0	7 391,4	7 416,8	7 442,2
25	7 620,0	7 645,4	7 670,8	7 696,2	7 721,6	7 747,0
26	7 925,8	7 950,2	7 975,6	8 001,0	8 026,4	8 051,8
27	8 229,6	8 255,0	8 280,4	8 305,8	8 331,2	8 356,6
28	8 534,4	8 559,8	8 585,2	8 610,6	8 636,0	8 661,4
29	8 839,2	8 864,6	8 890,0	8 915,4	8 940,8	8 966,2
30	9 144,0	9 169,4	9 194,8	9 220,2	9 245,6	9 271,0
31	9 448,8	9 474,2	9 499,6	9 525,0	9 550,4	9 575,8
32	9 753,6	9 779,0	9 804,4	9 829,8	9 855,2	9 880,6
33	10 058,4	10 083,8	10 109,2	10 134,6	10 160,0	10 185,4
34	10 363,2	10 388,6	10 414,0	10 439,4	10 464,8	10 490,2
35	10 668,0	10 693,4	10 718,8	10 744,2	10 769,6	10 795,0
36	10 972,8	10 998,2	11 023,6	11 049,0	11 074,4	11 099,8
37	11 277,6	11 303,0	11 328,4	11 353,8	11 379,2	11 404,6
38	11 582,4	11 607,8	11 633,2	11 658,6	11 684,0	11 709,4
39	11 887,2	11 912,6	11 938,0	11 963,4	11 988,8	12 014,2
40	12 192,0	12 217,4	12 242,8	12 268,2	12 293,6	12 319,0

Fuß	Zoll					
	6	7	8	9	10	11
0	152,4	177,8	203,2	228,6	254,0	279,4
1	457,2	482,6	508,0	533,4	558,8	584,2
2	762,0	787,4	812,8	838,2	863,6	889,0
3	1 066,8	1 092,2	1 117,6	1 143,0	1 168,4	1 193,8
4	1 371,6	1 397,0	1 422,4	1 447,8	1 473,2	1 498,6
5	1 676,4	1 701,8	1 727,2	1 752,6	1 778,0	1 803,4
6	1 981,2	2 006,6	2 032,0	2 057,4	2 082,8	2 108,2
7	2 286,0	2 311,4	2 336,8	2 362,2	2 387,6	2 413,0
8	2 590,8	2 616,2	2 641,6	2 667,0	2 692,4	2 717,8
9	2 895,6	2 921,0	2 946,4	2 971,8	2 997,2	3 022,6
10	3 200,4	3 225,8	3 251,2	3 276,6	3 302,0	3 327,4
11	3 505,2	3 530,6	3 556,0	3 581,4	3 606,8	3 632,2
12	3 810,0	3 835,4	3 860,8	3 886,2	3 911,6	3 937,0
13	4 114,8	4 140,2	4 165,6	4 191,0	4 216,4	4 241,8
14	4 419,6	4 445,0	4 470,4	4 495,8	4 521,2	4 546,6
15	4 724,4	4 749,8	4 775,2	4 800,6	4 826,0	4 851,4
16	5 029,2	5 054,6	5 080,0	5 105,4	5 130,8	5 156,2
17	5 334,0	5 359,4	5 384,8	5 410,2	5 435,6	5 461,0
18	5 638,8	5 664,2	5 689,6	5 715,0	5 740,4	5 765,8
19	5 943,6	5 969,0	5 994,4	6 019,8	6 045,2	6 070,6
20	6 248,4	6 273,8	6 299,2	6 324,6	6 350,0	6 375,4
21	6 553,2	6 578,6	6 604,0	6 629,4	6 654,8	6 680,2
22	6 858,0	6 883,4	6 908,8	6 934,2	6 959,6	6 985,0
23	7 162,8	7 188,2	7 213,6	7 239,0	7 264,4	7 289,8
24	7 467,6	7 493,0	7 518,4	7 543,8	7 569,2	7 594,6
25	7 772,4	7 797,8	7 823,2	7 848,6	7 874,0	7 899,4
26	8 077,2	8 102,6	8 128,0	8 153,4	8 178,8	8 204,2
27	8 382,0	8 407,4	8 432,8	8 458,2	8 483,6	8 509,0
28	8 686,8	8 712,2	8 737,6	8 763,0	8 788,4	8 813,8
29	8 991,6	9 017,0	9 042,4	9 067,8	9 093,2	9 118,6
30	9 296,4	9 321,8	9 347,2	9 372,6	9 398,0	9 423,4
31	9 601,2	9 626,6	9 652,0	9 677,4	9 702,8	9 728,2
32	9 906,0	9 931,4	9 956,8	9 982,2	10 007,6	10 033,0
33	10 210,8	10 236,2	10 261,6	10 287,0	10 312,4	10 337,8
34	10 515,6	10 541,0	10 566,4	10 591,8	10 617,2	10 642,6
35	10 820,4	10 845,8	10 871,2	10 896,6	10 922,0	10 947,4
36	11 125,2	11 150,6	11 176,0	11 201,4	11 226,8	11 252,2
37	11 430,0	11 455,4	11 480,8	11 506,2	11 531,6	11 557,0
38	11 734,8	11 760,2	11 785,6	11 811,0	11 836,4	11 861,8
39	12 039,6	12 065,0	12 090,4	12 115,8	12 141,2	12 166,6
40	12 344,4	12 369,8	12 395,2	12 420,6	12 446,0	12 471,4

Umrechnungstabelle: kg/cm² in englische Pfund je Quadratzoll

$\frac{kg}{cm^2}$	$\frac{Pfund}{Qu.-Zoll}$	$\frac{kg}{cm^2}$	$\frac{Pfund}{Qu.-Zoll}$	$\frac{kg}{cm^2}$	$\frac{Pfund}{Qu.-Zoll}$	$\frac{kg}{cm^2}$	$\frac{Pfund}{Qu.-Zoll}$
1,0	14,223	6,4	91,027	11,8	167,832	17,2	244,636
1,2	17,068	6,6	93,872	12,0	170,676	17,4	247,479
1,4	19,112	6,8	96,716	12,2	173,520	17,6	250,324
1,6	22,757	7,0	99,561	12,4	176,366	17,8	253,170
1,8	25,601	7,2	102,406	12,6	179,210	18,0	256,014
2,0	28,446	7,4	105,250	12,8	182,054	18,2	258,858
2,2	31,291	7,6	108,095	13,0	184,900	18,4	261,704
2,4	34,135	7,8	110,939	13,2	187,744	18,6	264,549
2,6	36,980	8,0	113,784	13,4	190,588	18,8	267,392
2,8	39,824	8,2	116,629	13,6	193,432	19,0	270,238
3,0	42,669	8,4	119,473	13,8	196,278	19,2	273,081
3,2	45,514	8,6	122,318	14,0	199,122	19,4	275,926
3,4	48,358	8,8	125,162	14,2	201,966	19,6	278,770
3,6	51,203	9,0	128,007	14,4	204,812	19,8	281,616
3,8	54,047	9,2	130,852	14,6	207,656	20,0	284,460
4,0	56,892	9,4	133,696	14,8	210,500	20,2	287,304
4,2	59,737	9,6	136,541	15,0	213,345	20,4	290,148
4,4	62,581	9,8	139,385	15,2	216,190	20,6	292,994
4,6	65,426	10,0	142,230	15,4	219,034	20,8	295,840
4,8	68,270	10,2	145,074	15,6	221,880	21,0	298,683
5,0	71,115	10,4	147,919	15,8	224,724	21,2	301,528
5,2	73,960	10,6	150,764	16,0	227,568	21,4	304,373
5,4	76,804	10,8	153,608	16,2	230,412	21,6	307,217
5,6	79,649	11,0	156,453	16,4	233,256	21,8	310,062
5,8	83,493	11,2	159,297	16,6	236,102	22,0	312,906
6,0	85,338	11,4	162,142	16,8	238,948		
6,2	88,183	11,6	164,986	17,0	241,792		

Umrechnungstabelle: Englische Pfund je Quadratzoll in kg/cm²

$\frac{Pfund}{Qu.-Zoll}$	$\frac{kg}{cm^2}$	$\frac{Pfund}{Qu.-Zoll}$	$\frac{kg}{cm^2}$	$\frac{Pfund}{Qu.-Zoll}$	$\frac{kg}{cm^2}$	$\frac{Pfund}{Qu.-Zoll}$	$\frac{kg}{cm^2}$
100	7,031	154	10,827	208	14,624	262	18,421
102	7,171	156	10,968	210	14,765	264	18,561
104	7,312	158	11,109	212	14,905	266	18,702
106	7,452	160	11,249	214	15,046	268	18,842
108	7,593	162	11,390	216	15,186	270	18,983
110	7,734	164	11,530	218	15,327	272	19,123
112	7,874	166	11,671	220	15,467	274	19,264
114	8,014	168	11,812	222	15,608	276	19,405
116	8,155	170	11,952	224	15,748	278	19,545
118	8,296	172	12,093	226	15,889	280	19,686
120	8,437	174	12,233	228	16,030	282	19,827
122	8,587	176	12,374	230	16,171	284	19,967
124	8,728	178	12,515	232	16,311	286	20,108
126	8,868	180	12,655	234	16,452	288	20,248
128	9,009	182	12,796	236	16,593	290	20,389
130	9,140	184	12,937	238	16,734	292	20,530
132	9,281	186	13,077	240	16,874	294	20,670
134	9,421	188	13,218	242	17,015	296	20,811
136	9,562	190	13,358	244	17,155	298	20,951
138	9,702	192	13,499	246	17,296	300	21,092
140	9,843	194	13,639	248	17,436	302	21,232
142	9,983	196	13,780	250	17,577	304	21,373
144	10,124	198	13,921	252	17,718	306	21,514
146	10,265	200	14,062	254	17,858	308	21,655
148	10,405	202	14,202	256	17,999	310	21,795
150	10,546	204	14,343	258	18,140		
152	10,686	206	14,483	260	18,280		

Umrechnungstabelle: **Englische Kubikfuß in m³**

Kubik-fuß	Kubik-meter	Kubik-fuß	Kubik-meter	Kubik-fuß	Kubik-meter	Kubik-fuß	Kubik-meter
1	0,0283	14,5	0,4106	28	0,7928	41,5	1,1752
1,5	0,0425	15	0,4247	28,5	0,8070	42	1,1892
2	0,0566	15,5	0,4389	29	0,8211	42,5	1,2034
2,5	0,0708	16	0,4530	29,5	0,8353	43	1,2176
3	0,0849	16,5	0,4672	30	0,8495	43,5	1,2318
3,5	0,0991	17	0,4814	30,5	0,8637	44	1,2458
4	0,1133	17,5	0,4956	31	0,8777	44,5	1,2600
4,5	0,1275	18	0,5097	31,5	0,8919	45	1,2742
5	0,1416	18,5	0,5239	32	0,9051	45,5	1,2884
5,5	0,1558	19	0,5380	32,5	0,9193	46	1,3026
6	0,1699	19,5	0,5522	33	0,9344	46,5	1,3168
6,5	0,1841	20	0,5663	33,5	0,9486	47	1,3310
7	0,1982	20,5	0,5805	34	0,9628	47,5	1,3452
7,5	0,2124	21	0,5946	34,5	0,9770	48	1,3592
8	0,2265	21,5	0,6088	35	0,9912	48,5	1,3734
8,5	0,2407	22	0,6229	35,5	1,0054	49	1,3876
9	0,2548	22,5	0,6371	36	1,0194	49,5	1,4018
9,5	0,2690	23	0,6513	36,5	1,0336	50	1,4158
10	0,2832	23,5	0,6655	37	1,0478	50,5	1,4300
10,5	0,2974	24	0,6796	37,5	1,0620	51	1,4442
11	0,3115	24,5	0,6938	38	1,0760	51,5	1,4584
11,5	0,3257	25	0,7079	38,5	1,0902	52	1,4724
12	0,3398	25,5	0,7221	39	1,1044	52,5	1,4866
12,5	0,3540	26	0,7362	39,5	1,1186	53	1,5008
13	0,3681	26,5	0,7504	40	1,1326	53,5	1,5150
13,5	0,3823	27	0,7645	40,5	1,1468	54	1,5390
14	0,3964	27,5	0,7787	41	1,1610	54,5	1,5532

Römische Zahlen

I = 1	XL = 40	Beispiele:			
II = 2	L = 50	58 = LVIII			
III = 3	LX = 60	497 = CDXCVII			
IV = 4	XC = 90	1953 = MCMLIII			
V = 5	XCIX = 99				
VI = 6	C = 100				
VII = 7	CD = 400				
VIII = 8	D = 500				
IX = 9	DC = 600				
X = 10	CM = 900				
	M = 1000				

Luftdruck

1 metr. (neue) Atmosphäre (at)
= 1 kg/cm² = 737,4 mm Q.-S. von 15° = 10 m W.-S. von 4° = 0,908 at
1 alte Atmosphäre (at)
= 1,033 kg/cm² = { 762 mm Q.-S. von 15° = 10,333 m W.-S. von 4°
                  { 760 mm Q.-S. von 0°   [= 1,0333 at

Umrechnung von mm Q.-S. in Wasserdruck bei 1 at/15°

Beispiel:

775 mm Q.-S., auf 15° reduziert;
? cm W.-S. bzw. ? g

mm Q.-S.	W.-S. in cm Gewicht in g	mm Q.-S.	W.-S. in cm Gewicht in g	mm Q.-S.	W.-S. in cm Gewicht in g	mm Q.-S.	W.-S. in cm Gewicht in g
1000	1356,1	100	135,6	10	13,6	1	1,4
900	1220,5	90	122,1	9	12,2	0,9	1,2
800	1084,9	80	108,5	8	10,8	0,8	1,1
700	949,3	70	94,9	7	9,5	0,7	0,9
600	813,7	60	81,4	6	8,1	0,6	0,8
500	678,1	50	67,8	5	6,8	0,5	0,7
400	542,4	40	54,2	4	5,4	0,4	0,5
300	406,8	30	40,7	3	4,1	0,3	0,4
200	271,2	20	27,1	2	2,7	0,2	0,3
100	135,6	10	13,6	1	1,4	0,1	0,1

```
700 mm Q.-S.  =  949,3
 70 mm Q.-S.  =   94,9
  5 mm Q.-S.  =    6,8
                 ──────
                 1051,0
              cm W.-S. bzw. g

837 cm W.-S.        ? mm Q.-S.

 837   cm W.-S.
 813,7 cm W.-S.  =  600 mm Q.-S.
  23,3 cm W.-S.
  13,6 cm W.-S.  =   10 mm Q.-S.
   9,7 cm W.-S.
   9,5 cm W.-S.  =    7 mm Q.-S.
   0,2 cm W.-S.
   0,1 cm W.-S.  =  0,1 mm Q.-S.
 837,0 cm W.-S.  = 617,1 mm Q.-S.
                          bei 15°
```

Zusammensetzung der atmosphärischen Luft
1 m³ Luft (15° und 1 at) = 1,1862 kg

Kohlensäure	0,04 Raum %	0,06 Gew. %
Stickstoff	78,06 Raum %	75,50 Gew. %
Sauerstoff	20,96 Raum %	23,14 Gew. %
Argon	0,94 Raum %	1,30 Gew. %
	100,00 Raum %	100,00 Gew. %
Wasserdampf	~1,30 Raum %	~0,84 Gew. %

Verflüssigungsdaten verschiedener Gase

Gasart	Kritischer Druck	Kritische Temp.
Ammoniak	115 at	130°
Stickoxydul	75 at	35°
Kohlensäure	75 at	31°
Aethylen	52 at	10°
Stickoxyd	71 at	— 93°
Sauerstoff	51 at	—119°
Atmosphärische Luft	39 at	—140°
Stickstoff	35 at	—146°
Wasserstoff	20 at	—232°

Morsekegel, Schaft und Hülse (DIN 231)

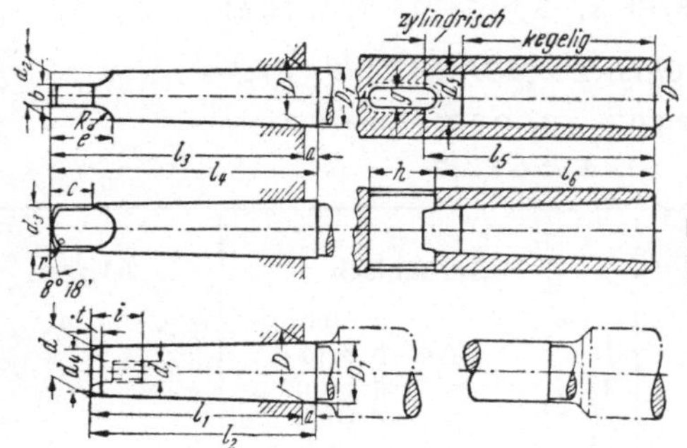

ist empfehlenswert, den Mitnehmerlappen auf die Länge c zuzusetzen. Das Maß a ist der Größtwert des überragenden Kegelendes.

Maße in mm

Bezeichnung	Schaft									
	D	D_1	d	d_1	d_2	d_3	d_4	l_1	l_2	l_3
Morsekegel 0	9,045	9,212	6,401	—	6,115	5,9	5,5	50,8	54	56,3
,, 1	12,065	12,239	9,371	M 6	8,973	8,7	8	54	57,5	62
,, 2	17,781	17,981	14,534	M 10	14,060	13,6	13	65	69	74,5
,, 3	23,826	24,052	19,760	$^1/_2''$	19,133	18,6	18	81	85,5	93,5
,, 4	31,269	31,544	25,909	$^5/_8''$	25,156	24,6	24	103,2	108,5	117,7
,, 5	44,401	44,732	37,470	$^3/_4''$	36,549	35,7	35	131,7	138	149,2
,, 6	63,350	63,762	53,752	1''	52,422	51,3	50	184,1	192	209,6
,, 7	83,061	83,555	69,853	$1^3/_8''$	68,215	66,8	65	254	263,5	285,5

Bezeichnung	Schaft								
	l_4	a	b	c	e	i	R	r	t
Morsekegel 0	59,5	3,2	3,9	6,4	10,4	—	4	1	2,5
,, 1	65,5	3,5	5,2	9,5	14,5	15	5	1,25	3
,, 2	78,5	4,0	6,3	11,1	17,1	20	6	1,5	4
,, 3	98	4,5	7,9	14,3	21,3	30	7	2	4
,, 4	123	5,3	11,9	15,9	24,9	35	9	2,5	5
,, 5	155,5	6,3	15,9	19,0	30,0	45	11	3	6
,, 6	217,5	7,9	19,0	28,6	45,6	60	17	4	7
,, 7	295	9,5	28,5	35,0	55,0	80	20	5	8

Bezeichnung	Hülse						Verjüngung
	D	d_5	l_5	l_6	g	h	
Morsekegel 0	9,045	6,7	51,9	49	4,1	14,5	1 : 19,212 = 0,05205
,, 1	12,065	9,7	55,5	52	5,4	18,5	1 : 20,048 = 0,04988
,, 2	17,781	14,9	66,9	63	6,6	22	1 : 20,020 = 0,04995
,, 3	23,826	20,2	83,2	78	8,2	27,5	1 : 19,922 = 0,050196
,, 4	31,269	26,5	105,7	98	12,2	32	1 : 19,254 = 0,051938
,, 5	44,401	38,2	134,5	125	16,2	37,5	1 : 19,002 = 0,0526265
,, 6	63,350	54,8	187,1	177	19,3	47,5	1 : 19,180 = 0,052138
,, 7	83,061	71,1	257,2	241,5	28,8	67	1 : 19,231 = 0,052

Die metrischen Kegel 4 6 50 (nur für Fräsmaschinen) 80 100 120 140 160 180 200 und die Morsekegel 0 bis 6 sind Werkzeugkegel.

Alphabete

Normschrift (s. DIN 16, 17, 1451, 1456)

ABCDEFGHIJKL MNOPQRSTUVWXYZ
abcdefghijklmnopqrstuvwxyz
1234567890

Russisch

А а		*a*	a
Б б		*b*	bje
В в		*w*	wje
Г г	(auch *h*)		gje
Д д		*d*	dje
Е е		*je*	
Ж ж		*sch*	Schiwete
З з	(weich)	*s*	sje
И и		*i*	i
Й й		*i*	i
К к		*k*	ka
Л л		*l*	el
М м		*m*	em
Н н		*n*	en
О о		*o*	o
П п		*p*	pje
Р р		*r*	er
С с	(scharf)	*ss*	ess
Т т		*t*	tje
У у		*u*	u
Ф ф		*f*	ef
Х х		*ch*	cha
Ц ц		*z*	ze
Ч ч		*tsch*	tsche
Ш ш		*sch*	scha
Щ щ		*schtsch*	schtscha
Ъ ъ		stumm	jerr
	(hartes Zeichen)		
Ы ы	(kurz)	*ü*	jerrüj
Ь ь		stumm	jerj
	(weiches Zeichen)		
Э э		*e*	e
Ю ю		*ju*	ju
Я я		*ja*	ja

Griechisch

A α			a	Alpha
B β			b	Beta
Γ γ			g	Gamma
Δ δ			d	Delta
E ε	(kurz)		e	Epsilon
Z ζ		ds	(z)	Zeta
H η	(lang)		e	Eta
Θ ϑ			th	Theta
I ι			i	Iota
K κ			k	Kappa
Λ λ			l	Lambda
M μ			m	Mü
N ν			n	Nü
Ξ ξ		ks	(x)	Ksi
O ο	(kurz)		o	Omikron
Π π			p	Pi
P ϱ			r	Rho
Σ σ ς			s	Sigma
T τ			t	Tau
Y υ			ü	Ypsilon
Φ φ		f	(ph)	Phi
X χ			ch	Chi
Ψ ψ			ps	Psi
Ω ω	(lang)		o	Omega

Morse

a	. —
ä	. — . —
b	— . . .
c	— . — .
d	— . .
e	.
f	. . — .
g	— — .
h	. . . .
ch	— — — —
i	. .
j	. — — —
k	— . —
l	. — . .
m	— —
n	— .
o	— — —
ö	— — — .
p	. — — .
q	— — . —
r	. — .
s	. . .
t	—
u	. . —
ü	. . — —
v	. . . —
w	. — —
x	— . . —
y	— . — —
z	— — . .
1	. — — — —
2	. . — — —
3	. . . — —
4	. . . . —
5	. . . . .
6	— . . . .
7	— — . . .
8	— — — . .
9	— — — — .
0	— — — — —
.	. . . . . .
,	. — . — . —
;	— . — . — .
:	— — — . . .
?	. . — — . .
!	— — . . — —